소프트웨어 인사이더

소프트웨어 인사이더

한상운·채성수 지음

펴낸날 2019년 8월 26일 초판1쇄 | **펴낸이** 김남호 | **펴낸곳** 현북스
출판등록일 2010년 11월 11일 | 제313-2010-333호
주소 04071 서울시 마포구 성지길 27, 4층 | **전화** 02)3141-7277 | **팩스** 02)3141-7278
홈페이지 www.hyunbooks.co.kr | **카페** cafe.naver.com/hyunbooks
편집 이경희 | **마케팅** 송유근 | **영업지원** 함지숙

ISBN 979-11-5741-178-8 13500

4차 산업혁명의 두뇌

SOFTWARE INSIDER

소프트웨어 인사이더

한상운·채성수 지음

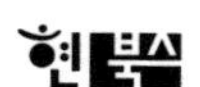

머리말

소프트웨어를 전공한 학생들이 프로그램언어는 많이 배우지만 소프트웨어 전반에 대한 지식은 체계적이지 않다는 것을 알게 되었다. 학생들은 프로그램언어 외에도 소프트웨어공학, 데이터베이스, 알고리즘 등등 소프트웨어 전공과목을 두루두루 배우고 있다. 배운 과목들이 소프트웨어개발 역량으로 내재화되기 위해서는 지식이 구조화되어야 적재적소에서 활용할 수 있을 것이다. 자동차의 경우라면 엔진에 대해서도 배우고, 자동차 구조에 대해서도 배우고, 자동차 타이어에 대해서도 배우지만, 실제로 내가 자동차를 만들기 위해서는 어떤 일부터 시작해야 하는지 알 수 없는 상황과 비슷하다고 할 수 있다. 자신이 배운 과목 중에 잘 알고 있는 전공 분야가 있다면 고장 난 부분을 고치는 것은 가능하겠지만, 소프트웨어 전체를 꿰뚫는 식견과 조망하는 능력, 소프트웨어개발을 진행하는 데 필요한 기술적 이해와 통찰력, 소프트웨어개발을 조직화하고 이행하는 능력은 거의 없는 것이다. 소프트웨어가 단지 프로그램을 코딩하는 기술로 해결되지 않는다는 것은 이미 널리 알려진 사실이고, 소프트웨어개발과정에 대한 전체적인 흐름을 보는 눈이 부족하면 제대로 되고 쓸 만한 소프트웨어를 개발하는 일은 상당히 어려운 일이 될 것이다.

학생들뿐만 아니라 일반인들도 마찬가지다. 기업에서는 업무를 소프트웨어로 처리한다. 만약 소프트웨어 비전공자인 일반인들이 자신의 소프트웨어를 직접 만든다면 그것은 불가능한 도전이라고 할 수 있다. 프로그램언어 학원을 다니고 그래서 프로그램을 코딩할 수 있다면 자신에게 필요한 간단한 프로그램을 코딩하는 것은 가능하겠지만, 잘 짜인 소프트웨어를 만드는 것은 쉬운 일이 아니다. 만일 일반인들이 프로그램코딩 능력만으로 소프트웨어를 개발한다면 소프트웨어 전공자들이 소프트웨어를 본격적으로 개발할 때 겪는 고민보다 더 많은 고민을 하게 될 것이기 때문이다. 일반인들이 소프트웨어 전문가에게 개발을 의뢰하는 것도 쉬운 일은 아니다. 소프트웨어개발 현장 경험에 비추어보면 그것도 쉽지 않은 일이다. 소프트웨어는 무엇을 만들어달라는 요청이 있자마자 바로 개발되어 사용되는 것이 아니기 때문이다. 소프트웨어개발의 결과는 자신의 요구사항을 어떻게 설명하는지에 따라 달라진다고 할 수 있다.

소프트웨어개발과정에 대한 경험 많은 소프트웨어 전문가들은 일반인들의 문제점을 잘 알고 있다. 일반인들이 정말로 원하는 것과 표현하지 못한 요구사항을 잘 알고 대응하기 때문에 무리 없이 소프트웨어를 개발해내고 있는 것이다. 그들은 보다 싼 비용으로 소프트웨어를 개발할 수 있는 식견과 경험을 갖추고, 본격적인 소프트웨어개발 전에 전체의 개발계획을 수립하고 소프트웨어구조를 만들어서, 경험이 부족한 소프트웨어 개발자들도 안심하고 소프트웨어개발에 전념할 수 있는 환경을 구축한다. 자신보다 경험이 부족한 소프트웨어 개발자를 적재적소에 배치하고 조직화하여, 효율적인 소프트웨어 프로젝트가 될 수 있도록 리드한다. 대부분의 경우에 최상위의 소프트웨어 전문가는 아키텍트로 활동하면서 개발되는 소프트웨어의 목적과 비전을 달성할 수 있도록 한다.

이 책에서는 소프트웨어를 전공한 대학생과 비전공 대학생 및 일반인을 대상으로 소프트웨어에 대해서 아주 쉽게 설명하고 있다. 컴퓨터나 소프트웨어 전공자라면 소프트웨어개발에 대한 전체 과정을 조망하여, 자신이 전공한 과목이 소프트웨어개발에 어떻게 응용되는지 알 수 있게 한다. 프로그램코딩이 가능한 비전공자라면 자신의 코딩 기술이 소프트웨어개발에 어떻게 사용되어야 하는지 알 수 있게 한다. 또한 프로그램코딩 외에도 어떠한 소프트웨어개발 지식이 필요한지 알게 될 것이다. 코딩을 못 하는 일반인이라면 자신에게 필요한 소프트웨어가 어떻게 개발되는지 이해함으로써 소프트웨어 개발자와 어떻게 의사소통을 해야 원하는 소프트웨어를 만들어낼 수 있는지 알려준다. 즉, 소프트웨어 개발자들에게 원하는 소프트웨어를 개발할 수 있게 만드는 방법을 서술하였다.

우리는 지금 4차 산업혁명의 길 위에 서 있다. 미래 사회가 어떻게 될지 아무도 쉽게 예단할 수 없지만 분명한 것은 소프트웨어가 중심이고, 소프트웨어 없이는 아무것도 할 수 없다는 현실이다. 앞으로 시간이 흐르면 흐를수록 소프트웨어 전문가는 정치, 산업, 문화, 교육 등 세상의 중심에서 더욱더 자신의 존재감을 부각시키게 될 것이다.

2019년 8월 저자를 대표하여 한상운

차례

소프트웨어 정확히 알기

4차 산업혁명이 어느 날 갑자기 시작된 것은 아니다. 언제부터인지 모르게 모두가 지금은 4차 산업혁명의 시대라고 한다. 세계경제포럼의 회장인 클라우스 슈바프Klaus Schwab는 2016년 스위스 다보스에서 열린 포럼에서 "지금은 4차 산업혁명의 직전에 와 있다."고 말했다.

4차 산업혁명은 소프트웨어가 주인공인 시대이므로 소프트웨어 혁명이라고 해도 틀린 말은 아니다. 4차 산업혁명으로 사회의 많은 부분이 전에 없이 변화하여 기존의 질서와 이미 만들어진 것들이 사라지거나 무시되고, 그 대신 새로운 질서와 새로운 것들로 채워질 것이다. 기존의 질서와 기존의 것들에 익숙했던 사람들 중 제대로 준비하여 대처하지 않은 사람들은 빠른 변화에 어리둥절하며 우왕좌왕하다가 결국 중심 사회로부터 밀려나 주변으로 가거나 격리될 수도 있다. 결과적으로 소프트웨어를 잘 모르면 현실과 격리되어 낙후되고, 앞으로의 생존을 걱정해야 하는 존재가 될지도 모른다.

3차 산업혁명이 하드웨어 중심의 속도 경쟁 산업이라면 4차 산업혁명은 소프트웨어와 융합된 산업으로, 산업의 발전을 인공지능과 같은 새로운 소프트웨어가 주도하고 있다. 우리는 4차 산업혁명의 본질이 왜 소프트웨어 중심인지 알아보고 소프트웨어에 관한 기술의 변화가 사회 변화에 어떤 영향을 줄 것인지 이해하려고 한다. 그럼으로써 소프트웨어의 중요성을 간파할 수 있을 것이다.

기존에 써왔던 전자메일, 인터넷, 게임, 모바일앱 등의 소프트웨어와 4차 산업혁명의 핵심 소프트웨어로 언급되는 인공지능, 빅데이터, 블록체인 등과의 사이에는 궁극적으로 어떠한 차이점도 없다. 왜냐

하면 소프트웨어는 알고리즘의 덩어리로 그 둘 사이의 차이는 결국 소프트웨어를 이루는 알고리즘의 차이이기 때문이다. 그렇다면 기본적인 소프트웨어 개념만 잘 이해해도 4차 산업혁명에 적합한 소프트웨어를 만드는 데는 아무런 문제가 없을 것이다.

인공지능과 로봇이 4차 산업혁명의 핵심이다

4차 산업혁명에서 변화의 중요한 키워드를 뽑으라면 인공지능과 로봇이다. 다른 것들은 인공지능과 로봇을 부가적으로 설명하는 말들이고, 인공지능과 로봇을 발전시키고 활용하면서 생긴 필연적 결과물이다. 인공지능은 프로그램과 데이터가 잘 조화되어 고도로 잘 만들어진 소프트웨어다. 로봇은 인공지능 소프트웨어와 기계가 결합되고 융합되어 만들어진 새로운 제품이라고 할 수 있다.

인공지능은 인간의 사고를 대체할 수 있다. 지금까지 개발된 인공지능기술 수준은 인간이 논리적으로 차근차근 생각하기에는 시간이 좀 오래 걸리지만 일 자체는 복잡하지 않고 단순하며 반복적일 경우 그 일을 대신해서 시키기에 적합하다. 그러므로 사람이 지루하다고 생각하는 일을 인공지능에게 시키면 사람이 직접 하는 것보다 빠르고 정확하게 처리하므로 더 효율적일 수 있다. 또한 일은 단순하지만 많은 사람을 투입해야만 할 경우에 적용하면 더욱 좋다.

인공지능이 많이 활용되는 분야는 직접 다른 사람을 대하면서 반

4차 산업혁명은 인공지능과 로봇의 발전이 견인

복적으로 비슷한 업무를 처리하는 콜센터 업무, 증권 업무, 번역 업무, 법률 서비스, 알파고의 바둑과 같이 사람이 정해놓은 규칙에 따라 일을 하는 곳이다. 이러한 인공지능을 약한 인공지능이라고 한다. 규칙으로 정해진 업무를 사람보다 빠르게 잘 처리하는 인공지능이다. 약한 인공지능은 사고할 수 있는 범위가 한정되어 범용성이 적다. 통신 회사의 콜센터는 가입, 해지, 부가서비스 등의 업무를 처리한다. 그런데 여기에 적용된 인공지능에게 연애 상담을 하면 제대로 답을 해줄 수 없다. 연애에 대한 데이터와 정보가 들어 있지 않기 때문이다.

반면에 강한 인공지능도 연구되고 있다. 강한 인공지능은 모든 경우에 대처하는 능력을 갖추고 있다. 사람과 같이 완벽하게 사고하는 인공지능이다. 범용 인공지능이라고도 한다. 아직까지 강한 인공지능이 개발되어 사용되고 있다는 소식을 듣지는 못했지만 전문가들은 적어도 21세기가 지나기 전인 2060년경에는 개발될 것으로 예측하고 있다.

전문가들은 강한 인공지능기술이 발전함에 따라 초인공지능도 생겨날 것으로 예측한다. 말 그대로 인간의 사고력과 응용력을 뛰어넘는 인공지능이다. 지능으로 보면 슈퍼맨과 같은 능력을 갖고 있다. 이 인공지능도 21세기에는 개발될 것으로 보인다.

인공지능은 무한히 학습하면서 스스로 진화한다

인공지능의 큰 특징 중 하나는 무한히 학습한다는 것이다. 불평불만 없이 무한히 학습할 수 있기 때문에 어느 시기에는 사람의 지능을 뛰어넘을 것으로 예측하는 것은 어쩌면 당연하다. 게다가 인공지능은 재귀적(Recursive)인 자체 개량의 특징을 갖고 있다. 재귀적이라는 말의 의미는 자기 자신에게 돌아간다는 뜻이다. 처음으로 돌아가서 스스로 개량을 거듭할 수 있는 능력이 포함된다. 그러므로 인공지능은 잘못된 것이 있다면 스스로 고치면서 더 나은 지능으로 진화할 수 있다. 이는 지금까지 나온 그 어떤 소프트웨어도 갖고 있지 않던 특성이다.

그간의 소프트웨어는 한번 오류가 생기면 사람이 고쳐주지 않는 이상 스스로 오류를 고치지 못했다. 그래서 한번 발생한 오류는 고치지 않으면 동일하게 반복되었다. 만약 이런 소프트웨어가 전 국민을 대상으로 하는 소프트웨어라고 하면 국가적, 사회적으로 큰 재앙적 결과를 초래할 것이다.

바이러스 프로그램은 소프트웨어가 가진 약점이나 문제점을 파고 들어 공격한다. 만약 백신 소프트웨어로 치료하지 않으면 바이러스 프로그램은 자신이 원하는 일, 예를 들면 정보를 수집하여 전송하거나, 컴퓨터를 다운시키는 등의 악의적이고 범죄적인 일을 저지른다. 여기서 백신으로 치료한다는 것은 두 가지 일을 수행함을 말하는데 하나는 바이러스 프로그램이 다시 작동하지 못하도록 삭제하는 것이고, 다른 하나는 바이러스에 걸린 소프트웨어를 수정하여 다시 동일한 바이러스에 감염되지 않도록 하는 것이다.

해커는 소프트웨어의 문제점을 파악하여 컴퓨터나 네트워크를 교란하고, 컴퓨터에 은밀히 침투하여 필요한 정보를 채취하거나, 소프트웨어나 정보를 변조, 수정하는 등 자신이 원하는 바를 불법적으로 성취하는 범죄행위를 저지른다. 해커의 침투 또는 공격 흔적이 발견되면 소프트웨어 전문가는 컴퓨터나 소프트웨어의 취약점을 분석하여 이를 없애는 작업을 한다. 취약점을 없애는 일을 한다는 의미는 개선된 새로운 소프트웨어를 개발하여 설치하거나 취약한 소프트웨어를 삭제하는 일이다. 반면에 인공지능은 사람과 같이 잘못된 오류를 스스로 고칠 수 있는 소프트웨어다. 바이러스에 걸려도 스스로 바이러스를 치료할 수 있게 된다.

기존의 소프트웨어와는 다른 이러한 재귀적인 자체 개량의 특징으로 인하여 초인공지능의 개발이 가능하게 되는 것이다. 이때가 되는 순간부터 인공지능의 학습에는 인간의 도움이 필요 없게 된다.

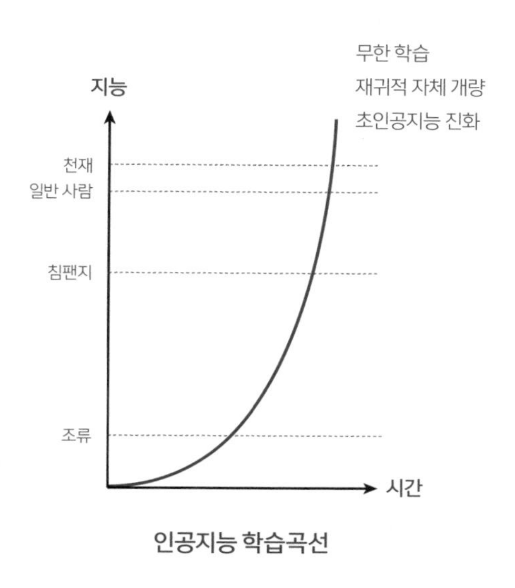

인공지능 학습곡선

스스로 필요한 데이터를 찾아내고, 스스로 더 좋은 알고리즘을 찾아내기 때문이다. 인공지능이 학습에 대한 자율성을 영원히 확보하게 되는 것이다.

물론 이러한 잠재적 능력 때문에 인공지능 소프트웨어와 인공지능을 가진 로봇에 대한 윤리적 원칙을 세워야 한다는 논의도 있다. 세계적인 소프트웨어 전문가나 과학자 중에는 인공지능의 출현을 경계해야 한다고 우려의 목소리를 높이는 사람도 있다. 윤리적 측면에서 보면 인간을 도와주는 모든 행동이 모두 윤리적일 수는 없기 때문이다. 초인공지능이 주인의 도둑질과 같은 범죄행위를 도와준다면 윤리적이지 않은 것이다. 또, 인간보다 우세한 능력을 가진 인공지능이 나타나서 인간을 적으로 간주하거나 지구의 환경을 해치는 존재로 간주해 끔찍한 일을 벌일 수도 있다. 그러므로 인공지능의 발전을 적절히 제어할 필요성도 생기고 있다.

로봇에 인공지능이 탑재된다

로봇은 인공지능의 도움을 받아야 제대로 활약할 수 있다. 인공지능이 없다면 단순히 인간의 지시에 따라 그때그때 작동하는 장난감 같은 존재일 뿐이다. 최근에 인간을 대신하여 로봇이 자동차를 생산하는 공장이 미국 LA에 세워졌다. 이 공장에는 생산에 참여하는 노동자가 한 명도 없다. 모든 일을 로봇과 소프트웨어가 알아서 처리한다. 이 공장에서 자동차가 만들어지면서 생산 현장의 노동자에게 발생하는 사고 위험도 사라졌다. 로봇과 소프트웨어는 사람처럼 힘들다고 쉬지 않으며, 급여가 적다고 파업하지도 않는다. 오로지 전기와 자동차 부품만 있으면 설치된 로봇들은 열심히 자동차를 생산한다. 예상치 못한 문제가 발생해도 인공지능이 로봇에게 새로운 지시를 하여 해결한다. 자동차에 결함이 있다면 소프트웨어 전문가 및 로봇 전문가가 인공지능 소프트웨어를 수정하고, 로봇을 개량하면 된다.

로봇은 인간에게 힘들다고 불평을 하거나 엄살을 피우지 않는다. 자신을 움직일 수 있게 하는 전기를 제때 공급해주면 불평불만 없이 자신의 일을 영원히 수행할 수 있다. 가정에 있는 인공지능 청소로봇을 보면 이러한 특성을 잘 알 수 있다. 청소로봇은 자신에게 주어진 스케줄에 따라 열심히 방 안 구석구석을 청소하고, 에너지가 필

로봇의 특징

요하면 스스로 자신의 충전대로 가서 충전한다. 청소 과정 중에 인간이 개입할 필요가 거의 없다. 집주인은 이제 청소하면서 발생하는 먼지를 마실 필요가 없다. 인류 역사상 인간에게 이처럼 좋은 하인은 없었다. 각 가정에 이 로봇 외에도 요리하는 로봇, 빨래하는 로봇이 있다면 집안일하는 사람들은 가사 노동으로부터 해방될 것이다.

앞서 서술한 것처럼 죽지도 않고, 불평불만 없이 계속 일하는 것이 로봇의 대표적인 특징이다. 또 한 가지 중요한 특징이 있는데 로봇은 스스로 자기복제가 가능하다는 것이다. 만약에 로봇을 생산하는 공장에서 로봇이 일하고 있다면 그 로봇 공장은 자기와 같은 로봇을 무한대로 만들어낼 수 있다. 처음에 만든 로봇은 사람이 만들었지만, 시간이 지남에 따라 사람의 개입은 줄어들고 로봇이 로봇을 생산하게 되는 것이다.

미국의 한 대학에서 자기복제 하는 로봇을 개발하고 논문을 발표했다. 이동이 가능한 육면체 형태의 부품으로 구성되어 있는 이 로봇은 특정 형태의 모양을 만들라고 명령을 내리면 육면체들이 스스로 움직이면서 그 모양으로 맞춰진다. 만일 이 육면체를 무한대로 만들어내는 공장이 있다고 가정하면 육면체로 다양한 형태의 로봇을 만들어낼 수 있다. 복잡한 과정을 통한 로봇 생산과는 다르게 순간적인 복제가 가능하게 되는 것이다. 3D 프린터로 로봇의 부품인 육면체를 만들어내면 큰 생산 공장이 없어도 쉽게 로봇을 만들 수 있는 것이다.

이 육면체들이 좀 더 정교화되면 그간에 없었던 새로운 방식의 산업에 투입될 수 있다. 밝혀진 바에 따르면 가까운 위성인 달에는 지구에 없는 여러 종류의 광물을 포함하여 엄청나게 많은 광물이 매장되어 있다고 한다. 달에서 이 광물들을 캘 수 있다면 인류의 발전에 큰 보탬이 될 것이다. 그러나 현재의 기술로는 인간이 달에 가서 살면서 광물을 채굴하기에는 어려움이 많다. 숨 쉴 수 있는 공기도 필요하고 식량도 필요하지만 무엇보다 인류가 살기에는 기온이 적당하지 않다는 게 큰 문제다. 그렇다고 인류에게 적합한 지구와 같은 환경으로 달을 개조하기에는 너무 많은 비용과 시간이 들게 된다. 하지만 그 일을 로봇이 한다면 인류가 가서 하는 것보다는 비용과 시간적인 측면에서 아주 많은 이점이 있을 것이다.

인공지능기술과 로봇 기술의 발전이 축적된 가까운 미래에 달에 가서 광물을 채굴하는 프로젝트를 시작한다고 상상해보자. 인간 대신 달에 가서 광물을 채굴할 로봇을 개발한 후 로켓으로 이 로봇을 달에 보낸다. 이 로봇은 자기복제가 가능하며 에너지는 태양열을 쓰도록 만들어져 있다. 그러므로 로봇이 고장이 나지 않는 이상 태양

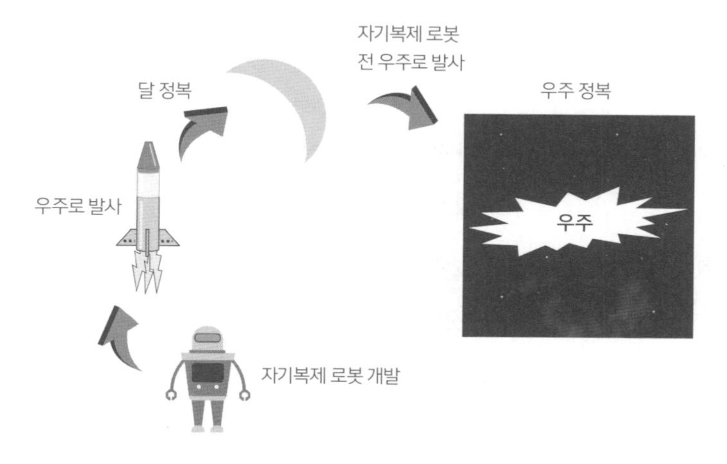

폰 노이만 머신을 통한 우주 정복

열을 이용하여 열심히 광물을 채굴할 것이다.

처음에 달에 로봇을 보낼 때는 고성능의 3D 프린터 한 대를 같이 보낸다. 3D 프린터를 같이 보내는 이유는 로봇이 채굴한 광물을 원료로 자기복제 로봇의 부품을 생산하기 위함이다. 자기복제 부품이 생산되면 부품들은 같은 로봇으로 복제되어 광물을 생산한다. 어느 정도 로봇이 복제되면 로봇이 생산한 광물을 지구로 수송한다. 이런 방식으로 달에서 광물을 생산하여 보냄으로써 부족한 지구의 부존자원을 보충할 수 있다. 이 상상적 이론은 폰 노이만 박사의 '프로그램내장형컴퓨터의 소프트웨어는 복제가 가능하다'는 것에 기반을 두고 있다. 이스라엘 텔아비브대학의 로이 체자나 교수는 이 이론에 따라 복제가 가능한 로봇을 만들어서 전 우주에 뿌리면 결국 400만 년 정도의 시간이 흐르면 인간이 우주를 정복할 수 있을 것으로 보았다.

인간의 생존에 필요한 식량과 에너지

인간이 생존하기 위하여 가장 중요한 것은 식량과 에너지다. 인구 증가로 식량은 갈수록 부족해지고 산업 발전에 따라 남아 있는 자원은 점점 고갈되고 있다. 이 문제를 해결해야 인류는 멸망하지 않고 지속적으로 번영할 수 있을 것이다. 인공지능과 로봇은 이를 해결해 줄 수 있는 열쇠다.

앞으로 식량 생산에는 로봇이 인간을 대신할 것이다. 농사짓는 일을 로봇이 대신하게 됨으로써 인간은 힘든 농사일에서 해방된다. 농사는 여름철에만 하는 것이 아니고 인공조명을 이용하여 밤낮으로, 계절에 관계없이 수행된다. 이제 농촌이라는 개념은 사라지고 공장에서 제품을 생산하듯이 농산물이 수확되어 출하된다. 농산물 재배지는 우리가 일반적으로 생각하는 농토만이 아니라 건물형 농장도 있고, 길 위에도 있고, 일반 가정집에도 있고, 아파트 베란다에도 있다. 태양이 비추는 곳이면 어디나 만들 수 있고, 어두운 지하실 같은 곳이면 LED 같은 인공조명으로 식물을 자라게 할 수 있다.

인공지능과 로봇이 투입되어 농업에 최적화된 농장을 스마트팜Smart Farm이라고 부른다. 인공지능은 농작물별로 가장 좋은 생육환경을 학습했기 때문에 최적의 식물 재배 환경을 제공할 수 있다. 인공지능은 식물에게 물을 줘야 하는 시간, 최적의 습도, 최적의 토양 속 비료, 미생물, 최적의 LED 빛 등을 조절한다.

고기와 같은 육류도 목초지나 우리에서 가축을 길러 생산하는 것이 아니다. 바이오 기술에 의해 하나의 세포로부터 배양된 고기를 만들어낼 수 있다. 앞으로는 공장에서 생산된 육류 제품을 공급받게 된다. 이러한 과정도 인공지능과 로봇이 전적으로 담당하게 된다.

미래에 이런 환경이 완벽하게 구축되면 인류의 식량문제는 모두 다 해결될 수 있다. 식량은 국가가 생산하여 무상으로 모든 국민에게 공급할 수 있는 체계가 마련되는 것이다. 개인적으로 필요한 일부 식량만 스스로 재배하여 자급자족하면 된다.

미래에 에너지문제가 어떻게 해결되는지 알아보자. 현재의 인류에게 에너지원으로 쓰이는 것은 석유와 석탄 같은 화석연료가 대부분이다. 일부는 원자력같이 인류에게 위험한 연료도 사용되고 있으며, 태양열, 풍력 및 조력과 같이 지구의 환경을 크게 오염시키거나 훼손하지 않는 에너지원도 있다. 알다시피 인류에게 가장 좋은 에너지원은 태양열이다. 태양은 앞으로도 몇십억 년은 열심히 타오를 것이고, 안전하면서도 인류를 포함해 모든 생명에게 꼭 필요한 에너지이기 때문이다. 단지 지구에서 태양열을 잘 사용하기 위해서는 여러 가지 해결해야만 하는 어려운 과제가 남아 있다. 지구에서의 태양열 사용은 날씨의 영향을 심하게 받고 있으며, 태양열을 저장하는 데는 아직까지도 많은 기술적 어려움을 극복해야 한다. 하지만 인공지능과 로봇이 이러한 어려움을 극복할 수 있게 한다.

태양열을 전기로 바꾸는 데 가장 적합한 곳은 지구가 아니라 지구 밖인 우주다. 우주에서 태양열을 전기로 바꾸는 태양열 전환효율은 지구에서보다 두 배 이상 높은 40%대로 알려져 있다. 지구 밖에는 구름도 없고 밤낮도 없으므로 일 년 내내 24시간 동안 태양열을 전기로 바꿀 수 있다. 그렇다면 태양열로 생산한 전기를 대규모로 저장할 이유가 없어진다.

만약 지구 밖 우주에서 태양열을 전기로 바꿀 수 있다면 지구로 전기를 보내는 방법만 알면 된다. 다행히 현재까지 연구되고 개발된 기술만 가지고도 우주에서 생성한 태양열 전기를 지구로 전송할 수 있다. 이 기술은 세계 여러 나라에서 연구되고 있는데, 마이크로파를 이용하여 안전하게 지구로 전기를 보낼 수 있다고 한다. 연구에 따르면 한반도 면적의 1.5배 정도의 태양열 판이면 지구에서 필요한 전체 전력 수요를 충족할 수 있다고 한다.

가까운 미래에 우주에서의 태양열발전소 건설은 인간이 아니라 로봇이 수행할 것이다. 앞서 설명한 바와 같이 태양열로 움직이는 자기복제 로봇을 만들어서 광물이 풍부한 달로 보낸다. 로봇들은 채굴한 광물을 가지고 자기복제 로봇을 생산하여 지구 근처의 우주로 날아오고, 서로 결합하여 거대한 태양전지판을 만든다. 자기복제 로봇들은 태양열 전기를 만들지만 특별한 활동을 하지 않기 때문에 태양열 전기는 따로 쓰이는 곳이 거의 없다. 따라서 어마어마한 양의 전기가 지구로 보내진다. 지구에서 쓸 만큼의 자기복제 로봇이 생산되면 이제 더 이상 태양열발전 로봇일 필요가 없으므로 로봇들은 달에서 인류를 위한 광물 채굴에 종사한다.

이렇게 자기복제 로봇만 있다면 전기를 충분히 생산할 수 있으므로 인류의 에너지문제를 해결할 수 있다. 이 에너지원은 화석연료와는 다르게 지속적인 채굴이 필요 없다. 한번 태양열발전 인프라를 구축해놓으면 기계와 설비가 망가지는 순간까지 전기에너지를 생산한다. 설사 기계와 설비가 망가져도 로봇들이 알아서 지속적으로 고쳐서 끊임없이 전기를 생산할 수 있다.

현대의 운송 체계의 에너지는 주로 화석연료를 사용한다. 자동차, 선박 및 비행기의 경우 원유에서 정제한 석유를 사용하여 운동에너지를 만들어낸다. 만약 석유 없이 전기만 있다면 어떻게 이동할까? 미국에서는 이미 비행기만큼 빠른 속도로 움직이는 진공 튜브 열차를 시운전했다. 비행기와 비슷한 속도인 시속 1,000km 이상으로 달릴 수 있는 고속열차다. 물론 핵심적인 에너지원은 전기다. 고속으로 튜브 속에서 이동하는 열차는 모든 것이 인공지능에 의해서 조종되므로 인류는 안전하게 이 시스템을 이용할 수 있다. 이동에 특화된 로봇이라고 생각하면 된다. 이미 시내에서는 화석연료를 사용하는 휘발유와 디젤 차량을 대신해서 전기차가 각광을 받고 있고, 속도나 힘에도 전혀 문제없이 사용되고 있다. 이에 덧붙여서 인공지능이 결합되어 자율주행뿐만 아니라 다양한 서비스를 차량 탑승자에게 제공한다.

도입 초기이지만 일부 지역에서는 수소차가 화석연료를 대체하는 교통수단으로 사용되고 있다. 수소는 자동차의 연료뿐만 아니라 로켓의 주 연료이기도 하다. 하지만 아직까지는 전기분해로 물에서 수소를 생산하는 데는 많은 전기가 소모되어 생산 비용적인 측면에서 이점이 적다. 수소를 안전하게 저장하는 방법을 해결하는 것도 중요

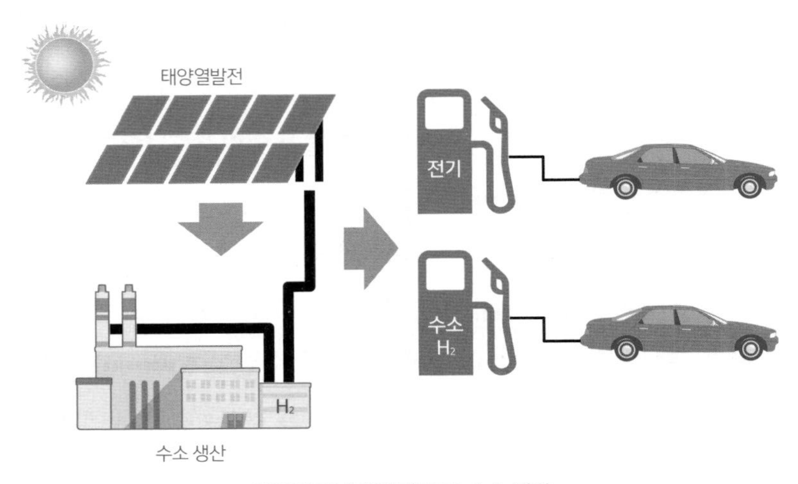

태양열에너지의 전기 및 수소 생산

하고 핵심적인 과제다. 물의 수소 분해는 환경에 영향을 주지 않으며, 수소를 태워서 자동차를 움직여도 공해는 발생하지 않고 물만 생길 뿐이므로 환경친화적인 연료다. 그러므로 우주에서 태양열발전으로 전기를 받을 수 있다면 수소 연료는 환경친화적인 훌륭한 교통수단의 대안이 될 수 있다.

자기부상열차도 상용화되었다. 상당히 빠른 속도를 낼 수 있고, 연료는 전기만을 사용하기 때문에 자연 친화적인 교통수단이다. 자기부상열차의 운전과 관제도 인공지능과 같은 소프트웨어가 담당한다. 이미 실증 속도가 600km에 도달하여 거의 비행기와 맞먹는 속도를 자랑한다. 비행기의 이륙이나 착륙 시간을 감안하면 자기부상열차는 도심에서 바로 출발하여 도착할 수 있으므로 전체 이동 소요시간 측면에서도 효율성이 크다.

4차 산업혁명의 정점에 이르면 인류는 인공지능과 로봇에 의해서 식량과 에너지를 거의 무상으로 받을 수 있는 세상을 만들 수 있다. 인간은 반복적이고 지루한 노동으로부터 벗어나 인간이 원하는 가치 있는 활동에 집중할 수 있게 된다. 단지 기존의 일자리가 인공지능과 로봇으로 대체되는 데 따른 문제점을 해결하고 앞으로 인간은 어떠한 노동을 해야 하는지에 대한 구체적인 고민이 필요하다. 지금까지 알려진 바에 따르면 앞으로 많은 일자리가 사라지더라도 인공지능 즉, 소프트웨어와 로봇과 관련된 일자리는 사회의 핵심 일자리가 될 것으로 전망되고 있다.

4차 산업혁명에서의 소프트웨어 인식 변화

우리나라는 4차 산업혁명을 잘 이해하고 그 중요성을 인식함에 따라 정치, 경제, 사회, 교육 전문가들은 물론 심지어 학생들도 앞으로의 미래 세계에서는 소프트웨어가 핵심이라는 것을 익히 알고 있다. 소프트웨어의 중요성을 간파한 여러 선진국에서는 이미 소프트웨어 관련 교육을 선택이 아닌 의무교육으로 생각하고 '컴퓨팅사고', '프로그램코딩' 교육을 실시하고 있다. 우리나라의 교육계에서도 초등학교 고학년, 중학생, 그리고 고등학생들을 대상으로 소프트웨어 코딩교육을 실시하고 있다. 이렇듯 앞으로의 미래 사회에서는 소프트웨어가 산업과 생활의 중심이라고 생각하는 패러다임의 변화는 이미 우리나라와 같은 IT 선진국만의 일이 아닌 글로벌한 현상이 되었다.

최근의 신문 기사를 보면 우리나라는 청년실업, 노년 빈곤이 급속하게 늘어나고 있다고 한다. 이 사회적 문제와 실업을 해결하는 가장 좋은 수단이면서 핵심적인 방안은 소프트웨어산업의 발전이라고 생각한다. 미래 전문가들은 앞으로 4차 산업혁명이 진행되면 될수록 빅데이터, 인공지능, 블록체인과 같은 기술을 적용하여 새롭게 개발되는 소프트웨어와 로봇이 인간의 노동에 대체 투입됨에 따라서 아주 많은 일자리가 감소될 것으로 전망하고 있다.

4차 산업혁명은 필연적으로 산업의 구조를 변화시키고 인간의 노동이 어떻게 변해야 하는지 감당이 안 될 정도의 사회적 고민을 발생시킨다. 인간은 이 혁명으로 촉발되는 삶의 변화를 두려워하겠지만 변화를 받아들여야 함을 실감할 수밖에 없다. 그러므로 우리나

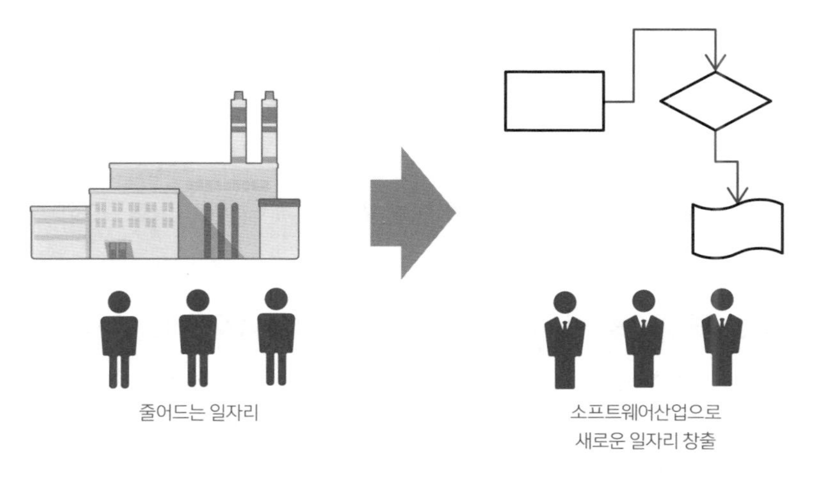

소프트웨어산업으로 새로운 일자리 창출

라도 더 늦기 전에 하드웨어 중심의 산업구조를 소프트웨어와 결합한 새로운 산업구조로 변화시켜야 한다. 이를 통해서 감소할 수밖에 없는 전통적 일자리를 소프트웨어산업에서 신규로 창출하여 더욱 심각해지고 있는 사회문제와 실업을 선제적으로 해결해야 한다.

고등학교, 대학교에서는 과감한 소프트웨어 교육에 대한 투자를 통하여 소프트웨어 전문가를 양성해야 하고, 글로벌하게 경쟁할 수 있는 소프트웨어 인재를 키워야 한다. 양성된 소프트웨어 인재는 소프트웨어기업을 창업하기 위한 창의적 인재일 뿐만 아니라 미래 사회의 새로운 소프트웨어산업을 리드하기 위한 인재가 되어야 한다.

국가 및 공공기관은 날로 심각해지는 고령화 시대를 대비하기 위하여 이미 장년, 노년의 시기에 들어선 사람들에게도 소프트웨어 교육을 전면적으로 실시해야 한다. 소프트웨어를 접할 수 없는 사람 혹은 접하기 힘든 사람들에게 소프트웨어를 쉽게 접할 수 있도록 만들어줘야 한다. 즉 정보격차, 디지털격차뿐만 아니라 소프트웨어 격차를 줄이기 위한 국가적 사업을 실시해야 한다.

전문가뿐만 아니라 많은 사람들은 우리나라가 4차 산업혁명을 주도하기 위해서 또 미래 사회의 변화에 대처하기 위해서 소프트웨어 개발 역량을 확보해야 한다고 말하지만 실제로 소프트웨어가 무엇인지 정확히 알고 있는지는 불확실하다. 손자병법에 "남을 알고 나를 알면 백 번 싸워도 위태롭지 않다."는 말이 있듯이 무엇보다도 소프트웨어에 대해서 정확히 알아야 올바르게 미래 사회에 대응할 수 있을 것이다.

컴퓨터가 대중화된 1980년도부터 여러 세대를 걸쳐서 윈도, 한글 워드, 전자메일, 인터넷, 백신, 게임 등의 소프트웨어를 자연스럽게 사용했다. 일부 사람들은 바이러스에 걸려서 데이터를 다 날리기도 했고, 청소년들은 컴퓨터게임에 열광하기도 했다. 스마트폰이 대중화된 지금은 배달의민족, 페이스북, 카카오톡과 같은 모바일앱을 사용하여 삶의 질을 높이고 자신만의 행복을 찾아가고 있다. 4차 산업혁명을 주도하는 소프트웨어는 기존에 우리가 써왔던 소프트웨어와는 약간은 다르다고 느낄 것이다.

많은 사람들이 4차 산업혁명의 중심적 소프트웨어가 인공지능, 클라우드, 빅데이터, 블록체인과 같은 새로운 기술의 소프트웨어라고 얘기한다. 인공지능 분야에 대해서 조금이라도 들어보거나 아는 사람들은 머신 러닝Machine Learning, 딥 러닝Deep Learning을 얘기한다. 그런데 머신 러닝을 할 수 있도록 작동하는 소프트웨어의 알고리즘을 어떻게 만드는지 제대로 알고는 있을까? 인공지능 소프트웨어뿐만 아니라 나에게 필요한 소프트웨어를 스스로 만들 수 없다면 전문가에게 만들어달라고 해야 하는데, 자신이 원하는 바를 제대로 설명하거나 표현할 수 있을까? 남의 것을 만들어주는 것도 힘들지만 내게 필요한 것을 설명하는 것도 힘든 과정이다.

소프트웨어를 가장 많이 사용하고, 다양한 소프트웨어를 갖고 있는 기업도 자신들에게 필요한 소프트웨어를 개발하는 데는 많은 시행착오를 겪고 있는 것이 현실이다. 신규 사업을 위하여 개발한 소프트웨어가 제대로 작동하지 않아 고객의 불만을 사기도 한다. 새로

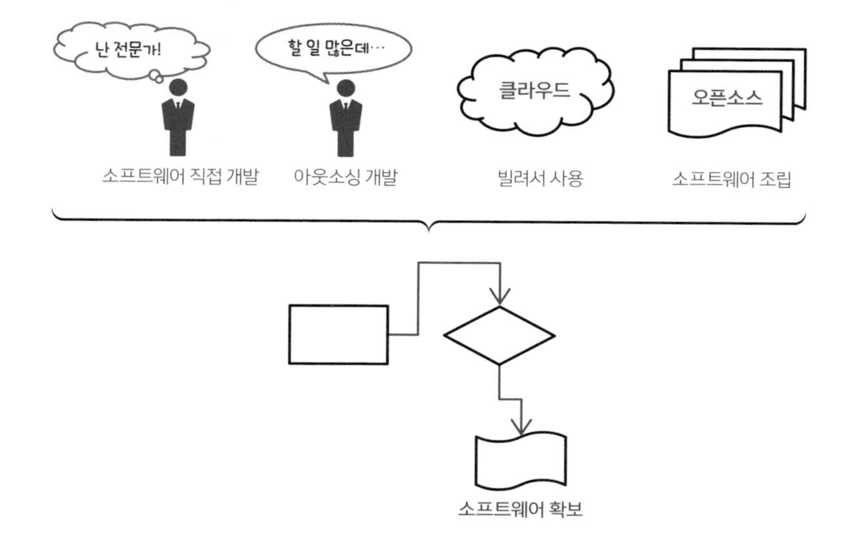

다양한 소프트웨어 확보 방법

운 소프트웨어에 대한 홍보가 덜 되어 사람들이 사용법을 몰라 업무 처리가 지연되기도 하고, 어느 경우에는 이것이 사회적으로 큰 이슈로 등장하기도 한다. 간혹 신문에서 기사화되듯이 "새로운 시스템의 문제로 오픈 일정을 연기합니다."라는 문자를 보내기도 하고, 그 회사의 홈페이지에 "시스템의 오픈 지연으로 고객에게 불편을 드려서 죄송합니다."라는 공지를 올리기도 한다.

대부분의 많은 기업들은 내부 직원만으로는 필요한 모든 소프트웨어를 다 개발해내지 못한다. 그래서 소프트웨어개발에 필요한 인원 부족, 최신 소프트웨어에 대한 기술력 부족, 소프트웨어개발에 대한 촉박한 납기 등과 같은 이유로 개발 아웃소싱Outsourcing을 추진한다. 실패 가능성이 큰 소프트웨어개발 프로젝트의 경우에도 자신들보다 더 많은 경험을 가진 개발 회사에게 프로젝트를 맡기곤 한다. 소프트웨어개발 시에 초기 투자 비용에 대한 자금 여력이 부족하다면 이미 구축되어 있는 소프트웨어를 빌려서 사용하기도 한다. 하지만 빌려서 사용할 수 있는 소프트웨어는 한정되어 있어서 IT 책임자에게 많은 고민이 있는 것도 사실이다.

또 다른 방법으로는 기존에 개발되어 있는 수많은 공개소프트웨어(Open Source Software)를 가지고 새로운 소프트웨어를 조립하듯이 만들어가는 방법이다. 오픈소스 소프트웨어를 사용하면 가격이 무료이거나 비용이 들어도 아주 저렴하다는 장점이 있지만 그 소프트웨어의 신뢰성에 대해서는 아무도 보장하지 않는다. 마치 물을 마시는 데 있어서 품질이 보증된 물을 사서 먹을 것인지 아니면 자연이 우리에게 준 강물, 냇물, 샘물 등의 물을 마실 것인지에 대한 판단으로 보면 된다. 지금도 기업에서는 비용 절감 차원에서 다양한 무료 공개소프트웨어를 적용하여 자신만의 소프트웨어개발을 하고 있다. 앞으로 더 많은 공개소프트웨어가 출시되어 기업뿐만 아니라 개인도 활발히 사용할 것으로 예상되는 방법 중 하나다.

소프트웨어의 역할이 중요해진 이유

4차 산업혁명의 중심에 왜 소프트웨어가 중요한 역할을 하게 되었을까? 그것은 소프트웨어가 갖고 있는 접착제와 같은 연결 특성 때문이다. 소프트웨어는 그동안 인류가 문명을 만들고 발전시키면서 만들어놓은 수많은 공업 제품 즉, 하드웨어를 끝없이 연결한다. 물론 4차 산업혁명의 시작은 인터넷이었고 무선통신에 의해서 구체화되었다. 그러므로 정보통신과 같은 네트워크의 역할도 중요했다. 그러나 단지 네트워크의 전선을 연결한다고 하드웨어들이 연결되는 것이 아니고 연결되면서 정보의 유통이 적시에 자유롭게 되어야 하는 것이다. 이것을 초연결 사회라고 부른다. 각종 센서에서 수집된 데이터가 소프트웨어에 의해서 정보로 변환되고, 이것이 다시 네트워크를 통해서 실시간으로 사회의 여러 곳으로 전달되는 연결을 의미한다.

4차 산업혁명의 소프트웨어는 기존의 공업 제품을 진화시키고 혁신시킨다. 기계 부품과 기계제품을 만드는 생산 공장에 가면 공작기계가 있다. 이 공작기계를 이용해서 기계를 만드는 기계도 생산해낸다. 품질 좋은 기계 부품의 생산은 이 공작기계를 잘 다루는 고도의

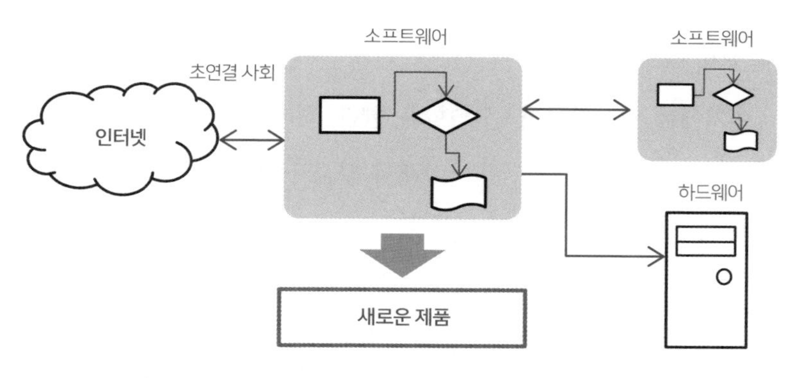

소프트웨어의 핵심적 특징은 연결

숙련된 전문가가 있어야 가능하다. 공작기계를 잘 다루는 숙련된 노동자가 아니면 기계 부품을 만들어내는 것이 어렵기 때문에 이러한 노동자를 특별히 기계 전문가로 대접하는 것이다. 이 공작기계를 대체하는 것이 3D 프린터다. 공작기계와 소프트웨어가 결합되어 새로운 공작기계인 3D 프린터가 탄생된 것이다. 소프트웨어가 공작기계를 한 단계 업그레이드시킨 것이다. 마치 새로운 제품이 발명된 것처럼 보이기도 한다. 하지만 본질은 공작기계와 소프트웨어의 융합이다. 3D 프린터 때문에 공장에서는 공작기계를 다루는 전문가의 필요성은 작아지고, 소프트웨어 전문가와 3D 프린터용 소프트웨어를 잘 다룰 수 있는 사용자의 필요성이 커지고 있다.

다른 사례로 자동차를 예로 들면, 현재 많은 자동차 기업 및 소프트웨어 플랫폼 회사에서 자율주행 자동차가 개발되고 있다. 자동차와 자율주행 소프트웨어를 결합하여 자동차를 소프트웨어가 스스로 운전할 수 있도록 업그레이드한 것이다. 자율주행 자동차로 불리고 있지만 차를 스스로 운전하는 데 특화된 자동차 로봇이라고 봐도 무방하다.

여기에는 인공지능이 큰 역할을 한다. 하지만 인공지능을 개개의 자동차에 다 탑재할 수 없다. 그래서 인공지능의 핵심 소프트웨어는 중앙에서 관리하고 필요한 정보를 각각의 단말인 자동차에 전달하여 사용할 수 있도록 한다. 영화 터미네이터에서 인공지능인 스카이넷이 로봇을 조종하는 개념과 동일하다고 할 수 있다.

수많은 데이터를 모아놓고 인공지능 소프트웨어로 데이터를 처리

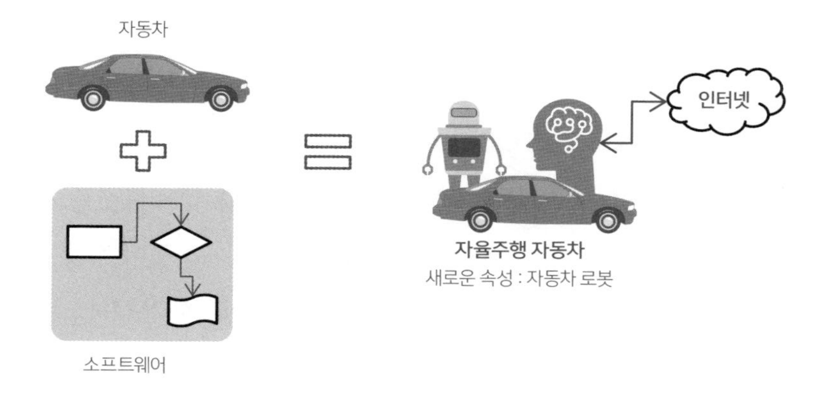

자율주행 자동차는 자동차 로봇

하면서 필요한 정보를 적시에 생산하여 제공하는 곳을 클라우드컴퓨팅 센터라고 부른다. 전기 혁명을 이끈 전기 발전소와 같은 혁명적 기술이라고 할 수 있다. 앞으로는 우리가 전기를 사용하고 사용한 만큼 전기요금을 내듯이 클라우드 센터에 있는 소프트웨어를 사용하고 그 자원들을 쓴 만큼의 요금을 내게 될 것이다. 이 클라우드 센터에 모여 있는 수많은 데이터를 빅데이터라고 부른다. IoT_{Internet of Things} 기술에 의해서 모아진 엄청나게 많은 데이터가 대표적이다.

빅데이터를 분석하여 인간에게 유용한 정보로 만들어주는 역할을 하는 것이 인공지능 소프트웨어다. 인공지능 소프트웨어가 유용한 정보를 만들어내기 위해서는 빅데이터를 가지고 학습을 해야 한다. 이 학습이 반복되면 인공지능 분석의 정확도가 상승된다. 학습이라고 하는 것은 클라우드 센터와 같은 대용량의 데이터로부터 비슷한 유형의 정보를 잘 정리해놓고, 인공지능 소프트웨어가 필요한 분석을 할 때 사용하는 과정이다.

현재 우리나라뿐만 아니라 전 세계적으로 스마트폰의 완전한 보급이 급격하게 이루어지고 있다. 이로 인하여 SNS(Social Network Service)도 활황을 맞고 있다. SNS와 같은 서비스를 하는 기업을 소프트웨어 플랫폼 기업이라고 부른다. 마치 원유를 뽑아내서 석유로 정제하듯이 수많은 사용자가 생성한 데이터로부터 유용한 정보를 뽑아내서 분석하고돈을 만든다. 소프트웨어 플랫폼 기업에게는 데이터가 돈을 버는 석유가 되는 것이다.

소프트웨어 플랫폼 기업의 특징

소프트웨어 플랫폼 기업은 산업의 패러다임을 바꾸어놓았다. 페이스북은 미디어를 만들지 않으면서 미디어를 생성, 유통하는 미디어 플랫폼 기업이다. 인터넷에서 방송사와 같은 역할을 하지만 자신 스스로는 미디어를 생성하지 않고 사용자들이 만든 미디어를 유통시킨다. 요즘 사회적으로 많은 관심을 갖게 하는 공유경제 기업 중에서 우버를 보면, 우버는 자신의 회사에 택시가 하나도 없지만 택시 영업을 하고 있는 소프트웨어 플랫폼 회사라고 할 수 있다. 우리나라에서 음식 배달 앱으로 유명한 배달의민족은 음식을 만들지 않고, 음식점을 갖고 있지 않으면서 음식을 팔고 있다. 배달의민족 앱에는 모든 종류의 음식 메뉴가 모여 있다.

오늘날의 소프트웨어 플랫폼 기업은 작은 아이디어를 가지고 창업하였다. 이때 개발되어 사용된 소프트웨어는 아주 작은 프로그램들의 집합이었다. 몇몇의 소프트웨어 개발자들이 만들어낸 창의적인 소프트웨어였을 뿐이다. 점차적으로 사용자들이 많아지면서 데이터가 늘어나고 부가적인 관리기능들이 정교해졌지만, 초기의 소프트웨어 알고리즘은 변한 것이 거의 없다. 초기에 만들어놓은 뼈대를 유지하면서 추가적으로 필요한 소프트웨어의 기능을 개발하여 진화한 것이다. 속을 들여다보면, 어느 곳에서 데이터를 수집해서 가공할 것인지에 대한 기본적인 소프트웨어의 알고리즘은 변하지 않았고, 소프트웨어의 기능이 복잡해지고 데이터의 양이 늘어나면서 데이터관리가 복잡해졌을 뿐이다.

소프트웨어란 무엇인가?

소프트웨어란 무엇인가? 프로그램은 소프트웨어하고 같은 말인가? 우리가 프로그램코딩을 잘하면 소프트웨어를 잘 만드는 것일까? 지금부터 소프트웨어의 본질에 대해서 생각해 보자.

소프트웨어의 사전적 정의는 프로그램과 데이터를 통칭해서 소프트웨어라고 한다. 일반적으로 프로그램이 수행되기 위해서는 관련된 데이터가 있어야 한다. 인공지능을 보면 알 수 있듯이 인공지능 소프트웨어가 제대로 작동하려면 인공지능이 학습하기 위한 데이터가 필요하다. 그리고 이 학습된 결과를 인공지능에서 갖고 있어야 다음에 인공지능이 필요한 업무를 수행할 때 제대로 된 작동이 가능하다. 그러므로 인공지능 소프트웨어라고 하면 인공지능과 관련한 프로그램과 그 일을 하면서 사용되는 데이터가 있어야 한다.

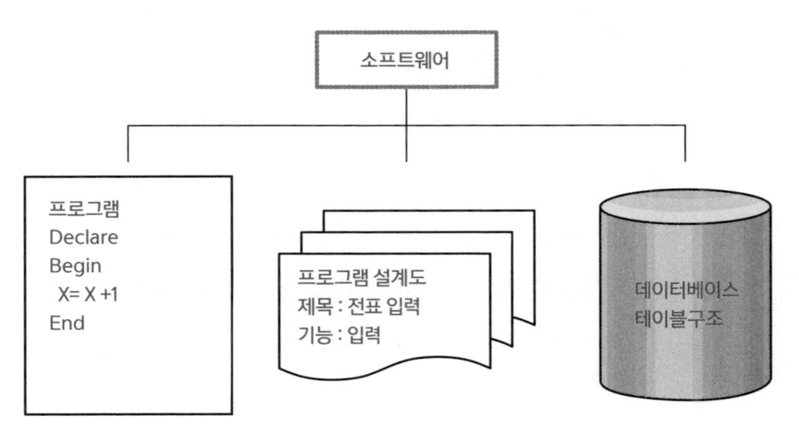

소프트웨어의 구성 요소

소프트웨어에 대한 법적인 정의는 약간 다르다. 소프트웨어와 소프트웨어를 설명하는 설계서 혹은 명세서까지를 포함한다. 예를 들어 건물의 경우로 보면, 건물과 건물을 지을 때 사용한 설계 도면을 합쳐서 건물 자산으로 인식하는 것과 같다. 결론적으로 보면 소프트웨어는 프로그램, 프로그램에서 사용되는 데이터 그리고 프로그램을 개발하는 데 사용했던 설계도까지 포함한다.

일반적으로 소프트웨어와 프로그램은 같은 의미로 사용된다. 소프트웨어 전문가 위주로 진행되는 소프트웨어개발 프로젝트에서도 별다른 구분 없이 혼용하여 사용한다. 사람들이 만들어야 하는 소프트웨어의 큰 부분이 프로그램이기 때문이다. 소프트웨어개발에는 프로그램코딩이 포함되지만 소프트웨어를 코딩한다고 하지는 않는다. 소프트웨어개발에는 프로그램의 설계와 개발(코딩)을 포함하고 있지만, 프로그램코딩이라는 말에는 설계가 포함되는 것은 아니다.

소프트웨어의 설계도가 소프트웨어의 범주에 들어가는 것은 소프트웨어의 비가시적 특성 때문이기도 하다. 비가시적이라는 말을 쓰는 이유는 하드웨어와 다르게 소프트웨어는 눈으로 확인하고 볼 수 없기 때문이다. 사람으로 치면 우리의 몸은 하드웨어이고, 소프트웨어 해당하는 것은 우리의 영혼이나 정신일 것이다. 정신은 하드웨어인 몸이 있어야 함과 동시에 몸을 통해서 우리 정신세계를 표현한다. 사람은 자신의 생각 즉, 정신세계를 말로 설명하거나 그림으로 그리거나 얼굴 표정으로 알릴 수 있다. 소프트웨어를 정신의 세계와 비슷한 영역으로 인식하면 비가시적 특성을 보다 쉽게 이해할 수 있다.

일부 사람들은 컴퓨터 화면이 있는데 왜 보이지 않느냐고 할 수 있다. 소프트웨어는 프로그램 속의 알고리즘과 같이 실제로 눈으로 볼 수 없는 영역이 더 많다. 또 소프트웨어는 하드웨어의 도움 없이 자신을 스스로 보여줄 수 없다. 우리가 화면으로 보는 것은 소프트웨어의 일부만을 눈으로 보는 것이다. 소프트웨어가 수행되어 처리된 결과만이 하드웨어인 모니터를 통해서 보여지는 것이다. 프로그램은 개발도구용 소프트웨어로 프로그램을 열어서 보지 않으면 볼 수조차 없다. 또한 프로그램을 열어본다고 쉽게 이해되는 것도 아니다. 프로그램 방법을 교육받아서 코드를 읽을 수 있는 사람이어야 이해할 수 있다.

소프트웨어 설계도는 이러한 비가시적인 특성에서 오는 어려움을 해결하는 방안으로 사용된다. 소프트웨어 전문가들은 자신이 만든 프로그램이 아닌 다른 사람이 만든 프로그램을 보자마자 이해하는 것이 쉽지 않기 때문에 설계도를 보면서 이해하는 것을 선호한다. 설계도는 보이지 않는 프로그램을 보완, 설명하는 데 중요한 역할을 한다.

소프트웨어의 보이지 않는 특성으로 인하여 소프트웨어개발에서 분석가, 설계자 그리고 개발자의 부담이 가중된다. 고객이 요구한 소프트웨어를 보여줘야 할 때면 상당한 어려움에 봉착하게 된다. 그래서 소프트웨어 모델링을 통하여 상대에게 보여주는 준비에 많은 시간을 쏟게 된다. 분석가가 모델링한 결과가 소프트웨어설계의 시작이다. 모델이 나오면 비로소 자신이 만들어야 할 소프트웨어의 대략적인 구조를 알 수 있으며, 관련된 사람들과 조금은 용이하게 얘기할 수 있다.

소프트웨어는 보이지 않기 때문에 프로젝트를 계획하고 진척 사항을 관리하는 것도 어렵고, 품질을 관리하는 것에도 많은 어려움이 있다. 개발된 소프트웨어가 어느 정도의 품질을 갖고 있는지 파악하는 데 많은 시간이 소요된다. 좋은 품질의 소프트웨어인지를 파악하는 것에도 어려움이 따른다. 이것을 증명하는 것도 용이하지 않다. 그리고 사람들에게 이해시키고 설득하는 것에도 한계가 있다. 감춰져 있는 문제를 일일이 찾아내기도 힘들다. 모든 것이 소프트웨어의 특성 때문에 발생하는 일이다.

쓰레기를 넣으면 쓰레기가 나온다

소프트웨어의 구성 요소 중 하나인 데이터와 정보의 차이를 이해해보자. 프로그램의 가장 기본적인 기능은 데이터를 수집하여 저장하고, 저장된 데이터를 분석하여 가공한 후에 제공하는 것이다. 이 가공된 데이터를 정보라고 부른다. 하지만 소프트웨어 전문가들도 데이터와 정보를 확실하게 구분하여 사용하지 않는 경우가 많다. 데이터는 다양한 곳으로부터 수집되어 저장장치라고 하는 곳에 모아져 보관된다. 데이터는 시간이 지남에 따라 방대한 규모의 크기로 차곡차곡 쌓이게 된다. 그와 동시에 분석되어 가공된 정보도 쌓이게 된다.

요즘은 IoTInternet of Things 플랫폼에 의한 서비스가 시작됨에 따라 IoT 단말기에 붙어 있는 각종 센서로부터 몇 초에 한 번씩 데이터가 발생되면서 수억 개, 수십억 개, 수천억 개의 데이터가 쌓인다. 집에서 사용하는 홈 IoT 서비스는 이미 여러 기업에서 새로운 상품으로 많이 출시하고 있다. 홈 IoT 서비스는 스마트폰으로 집에 있는 가스 밸브를 열거나 잠그고, 전등을 켜고 끄며, 실내 온도를 조절하기 위하여 에어컨이나 보일러를 껐다 켤 수 있으며, 창문의 커튼을 열거나 닫을 수 있고, 현관문을 열거나 잠글 수 있다.

산업계에서도 산업 IoT를 서비스한다. 화학 공장에서 유류 수송관의 유체 흐름을 감시하고, 수송관의 밸브를 열거나 잠그는 것을 통제한다. 반도체 공장에서는 반도체 생산 라인에서 발생하는 문제점을 수집하여 분석하고 장비를 컨트롤한다. 위험이 많은 산업현장에서는 머리에 쓰고 다니는 헬멧 카메라를 통하여 사람의 움직임을 감시하고, 현장 내부에 어떤 문제가 있는지 파악할 수 있으며, 노동자에게 사전에 경고를 보낼 수도 있다. 이때 발생하는 데이터는 거의

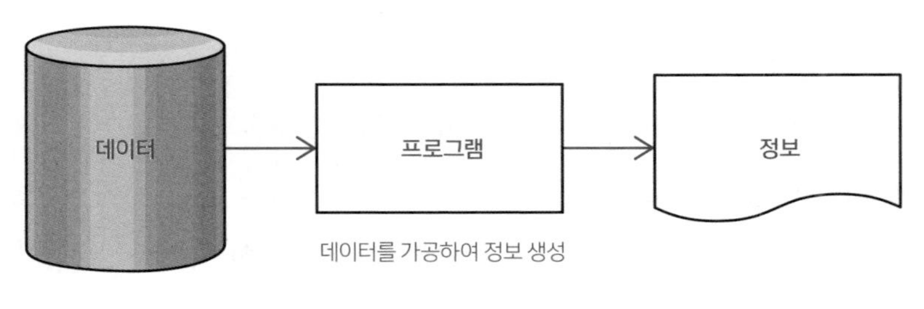

프로그램의 역할

천문학적인 양으로 만들어져 저장된다.

고속도로의 교통 상황 정보를 수집하는 경우에도 고속도로에 설치된 차량감지기로부터 차량의 이동에 대한 정보가 자동으로 수집된다. 또 교통 감시 카메라로부터 들어온 영상데이터를 통하여 데이터가 수집된다. 차량의 속도, 차량의 종류, 차량의 번호, 차량이 지나간 시각 등의 데이터로 변환되어 저장된다. 지금 이 순간에도 데이터는 계속하여 엄청나게 쌓이고 있다. 시간이 지남에 따라 쌓인 데이터는 기존의 데이터저장 방법으로는 감당할 수 없을 정도의 크기가 된다.

이 커다란 데이터를 제대로 관리하기 위해서 새로운 소프트웨어관리 개념을 만들었는데 이것이 빅데이터다. 이제 엄청나게 쌓인 데이터들은 빅데이터 플랫폼에 의해서 체계적으로 관리되고 인공지능과 같은 프로그램으로 잘 처리될 수 있도록 정리되었다. 쌓인 빅데이터는 프로그램을 통해 우리에게 필요한 정보를 만들기 위해 분석된다.

예를 들어, 가장 많은 차가 지나가는 시간대를 분석해서 사람들에게 알려준다. 그러면 사람들은 그 시간을 피해서 자동차를 운전한다. 설날과 추석 같은 명절이나 휴가 시즌에는 어떤 곳이 어느 시간대에 차량의 흐름이 많아서 교통체증이 발생하는지를 교통 예측 정보로 만들어서 사람들에게 알려준다. 이 정보를 통하여 사람들은 수월하게 이동하기에 좋은 시간대와 도로를 알 수 있고, 또 미리 준비할 수 있다.

빅데이터는 범죄 수사에도 사용된다. 범죄자를 추적하기 위하여 해당하는 차량번호나 차량의 종류, 차량의 색과 같은 기초 정보를 가지고 범죄에 사용된 차가 지나간 시점을 알아낼 수 있다. 어느 톨게이트를 지났고 어느 지점에서 차가 사라졌는지 알 수 있기 때문에 해당 차량을 쉽게 추적할 수 있다. 이처럼 빅데이터는 프로그램에 의해서 데이터가 분석되고 필요한 정보로 가공되어 유용한 정보가 되는 것이다.

우리가 만든 프로그램은 데이터가 있어야 진정한 프로그램의 개발 의미를 알 수 있게 된다. 프로그램은 있는데 데이터가 없어서 프로그램을 작동시켜도 아무 결과를 얻을 수 없다면 그 프로그램은 있으나 마나 한 존재가 될 것이다. 마찬가지로 데이터는 있으나 이 데이터를 분석할 프로그램이 없다면 데이터는 아무것도 아닌 것이다.

가비지 인 가비지 아웃Garbage in Garbage out이라는 말이 있다. 말 그대로 쓰레기를 넣으면 쓰레기가 나온다는 뜻이다. 소프트웨어 전문가들도 이 말을 자주 인용한다. 데이터정리가 안 되어 있거나 데이터의 신뢰성이 없다면 아무리 좋은 프로그램을 만들었더라도 쓰레기와 같은 결과를 만들어내기 때문이다.

우리는 프로그램을 코딩할 때 프로그램의 알고리즘 오류에 대해서 상당히 민감하게 반응한다. 1+1을 했을 때 결과가 3이라고 나오면 이 프로그램의 알고리즘에는 오류가 있는 것이다. 이런 오류들을 일반적으로 벌레라는 뜻의 버그Bug라고 말한다. 프로그램에 버그가 있다는 말은 프로그램이 제대로 작동하지 않는다는 얘기다. 마찬가지로 가비지 인 가비지 아웃을 생각한다면 데이터에 대해서도 동일한 생각을 가져야 한다. 데이터의 신뢰성이 없다면 그것은 프로그램의 버그와 같다고 할 수 있다.

많은 프로그램 개발자들은 상대적으로 데이터가 얼마나 믿을 만한지에 대한 신뢰성, 데이터의 정확성, 그리고 다른 사람에 의해서 임의로 조작되지 않았다는 것을 보여주는 무결성에 대해서 조금은 무딘 생각을 갖고 있다. 프로그램의 오류만큼이나 데이터의 신뢰성, 정확성, 무결성도 동일하게 중요한 관심 사항이 되어야 한다.

지금까지 4차 산업혁명이 정점에 도달했을 때 소프트웨어가 어떻게 사용될 것인지 알아보았다. 소프트웨어가 미래 사회에서 왜 핵심이 될 수밖에 없는지 또 얼마나 중요한지에 대해서도 이해했다. 그 중심에는 인공지능 소프트웨어가 있다. 인공지능은 무한 학습, 재귀적 자체 개량의 특징으로 기존 소프트웨어와 차별되지만 소프트웨어를 구성하는 기본적인 방법은 여타 소프트웨어와 차이가 없다.

이제 우리는 소프트웨어가 무엇인지 알았다. 소프트웨어가 단순히

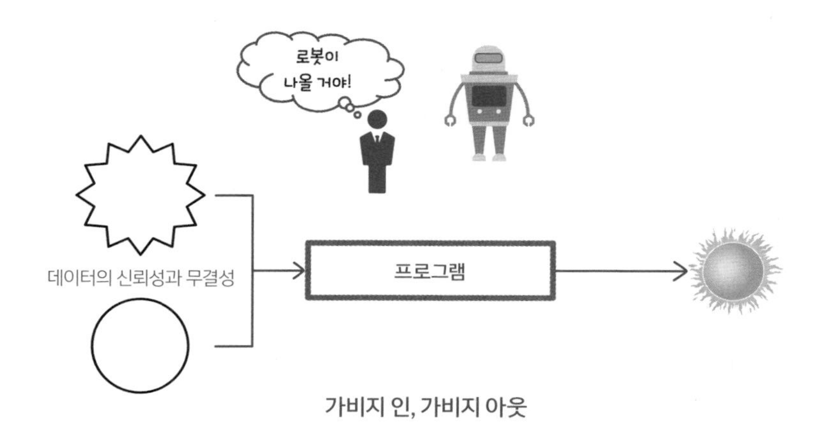

가비지 인, 가비지 아웃

프로그램만을 의미하는 것이 아니라 관련된 데이터도 소프트웨어의 일부이며 또한 소프트웨어를 설명하는 소프트웨어 설계서까지도 소프트웨어에 들어간다는 것을 알았다. 이렇게 소프트웨어에 대한 기본적인 개념을 이해했으므로 이제부터는 소프트웨어개발에 대한 상세한 내용을 알아보자.

소프트웨어는 어떻게 개발되는가?

소프트웨어는 책상 앞에 앉아 프로그램을 코딩하는 것으로 시작되는 것이 아니다. 대부분의 사람들이 소프트웨어는 프로그램을 바로 코딩하는 것만으로 완성할 수 있을 것이라고 오해하고 있다. 물론 간단한 프로그램은 깊은 고민 없이도 가볍게 시작하여 프로그램을 완료할 수 있다. 소프트웨어를 많이 만들어본 경험자일수록 바로 코딩을 시작하는 것이 얼마나 무모한 짓인지 알기 때문에 프로그램을 코딩하기 전에 항상 자신의 알고리즘을 먼저 정리한다. 좋은 습관이 배어 있는 것이다.

이미 이 세상에는 너무나 많은 소프트웨어가 개발되어 있고, 지금도 많은 개발자들이 밤낮으로 소프트웨어를 개발하고 있다. 완벽하게 동일한 프로그램 소스로 이루어진 소프트웨어가 존재할 가능성은 희박하지만 기능이 거의 똑같은 소프트웨어는 도처에 있다. 이런 상황에서 만약 자신이 원하는 소프트웨어가 어딘가에 있다면 굳이 힘들게 다시 개발할 필요는 없을 것이다. 그냥 가져다 쓸 수 있다면 쓰면 되는 것이다. 약간 다른 부분이 있다면 그 부분만 수정해서 써도 괜찮다고 생각한다. 우리는 이 장에서 개략적인 소프트웨어개발 과정을 알아보고 소프트웨어와 관련한 주요한 주제와 이슈에 대해서도 알아보기로 한다.

소프트웨어개발과정 엿보기

일반적인 소프트웨어개발과정은 분석가에 의해서 요구사항이 정리되면 요구사항을 받아서 설계자가 소프트웨어설계 문서를 개발하고, 프로그램 전문가가 설계도에 따라 프로그램을 개발한다. 개발이 완료된 프로그램을 사용자가 사용하면서 데이터가 생성되고 정보로 가공되는 것이다.

프로그램 개발은 프로그램코딩을 의미한다. 프로그램코딩은 설계도를 기반으로 선정된 프로그램언어로 프로그램 소스 코드를 작성하는 것이다. 소프트웨어개발은 프로그램코딩만을 의미하지 않는다고 이미 앞에서 밝혔다.

기업에서는 소프트웨어를 쓰는 사람과 만드는 사람이 다르다. 소프트웨어를 쓰는 사람을 우리는 고객이라고 부르거나 현업이라고 부른다. 소프트웨어를 만드는 사람은 개발자라고 통칭한다. 이들은 항상 소프트웨어개발 전에 만나 회의를 통하여 요구하는 사항이 무엇인지 그에 따라서 만들어야 하는 소프트웨어가 무엇인지 의논하고, 개발 일정을 수립하여 그에 따라 소프트웨어를 순차적으로 개발한

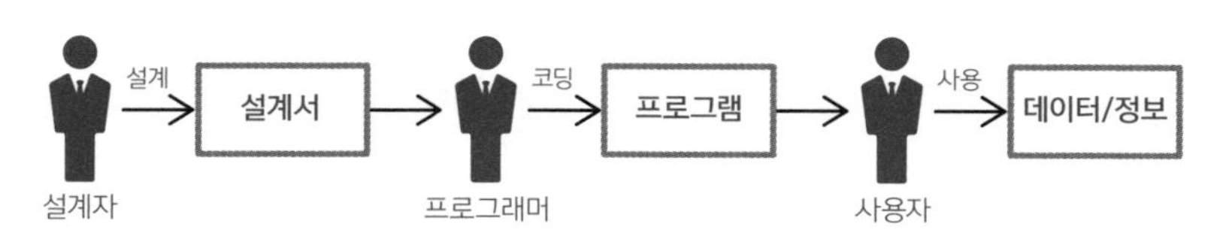

소프트웨어개발과정

다. 하지만 많은 고객들은 항상 급하다.

고객들은 소프트웨어개발을 프로그램코딩으로 오해하여 개발자에게 자신이 만들고자 하는 소프트웨어를 바로 코딩해달라고 요청한다. 많은 경험을 가진 개발자건 경험이 부족한 개발자건 간에 대동소이하게 개발자들은 고객이 요구하는 기능에 대해서 듣는 순간부터 이미 머릿속으로 코딩을 하게 된다. 개발자의 머릿속 코딩은 회의 시간 내내 진행된다. 고객이 요구하는 사항에 대해서 어떤 것은 받아들이지 못한다고 말하기도 한다. 이래서 안 되고 저래서 안 된다는 얘기를 하기도 한다. 이런 일이 발생하면 회의는 진행되지 않고, 결국에는 감정싸움으로 번지는 경우도 있다.

소프트웨어를 개발하는 데는 많은 제약사항이 있는 것이 사실이다. 모든 것을 다 수용하는 소프트웨어를 개발하는 것에는 한계가 있다. 개발자의 역량이 부족할 수도 있고, 프로그램언어가 원하는 기능에 대해 지원하지 못하는 경우도 있다. 기반 인프라 시스템들인 DBMS, OS 등의 시스템소프트웨어들과 서버, 디스크 등 하드웨어의 문제도 있을 수 있다. 하지만 중요한 포인트는 고객이 요구하는 사항은 말하는 그 자리에서 결론을 내서는 안 된다는 것이다. 설계를 통하여 면밀히 검토하여 해결 방안을 만들어내는 것이 소프트웨어 전문가인 개발자의 역할이다.

소프트웨어 개발자가 피해야 할 해커 개발 모델

다른 사람의 컴퓨터시스템에 몰래 들어가서 악의적인 일을 저지르는 사람들을 해커라고 한다. 영화에서 많이 볼 수 있듯이 해커는 짧은 시간에 상대 컴퓨터시스템에 침투하여 원하는 일을 해야 하기 때문에 컴퓨터 키보드를 능수능란하게 다루며 순간적으로 프로그램을 코딩하고 상황 변화에 순발력 있게 대처한다. 자기의 지식을 일순간에 모두 동원하여 상대 컴퓨터시스템의 방어막을 무력화시키고 뚫어야만 성공하기 때문이다.

이런 개발 방법을 해커 개발 모델이라고 한다. 이 모델은 비록 이름을 해커 개발 모델이라고 하지만 해커뿐만 아니라 처음으로 소프트웨어를 개발하는 사람들 대부분이 사용한다고 보면 된다. 자신이 개발할 프로그램의 알고리즘(로직)이 정리되었건 안 되었건 간에 바로 컴퓨터 앞에 앉아서 프로그램을 코딩하는 것이다. 이와 같은 방법으로 코딩을 하면 자신의 생각대로 프로그램이 작동하는 경우보다는 제대로 작동하지 않는 경우가 태반이다. 프로그램 소스에 수정을 거듭하면서 어느 정도 자신이 원하는 프로그램이 되었을 때, 이제는 프로그램 소스가 도대체 어떻게 되어 있는지 본인조차 헷갈리기 시작한다.

수정에 수정을 거듭하면서 프로그램 소스는 마치 스파게티처럼 복잡하게 얽혀 있는 상태가 되는데 이를 스파게티소스라고 한다. 프로그램 소스가 이런저런 수정이 더해지면서 누더기가 되는 것이다.

스파게티소스는 프로그램의 알고리즘이 복잡해진다. 기능의 중복이 발생하고 쓸데없는 코드가 늘어나면서 모듈화가 깨진다. 차후에 수정이 필요할 때 수정 포인트를 제대로 찾아내기 어려워지면서 수정 속도가 느려지기 시작한다. 수정 후에 기능이 원하는 대로 안 되는 경우도 발생한다.

해커 개발 모델은 개인이 취미 생활로 프로그램을 개발하거나, 프로그램 개발을 공부하는 사람 혹은 혼자 사용할 프로그램을 개발하는 데 적당하다. 프로그램이 잘 안 돌아도 크게 문제가 될 일이 없기 때문이다. 하지만 그 소프트웨어로 여러 사람들이 사용해야 하는 일을 하려는 경우에는 적당하지 않다. 소프트웨어를 이용해서 사업을 하려고 계획했다면 절대 해서는 안 된다. 개인적으로 취미 삼아 만들었더라도 인터넷에 연결되어 여러 명이 공용으로 사용하는 소프트웨어라면 다른 사람들에게 피해를 줄 수 있으므로 해커 개발 모델로 개발하는 것에 대해서는 심각하게 고민하여 자제해야 한다. 특히 초보 개발자인 경우는 간단한 소프트웨어를 만들더라도 체계적인 소프트웨어개발과정에 따라 개발하는 것을 습관화해야 한다.

기업은 소프트웨어건 하드웨어건 공공성과 안전성을 최우선으로 한다. 하지만 기업에서도 가끔은 위험을 감수하고 해커 개발 모델을 사용하기도 한다. 기존에 배포하여 사용하고 있는 소프트웨어에서 문제가 발생하여 시급하게 해결해야 하거나 새로운 기능을 신속하게 배포할 필요가 있을 때, 기업은 시간과의 싸움을 하게 된다. 해커 개발 모델로 개발된 소프트웨어가 잘못되어 또 다른 문제가 발생할 수

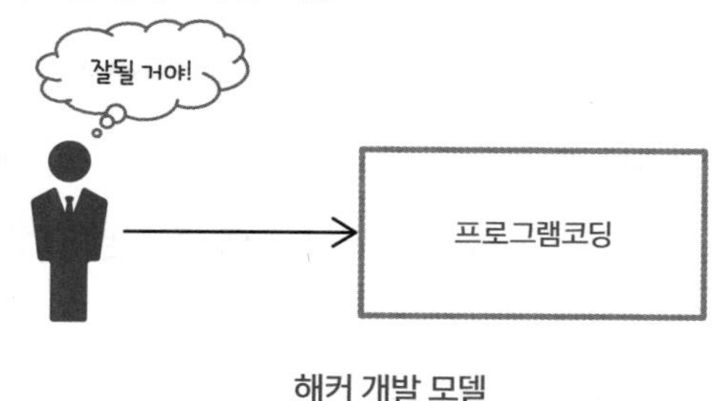

해커 개발 모델

도 있다. 이것을 감내하고 긴급 수정하고 배포하는 것은 회사 내부 경영층의 의사결정 사항이다. 빠르게 문제를 해결한다고 개발자 스스로 보고도 없이 결정하여 대책 없이 사용해서는 안 될 개발 방법이다.

스파게티소스 코드의 리팩터링

스파게티소스 코드는 이미 여러 소프트웨어 개발자에게서 공통적으로 발생하는 이슈이고 문제점이다. 프로그램 소스는 다른 사람이 보았을 때 쉽게 이해할 수 있도록 작성되는 것이 중요한 포인트다. 프로그램은 만들어지면 향후의 수정에 대비하고 문제가 생겼을 경우에 대응하기 위해서도 가독성이 좋아야 한다. 프로그램은 독립성, 모듈성, 알고리즘의 단순함과 깔끔함을 갖추어야 나뿐만 아니라 다른 사람들도 읽기 쉽고, 이해하기 쉬운 것이다.

기업에서 사용하는 소프트웨어에서도 이런 스파게티코드를 종종 보게 된다. 프로그램의 소스 코드가 스파게티처럼 얽혀 있는 경우 거기에 기능의 추가나 수정을 해야 한다면 이것을 수정하는 개발자의 심정은 죽을 맛이다. 그 소스 코드를 이해하는 데도 많은 시간을 빼앗기게 된다. 수정하는 것보다 차라리 다시 개발하는 것이 낫겠다고 의사결정을 하는 경우도 생긴다.

스파게티소스가 되는 원인은 다양하지만 대표적으로 두 가지를 들 수 있다. 첫째는 처음 개발이 시작되었을 때부터 프로그램의 소스 코드를 구조화했다면 이런 일이 발생하지 않는다는 것이다. 그 구조화의 첫걸음이 소프트웨어 설계도다. 스파게티소스가 되는 주요 원인 중 하나는 설계도가 제대로 안 되어 있기 때문인 것이다. 또 하나의 원인은 프로그램을 수정할 때 원래의 알고리즘을 수정하지 않고 추가적인 로직을 더하는 방법을 택한다는 것이다. 원래의 알고리즘을 잘못 수정하면 큰 사고로 이어질 수 있기 때문에 덧붙여서 기능을 추가하게 된다. 이렇게 추가적인 로직을 덧붙이는 방식은 수정 결과에 대한 안전성은 보장하지만 프로그램의 구조를 복잡하게만 만들 뿐이다.

스파게티소스 문제는 유지보수를 담당하는 인력에게도 영향을 미친다. 소스 코드를 잘 아는 유지보수 담당자를 대체하는 다른 사람을 뽑지 못하기 때문에 핵심 인력으로 지정되어 어디로도 가지 못하고 매년 그 일만을 하는 사람들이 있다. 객관적으로 실력이 뛰어나고 꼭 필요한 사람이기 때문에 못 가게 하는 경우가 대부분이다. 그

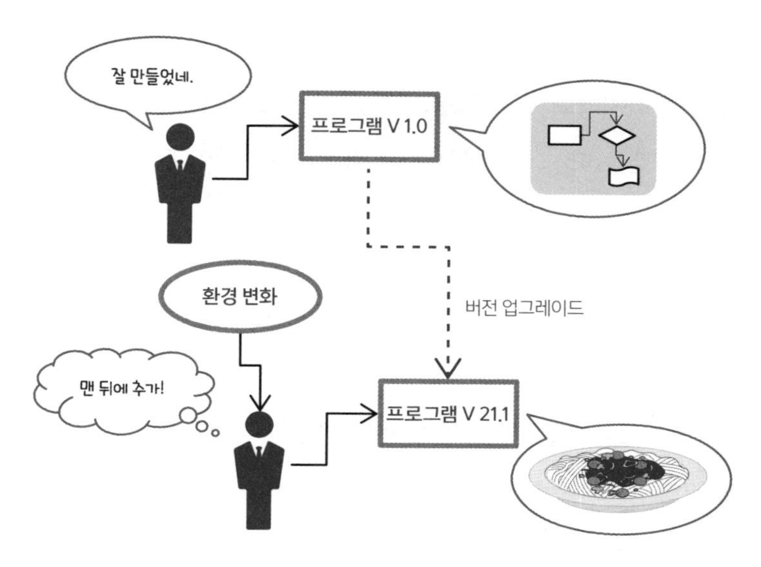

스파게티프로그램의 생성

러나 해당 소프트웨어는 그 사람만 알고 있기 때문에 그 사람이 없을 경우 문제에 대응하지 못할 것을 우려해 못 가게 하는 경우도 종종 있다. 자신만 알고 있으므로 남들과 차별화되는 실력이라고 할 수도 있지만, 바람직한 모습은 아니라고 생각한다. 스파게티소스가 되면 프로그램도 어렵지만 성능도 많이 떨어지게 된다. 불필요한 로직이 프로그램에 들어가 있기 때문이다.

기업은 감내할 수준 이상으로 스파게티프로그램이 많아지면서 프로그램의 수정에 들어가는 시간이 오래 걸리고, 수정 후에도 소프트웨어가 안정적으로 작동되지 않을 경우 리팩터링Refactoring 프로젝트를 실행한다. 리팩터링은 소스 코드를 다시 구조화하여 불필요한 로직을 없애고, 프로그램의 알고리즘을 단순화하여 프로그램의 유지보수성을 강화시키고, 프로그램의 성능을 향상시킨다. 리팩터링은 결국 프로그램을 다시 개발하는 것과 마찬가지의 일이 된다.

간단하게 개발하는 코딩 앤드 픽스 개발 모델

해커 모델과 비슷한 개념으로 코딩 앤드 픽스Coding & Fix 모델이 있다. 프로그램 개발자는 개발할 소프트웨어의 개략적인 내용을 듣고 자신의 경험을 바탕으로 프로그램을 개발하기 시작한다. 구체적인 요구 기능과 설계도가 없기 때문에 복잡한 소프트웨어개발에는 적합하지 않다. 하지만 간단한 기능의 소프트웨어개발에는 효과적일 수 있다. 새 건물을 지을 때는 설계도를 먼저 만들고 건물을 짓는 것이 당연하지만 건물 대문에 있는 문고리를 다는 데 설계도를 만들고 작업하는 것은 비효율적일 수 있다. 쓰고자 하는 문고리를 사서 바로 달면 그만인 것이다. 코딩 앤드 픽스 개발 모델도 마찬가지 이치라고 보면 된다. 문고리를 달 때 이리저리 맞춰보고 조금씩 문고리 위치를 수정해서 완성하는 것처럼 프로그램을 개발하고 제대로 작동하는지 테스트하여 이상이 있으면 프로그램을 수정하는 일을 수회 반복하여 완료하는 방법이다.

이 방법은 전문적인 소프트웨어개발 방법이라고 할 수는 없다. 하지만 경험이 많은 개발자라면 굳이 소프트웨어프로세스를 다 거치

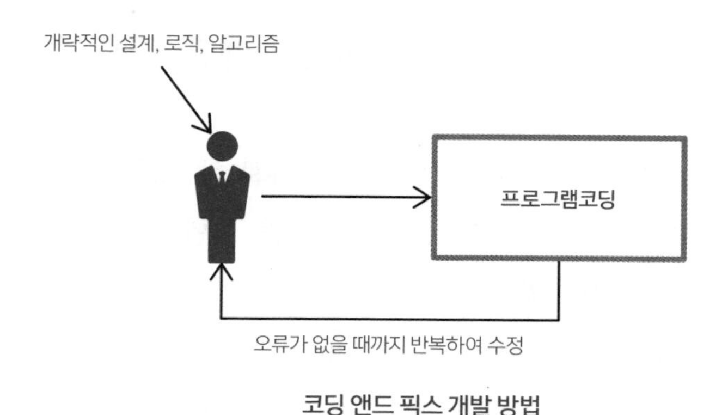

코딩 앤드 픽스 개발 방법

면서 번잡하게 일을 만들 필요가 있냐고 생각할 것이다. 이 방법은 해커 개발 모델과 다른 점이 있다. 코딩이 완벽하지 않을 것을 가정하여 문제가 발생하면 수정하겠다는 전략이다. 만들어진 상황과 결과에 따라 추가적인 수정을 통해 프로그램의 소스를 완료한다.

이 방법을 전략적으로 사용하는 개발자가 많이 있다. 경험 많은 소프트웨어 개발자는 기본기능을 만들고 테스트를 실행하여 이상이 없으면 좀 더 복잡한 기능을 추가한다. 결국 개발과 테스트를 반복하며 복잡한 기능으로 진화시키면서 개발한다. 소프트웨어개발에 있어서 모듈화를 헤치지 않으면서 아주 전략적이고 효율적인 개발 접근방법이라고도 할 수 있다. 하지만 이 방법도 향후의 소프트웨어 유지보수를 생각한다면 적극적으로 권장하는 방법은 아님을 명심해야 한다.

행운에 의존하는 코딩하고 기도하는 개발 모델

많은 소프트웨어 개발자들이 테스트를 제대로 하지 않고 배포하는 경우가 있다. 이것을 코딩하고 기도하는 개발 모델(Coding & Pray Model)이라고 한다. 배포라고 하는 것은 실제로 사용할 수 있도록 다른 사람에게 소프트웨어를 공개하는 것이다. 종종 대규모 소프트웨어 시스템의 경우에 오픈이라는 말을 쓰기도 한다. 아파트를 다 지으면 입주자에게 오픈하는 것과 마찬가지의 일이다.

프로그램에는 문제가 없다는 확신 때문에 이런 방법이 사용된다. 많은 소프트웨어 개발자들은 자신이 개발한 프로그램에 대한 자부심이 있다. 심한 경우에는 자신이 개발한 프로그램에 대한 어떠한 수정도 용납하지 않으려 한다. 자신 외에는 절대로 건드려서는 안 되는, 자신의 자식이고 창조물인 것이다. 소프트웨어 개발자가 자신이 만든 프로그램에 대해 자부심이 있다는 것은 좋은 일이다. 그런데 이 자부심이 너무 지나치면 자부심이 아니라 자신의 소프트웨어 개발 능력과 실력에 대한 과대 포장이나 자만심이 된다. 경험 많은 우수한 소프트웨어개발 전문가는 항상 자신이 프로그램코딩에서 실수할 수 있다는 것, 즉 잠재적인 오류가 있다는 것을 알고 인정한다. 이런 전문가들은 초보 개발자에게 자신의 프로그램을 철저히 테스트하는 것을 철칙으로 삼으라고 조언한다.

코딩하고 기도하기 모델은 시간이 부족할 경우에도 어쩔 수 없이 사용된다. 이유는 명확하지 않으나 소프트웨어개발 프로젝트에서

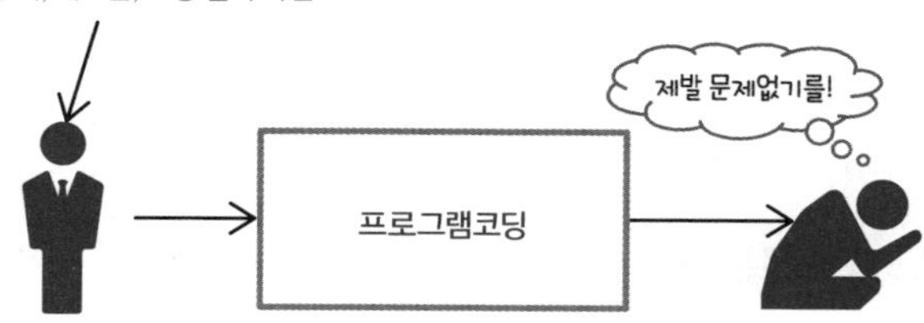

개발하고 문제없기를 기도하기

소프트웨어 개발자는 항상 시간이 부족하다. 밤을 새고 주말에 나와서 프로그램을 개발해도 항상 시간이 모자라고 여유가 없다. 프로그램 개발을 완료할 시간은 다가오고 테스트할 시간은 부족하다. 그래서 이제 마지막으로 남은 희망은 지금까지 만든 프로그램이 제대로 작동하기만을 기도하는 일이다.

물론 이런 문제가 발생하지 않도록 하기 위해서는 충분한 개발시간을 확보해서 개발자들이 제대로 된 소프트웨어를 만들어낼 수 있도록 계획하는 것이 중요하다. 하지만 시간이 충분하다고 문제가 해결되는 것은 아니라는 것을 그간의 많은 현장 경험을 통해 봐왔다. 때로는 요구사항이 수시로 변경되어 개발 완료 하루 전에도 변경되기도 한다. 때로는 연관된 다른 소프트웨어 시스템의 문제로 내가 만든 소프트웨어가 영향을 받기도 한다. 또 어떤 경우에는 개발된 소프트웨어가 다 날아가는 황당한 경험을 하기도 한다. 너무 많은 예외적인 상황이 발생하기 때문에 시간을 충분히 준다는 것만으로 해결되는 것은 아니다.

소프트웨어를 부르는 다른 말들

소프트웨어는 때와 상황에 따라 여러 가지 이름으로 다양하게 불린다. 어느 경우에는 시스템이라고 부르기도 하고, 어느 경우에는 플랫폼이라고 부르기도 한다. 물론 소프트웨어를 프로그램과 혼용하여 쓰기도 한다. 어떤 경우에 시스템이라고 하고, 어떤 경우에 플랫폼이라고 하는지 알아보자.

은행에서 계좌의 돈을 이체할 때 쓰는 소프트웨어를 펌뱅킹Firm Banking 시스템이라고 한다. 기업에는 회계 업무를 처리하는 소프트웨어가 있다. 기업의 회계 팀에서는 자금관리, 채무 관리, 채권 관리, 결산 관리 등의 업무를 처리하는데 이런 유형의 소프트웨어 집합을 회계 시스템이라고 한다. 이렇게 시스템은 하나의 목적을 위해서 만들어진 여러 소프트웨어들의 집합이다. 주로 기업이나 공공기관 등에서 내부 업무용으로 많이 쓰고 있으며, 사용 권한이 있는 사람들에게만 공개하여 쓰는 경우가 대부분이다.

플랫폼은 여러 사람들의 데이터 거래처리를 위하여 만들어놓은 소프트웨어의 집합이다. 인터넷쇼핑몰은 여러 회사의 상품을 등록하여 판매하는 인터넷상의 장터를 제공한다. 여기에는 상품을 판매하는 사람도 들어올 수 있고, 상품을 사려는 사람도 들어올 수 있다. 기차역의 플랫폼을 생각하면 이해하기 쉽다. 기차 승강장의 플랫폼은 여러 기차들이 정차하고 사람들이 탑승하는 구조다.

소프트웨어 플랫폼도 동일한 역할을 한다. 플랫폼을 통하여 데이

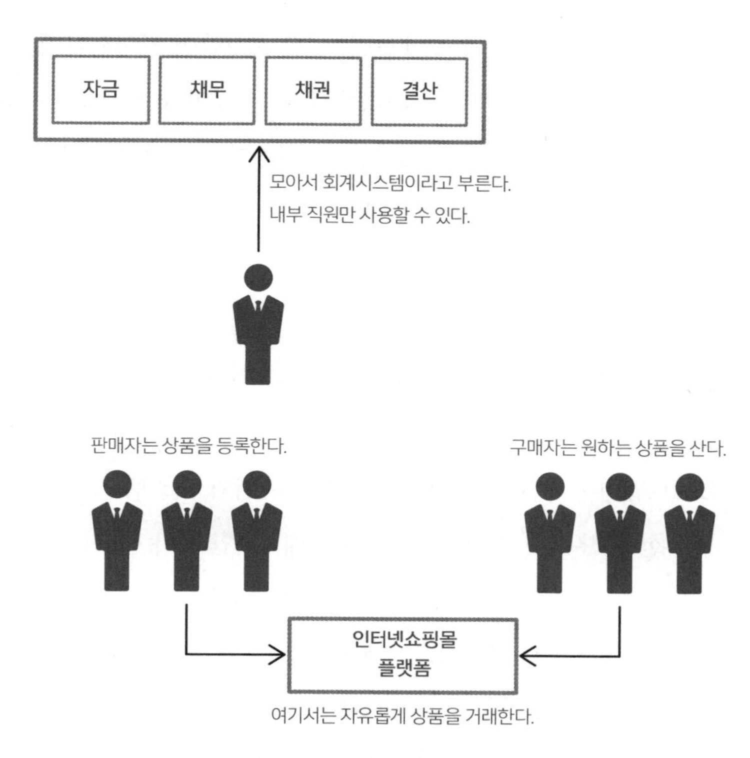

소프트웨어를 부르는 다른 말들, 시스템과 플랫폼

터들이 들어가고 나온다. 이런 종류의 소프트웨어는 개방성이 있어서 다른 소프트웨어나 사람들이 쉽게 접근하여 사용할 수 있다. 다른 소프트웨어에서 플랫폼을 쓸 때는 오픈 API(Application Program Interface)라고 하는 기능을 사용한다. 오픈 API를 통해서 플랫폼과 다른 소프트웨어가 서로 데이터를 주고받으며 상호 작동하는 것이다.

기차를 타기 위해 플랫폼에 진입할 때는 허가된 탑승자임을 알리기 위해 기차표를 보여준다. 마찬가지로 소프트웨어 플랫폼에서도

인가된 데이터만이 들어가고 나올 수 있도록 보안이 강화되어 있다. 소프트웨어 플랫폼은 개방된 환경에서 쓰는 것이니만큼 인터넷과 같은 개방된 환경에서 쓰는 소프트웨어 시스템은 거의 모두 플랫폼이라는 말로 관용적으로 부르게 된다.

소프트웨어에는 여러 가지의 종류가 있다

소프트웨어는 용도에 따라 응용소프트웨어와 시스템소프트웨어로 구분한다. 우선 시스템소프트웨어에 대표적인 것이 윈도, 유닉스, 리눅스, 안드로이드와 같은 소프트웨어인데 이를 운영체제(Operating System)라고 부른다. 이런 소프트웨어는 하드웨어를 통제하고 관리하는 소프트웨어다. 시스템소프트웨어 개발자는 하드웨어를 잘 알아야 이런 종류의 소프트웨어개발이 가능하다. 또 하드웨어의 종류에 따라 개별로 전용의 시스템소프트웨어를 개발해서 사용한다. 예전에는 하드웨어 회사가 직접 운영체제를 개발해서 판매했다. 지금은 하드웨어의 종류와 무관하게 사용하는 것이 대세인데 MS 윈도Windows, 리눅스Linux와 같은 운영체제가 대표적인 사례다.

DBMSData Base Management System라고 부르는 데이터베이스 소프트웨어도 대표적인 시스템소프트웨어다. 데이터가 많아지고 관리가 중요해짐에 따라 데이터관리만을 전적으로 담당하는 소프트웨어다. 대표적으로 오라클, 마리아 DB, MS SQL 같은 것이 있다. 요즘은 빅데이터 관

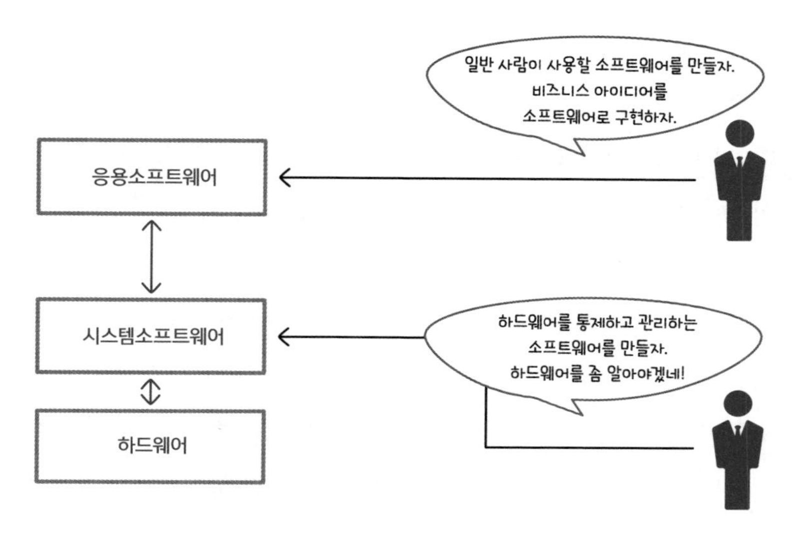

응용소프트웨어와 시스템소프트웨어의 차이

리가 중요해지면서 빅데이터 관리용 시스템소프트웨어도 많이 출시 되었고 무료로도 공개되었다. 프로그램을 개발하기 위해서는 개발 환경이라는 것이 필요하다. 자바 프로그램을 만들기 위해서는 자바 JDK Java Development Kit가 설치되어야 자바 프로그램 소스로 실행 코드를 만들어줄 수 있다. 이런 유형의 프로그램을 컴파일러라고 한다. 자바 프로그램을 코딩할 때 일반 워드프로세서로 해도 된다. 하지만 일반적인 문서편집기로 소스를 코딩하면 불편함이 있기 때문에 전문적인 개발 소프트웨어를 사용하는데 예를 들면 이클립스Eclipse와 같은 것들이다. 이를 통합개발환경(IDE, Integrated Development Environment)이라 부른다.

통합개발환경은 많이 사용되는 함수와 클래스 등을 모아서 재사용할 수 있도록 준비해둔 소프트웨어인 프레임워크와 같이 사용된다. 자바 프레임워크로 유명한 것이 스프링Spring과 같은 소프트웨어다. 인터넷 기반의 프로그램을 한다면 웹서버Web Server와 와스WAS, Web Application Server라는 소프트웨어를 설치해야 한다. 웹서버는 HTML 문서와 같이 디자인된 문서를 보여주는 역할을 담당하고, 와스는 데이터의 처리결과를 보여주기 위해 데이터베이스와 통신하는 역할을 수행한다. 화면이 필요한 소프트웨어라면 웹서버 및 와스 두 종류의 소프트웨어가 설치되어야 한다. 잘 알려진 웹서버로는 아파치Apache, 와스는 톰캣Tomcat 같은 것이 있다.

응용소프트웨어는 일반인들이 가장 많이 접하는 소프트웨어다. 스마트폰에서 많이 쓰는 다양한 앱, 게임, 그룹웨어, 인터넷에서 쓰는 네이버, 스마트폰의 카카오톡, 기업에서는 쓰는 회계시스템, 인사시스템, 생산시스템, ERPEnterprise Resource Planning 같은 것들이다. 자바라는 프로그램언어로 소프트웨어를 개발한다고 하면 그 대부분은 응용소프트웨어를 지칭한다.

소프트웨어 개발자에는 응용소프트웨어를 개발하는 일에 종사하는 개발자들이 더 많이 있다. 물론 시스템소프트웨어를 개발하는 데 종사하는 개발자도 많이 있다. 응용소프트웨어 개발자는 시스템소프트웨어를 개발하지 못하는 것이고, 그 둘 사이에는 개발하는 방법에 구분이 있을까? 그렇지는 않다. 단지 어떤 종류의 업무에 정통한가에 따라서 응용소프트웨어 혹은 시스템소프트웨어 개발에 참여할 뿐이다.

시스템엔지니어라고 부르는 사람들도 있다. 이들은 시스템소프트웨어를 잘 알고 있어서 문제가 발생하면 해결을 하기도 하고, 소프트웨어 개발자들의 질문에 답을 해주기도 한다. 엄밀하게 정의하면 시스템엔지니어는 소프트웨어 개발자는 아니다. 마찬가지로 응용소프트웨어에서 이와 비슷한 일을 하는 사람을 응용시스템 운영자라고 한다.

응용소프트웨어는 시스템소프트웨어에 비하여 일반인들이 개발하는 데 용이하기 때문에 쉽게 접할 수 있는 분야다. 자신이 필요한 소프트웨어를 개발하여 사용하고 남들에게도 나눠주기도 한다. 개인이 개발한 소프트웨어를 공개하여 사용할 수 있도록 하는 대표적인 곳이 안드로이드 핸드폰용 앱을 관리하는 플레이 스토어Play Store다. 앞으로 응용소프트웨어의 보안이 강화되고 신뢰성이 검증된다면 굳이 응용소프트웨어를 일일이 개발할 필요 없이 기존에 개발된 것 중에 자유롭게 가져다 조립하듯이 쓰는 편이 여러모로 유리한 소프트웨어개발 방법이 될 것이다.

소프트웨어개발의 핵심 개념인 소프트웨어프로세스

소프트웨어 개발자들에게 소프트웨어프로세스는 언제나 들을 수 있는 익숙한 용어다. 하지만 소프트웨어개발을 많이 해본 사람이라도 막상 설명하려면 잘 안 된다. 이론과 실제 경험 사이의 갭일 수도

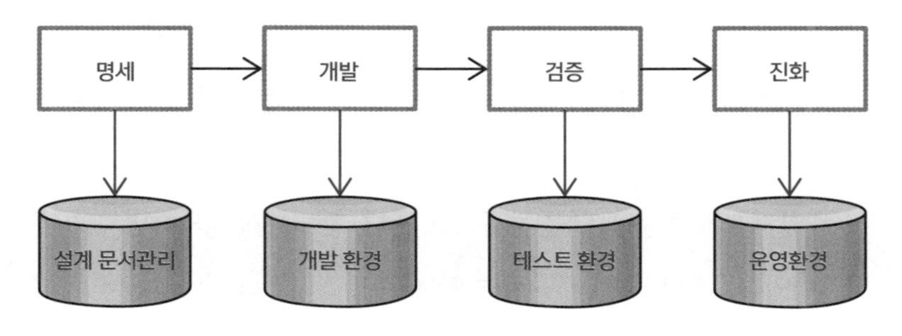

소프트웨어프로세스

있다. 소프트웨어프로세스는 소프트웨어개발과 관리에 대한 과정을 설명한다. 소프트웨어프로세스는 소프트웨어 명세, 소프트웨어개발, 소프트웨어 검증 그리고 소프트웨어 진화의 4단계로 구분할 수 있다.

이 프로세스는 소프트웨어가 태어나서 생을 마감할 때까지, 즉 개발돼서 폐기될 때까지의 과정을 대표적으로 설명한다. 우리는 이것을 통해서 소프트웨어개발과정을 명확하게 알 수 있다. 이 프로세스가 기준이고 원칙이므로 소프트웨어개발 시에 무조건 지켜야 한다고 생각하기보다는 소프트웨어개발의 원리, 소프트웨어의 라이프사이클Life Cycle, 즉 소프트웨어의 일생 혹은 생애로 가볍게 생각해도 된다. 소프트웨어 개발자가 소프트웨어개발에 대해서 상식적으로 생각하는 수준으로 이해하면 편리하다.

각각의 단계에 대해서 알아보면, 소프트웨어 명세는 대부분이 문서화 작업이다. 소프트웨어개발 초기에 고객과 업무를 분석하고, 분석 내용을 토대로 설계를 실시하는 과정이나 단계를 의미한다. 이 단계는 시간이 많이 소요된다. 때로는 분쟁의 소지를 만들기도 한다. 명세가 제대로 되지 않아 소프트웨어개발이 지연되는 상황도 종종 발생한다. 일부 소프트웨어 개발자들은 명세는 소프트웨어의 본질이 아니므로 개발에 치중해야 한다고 주장하기도 한다. 어느 단계를 더 중요시하느냐에 따라 개발 방법이 바뀌기도 한다.

소프트웨어개발 중에 프로그램코딩은 사람의 두뇌와 손으로 하는 작업이므로 오류가 발생할 확률이 높다. 사람의 코딩 오류를 줄이기 위하여 다양한 방법으로 자동화를 추구한다. 프로그램 개발도구 중에는 개발자의 오타 같은 문제는 자동으로 알려주는 기능을 갖고 있거나 프로그램언어의 문법의 경우에는 알아서 오류를 잡아내 고쳐주기도 한다. 개발자는 프로그램을 개발할 때는 통합개발환경 소프

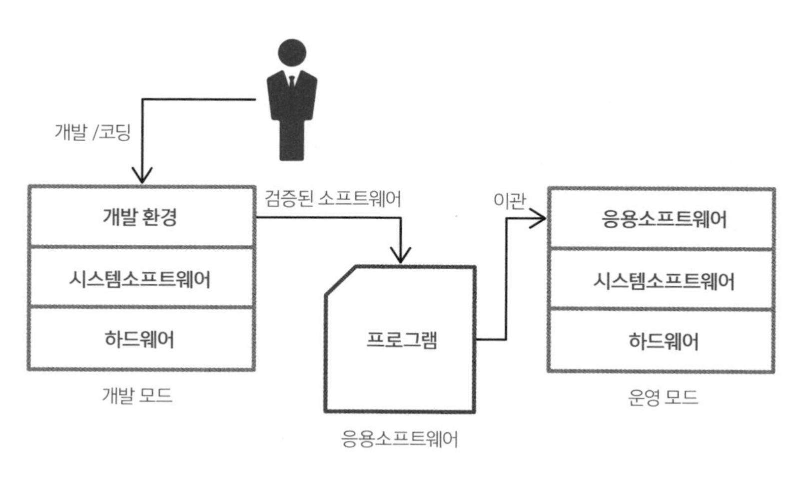

소프트웨어개발 및 운영 모드

트웨어를 설치해야 쉽게 코딩을 할 수 있다.

소프트웨어 검증도 자동화를 추구한다. 소프트웨어 검증의 대표적인 방법이 테스트로 반복적인 업무를 특성으로 한다. 테스트는 소프트웨어 개발자가 일일이 시간을 들여서 수작업으로 수행하는 경우가 많이 있다. 테스트했던 프로그램에서 오류가 발생하면 그 프로그램을 수정하고 다시 테스트를 반복하게 된다. 이미 사용하고 있는 프로그램에 새로운 기능을 추가하여 개발을 한다면 이때도 테스트를 다시 해야 한다. 소프트웨어가 변경되거나 오류가 발생할 때마다 테스트를 다시 수행해야 하는데 상당히 번거로운 일이므로 테스트할 내용을 미리 소프트웨어에 집어넣어서 자동으로 테스트하도록 했다. 이 소프트웨어를 테스트 자동화 도구라고 부른다.

소프트웨어 진화는 새로운 기능의 소프트웨어를 배포하여 사용하는 것을 의미한다. 잘못된 오류를 해결하거나 요구사항을 추가하는 등으로 소프트웨어 버전을 올리는 과정이다. 소프트웨어는 한 번의 개발로 완벽하게 작동하는 것이 아니다. 항상 소프트웨어 개발자에 의해서 새롭게 변화하고 있다. 소프트웨어는 이미 많이 개발되어 있다. 인터넷에도 널려 있고, 기업의 오래된 서버에도 저장되어 있으며, 백업 테이프에도, 저장장치에도 많이 있다. 개발되었던 많은 소프트웨어는 시간이 지남에 따라 사용하지 않게 된다. 소프트웨어개발 기술이 발전하여 기존 소프트웨어를 대체하거나 새로운 기능을 하는 소프트웨어의 등장으로 자연스럽게 사용하지 않게 되는 것이다. 모든 개발자는 자신이 만든 소프트웨어가 영원히 살아 있을 수 없다는 것을 잘 알고 있다. 어느 시점부터 사용하지 않게 된다면 그 소프트웨어는 진화가 멈추는 것이고, 소프트웨어로서 생을 마감하여 폐기처분되는 것이다.

약삭빠른 소프트웨어개발

개발된 소프트웨어 중에 판매 목적으로 만들어진 소프트웨어 외에 일반 사람들에게 자유롭게 무료로 가져다 쓸 수 있도록 한 소프트웨어가 있는데 이를 공개소프트웨어Open Source Software라고 부른다. 공개소프트웨어를 만들어서 배포하는 이유는 상용으로 판매되는 소프트웨어는 가격이 비싸서 소프트웨어를 사용하는 사람이 제한되기 때문이다. 이익을 최우선으로 삼는 기업에 대한 반발 심리가 저변에 깔려 있다. 공개소프트웨어 개발은 모든 사람이 공평하게 쓸 수 있도록 하는 사회적 활동이다. 무료라는 장점도 있지만 단점도 있다. 공개소프트웨어는 신뢰성에 대해서 살펴봐야 한다. 상용소프트웨어는 신뢰성을 근간으로 판매하고 그에 대한 책임을 진다. 그러므로 문제가 생기면 판매한 소프트웨어 회사가 문제를 해결한다. 하지만 공개소프트웨어는 이런 신뢰 채널이 구축되어 있지 않아, 공개소프트웨어를 쓰는 사람들이 스스로 책임을 져야 한다.

기업이나 개인들이 많이 쓰는 상용소프트웨어는 한글, 워드, 엑셀과 같은 문서 작성 소프트웨어와 바이러스백신 소프트웨어다. 전자

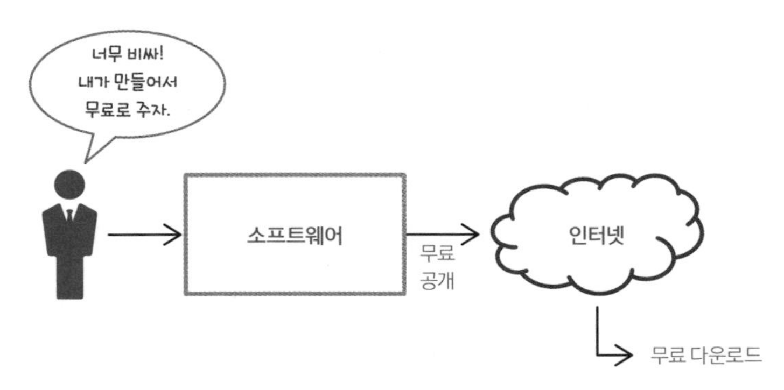

누구나 쓸 수 있는 공개소프트웨어

메일이나 사내 게시판이 있는 그룹웨어도 많이 사용되는 핵심 소프트웨어다. 기업의 핵심 업무인 생산, 구매, 판매, 회계와 같은 기능에 대해서는 ERP와 같은 소프트웨어를 구매하여 적용하기도 한다. 이런 상용소프트웨어는 기능적으로 개발이 잘되어 있어서 추가적인 소프트웨어개발이 필요치 않고 컴퓨터에 설치만 하면 바로 사용할 수 있다. 자기에게 필요한 소프트웨어가 이미 개발되어 있다면 그것을 사용하는 것이 빠른 방법이다.

기업에서는 상용소프트웨어로 구매할 수 없는 경우나 개발하는 것이 사는 것보다 저렴한 경우, 자신만의 소프트웨어로 경쟁 우위를 갖고 싶은 경우에 직접 소프트웨어를 개발한다. 새로 소프트웨어를 개발할 때는 기존에 개발되어 있는 소프트웨어를 일부 수정하여 사용할 수 있다면 완전히 새롭게 개발하는 것보다 유리하다. 시간과 비용을 줄일 수 있기 때문이다.

소프트웨어 자체를 전체 공개하지 않고 API$_{\text{Application Program Interface}}$라고 하

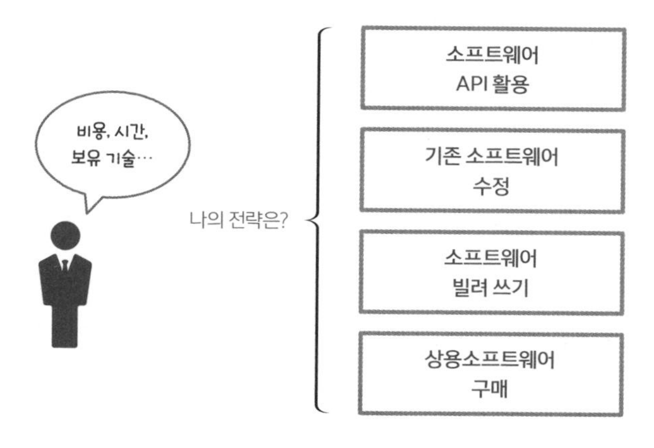

소프트웨어 확보 전략

는 데이터나 메시지 규격만 무료로 공개하는 경우도 흔하다. 소프트웨어 자체를 공개하면 그 안에 있는 기업의 핵심 노하우인 알고리즘이 노출되기 때문에 API만 공개하여 소프트웨어의 기능을 사용할 수 있게 한다. 외부 개발자는 API의 규격을 알면 내가 원하는 데이터를 API로 넣어서 처리된 결과를 받을 수 있다. 전체 소프트웨어를 구축하지 않고도 원하는 목적을 달성할 수 있는 좋은 소프트웨어개발 방법이기도 하다. 남이 만든 소프트웨어를 쓴다고 겁먹을 필요는 없다. 쓰다가 크게 불편하거나 기능 개선이 더 이상 안 되면, 그때 가서 스스로 만들면 되기 때문이다.

소프트웨어 표준이 있다

소프트웨어의 특징은 복제가 용이하다는 점이다. 하드웨어를 복제한다는 것은 동일한 제품을 다시 만드는 것이다. 하드웨어 복제에는 시간과 비용이 많이 든다. 하지만 소프트웨어는 카피하면 그만이다. 그러므로 하드웨어와 달리 특별한 환경이 구축된 곳이 아니더라도 컴퓨터만 있으면 가능하다. 소프트웨어 불법복제가 전 세계적으로 문제가 되는 원인이기도 하다.

불법복제와 별개로 공개되어 자유롭게 사용할 수 있는 소프트웨어라면 소프트웨어 개발자는 그 소스프로그램을 카피하여 사용하는 데 능통해야 한다. 소프트웨어를 개발하는 데 있어서 백지에서 시작하여 처음부터 코딩하는 것을 개발자의 은어로 날코딩이라고 한다. 경험상 날코딩을 하면 시간도 오래 걸리고 무엇보다도 시행착오를 수없이 하게 된다. 그런데 조금 꾀를 내면 전혀 그럴 필요가 없다. 열심히 찾아보면 이미 만들어진 다양한 소프트웨어의 소스 코드가 인터넷에도 있고 회사의 프로그램관리 도구에도 있다. 이러한 프로그램 소스를 카피하여 프로그램의 뼈대는 사용하고 꼭 필요한 알고리즘만 요구하는 사항대로 코딩하면 된다. 아예 비슷한 프로그램이라면 그대로 사용하는 방법도 더할 나위 없이 좋은 것이다.

$$\text{개발 생산성} = \frac{\text{개발된 소프트웨어}}{\text{투입 인원의 총 시간}}$$

개발 생산성 계산 방법

이런 개발 전략을 적용하면 개발 생산성이 아주 많이 올라간다. 개발 생산성이라는 말은 소프트웨어를 개발할 때 개발자가 시간을 얼마 투입해서 프로그램을 얼마만큼 개발했는지에 대한 지표다.

개발 생산성이 올라간다는 의미는 비용을 줄일 수 있다는 의미와 같다. 전향적으로 생각하면 소프트웨어 개발자가 쉴 수 있는 시간이 많다는 의미이기도 하다. 소프트웨어를 개발할 때 어떤 개발자는 노는 것 같은데도 불구하고 다른 사람보다 프로그램을 많이 개발하며 에러와 버그도 별로 없는 경우가 있는 반면에, 어떤 개발자는 야근을 거의 매일 하고 그것도 부족하여 주말에 나와서 특근까지 하지만 프로그램을 제대로 만들지 못하는 경우를 종종 본다. 한마디로 생산성이 떨어지는 것이다. 이럴 땐 생산성이 왜 떨어지는지, 개발

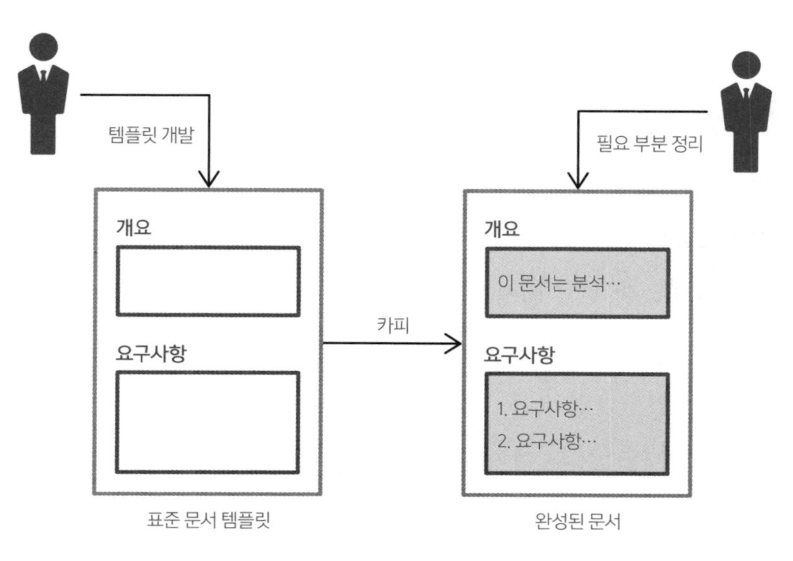

템플릿의 활용

전략은 효율적인지, 개발 방식은 다른 사람과 차이가 없는지 주변을 돌아보면 도움이 된다.

대부분의 기업에서는 생산성을 올리기 위해서 개발 표준이라는 것을 만들어서 시행한다. 생산성은 소프트웨어 코딩 시에만 측정되고 적용되는 것이 아니다. 또한 이것을 잘하는 기업에서는 생산성지표뿐만 아니라 다양한 소프트웨어 지표를 두고 관리한다. 생산성지표는 소프트웨어프로세스 전반에 걸쳐서 소프트웨어가 생성되고 소멸될 때까지 측정되고 관리된다. 소프트웨어가 분석, 설계될 때도 생산성이 측정된다. 측정하는 방식은 여러 가지가 있다. 생산성을 높이기 위해서는 분모인 총 투입시간을 줄이거나 분자인 생산량을 늘려야 한다.

개발 표준은 투입시간을 줄이고 생산량을 올리는 데 가장 효과적이다. 소프트웨어를 개발할 때 표준을 정하면 여러 사람들이 동일한 일을 반복적으로 다시 할 필요가 없다. 한 사람이 만들어서 공유하여 사용하면 되는 것이다. 설계 문서를 만들 때 문서에 대한 표준 템플릿을 만들면 다른 사람들은 문서 템플릿에서 이미 되어 있는 부분은 그대로 사용하고 자신이 일한 내용만 채워넣으면 된다. 이런 템플릿이 없다면 모든 설계자들이 문서에 넣어야 할 모든 내용에 대해서 고민해야 할 것이므로 낭비가 심하다.

프로그램코딩도 마찬가지로 공통 기능을 한 번만 개발하면 나머지 개발자는 그것을 가져다 쓴다. 모든 사람이 동일한 기능에 대해서 각각 코딩할 필요가 없어진다. 이러한 프로그램 중에 대표적으로 스켈리턴Skeleton 프로그램이 있다. 번역하자면 뼈대 프로그램이다. 프로그램을 구성하는 핵심 알고리즘은 없지만 공통적으로 사용하는 뼈대가 완성되어 있다. 개발자는 날코딩을 할 필요가 없다. 마찬가지로 공통의 라이브러리 혹은 클래스를 만들어놓으면 모든 개발자가 가져다 쓰면 되므로 개발시간을 단축할 수 있다. 요즘은 이러한 라이브러리와 클래스 또한 개발할 필요가 없다. 프레임워크라는 이름의 공개소프트웨어로 배포되어 있는 것이 많으므로 무료로 가져다 쓰면 되는 것이다.

UI 프로그램과 서버 프로그램

소프트웨어를 개발할 때 UI 프로그램과 서버 프로그램을 나누어서 개발한다. UI 프로그램은 우리가 PC나 스마트폰에서 쓰는 화면이라고 생각하면 된다. 화면은 사용자가 직접 소프트웨어와 의사소통하면서 일하는 영역이다. 종종 클라이언트 프로그램이라고 부르기도 한다. UI 프로그램은 미려하고, 사용이 편리해야 한다. 또한 사용자가 쉽게 이해할 수 있도록 직관적인 디자인이어야 한다. 즉 사용자가 화면을 보면 바로 알 수 있도록 디자인해야 한다. 대표적으로 아이콘을 보면 직관적인 디자인의 의미를 알 수 있다. UI 프로그램을 만들 때는 디자이너가 같이 참여하기도 한다.

서버 프로그램은 소프트웨어의 중요한 알고리즘이 들어 있다. 사용자가 요구한 기능을 프로그램으로 처리하는 영역이라고 할 수 있

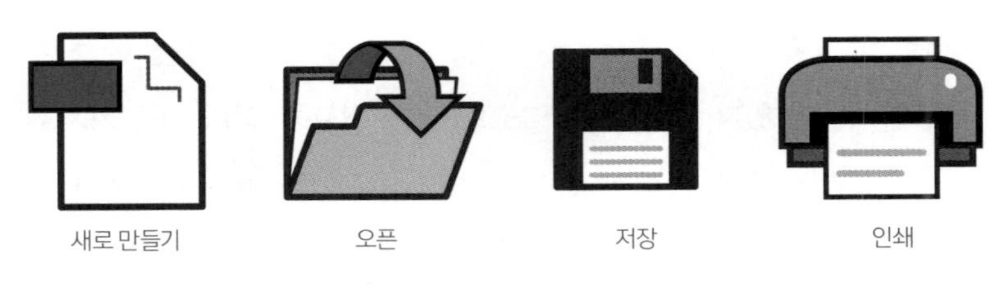

직관적 디자인의 아이콘

다. 가끔 개발자 간에 "로직이 이상한데?"라고 말하면 서버 프로그램에 문제가 있다는 뜻이고, 알고리즘에 오류가 있다는 의미로 쓰인다. 서버 프로그램은 DBMS_{Data Base Management System}와 인터페이스 하면서 데이터를 입력, 수정, 조회, 삭제하는 일을 한다. 인터페이스라는 말은 프로그램 간에 규격화된 메시지로 데이터를 교환하는 일을 의미하며 프로그램 간 데이터통신 혹은 데이터교환이라고 하기도 한다.

한 가지 사례를 들어보자. 핸드폰에서 다른 은행으로 돈을 이체하면 핸드폰에서 서버에 이체 명령을 내리고, 서버는 다른 은행의 서버

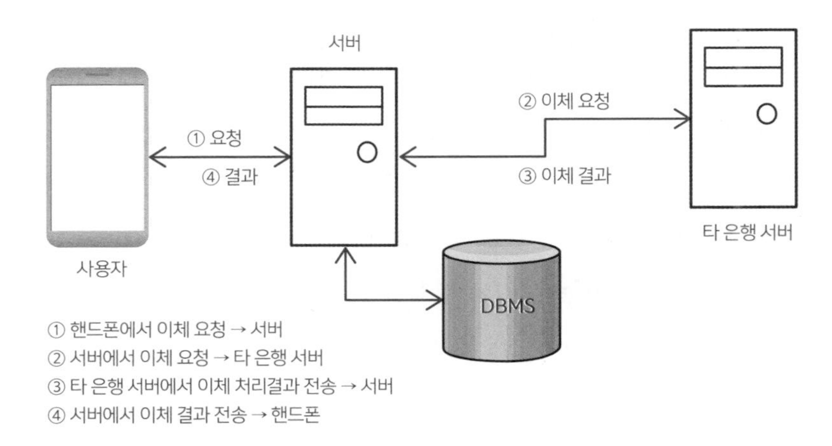

핸드폰에서 이체 처리하는 흐름

로 이체 데이터를 전송한다. 이체 처리결과가 다른 은행의 서버로부터 수신되면 서버는 그 결과를 핸드폰에 보여준다.

서버 프로그램은 DBMS와 협력하여 데이터를 처리하고 처리결과를 보관한다. 그럼으로써 사용자가 핸드폰으로 언제 어디서나 자신의 데이터 처리결과를 조회하여 확인할 수 있다. 은행 계좌에서 출금된 돈을 확인하는 과정을 각각의 UI 프로그램과 서버 프로그램 및 DBMS와 연계해 어떤 명령이 일어나는지 보자. 먼저 사용자가 핸드폰 화면에서 서버로 입금된 내역을 보여달라는 명령을 수행하면 서버에서는 DBMS에서 데이터를 가지고 오고, 가지고 온 데이터를 핸드폰 화면에 보여주게 된다.

UI 프로그램과 서버 프로그램을 나누어 개발하다 보면, 처리 속도가 늦어져서 문제가 되는 경우가 종종 있다. 보통 UI 프로그램에서는 특별히 복잡하게 데이터를 처리하는 알고리즘이 없다. PC의 성능에도 한계가 있지만, 알고리즘을 구현하는 데도 한계가 있기 때문

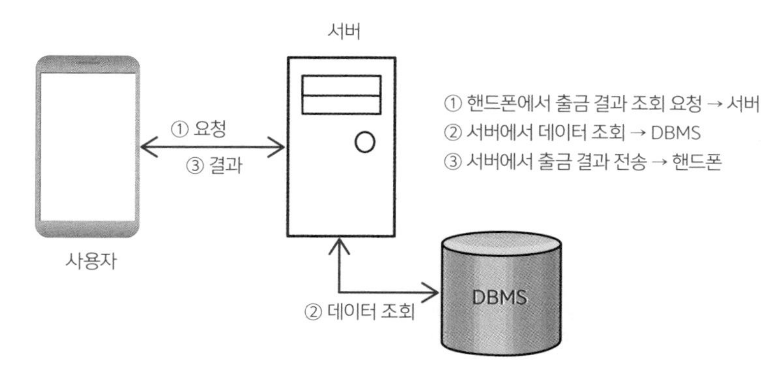

핸드폰에서 출금 조회하는 흐름

이다. 그래서 보통은 서버 프로그램에서 복잡한 알고리즘을 처리하고 그 결과만을 UI 프로그램에 전송하여 보여줄 수 있도록 설계하고 개발한다.

이런 사정을 모르는 사람들의 경우 성능에 대해서 다양하게 오해를 한다. 간혹 개발자 중에는 자신이 만든 프로그램의 성능 문제를 감추기 위해 다른 핑계를 대기도 한다. 대부분의 기업에서 업무적으로 사용하는 소프트웨어는 늦어도 5초 이내에 응답해야 한다는 암묵적인 합의가 있다. 성미 급한 사람들은 엔터키를 치면 바로 결과가 표시돼야 직성이 풀리겠지만, 프로그램이 바로 처리가 되는 것은 아니므로 표준적인 응답시간을 정해서 그 목표를 달성할 수 있도록 프로그램의 로직을 개선한다. 물론 성능저하의 모든 원인이 서버에서의 알고리즘의 문제만은 아니다. PC의 성능 문제, 네트워크의 속도, 서버의 처리 속도, 데이터베이스의 성능 등 여러 요소에서 성능저하나 지연이 발생할 수 있다. 하지만 성능저하가 발생하면 우선적으로 소프트웨어 전문가로서 소프트웨어의 알고리즘이 최적의 성능을 낼 수 있도록 설계되어 있는지 점검할 필요가 있는 것이다.

복잡한 대규모 소프트웨어개발과정

하나의 목적을 위해 모아놓은 대규모 소프트웨어 집단을 시스템이라고 부른다. 소프트웨어 시스템은 수많은 소프트웨어들이 상호 작동하면서 일을 처리한다. 예를 들어 금융회사의 금융시스템, 제조 공장의 생산시스템, 통신 회사의 빌링시스템, 전기회사의 송전 및 발전시스템, 도로관리 회사의 도로교통관리시스템, 기상청, 국세청, 관세청, 경찰청, 우체국 등에 대규모의 소프트웨어 시스템이 개발되어 사용되고 있다. 이런 류의 소프트웨어 시스템은 기업이나 공공기관에서 핵심적인 역할을 수행하므로 중요한 기반 업무처리 소프트웨어라고 할 수 있다.

미국의 NASA에서 사용하는 우주비행에 필요한 소프트웨어도 대규모의 소프트웨어 시스템이다. 여기서 소프트웨어를 개발할 때는 좀 독특한 방식으로 한다. 두 개의 프로젝트를 동시에 가동하여 같은 기능을 하는 소프트웨어를 각각 만든다고 한다. 우주비행 도중에 예기치 않은 오류가 발생하면 같이 개발되었던 다른 소프트웨어가 그 역할을 수행하여 우주비행의 실패를 막도록 준비하는 것이다.

소프트웨어의 알고리즘 오류로 사고가 발생하는 것을 미연에 막고자 동일한 기능을 하는 소프트웨어를 두 개의 프로젝트에서 각기 개발하는 사례는 흔치 않다. 대부분의 기업에서는 소프트웨어가 오작동하면 수작업으로 업무를 처리하는 방식을 울며 겨자 먹기 식의 방안으로 내세운다. 이유는 당연히 두 개의 소프트웨어개발에는 많은 비용이 들어가기 때문이다. 하지만 하드웨어의 경우에는 두 대를 설치하여 하드웨어 고장 등의 실패를 대비한다. 만약 한 대의 서버에서 문제가 발생하면 즉시 옆에 있는 또 다른 한 대가 그 기능을 받아서 수행한다. 이와 같이 하는 이유는 개발된 소프트웨어는 완벽할 것으로 가정하기 때문이다. 그리고 소프트웨어는 복제하더라도 추가적으로 돈이 들지 않기 때문이다. 반면에 하드웨어는 언젠가는 고장이 날 것으로 예상하여 예비 수단을 갖추어 위험에 대처하기 위함이다.

대규모 소프트웨어를 개발하기 위해서는 수많은 소프트웨어 개발자를 포함하여 전문가들이 들어가서 일을 한다. 이런 유형의 개발 방식을 소프트웨어 프로젝트라고 한다. 프로젝트의 맨 꼭대기 정점에는 프로젝트관리자가 있다. 프로젝트에 투입되는 모든 사람들의 업무를 지시, 관리, 결정하는 사람이다. 프로젝트관리자의 경험과 역량에 따라 프로젝트가 실패하기도 하고 성공하기도 한다. 마치 최고사령관 같은 사람이므로 그 사람의 지휘, 행정, 작전 역량과 모든 것에 대한 확신이 프로젝트의 미래를 결정한다. 프로젝트관리자는 자신이 갖고 있는 자원인 사람, 예산, 시간을 적절히 분배하여 프로젝트가 잘 진행될 수 있도록 하는 데 심혈을 기울인다.

대규모 소프트웨어 프로젝트에서 개개의 프로그램 개발자는 아주 작은 부분을 담당해서 프로그램을 개발한다. 프로젝트가 크면 클수록 자신의 역할은 작아지고 기여도는 거의 없는 것으로 느껴질 정도다. 프로젝트에는 개발자 외에도 다양한 전문가가 투입된다. 프로젝트 초기에 아키텍처 전문가, 분석가, 설계자, DB 전문가가 투입되고 중반부터 본격적으로 프로그래머인 개발자가 투입된다. 투입되는 전문가들은 자신이 맡은 일을 끝내고 완수하면 프로젝트에서 나간다. 어떤 사람은 프로젝트 시작부터 종료 때까지 일하고, 개발자 중에는 종료 후에도 소프트웨어유지보수를 위하여 운영자로 남기도 한다.

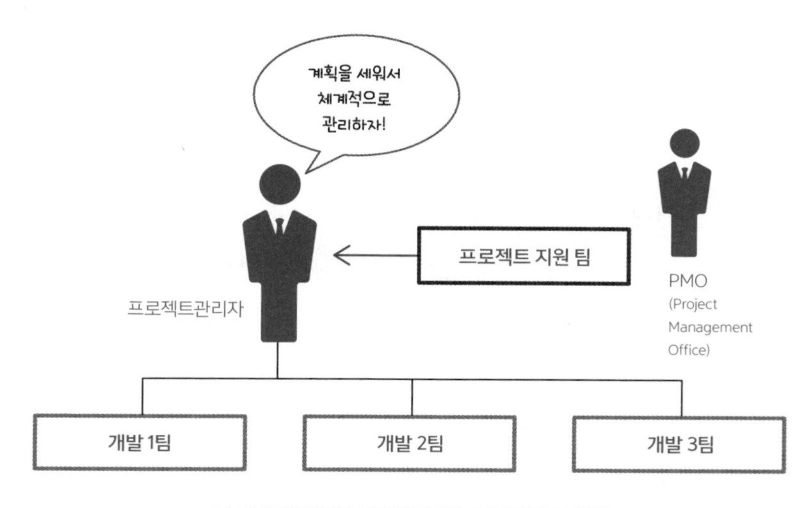

프로젝트관리를 통한 대규모 소프트웨어개발

소프트웨어개발에는 어떤 일이 중요하고 어떤 일이 중요하지 않고의 구분이나 차이가 없다. 자기의 역할을 충실히 했을 때 모든 것이 문제없이 굴러가기 때문이다. 이것을 상호협조라고 하는데, 프로젝트마다 상호협조가 제대로 안 되는 경향이 있기 때문에 요즘 유행하는 애자일 방법론에서는 스크럼 미팅을 강조한다. 미팅은 하루 일을 시작하기 전에 한 번 하고 일이 끝나면 다시 한 번 한다.

소프트웨어는 품질, 비용, 납기가 중요하다

소프트웨어를 개발하다 보면 품질에 대한 얘기를 많이 듣게 된다. 개발자뿐만 아니라 일반 사용자도 입버릇처럼 얘기한다. 소프트웨어품질이 나쁘다는 것은 프로그램에 오류가 있다는 의미뿐만 아니라 사용하기에 불편하거나 자기가 원하는 기능을 하는 프로그램이 아니라는 뜻도 강하게 내포되어 있다. 품질이 안 좋으면 비용이 늘고 납기가 지연된다. 품질, 비용 및 납기는 하나라도 문제가 있으면 다른 요소에 서로 영향을 준다. 같은 내용을 다른 시각으로 표현한 것으로 생각해도 무방하다. 품질이 나쁘면 품질을 맞추기 위해 추가적인 시간이 필요하므로 납기를 맞출 수 없다. 납기가 지연되면 개발자가 더 오랜 기간 일을 해야 하므로 개발자 월급을 깎지 않는 이상 비용은 올라가게 된다.

품질의 핵심은 프로그램오류를 줄이는 데 있는 것이 아니라 고객과 사용자가 원하는 것을 해주는 것이다. 개발자는 프로그램 에러와 알고리즘 오류가 없으면 품질이 좋은 것으로 생각하기 십상이다. 하지만 프로그램이 에러 없이 잘 돈다는 것만으로는 품질이 좋다고 말할 수 없고, 고객이 원하는 기능이 제대로 수행되어야 한다.

비행기의 품질을 생각해보자. 비행기가 제대로 날지 않고 날아가

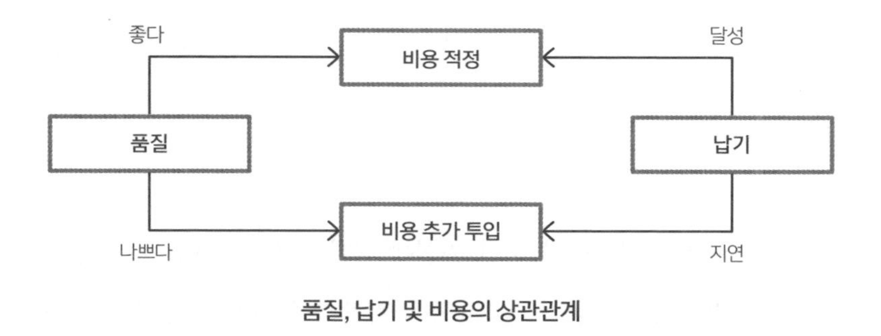

품질, 납기 및 비용의 상관관계

다가 추락하면 그 비행기는 비행기로서의 가치가 없다. 비행기가 추락하는 것은 프로그램의 버그, 에러라고 할 수 있다. 좋은 품질의 비행기는 비행하다가 추락해서는 안 된다. 비행기를 타는 사람들은 안전한 비행기는 당연한 것이고, 장시간의 비행에도 편안한 비행기를 품질이 좋은 비행기라고 생각한다. 자리가 좁아서 불편하고, 기류 변화에 따라 기체 요동이 심하다면 좋은 비행기라고 생각하지 않는다. 이런 관점으로 프로그램의 품질을 생각하면 당연히 에러는 없어야 하고, 고객이 사용하기에 편리한 프로그램이야말로 좋은 품질의 소프트웨어라고 할 수 있다.

소프트웨어의 불법복제와 저작권

소프트웨어 불법복제라 함은 개발자 혹은 저작권자의 동의 없이 불법적으로 소프트웨어의 내용을 복사한 것을 말한다. 우리나라의 컴퓨터프로그램보호법은 정당한 권한 없이 다른 사람의 프로그램 저작권을 복제, 개작, 번역, 배포, 발행 및 전송의 방법으로 침해해서는 안 되며, 이를 위반하는 자는 형사 처벌하도록 규정하고 있다. 이와 관련하여 해외 프로젝트에서의 저작권 관련 경험을 소개하려고 한다. 해외에서 중요한 프로젝트가 진행되고 있을 때 현지 개발자가 내게 자기가 갖고 있는 소프트웨어를 참고하라고 주었다. 필요하면 카피하여 사용하라고 했다. 소스프로그램을 받은 후에 필요한 부분을 약간만 수정하여 프로그램을 서버에 배포하여 사용하였다. 이미 잘 짜인 프로그램이라 문제없이 잘 돌았고, 현지 개발자도 기뻐했다. 그런데 나중에 현지 개발자가 화를 내면서 왜 허락도 없이 자신의 소프트웨어저작권을 침해했냐며 항의하였다. 본인이 쓰라고 프로그램을 줘놓고 지금 와서 이게 무슨 말이냐고 현지 개발자와 한바탕 언쟁을 했다. 나중에 알고 보니 소프트웨어 소스 코드에 들어 있는 저작권 관련 표현이 문제가 된 것이었다.

일반적으로 프로그램 소스에 프로그램 이름, 프로그램이 개발된 일자, 수정된 일자, 프로그램 개발자 등을 표기하는데 프로그램을 만든 사람을 현지 개발자가 아닌 내 이름으로 표기한 것이다. 현지 개발자가 최초로 만든 사람이고, 나는 원본 프로그램을 일부 수정하여 사용했으므로 수정한 사람이라고 표기하는 것이 옳다. 표기만으로는 명백하게 저작권을 침해했다고 볼 수 있다. 저작권과 관련한 개념이 모호한 시기였지만, 현지 개발자에게 잘못을 시인하고 사과함과 동시에 저작권 관련 내용을 수정하여 다시 배포함으로써 문제

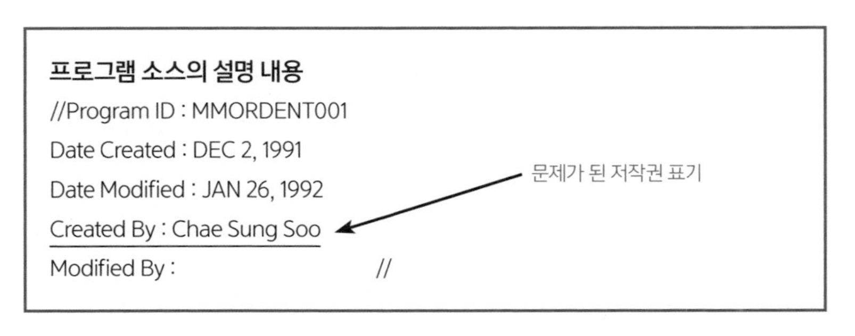
프로그램 소스의 설명 내용

//Program ID : MMORDENT001
Date Created : DEC 2, 1991
Date Modified : JAN 26, 1992
Created By : Chae Sung Soo
Modified By : //

프로그램 소스의 저작권 표기

없이 일을 마무리했다.

소프트웨어도 하나의 창작물이므로 자신이 스스로 개발하지 않은 경우에는 원저작자가 누구인지 명확히 밝히는 것이 소프트웨어 개발자의 당연한 도리다. 다른 곳에서 프로그램을 카피하여 사용하더라도 전반적인 프로그램의 알고리즘이 원저작자의 것에 유사하다면 소프트웨어를 최초로 개발한 사람(Created By)이나 저작자(Author by)에는 원래의 저작자로 표기하고, 자신은 수정한 사람(Modified By)이나 개선한 사람(Powered by)에 표기해야 한다. 이것은 소프트웨어 개발자들이 갖고 있는 명예를 잘 표현할 수 있는 방법이고 창의성을 존중하는 예의라고 생각한다.

소프트웨어 개발자만 있는 것이 아니다

소프트웨어산업에 종사하는 전문가는 꽤나 다양하다. 그러나 소프트웨어산업에 종사하는 모든 사람들이 소프트웨어 개발자는 아닐뿐더러 모두가 소프트웨어개발 역량이 있는 것도 아니다. 소프트웨어 전문가는 소프트웨어 프로젝트관리자, 소프트웨어 아키텍트, 업무 분석가, 소프트웨어 설계자, 소프트웨어 개발자(프로그래머), DB 설계자, DBA Data Base Administrator, 데이터베이스 튜너 Tuner, 테스트 전문가, 품질 담당자, 소프트웨어 운영자, 시스템분석가 등이 있고 하드웨어 중심의 시스템관리자, 시스템운영자도 있다. 그중에 가장 많은 수의 사람들이 소프트웨어개발을 담당하는 프로그래머로 활약한다.

소프트웨어 개발자는 분석가, 설계자, 프로그래머로 나눌 수 있다. 소프트웨어프로세스 중심으로 보면 업무 분석가는 고객과 업무를 협의하고, 고객의 업무를 분석하여 최종적으로 정리된 고객의 요구사항을 소프트웨어 설계자에게 전달한다. 소프트웨어 설계자는 업무 분석가로부터 받은 요구사항을 기초로 소프트웨어설계를 담당한다. 소프트웨어 개발자인 프로그래머는 설계서를 가지고 실제의 프로그램 소스를 코딩한다. 테스트 전문가는 코딩이 된 프로그램을 통합하여 테스트하는 일을 담당한다. 소프트웨어 운영자는 개발되어 배포된 소프트웨어를 운영하는 일을 담당하며, 고객이 요청하는 데이터를 산출해주거나 소프트웨어가 이상 없이 잘 운영되도록 감시하고, 정기적인 작업을 처리하는 일을 담당한다.

규모가 큰 프로젝트 경우가 아니면 설계자가 분석도 실시한다. 분석가와 설계자를 나누는 경우는 큰 소프트웨어 시스템을 개발할 때나 운영할 때다. 업무 분석가는 소프트웨어의 운영 시에 고객을 자

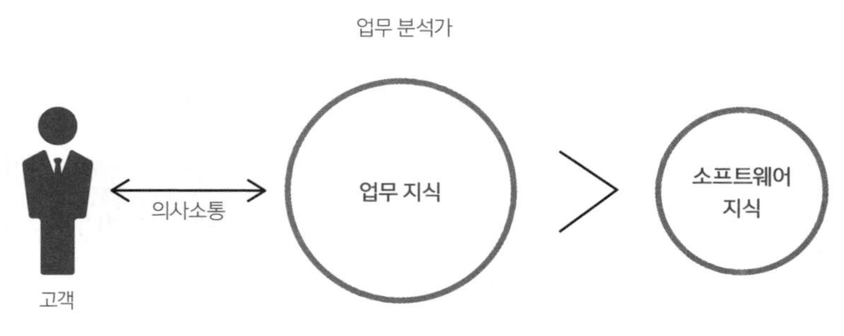

업무 분석가는 업무에 대한 지식이 중요

주 만나면서 소프트웨어 개선에 대한 논의를 많이 한다. 프로젝트를 수행할 때는 전문적으로 업무 프로세스를 분석하여 개선하기 위해 별도의 사람이 들어가서 일하는 경우도 많이 있다. 이런 업무분석 전문가는 기존의 업무 분석가와 구분하여 프로세스 전문가 혹은 프로세스 컨설턴트라고 부르기도 한다. 고객의 산업이나 업무를 잘 알고 고객 경영층과의 의사소통을 원활히 해야 하는 경우에 필요하다.

대부분의 업무 분석가는 고객과의 의사소통이 주 업무이므로 고객의 업무를 잘 알고 있다. 업무 분석가는 고객보다 업무를 더 잘 알기 때문에 고객의 문제점을 파악하여 고객의 업무 프로세스를 개선하는 역량을 가지고 새로운 소프트웨어개발을 제안한다.

소프트웨어 설계자는 업무보다는 소프트웨어기술을 잘 알고 있는 전문가다. 개발 역량도 웬만한 소프트웨어 개발자보다는 뛰어난 경우가 많다. 대부분의 설계자들은 프로그램코딩을 하다 경력이 쌓이면 소프트웨어설계를 담당한다. 설계자 한 명이 여러 명의 프로그래머를 데리고 일하면서 소프트웨어개발 목적에 맞게 개발을 지시하고

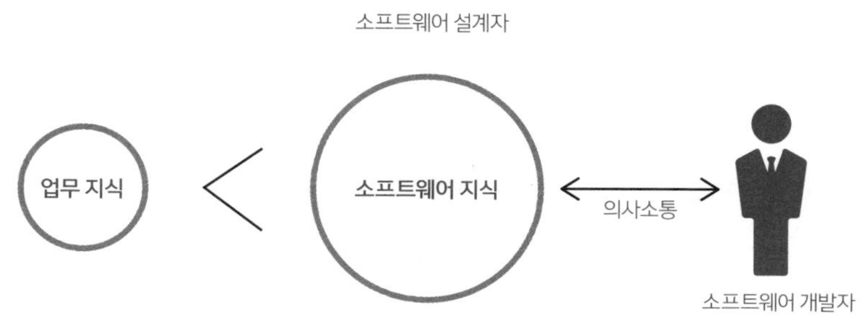

소프트웨어 설계자는 기술 지식이 중요

할당하면서 소프트웨어개발을 진행한다. 소프트웨어 프로젝트 과정 중에는 설계자가 설계만을 담당하지 않고 프로그래머의 역할을 수행하면서 개발을 주도하는 경우도 많이 있다.

소프트웨어 개발자의 소프트웨어기술에 대한 일의 스펙트럼을 보면 업무에 대한 경험과 역량이 많으면 분석가의 역할을 하기도 하며, 기술적으로도 능통하면 설계서를 만드는 설계자의 역할을 수행하기도 한다. 개발 기술이 좋으면 설계뿐만 아니라 프로그래머의 역할을 수행하여 직접 프로그램을 코딩하기도 한다.

소프트웨어개발 프로젝트의 꽃이라면 프로젝트관리자다. 프로젝트를 잘 이끌어가서 결국 소프트웨어를 완성하는 사람이다. 반면에 소프트웨어의 꽃이라고 할 수 있는 사람은 소프트웨어 아키텍트다. 건축으로 따지면 건축설계 전에 건축에 대한 전체 개념을 잡고 설계자에게 세부적인 설계 방향과 지침을 주는 업무라고 생각하면 된다. 소프트웨어 아키텍트는 개발할 소프트웨어의 전체적인 개념과 구조를

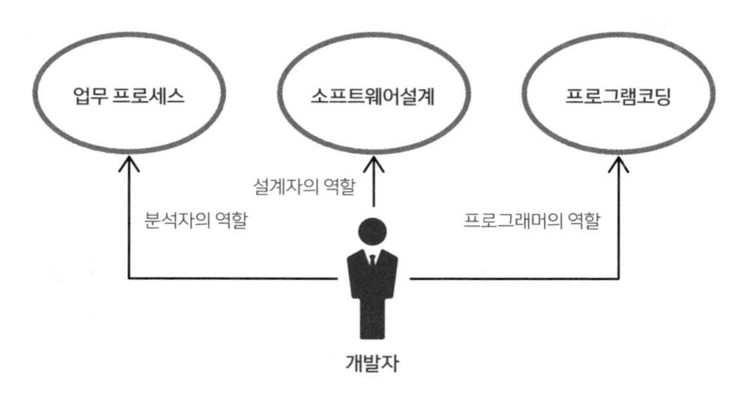

개발자의 소프트웨어기술 스펙트럼

만들고 설계자들에게 설계 개념을 공유, 전파함과 동시에 전체 설계를 나누어주어 상세설계가 진행되도록 한다. 설계 완료 후에는 설계 결과를 통합하여 자신이 제시한 설계 개념으로 완성되었는지 확인하면서 소프트웨어개발을 주도하는 핵심 인물이다. 한국의 소프트웨어 프로젝트에서는 '개발 총괄 관리자'라는 이름으로 부르기도 한다.

소프트웨어 개발자는 예술가가 아니다

소프트웨어 개발자, 프로그램을 코딩하는 사람은 예술가가 되어서는 안 된다. 예술가는 창의적인 사고를 갖고 세상에 없던 것을 만들어내는 사람이다. 기존에 있던 것을 만들면 모방이고 예술 작품이 아니기 때문이다. 하지만 소프트웨어 개발자는 자신의 의지대로만 일을 해서는 안 된다. 소프트웨어 표준이 생산성 측면에서 중요한 수단이고 도구인데 표준을 무시하고 자기 임의로 일을 해서는 안 된다고 이미 설명했다.

화면을 설계할 때 오른쪽 위에 도움말 버튼을 그리는 것으로 표준을 삼았으면 모든 사람이 도움말 버튼은 오른쪽 위에 있는 것으로 설계한다. 이렇게 동일한 위치에 설계해야 사용자의 편리성 측면에서 좋고, 화면의 일관성을 유지할 수 있는 것이다. 사용자는 항상 도움말 버튼이 오른쪽 위에 있는 것으로 기억함으로써 익숙하게 사용할 수 있는 것이다. 그래야 사용자의 생산성도 따라서 올라가게 된

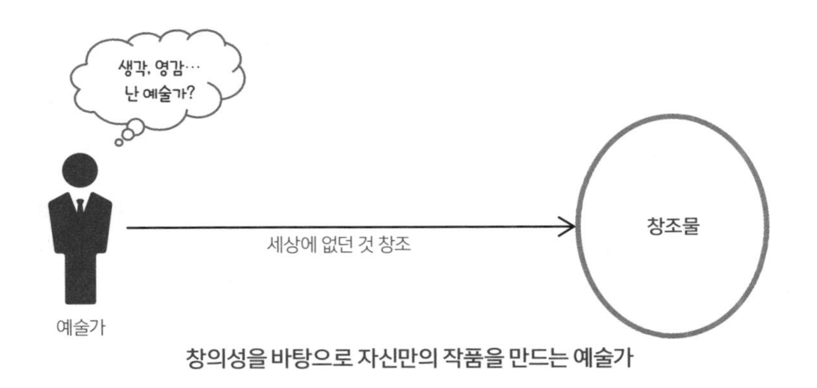

창의성을 바탕으로 자신만의 작품을 만드는 예술가

다. 어떤 개발자가 나름대로의 창의적인 생각으로 설계하여 도움말 버튼을 화면 아래로 옮긴다면 자신이 보기에는 좋고, 창의적이고, 독특한 생각일 수 있으나 사용자에게는 사용상의 혼란을 줄 것이다.

물론 소프트웨어를 설계하는 설계자는 알고리즘의 설계에 있어서는 창의적이고 공학적인 접근으로 최적의 설계서를 만들어야 한다. 어느 경우에는 선정된 라이브러리나 클래스를 쓰는 것이 표준인데 자신의 설계 사상과 맞지 않아 고민하기도 한다. 공통 모듈의 성능이 부족하여 전체 성능을 떨어뜨릴까 봐 적용을 망설이기도 한다. 자신의 경험에 비추어볼 때 현저하게 낮은 품질의 개발 수준을 갖고 있다면 누구라도 새로 개발하여 적용하고 싶은 욕망이 생긴다. 이런 것들은 표준, 생산성, 기준과 대비하여 독특함, 창의성과의 건전한 갈등이라고 할 수 있다. 문제가 있거나 마음에 들지 않으면 의사소통 과정을 통하여 개선할 수 있는 것이 소프트웨어개발의 보편적 철학과 사상이므로 열심히 개선을 요구하자.

소프트웨어 개발자 즉, 프로그램코딩을 담당하는 사람은 더욱더 예술가가 되어서는 안 된다. 설계도에 적힌 그대로 코딩해야 한다. 건물을 지을 때 설계도대로 하지 않고 시공 기술자들이 마음대로 시공하면 그 건물은 온전할 수 없을 것이다. 지진 등의 주변 환경 변화에 건물이 무너질 수도 있고, 투입 자재가 더 들어가서 비용이 상승할 수도 있는 것이다. 소프트웨어개발 프로젝트의 현실은 개발자에게 많은 권한을 주고 있다. 많은 경우에 설계가 완벽하지 못하여 부족한 부분은 개발자가 자신의 창의적인 생각으로 채워야 하기 때문이다. 그러나 이러한 권한이 소프트웨어 개발자에게 자기 마음대로 프로그램을 만들어도 된다는 허락은 아닌 것이다.

이상으로 우리는 소프트웨어개발에 대한 개략적인 내용을 살펴보았다. 소프트웨어를 처음 만들어보는 초보자일지라도 컴퓨터 앞에 앉아서 바로 코딩하는 습관은 좋은 것이 아님을 알 수 있었다. 대규모의 소프트웨어 시스템은 프로젝트라는 개발 조직을 한시적으로

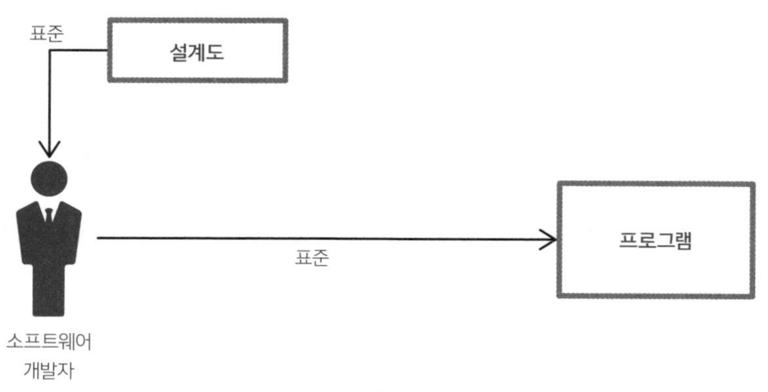

표준과 지시를 준수해야 하는 소프트웨어 개발자

운영하여 수많은 개발자가 참여한 가운데 개발을 추진한다. 크기에 상관없이, 개발되는 소프트웨어는 생성에서부터 소멸까지의 주기가 있다. 소프트웨어개발 시에는 소프트웨어 개발자뿐만 아니라 다양한 경험을 가진 전문가들이 투입되어 프로젝트를 진행한다는 것을 알았다. 소프트웨어 개발자는 분석가, 설계자, 프로그래머로 구분하며 각자의 독특한 역할이 있다. 소프트웨어 개발자는 프로그래머만을 지칭하지 않는다는 것도 이해했다.

소프트웨어개발에서 프로그램코딩은 중요하다. 하지만 필요한 모든 소프트웨어를 개발하여 확보하려는 것이 능사는 아니다. 우리에게 필요한 소프트웨어가 있다면 스스로 개발하는 것보다 이미 비슷한 소프트웨어가 있는지 확인하여 얻어서 쓰는 것이 가장 좋다. 얻어 쓸 수 없다면 필요한 부분만 수정해서 쓰는 것도 좋은 방법이다. 소프트웨어는 하나의 저작물로 등록되어 보호를 받는 창작물이다. 그러므로 소프트웨어가 복제가 쉽게 된다 할지라도 저작권자의 동의 없이 소프트웨어를 임의로 복제하여 사용해서는 안 된다는 점을 꼭 기억하자. 부득이하게 개발을 해야 한다면 자동화할 수 있는 분야는 적극적인 자동화 도구의 도입으로 개발자의 생산성을 올려야 한다. 코딩보다는 고객의 프로세스를 개선하고, 새롭고 창의적인 알고리즘을 만들어내고, 잠재적인 결점을 찾아내는 데 집중하는 것이 더 가치가 있기 때문이다.

소프트웨어 체계적으로 만들기

소프트웨어를 체계적으로 만들기 위하여 프로젝트관리 기법 혹은 프로젝트관리 방법론과 소프트웨어개발 방법론을 적용한다. 개발이 결정되면 즉시 개발자를 투입하여 곧바로 소프트웨어를 만드는 것은 아니다. 계획을 수립하여 체계적으로 프로젝트를 진행한다. 프로젝트를 총괄로 책임지고 관리하는 사람을 프로젝트관리자라고 한다. 그리고 프로젝트관리자를 옆에서 지원해주는 조직을 프로젝트관리 팀 혹은 PMOProject Management Office라고 부른다. PMO의 조직원들은 프로젝트관리자와 일심동체가 되어 프로젝트를 관리한다.

프로젝트를 추진하는 단계는 다섯 가지로 구분된다. 프로젝트 시작, 프로젝트계획, 프로젝트 실행, 프로젝트 통제 그리고 프로젝트 종료다. 프로젝트 시작(Start Up) 단계는 프로젝트의 시작을 알리는 단계로 회사 내부의 공식적인 승인을 통하여 시작된다. 프로젝트 계획단계는 계획을 수립하고 조직을 만들어 공동의 목표를 공유한다. 실행단계는 프로젝트의 계획을 실제로 처리하는 단계다. 통제단계는 계획과 실행의 차이를 분석하는 단계다. 차이가 있다면 새로운 계획을 수립하여 차이를 극복할 수 있도록 한다. 프로젝트 종료(Close Down)는 프로젝트를 성공적으로 완수하여 모든 사람들이 프로젝트를 떠나고, 만들어진 과제 결과를 제출하여 종료하는 단계다. 프로젝트는 종료 전인 계획단계, 실행단계, 통제 단계의 활동 중에 중단될 수도 있다.

소프트웨어개발 프로젝트란 무엇인가?

프로젝트의 정의는 뚜렷한 목표를 가지고 한정된 기간 내에 일을 완수하는 임시적인 업무를 말한다. 영원불변이 아니고 주기적이고 반복적인 일도 아니다. 잠시 동안만 시간을 내서 목표를 위하여 일을 진행할 뿐이다. 시간이 정해져 있기 때문에 요구된 시간 내에 일을 완료해야 한다. 그래서 프로젝트에 참여하는 사람들은 스트레스를 많이 받는다. 오늘 할 일을 오늘 하지 못하면 납기가 지연되기 때문이다.

우리 주변에서 자주 볼 수 있는 프로젝트로 대표적인 것이 건물 공사, 도로포장 공사와 같은 것이 있다. 일회성의 일은 대부분이 프로젝트라고 할 수 있다. 소프트웨어산업에서 소프트웨어개발만 프로젝트로 하는 것은 아니다. 제안서 작성, 설루션Soiution 도입 및 검증, 소프트웨어 설치 등과 같이 소프트웨어를 개발하는 것이 아닌 프로젝트도 많이 있다. 소프트웨어개발 프로젝트는 고객의 요구사항을 소프트웨어로 만들기 위한 목표로 시작한다. 기본적인 종료 조건은 소프트웨어의 개발 완료이며 고객이 잘 사용할 수 있어야 한다.

소프트웨어는 체계적으로 개발되어야 하기 때문에 계획을 수립하여 추진한다. 초기의 계획은 상세하지 않다. 고객의 요구사항이 명확하지 않기 때문에 상세한 계획을 수립할 수 없다. 분석을 통하여 요구사항이 명확하게 정의되면 상세한 계획을 수립할 수 있다. 요구사항이 명확하지 않았던 프로젝트 초기에 시작 일정과 종료 일정을 수

- 프로젝트 수주를 위한 제안서 작성
- 심해 생물 유전자분석 연구
- 새로운 의약품 개발연구
- 유적지 발굴 사업
- 게임소프트웨어 개발
- 국세 징수 시스템 개발
- 구축된 발전소의 감리
- 10층 건물 신축
- 전공 서적 출간
- 김포 고속도로 공사
- 나의 결혼식
- 유럽 배낭여행

주변에 있는 다양한 프로젝트 사례들

립하고 추진된 프로젝트는 요구사항의 내용에 따라 시간이 부족할 수도 있다. 이런 상황이 발생하면 요구사항을 조정하는 일을 하거나 일정을 조정하는 일을 해야 한다. 그러나 고객에게 일정 조정을 요청하거나 요구사항의 범위를 조정하는 일은 만만치 않은 일 중 하나다. 고객이 잘 받아들이지 않는 경우가 비일비재하기 때문이다.

프로젝트를 추진하는 팀은 이러한 문제점이 발생하는 것을 경험적으로 잘 알고 있다. 경험 많은 프로젝트관리자들은 항상 최악의 경우를 대비하여 계획을 수립하고자 한다. 그래서 항상 프로젝트 일정을 수립할 때는 여유시간을 포함시킨다. 일정을 빡빡하게 수립하여 프로젝트를 진행하다 나중에 문제가 발생하면 시간 부족으로 고생할 소지가 많기 때문이다. 그런데 시간을 더 잡아둔다는 것은 비용

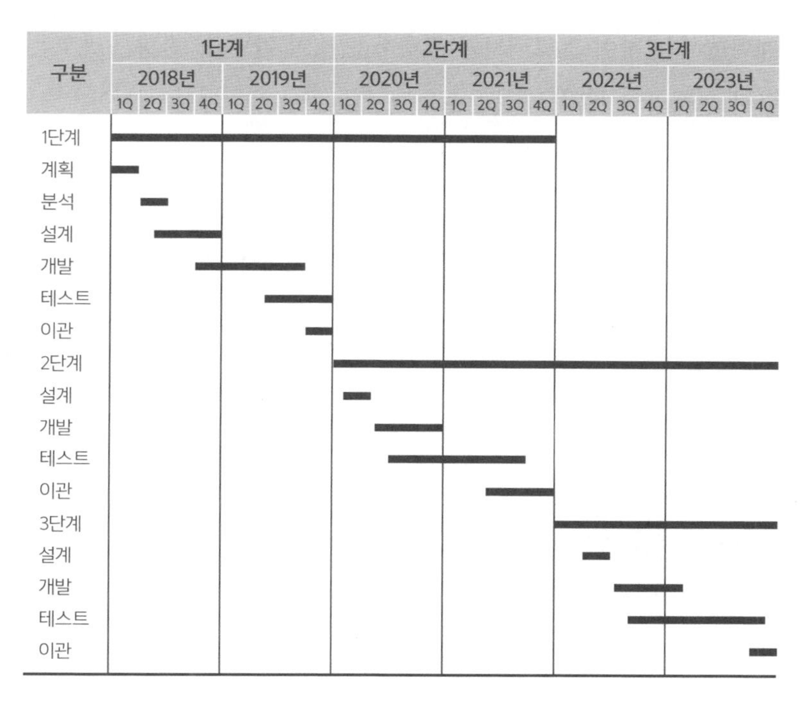

갠트차트로 만들 프로젝트 일정

을 더 쓰겠다는 말과 같다. 여유로 잡아두는 시간은 회사로 보면 손실 비용이다. 돈을 더 쓰겠다는 것은 경영자들과 고객에게는 쉽게 용납되는 일이 아니다. 계획단계에서 가장 어려운 점이 이것이다.

프로젝트계획을 수립할 때는 경험 많은 전문가들이 투입된다. 이 전문가들은 최소한의 비용으로 진행하기 위한 계획을 수립함과 동시에 프로젝트 과정에서 발생할 수 있는 위험에 대처할 수 있도록 계획한다. 프로젝트가 진행되면서 초기의 계획도 빈번하게 수정되는데 계획에 대한 변경 관리를 실시하게 된다. 프로젝트관리자가 임의로 계획을 수정하여 프로젝트를 진행하는 것이 아니다. 변경된 계획은 다시 고객과의 협의를 통하여 확정된다. 프로젝트에서 계획이 바뀐다면 항상 모든 사람들과 다시 공유하고 교육도 다시 하는 등 변화관리를 잘해야 한다. 프로젝트 참여자 및 이해관계자들과 의사소통을 철저하게 하는 것이 성공의 중요 요소이기 때문이다.

소프트웨어 프로젝트를 관리한다

프로젝트를 효과적으로 추진하기 위하여 조직을 체계화하고 일을 과학적으로 처리하는 것이 프로젝트관리다. 관리의 핵심은 계획을 수립하여 실제의 일들이 계획을 달성했는지 확인하고, 잘된 부분과 안된 부분을 구분하여 잘 안된 부분에 대해서는 계획을 재수립해 달성할 수 있도록 하는 것이다. 프로젝트관리는 일반적으로 계획, 실행, 통제의 경영활동과 동일한 단계를 거치게 된다.

프로젝트를 추진하는 단계는 크게 다섯 가지로 구분된다. 프로젝트 시작 혹은 착수, 프로젝트계획, 프로젝트 실행, 프로젝트 통제 그리고 프로젝트 종료다. 프로젝트 시작은 의사결정자의 공식적인 승인으로 시작한다. 제안서 제출로 시작하는 경우가 많이 있다. 기업 내부의 프로젝트라면 사업 추진 계획 혹은 투자 심의를 통하여 시작한다. 프로젝트계획은 실행을 위한 세부적인 계획을 수립하는 단계다. 프로젝트계획에 따라 사람과 자원이 투입되어 일을 진행하며 이

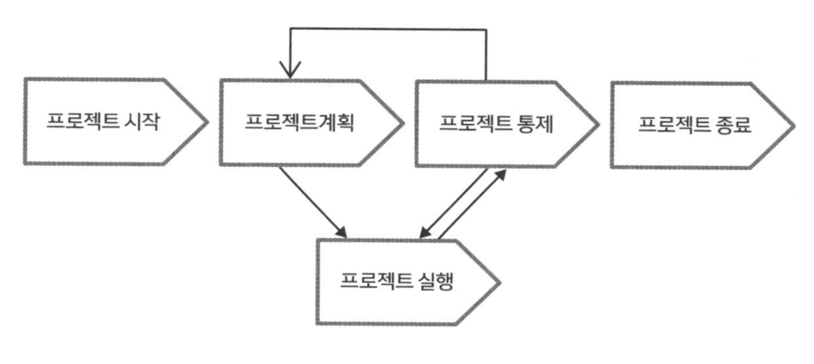

프로젝트관리 프로세스

를 프로젝트 실행이라고 한다. 프로젝트는 최종적으로 프로젝트관리자에 의해서 통제된다. 통제는 계획과 실행 결과의 차이를 확인하여 계획을 새로 수립할 수 있도록 모니터링하는 것을 의미한다. 마지막으로 프로젝트 종료 단계에서는 완료한 프로젝트를 평가하며, 모든 프로젝트 활동을 마무리하고 고객에게 결과를 인계한다. 프로젝트는 계획, 실행, 통제 활동 중에 중단될 수도 있다. 기업 내부의 변심, 외부의 환경 변화, 목표의 변경, 기술의 변화, 추진의 미비 및 결과의 실패 예상 등 다양한 원인에 따라 중단된다. 따라서 우리는 시작한 프로젝트가 종료될 때까지 반드시 지속되지 않을 수도 있음을 인식해야 한다.

프로젝트관리를 위한 핵심 프로세스는 범위관리, 일정 관리, 품질관리, 자원관리, 위험관리, 의사소통 관리다. 범위관리 프로세스는 프로젝트 시작 단계부터 프로젝트가 추진할 범위를 정의하고, 프로젝트 종료까지 해당 범위가 제대로 수행되는지 관리한다. 일정 관리

1. 통합 관리(Project Integration Management)
2. 범위관리(Project Scope Management)
3. 일정 관리(Project Time Management)
4. 원가관리(Project Cost Management)
5. 품질관리(Project Quality Management)
6. 인적자원관리(Project Human Resource Management)
7. 의사소통 관리(Project Communications Management)
8. 위험관리(Project Risk Management)
9. 구매관리(Project Procurement Management)

대표적인 프로젝트관리 프로세스

는 프로젝트 추진을 위한 과제를 선정하여 그 과제에 필요한 시간을 산정하여 전체 일정을 수립한다. 프로젝트를 진행하면서 발생되는 일정 변경도 절차에 따라 관리된다. 품질관리는 프로젝트 목표 달성을 위한 품질기준과 평가 방법에 대한 프로세스를 정의하여 품질이 제대로 나올 수 있도록 한다. 자원관리의 많은 부분은 사람에 대한 관리다. 개발자를 포함하는 전문가들을 언제, 어떻게 투입하여 일을 할지에 대한 관리 절차다. 위험관리는 프로젝트 과정 중에 발생 가능한 위험을 사전에 정리하여 위험의 발생을 억제, 회피하여 프로젝트를 성공으로 이끌기 위한 활동이다. 의사소통 관리는 프로젝트의 보고, 회의 등과 관련한 프로세스다.

이 외에도 많은 프로젝트관리 프로세스가 있다. 모두가 중요한 프로세스이고 어느 하나도 소홀히 해서는 안 된다. 규모가 작은 프로젝트인데 모든 것을 관리하는 것은 낭비이고 힘에 겨울 수도 있다.

모든 프로세스를 다 관리할 수 없다면 최소한의 관리만으로 효과를 볼 수 있도록 하는 지혜가 필요하다.

프로젝트관리자의 경험에 따라 중요하게 생각하는 프로세스가 있다. 고객 관계를 중요하게 생각하는 사람이라면 의사소통 관리를 중요하게 생각할 것이고, 실패를 경험한 사람이라면 위험관리를 중요하게 생각할 것이다. 납기 지연의 경험이 있었다면 일정 관리를 중요하게 생각할 것이다. 소프트웨어에서 문제가 많이 생겼다면 품질관리를 상대적으로 중요하게 생각할 것이다. 저마다의 경험에 따라 어떤 프로세스를 더 중요하게 생각할지가 갈리는 것이다.

프로젝트관리자는 신이 되어야 한다

프로젝트관리자PM, Project Manager는 프로젝트팀의 신과 같은 사람이다. 프로젝트 팀원들은 모두 프로젝트관리자의 말에 복종한다. 프로젝트관리자의 최종적인 결정은 반드시 따라야 하는 절대복종의 명령이다. 카리스마가 있는 프로젝트관리자는 일사불란한 프로젝트 체계를 강요한다. 한 치의 오차도 없이 계획대로 프로젝트가 진행되기를 원한다. 그러나 '프로젝트가 계획한 대로 진행된다면'이라는 가정은 프로젝트관리자에게는 없는 것이 좋다. 많은 프로젝트가 위험에 노출되어 있기 때문이다. 프로젝트는 동일한 일을 반복하는 것이 아니기 때문에 프로젝트 과정 중에 벌어질 일들은 예측하기 힘들다. 문제가 발생할 때마다 프로젝트관리자를 중심으로 문제해결을 위한 태스크 팀을 구성하고, 대책을 강구하여 해결해나가야 한다.

프로젝트에서 발생하는 위험에 대해서 프로젝트관리자는 명확한 의사결정을 통하여 해결해야 한다. 종종 경험이 부족하거나 능력이 없는 프로젝트관리자는 의사결정을 꺼린다. 잘못된 의사결정으로 문제가 더 복잡하게 꼬이기도 하지만, 가장 큰 문제는 의사결정을 하지 않는 것이다. 프로젝트 팀원들이 알아서 해결해주기를 원하는 경우에 프로젝트는 알 수 없는 길로 들어설 수 있다. 서로 문제해결의 책임을 미루는 것이다. 해결을 위해서는 인원이 더 투입되어야 하는 경우도 있고, 비용이 더 들어가기도 하며, 고객과 새롭게 협상해야 하는 경우도 생긴다. 프로젝트관리자에게는 스트레스이지만 해결하지 않으면 전체 프로젝트가 망가질 수도 있는 상황이 발생하기 때문에, 경험이 있고 신뢰받는 프로젝트관리자라면 스스로 책임을 지고 의사결정을 해야 한다. 프로젝트 팀원들이 믿고 따를 수 있는 사람은 프로젝트관리자뿐이기 때문이다.

프로젝트관리자는 문제에 봉착하여 프로젝트의 진척이 제대로 되지 않고 있는 상황을 보고받았다면 신과 같은 전지전능한 능력으로 해결에 나서야 한다. 투입된 사람의 역량이 문제인지? 인원에 비하여 일의 부하가 심한지? 고객 관계에 문제가 있는지? 등등을 파악하여 조치를 취해야 한다. 스스로 문제를 해결하는 것이 아니라 문제가 해결될 수 있는 트리거Trigger 역할을 해야 한다. 항상 시간이 촉박하기 때문에 빠른 결정은 큰 도움이 된다. 잘 모른다는 이유 때문에 결정을 미뤄서는 안 된다. 팀원 중에 유능한 사람이 있다면 행운이다. 게다가 책임감 있는 사람이 있다면 문제는 거의 다 해결된 것이다.

고객의 대규모 재무 소프트웨어개발 프로젝트가 진행되었다. 프로젝트계획을 수립하고 인원 구성도 완료되었다. 프로젝트에는 결산, 채권, 채무, 자금, 금융, 자산 등등 몇 개의 팀이 구성되어 있었다. 채무 개발 팀의 고객에게서 인원 구성에 대한 불만이 나왔다. 구성된 사람 중에 몇몇이 관련 업무 경험이 부족하다는 것이었다. 이런 상황이 발생하면 가장 쉬운 방법이 인원을 교체하는 것이다. 그런데 프로젝트관리자는 고객을 설득했다. 지금 투입되어 있는 사람은 채무 업무 경험은 부족하지만 학습 능력이 뛰어나서 프로젝트가 진행되면서 가장 두각을 나타낼 것이고, 책임감도 뛰어나기 때문에 믿고 맡겨도 된다고 얘기해 주었다.

불행히도 이 프로젝트는 진행되면서 정말 많은 문제가 발생했다. 프로젝트가 제대로 진척되지 않았다. 여러 문제가 끊임없이 발생했다. 고객도 불만이 많았지만, 특히 프로젝트관리자의 스트레스가 심했다. 하지만 채무 개발 팀만은 믿을 만했다. 프로젝트가 종료되었을 때 채무 개발 팀의 고객은 초기에 인력 선정에서 불만을 제기한 것을 미안해했고, 또 아주 고마워했다. 프로젝트관리자에게 "그 친구가 없었으면 저도 다른 팀처럼 고생을 많이 했을 텐데, 정말 수고했습니다."라고 말했다.

프로젝트 팀원들이 모두 책임감이 있는 것은 아니다. 프로젝트는 특정 기간만 가동되는 임시적인 일이므로 프로젝트관리자의 사람

선정 능력과 선정된 사람에 대한 신뢰성에 따라 프로젝트 성공의 명운이 달라진다고 할 수 있다. 프로젝트관리자가 신이 되어야 한다는 것은 이것을 의미한다. 프로젝트관리자를 믿고 따르는 사람들이 얼마나 많이 프로젝트에 포함되어 있는지가 프로젝트 성공 요소 중 하나이기 때문이다.

소프트웨어 프로젝트의 현실을 알자

소프트웨어 프로젝트는 힘들다. 어떤 종류의 소프트웨어 프로젝트라도 쉬운 프로젝트는 없다고 단언할 수 있다. 프로젝트의 중반기를 넘어서면 납기에 쫓기게 된다. 요구사항이 변경되어 프로그램을 다시 코딩하는 일이 다반사로 일어난다. 요구사항의 변경과 추가를 금지하기 위하여 요구사항을 동결하지만 고객의 요구를 뿌리치는 일은 상당히 어렵다. 그렇다고 그런 일로 납기를 연장하는 일도 드물다.

요구사항분석이 제대로 안 되어 프로그램코딩을 다시 하기도 한다. 분석 작업이 제대로 마무리되지 않은 것이므로 그 책임은 모두 프로젝트팀에 귀속된다. 이때부터는 프로젝트팀이 상당히 바빠지고 팀원들은 예민해진다. 설계자부터 개발자까지 새로운 계획을 수립하여 목표 진척률 달성을 위한 운동을 전개하기까지 한다. 소프트웨어 개발 범위가 변경되었다고 해서 새로운 사람을 투입하는 것은 거의 불가능하기 때문에 기존에 투입되어 있는 사람의 업무량을 늘려서

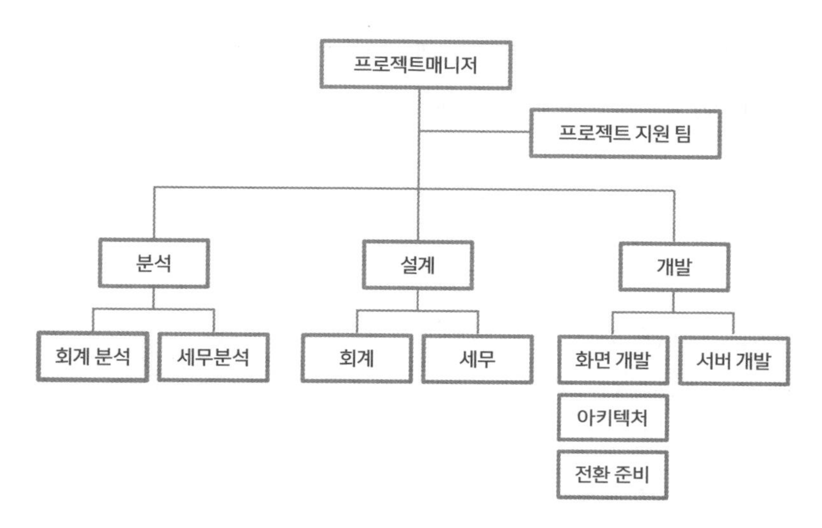

전형적인 피라미드 프로젝트 조직도

일하는 수밖에 없다.

프로젝트는 일정한 업무 분장을 통하여 일을 처리한다. 일반적인 회사의 조직구조와 동일하게 피라미드구조로 조직을 구성한다. 업무 분장이 된 조직은 자신의 일을 책임지고 하는 것을 최대의 목표로 삼기 때문에 자신의 조직 외의 일에 대해서는 관심이 적다. 조직 간에 협력을 좋은 미덕으로 생각하지만 실상은 자기 일의 완수에만 관심이 있다. 어느 한 조직에서 할 일에 문제가 생겨서 그 일을 다른 조직에게 넘겨주는 것은 넘겨받은 조직원들의 불만을 가중시킨다. 지연되고 있는 일을 다른 조직에게 쉽게 재분배하지 못하는 원인이기도 하다.

설계 및 개발 팀을 기능 중심으로 나누는 경우에는 업무의 가중에 따른 인원 배분 문제로 첨예하게 대립하는 경우도 종종 있다. 인원을 더 할당해달라고 프로젝트관리자와 싸우는 일도 있다. 프로젝트에 투입하는 개발자들의 역량 부족으로 일이 지연되거나 아예 진행되지 못하는 경우도 생긴다. 가뜩이나 일손이 부족한 프로젝트에서 자신의 일도 처리하지 못하는 사태가 생기면, 프로젝트 리더는 인원 교체라는 결단을 할 수밖에 없다. 남아 있는 사람들에게는 실망을 주고, 쫓겨나는 사람에게는 원망이 생기는 일이 발생한다. 칭찬받는 소프트웨어를 개발하는 희망의 무대가 아니라, 생존을 위해 경쟁하는 싸움터가 되어 있는 것이 프로젝트의 현실이다. 어려운 프로젝트를 경험했던 사람들은 다시는 그와 같은 프로젝트, 그런 고객을 만나기를 꺼린다. 평판이 안 좋았던 프로젝트는 평생의 오점으로 남기도 한다.

프로젝트 진척 관리와 베이스라인

프로젝트가 얼마나 잘 진행되고 있는지 확인하는 대표적인 지표로 진척률과 달성률이 있다. 진척률은 개발할 소프트웨어 전체가 얼마나 개발되었는지를 나타내는 지표이며, 달성률은 목표한 계획을 어느 정도 처리했는지 나타내는 지표다. 예를 들어 개발할 프로그램이 100개이고 현재까지 개발한 프로그램이 50개라면 진척률은 50%다. 5월까지 개발해야 하는 프로그램이 52개였다면 달성률은 96%다.

달성률과 진척률을 관리하기 위해서는 전체 개발계획이 수립되어야 한다. 전체 개발 목록뿐만 아니라 월별 혹은 주별 개발계획이 수립되어야 한다. 프로젝트계획을 수립하여 결정이 되면 이 계획을 베이스라인Base Line 즉, 기준선이라고 한다. 모든 진척 사항은 이 기준선을 근간으로 관리된다. 프로젝트관리를 통하여 계획과 실행 결과를 비교하면 계획의 수정이 필요한 경우가 발생한다. 새롭게 계획이 수립되면, 프로젝트와 관련된 의사결정자들과의 합의에 따라 원래의 계획은 폐기하고 새롭게 수립한 계획을 기준으로 진척 관리를 하게 된다. 프로젝트계획의 베이스라인을 변경하는 것이다. 프로젝트계획이나 일정표도 프로젝트의 공식 산출물이므로 형상 관리의 대상이 된다. 그러므로 베이스라인의 변경은 형상 관리 절차에 따라 수행되어야 한다.

WBS 번호	Task	담당자	상태	시작 일자	종료 일자	진척률
1	분석 단계		진행	2019/4/1	2019/5/30	30%
1.1	생산	김OO	진행	2019/4/1	2019/5/30	40%
1.1.1	생산계획	김OO	완료	2019/4/1	2019/4/20	100%
1.1.2	생산관리	이OO	진행	2019/4/4	2019/4/15	100%
1.1.3	가공	이OO	진행	2019/4/16	2019/5/15	10%
1.1.4	조립	주OO	진행	2019/4/3	2019/5/15	80%
1.1.5	품질검사	정OO	계획	2019/5/15	2019/5/30	0%
1.1.6	입고	하OO	계획	2019/5/1	2019/5/30	0%
1.2	구매	지OO	계획	2019/5/1	2019/5/30	0%
1.2.1	구매계획	지OO	계획	2019/5/1	2019/5/25	0%
1.2.2	MRP 계획	지OO	계획	2019/5/1	2019/5/25	0%
1.2.3	구매 지시	최OO	계획	2019/5/1	2019/5/15	0%
1.2.4	구매 확정	최OO	계획	2019/5/16	2019/5/25	0%

분석 단계의 WBS 사례

진척 관리를 위한 항목은 WBSWork Breakdown Structure(작업 분해도)를 가지고 관리하는 것이 일반적인 방법이다. WBS에는 큰 작업 단위에서 분해된 세부 작업, 작업 담당자, 시작 일정 및 종료 일정, 작업 상태, 선행 작업, 진척률 등이 표기된다. 작업 상태는 계획, 진행, 완료의 상태로 구분한다. 프로젝트관리자는 WBS로 각 업무 담당자를 지정하여 시작 일자와 종료 일자를 알려준다. 담당자들은 WBS를 통하여 자기의 할 일을 식별하며 목표에 대한 이해를 명확히 할 수 있다.

고객과는 업무에 대한 일정을 공유할 수 있는 주요 도구가 된다. 프로젝트관리자는 WBS로 진척 상황을 관리하여 프로젝트 진행 사항을 통제할 수 있다. 계획된 일정보다 진척이 지연되고 있으면, 지연 사유에 대한 분석을 실시한다. 지연 사유가 명확하게 분석되었다면 계획과 실적의 차이를 극복하기 위한 추가적인 활동을 계획한다.

프로젝트마일스톤이 중요하다

프로젝트를 진행하면 프로젝트 관계자와 팀원들은 일하는 중간에 어디쯤 가고 있는지 궁금해한다. 잘 조직된 프로젝트팀은 프로젝트 보드를 통해서 진척 사항을 알려주고 사전에 준비할 것들에 대해서 미리 대처하게 한다. 프로젝트의 진행 사항은 내부의 팀원들뿐만 아니라 회사의 경영층과 참여하지 않은 다른 팀에게도 알려주어 공유하는 것이 좋다. 어떤 경우에는 최종사용자에게도 수시로 진행 사항을 알려주어 변환 관리를 대비하기도 한다. 이런 것을 이벤트로 진행하면 좋다. 사람들이 프로젝트의 과정을 잘 이해할 수 있도록 특정 시점을 마일스톤Milestone(이정표)으로 정해서 관리한다.

프로젝트에서 빠지지 않는 마일스톤은 프로젝트 착수 회의, 분석 검토회의, 단계 말 보고, 소프트웨어 오픈 일자, 프로젝트 종료 회의와 같은 것이다. 가장 중요한 마일스톤은 소프트웨어 오픈 일자다. 이 때를 기점으로 프로젝트의 역량을 최대로 집중하여 일을 진행하기 때문이다. 또 오픈 일자는 결정되기 전에 오픈 점검 회의를 통하여 계획대로 오픈할 것인지 아니면 보완을 하기 위하여 오픈을 연기할 것인지 결정하기도 한다. 위험이 큰 프로젝트의 경우에는 단계별로 수차례 오픈하기도 한다. 오픈 일자가 결정되면 사내외에 공지하여 새로운 소프트웨어의 오픈을 알린다. 대외적으로 사용되는 소프트웨어인 경우에는 치밀한 계획을 통하여 사전 변화 관리를 실시한다. 새로운 소프트웨어의 사용법을 공식적으로 널리 알려주기도 한다.

마일스톤은 프로젝트 팀원들에게 일의 시작과 중간 점검 그리고 끝을 알려준다. 또 프로젝트를 속도감 있게 만들어준다. 단계별로 정해진 다양한 마일스톤은 어떤 일이 언제 일어날지 예측하고, 언제까지 종료해야 하는지 예측하는 데 도움을 준다. 프로젝트와 관련된 의사결정자에게 프로젝트의 진행 사항을 알리는 기회로 삼기도 한다. 의사결정자들은 프로젝트에 적극적으로 참여할 시간이 부족하기 때문에 마일스톤에 해당하는 시점에 보고를 받음으로써 적극적인 관심을 갖게 된다.

경영층에 보고하는 중요 마일스톤을 잘 활용하여 프로젝트의 문제점과 이슈 그리고 위험에 대한 얘기를 해야 한다. 문제점을 해결하는 데 있어서 전사적으로 해결할 과제들이 있다면 이 기회를 이용하여 공유하고 해결을 유도하는 것이 좋은 전략이다. 프로젝트의 일차적인 성공 요인은 적극적인 보고와 공유이기 때문이다. 의사소통에는 끝이 없다는 얘기가 있다. 프로젝트계획을 수립하여 보고하는 착수 회의에서 마일스톤을 확실하게 알리고, 해당 마일스톤에 의사결정자들이 참여할 수 있도록 정해놓는 것이 좋다.

프로젝트를 어떻게 시작할까?

프로젝트의 시작은 계획의 수립부터가 아니라 사람을 구하는 것에서부터 시작한다. 가장 먼저 프로젝트관리자가 선정되어야 하고, 프로젝트관리자를 지원해줄 사람들이 정해져야 한다. 프로젝트 성공의 반은 좋은 사람이 투입되는 것으로 결정된다. 소프트웨어의 품질과 생산성에 영향을 주는 요소는 인력과 프로세스인 것으로 알려져 있다. 그만큼 소프트웨어개발 프로젝트는 설계자를 포함하여 좋은 개발자를 확보하는 것이 중요하다. 프로젝트가 시작되면 사람 확보 전쟁이 일어나기도 한다. 좋은 인력을 확보하기 위하여 수년간 꾸준하게 개발자들과 관계를 만들어가는 프로젝트관리자도 있다.

한국의 소프트웨어개발은 프리랜서 위주로 진행된다. 작은 규모의 프로젝트는 자사의 직원으로 진행되는 경우도 많이 있다. 하지만 큰 규모의 소프트웨어개발 프로젝트가 진행되면 거의 대부분의 회사들이 자사 직원만으로는 개발자들을 모두 확보할 수 없다. 그래서 특정 시점에만 진행되는 프로젝트의 특성상 프리랜서의 투입으로 프로젝트의 인력을 확보한다. 소프트웨어산업에서의 프리랜서 개발자들은 프로젝트가 종료되면 다음 개발 프로젝트를 찾아서 이동한다. 유목형 소프트웨어 개발자라는 특성을 갖고 있다. 어느 한곳의 회사에서만 체류하며 개발에 매달리는 것이 아니라 여러 조건을 따지면서 이곳저곳의 프로젝트에서 몇 개월 혹은 몇 년의 프로젝트를 수행한다. 거의 대부분의 프리랜서 개발자들은 개발에만 전념하는 특징이 있다. 분석이나 설계보다는 인력의 수요가 더 많이 있는 개발을 선호한다. 우리나라는 분석과 설계는 자사 직원 위주로 하고 개발은 프리랜서 위주로 하는 소프트웨어프로세스의 업무 분장이 되어 있는 편이다.

투입할 인력이 정해지면 프로젝트팀에서는 프로젝트 계획서 혹은 프로젝트 워크북Work Book을 개발한다. 워크북에는 프로젝트의 목적, 필요성과 같은 프로젝트에 대한 설명과 핵심적 요구사항에 대한 내용을 포함한다. 워크북에는 초기의 프로젝트 조직도뿐만 아니라 프로젝트를 진행하면서 변경될 단계별 프로젝트 조직도가 들어 있다. 인원이 확정되어 있으면 확정된 인원을 표기하고, 투입 인원이 미확정이라면 미정이라는 의미의 TBDTo Be Developed로 표기한다. 워크북에는 프로젝트 추진의 가정 및 제약사항이 서술되어 있다. 또한 주요한 위험에 대한 분석이 들어 있고, 어떤 감소 및 회피 전략을 쓸 것인지에

1. 프로젝트 개요
프로젝트명과 프로젝트의 목적
프로젝트 기간
프로젝트의 필요성 및 추진 배경
프로젝트 기대 효과

2. 프로젝트 범위
프로젝트 범위 정의
프로젝트 추진 전략
제약 및 가정
알려진 프로젝트 위험
통합 및 데이터변환 위험
하드웨어, 네트워크, 소프트웨어 위험
인적자원의 위험
프로젝트 범위 및 관리 위험
프로젝트 범위 변경
연관된 다른 시스템 및 프로젝트
추진 현황

3. 전체 프로젝트 조직도
정의단계 조직도
분석 단계 조직도
설계단계 조직도
구축 단계 조직도
이관 단계 조직도
운영 단계 조직도

4. 통제 및 보고
개요
위험 및 이슈관리
변경 관리
의사소통 관리
책임과 역할
보고 및 회의

5. 형상 관리
형상 관리 목적
형상 관리 항목
프로그램 형상 관리 통제

6. 문서관리
문서관리 목적
산출물 정의
문서 작성 절차
배포 절차
문서관리 산출물

7. 자원관리
자원관리 목적
프로젝트팀 구성
역할과 책임
교육훈련
프로젝트 자원
소프트웨어 및 하드웨어
프로젝트 환경 구성
소프트웨어 백업 및 시스템 관리 절차

8. 품질관리
품질관리 목적
책임과 역할
품질 검토 절차
테스트

9. 일정 관리
계획 접근방법
단계별 추진 일정
일정 관리 담당자의 책임과 역할
일정 관리 업무 절차
프로젝트 이정표

10. 미결 사항 및 완결 사항
미결 사항
완결 사항

프로젝트 워크북 사례

대한 서술도 들어 있다. 단계별로 추진될 업무에 대한 일정을 포함하고 있으므로 프로젝트 참여자는 자신의 업무와 일정을 개략적으로 파악할 수 있다. 프로젝트 워크북에서는 프로젝트가 추진되면서 사용될 각종 프로세스가 명시되어 있다. 범위관리 절차, 일정 관리 절차, 형상 관리 절차, 변경 관리 절차, 인력 관리 절차, 품질관리 절차, 위험관리 절차, 이슈관리 절차, 문제점 관리 절차, 의사소통 관리 절차 등 프로젝트에서 필요한 모든 프로세스가 정의되고, 처리하는 절차가 기술된다.

프로젝트 워크북의 개발이 완료되면 프로젝트 착수 회의를 실시한다. 착수 회의에는 관련된 경영층과 이해관계자들이 참석하여 프로젝트의 전반적인 추진에 대한 보고 및 협의를 진행한다. 이때 프로젝트 팀원들에게는 프로젝트 워크북을 지급하여 적극적으로 활용할 수 있도록 조치한다. 착수 회의 후에는 프로젝트의 세부 팀별로 역할이 정해지고, 인력의 투입이 본격적으로 시작되면서 점차적으로 인력 확충이 완료되고, 고객과의 요구사항분석을 위한 회의가 열리면서 자연스럽게 프로젝트는 정상적으로 가동되기 시작한다.

어려운 소프트웨어 개발비용 산정

소프트웨어 개발비용의 산정은 고객에게도 핵심적 관심 사항이지만, 소프트웨어개발을 담당하는 회사에게도 무엇보다 중요한 핵심적 관심 사항이다. 소프트웨어개발 회사는 개발비의 산정 결과가 프로젝트 종료 후에 이익을 남길 수 있을 것인지 적자를 낼 것인지에 대한 기본적 의사결정 기준이 되기 때문이다. 개발비를 산정하는 방식은 인원에 대한 투입 단가와 투입 공수(Man/Month)를 근간으로 한다. 투입 단가는 근무 경력에 따라 특급, 고급, 중급, 초급 등의 표준 단가가 정해져 있으므로 그다지 논쟁거리가 없으나 투입될 규모인 공수는 항상 논쟁을 하게 된다. 정확한 프로젝트 규모의 산정을 위해서는 개발할 소프트웨어의 물량을 정확히 산정해야 하지만 프로젝트 초기에 정확한 규모를 산정하는 것은 상당히 힘든 작업이다.

규모 산정을 위해서는 비슷한 업무를 경험한 경험자들이 투입되어 산정 업무를 진행하기도 한다. 큰 규모의 소프트웨어개발 프로젝트라면 여러 명의 전문가가 투입되어 자신이 맡은 영역에 대한 개발비를 산정하여 합산하는 상향식 방법을 사용한다. 규모가 작을 경우에는 하향식으로 산정하기도 한다. 어느 방식으로 산정하든 정확도가 떨어지는 것이 현실이다. 정확도가 떨어지기 때문에 프로젝트 관리자는 위험관리 비용을 편성해놓는다. 경험을 많이 가진 회사는 위험관리 비용을 프로젝트 전체 예산의 5% 정도까지 잡아두기도 한다. 한때 기능점수 방식을 사용하기도 했으나 요즘은 잘 사용하지 않는다. 기능점수로 산정한 금액을 고객에게 설득하기란 쉽지 않기 때문이다. 일부 소프트웨어개발 회사에서는 산정한 개발비를 검토하는 용도로 사용하기도 한다.

비용 산정의 불확실성으로 인하여 계약 방식을 놓고 첨예하게 대립하는 경우도 많이 있다. 투입 공수를 예측하여 전체 금액을 산정하고 계약을 추진하는 도급 방식(Turn Key, Lump Sum)을 많이 사용하고 있다. 비용이 확정되어 있기 때문에 고객이 선호하는 방식이다. 소프트웨어개발 회사는 위험에 대한 부담을 꺼리기 때문에 투입 기준 방식(Time and Materials)을 선호하지만 우리나라는 이 방식으로 계약하는 경우는 극히 드물다. 투입 기준 방식은 일을 위하여 투입된 개발자의 인건비는 모두 주는 방식이다. 프로젝트가 지연되어도 개발비를 줘야 하기 때문에 고객은 싫어하는 계약 방식이다. 이 문제를 해결하기 위하여 예산을 정해놓고 목표 예산보다 적게 사용하면 인센티브를 주는 방식도 있으나 이것 역시 잘 사용되지 않는다.

개발비를 산정하여 고객과 계약을 추진할 때, 고객은 자신의 예산에 맞추어 비용을 깎는 경우가 비일비재하다. 회삿돈을 아껴야 하는 입장이기 때문에 당연한 일이지만 목표를 정해놓고 비용을 깎는 것

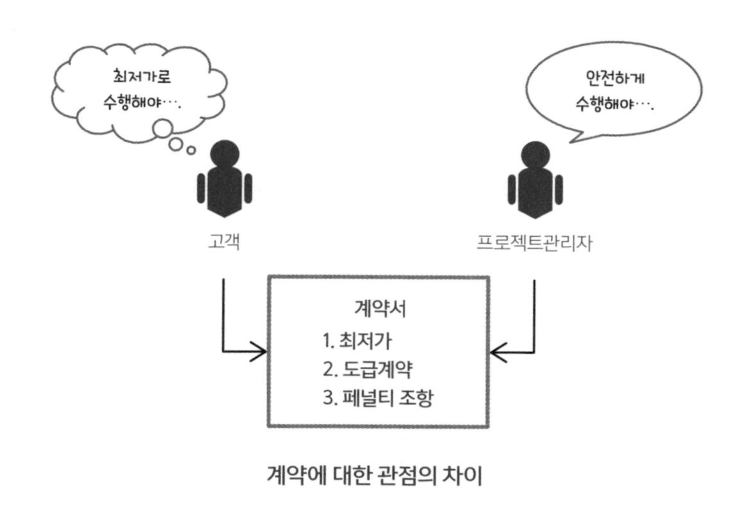

계약에 대한 관점의 차이

에는 문제가 있다. 일의 규모는 줄이지 않고 전체 비용을 깎는 것에 집중하다 보니 프로젝트 결과가 신통치 않은 경우도 상당히 있다. 도급 입찰을 통하여 최저가로 개발 회사를 선정하는 경우에 비용을 줄이는 것은 성공할 수 있어도 소프트웨어품질 목표를 달성하는 것은 아님을 인식해야 한다.

프로젝트의 위험을 회피하라

프로젝트를 추진하다 보면 예상하지 못한 위험이 너무나 많이 발생한다. 프로젝트 진행은 살얼음판을 걷는 것과 같다. 프로젝트관리자와 프로젝트 PMO는 위험을 사전에 파악하여 대처하는 데 심혈을 기울인다. 위험에 대처하는 가장 좋은 전략은 위험을 피하는 것이다. 즉 예방하는 것이다. 위험을 무릅쓰고 극복하기 위하여 해결을 강행하는 것이 가장 바람직하지 못하다고 할 수 있다.

위험은 프로젝트를 실패로 만들 수도 있다. 하지만 아직은 실현되지 않은 것들이며 예상되는 것들이다. 이미 위험이 실현되었다면 이름을 바꾸어 문제라고 부른다. 문제는 이미 발생한 현재의 것들이다. 문제들은 어쩔 수 없이 당장에 해결해야 하는 것들이고, 해결하지 못하면 프로젝트를 실패하게 만드는 것들이다. 소프트웨어개발을 완료하여 테스트를 진행했는데 소프트웨어에서 많은 결함을 발견했다면 이것은 문제다. 프로젝트에서는 이슈라는 말도 자주 쓴다.

이슈는 문제인지 아닌지 판명되지 않았지만 논란이 되고 있는 일들이다. 이슈도 해결해야 하는 일들이다. 만약에 소프트웨어개발이 끝나서 성능테스트를 해야 하는데 실행을 못 하고 있다면 이슈라고 할 수 있다. 성능테스트 결과가 목표에 도달하지 못했다면 성능 문제가 된다. 하지만 성능테스트의 결과가 목표를 달성했다면 아무 문제도 아니다. 그 이슈는 종결되는 것이다.

위험은 사전에 미리 관리되어 문제로 확대되지 않도록 해야 한다. 위험을 사전에 관리하기 위해서는 종료된 다른 프로젝트에서 어떤 문제가 있었는지 파악하는 것이 우선이다. 문제는 동일하게 발생할 가능성이 많기 때문이다. 위험관리는 위험을 예측하여 찾아내는 것이 핵심이다. 위험을 찾아내기 위해서는 경험 많은 전문가의 손길이 필요하다. 위험관리를 잘하는 회사는 미래에 발생할 위험에 대한 목

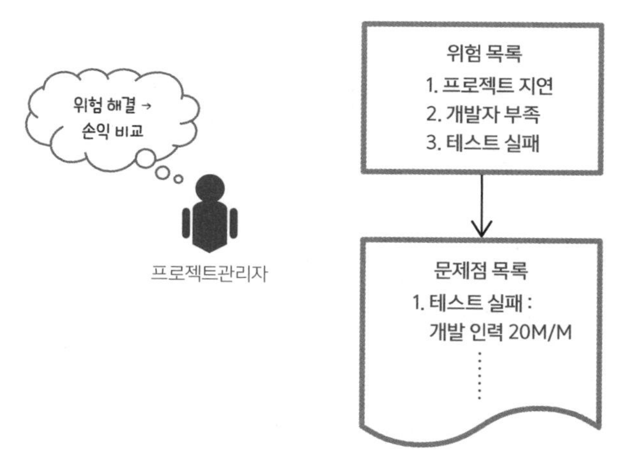

프로젝트 위험 및 문제점 관리

록을 확보하고 있다. 프로젝트 실패 위험에 대한 지식이 쌓여 있는 것이다. 위험을 회피하고자 프로젝트의 프로세스를 정비하고, 사전 보고 및 모니터링 등의 통제 활동을 강화하는 경우도 많이 있다.

위험이 문제로 전환되어 프로젝트가 위기에 빠지면 프로젝트관리자는 모든 수단과 방법을 동원하여 문제를 해결한다. 프로젝트 실패로 발생하는 손실 비용보다 문제를 해결하는 데 들어가는 비용이 적으면 인원과 비용을 더 투입하여 해결한다. 하지만 문제해결을 위한 비용이 손실 비용보다 크다면 프로젝트를 포기하는 경우도 있다. 이런 경우가 발생하면 의사결정자의 전략적 결정이 필요하다. 고객과의 관계, 향후의 사업 추진 이득을 고려하여 결정하게 된다.

프로젝트관리 체계 만들기

프로젝트관리 체계는 프로젝트관리자의 힘만으로 되는 것은 아니다. 경험 많은 프로젝트 지원 조직의 힘이 필요하다. 이 일을 하는 조직을 프로젝트관리 팀(PMO, Project Management Office)이라고 부른다. 이 팀은 프로젝트관리자의 일을 덜어준다. 프로젝트의 예산을 관리하고 일정인 진척도를 관리한다. 또 품질에 대해서 통계분석을 하고 관리한다. QCD(Quality, Cost, Delivery)를 관리하는 전담 조직인 것이다.

PMO에는 품질을 전담하는 품질 담당자, 일정을 전담하는 담당자, 예산을 담당하는 사업 담당자가 포함된다. 프로젝트의 총무 격인 일을 담당하는 사람이 포함되어 원활한 프로젝트 수행을 지원하기도 한다. PMO 팀장은 프로젝트관리자만큼이나 프로젝트 경험을 많이 한 사람이다. 작은 프로젝트에서 프로젝트관리자를 했던 사람들이 대부분이다.

PMO 조직에는 기술을 총괄하여 담당하는 사람이 배치되기도 한다. 프로젝트관리자가 기술적인 모든 위험과 이슈를 사전 관리하기 힘들기 때문에 기술을 총괄하여 관리한다. 이 사람은 분석, 설계 및 개발을 전담하고 각 세부 팀의 진행을 조정 통제한다. 개발 총괄 관리자라고 하기도 하고, 소프트웨어구조 전문가인 아키텍트로 불리기도 한다. 소프트웨어가 프로젝트에서 정의한 목표대로 만들어지도록 하는 데 심혈을 기울인다.

개발 조직은 소프트웨어의 규모에 따라 여러 개가 만들어지기도 한다. 기능별로 나누어서 만드는 것이 보편적이다. 개발 조직에는 고객이 포함되기도 한다. 개발 조직은 개발 팀장이 해당 조직의 개발을 관리하고, 프로젝트관리자와 주간 보고 및 회의를 실시하여 진척을 관리하고 품질을 통제한다. 개발 팀의 팀원 선발과 보충을 담당하여 소프트웨어개발이 잘 진행될 수 있도록 하는 역할도 수행한다.

소프트웨어개발 프로젝트에는 하드웨어 및 데이터베이스를 전문적으로 담당하는 팀이 구성된다. 기반 기술 팀이라고 명칭을 붙이는 경우가 많다. 이 팀에서는 소프트웨어개발이 잘될 수 있도록 하드웨어를 설치하고, 데이터베이스를 관리해준다. 주기적으로 개발된 소프트웨어를 백업하여 소프트웨어의 형상을 유지한다.

기존 소프트웨어의 데이터를 전환하는 경우에는 데이터 전환 팀을 구성하기도 한다. 전환 팀은 테스트데이터를 만드는 역할도 수행하며, 소프트웨어를 배포하여 오픈하는 시점이 다가오면 가장 바쁜 일을 수행한다. 기존의 데이터를 새로운 소프트웨어에서 처리할 수 있도록 해야 하기 때문이다.

소프트웨어개발이 완료되어 통합 테스트가 실행되면 테스트 팀을 구성하는 경우도 있다. 이 팀에는 고객과 분석가, 개발자들이 포함되어 개발된 소프트웨어를 테스트한다. 테스트 전체를 관리하는 사람은 품질 관리자다. 테스트 과정은 파괴적인 과정이므로 개발자와 테스트 담당자들 간에 테스트 결과를 가지고 논쟁을 벌인다. 테스트 통과와 실패는 프로젝트의 성공과 실패에 직결되므로 신경이 곤두서 있는 상황이다. 계획대로 테스트하는 것도 중요한 목표다. 테스트 결과를 피드백 받아서 소프트웨어를 수정하고 다시 수차례의 테스트를 반복해야 하므로 지치고 힘든 과정을 극복해야 하는 팀이다.

밤새는 프로젝트팀

프로젝트팀은 프로젝트 후반기가 되면 밤샘 작업을 많이 한다. 역량이 부족해서만도 아니고 할 일을 제대로 하지 못해서만도 아니다. 또 경험이 부족해서만도 아니다. 개발자들은 프로젝트를 시작하면 밤샐 것을 잘 알고 있다. 소프트웨어개발은 프로젝트의 마지막 단계에 왔을 때 일이 몰리기 때문이다. 가장 많은 인원이 투입되는 시기도 개발단계이다. 개발기간은 정해져 있고, 개발자들의 초기 생산성이 낮기 때문이다. 앞서서 있었던 분석 결과 및 설계 결과의 영향을 많이 받기도 한다.

프로젝트의 엄격한 납기를 생각하면 개발자들의 밤샘 작업은 어쩔 수 없어 보이기도 한다. 개발자 간의 생산성이 다 다른 상황에서 평균적인 개발기간으로 산정하여 개발 목표를 주었기 때문에 시간이 부족한 사람은 항상 부족하다. 개발자의 생산성을 사전에 고려하여 개발하지도 못한다. 고급 개발자와 초급 개발자의 개발 생산성을 고려하여 일정을 수립하기보다는 고급 개발자에게는 어려운 개발 건을 할당하고 초급 개발자에게는 상대적으로 쉬운 개발 건을 할당하는 방법을 적용한다. 고급 개발자라도 비슷한 업무 경험을 한 사람과 그렇지 않은 사람 간의 생산성 차이는 분명히 있지만 이를 구별하여 일정을 수립하지는 않는다. 소프트웨어개발은 창의적인 활동이기 때문에 정량적으로 소프트웨어 공수를 산정한다는 자체가 어려운 문제다.

소프트웨어 개발자들의 납기가 지연되고 있을 때 원인을 파악하여 대처하는 프로젝트관리자, 프로젝트 리더여야 할 일을 제대로 하는 것이다. 설계도가 잘못되어 지연되고 있는지? 아니면 다른 소프트웨어와의 개발에 대한 선후관계 및 의존관계 때문인지? 등등 구체적인 원인을 파악해야 한다. 업무분석이 제대로 안 된 상황에서 개발을 한 후에 테스트에서 기능 미비로 실패 판정을 받아 재작업하는 경우도 많이 보게 된다. 많은 프로젝트개발 경험으로 보면 단지 개발자 자신의 문제만으로 밤샘을 하고 있는 것은 아님을 알 수 있다.

개발자들은 학생들이 기말시험 보듯이 일을 처리해서는 안 된다. 초치기 전략으로 개발을 진행하는 경우도 있다. 특히 선행 개발이 있어야 하는 경우에 이런 일이 많이 발생한다. 내가 개발을 끝내기 위한 조건을 상대가 프로그램을 완료하는 조건으로 만들어서는 안 된다. 도미노 현상처럼 하나의 프로그램 개발 지연이 전체의 개발 지연이라는 사태를 만들기 때문이다. 앞의 문제가 해결되면 초치기 전략으로 바로 코딩해서 개발을 완료할 수 있다는 자신감은 없애야 하는 나쁜 습관일 뿐이다. 프로그램코딩도 설계와 마찬가지로 가정과 전제 조건을 감안하여 진행해야 한다. 예를 들어, 만약 선행 프로그램에서 오류 데이터를 만들어서 보내면 내 프로그램은 그것을 감안하여 오류를 처리할 수 있어야 한다. 선행 프로그램이 개발되어 있지 않다면 제대로 되었다는 가정하에 드라이버 프로그램을 개발하여 내 프로그램의 개발을 진행해야 한다.

모든 역경을 거치고 개발이 어느 정도의 생산성을 올리고 있을 때가 되면 이제 종료 단계를 맞이하게 된다. 미처 개발하지 못한 소프트웨어가 남아 있다면 종료 일자까지 개발에 전념하기도 한다. 프로젝트에서 종료 일자까지 개발을 해야 한다면 운영자에게 인계를 하는 시간이 없다는 말과 같으므로 프로젝트계획을 수립할 때 안정화 단계라는 일정을 추가적으로 포함시킨다. 유지보수 단계의 일부분으로 프로젝트에 참여했던 인원들이 남아서 예상치 못했던 소프트웨어의 문제점이 발생했을 때 해결하기 위한 하자보수 기간이다.

안정화 기간을 거치면 운영자와 프로젝트 잔류 개발자의 병행 근무로 자연스럽게 인수인계가 되는 장점이 있다. 소프트웨어의 특성을 반영한 조치이지만 주문형 소프트웨어가 아닌 상용제품이라면 이런 일은 발생할 수 없다. 안정화 기간을 싫어하는 고객들도 많이 있다. 소프트웨어 개발기간 내에 제대로 개발했다면 필요 없는 기간이라고 생각한다. 개발이 제대로 되지 않았기 때문에 불필요한 인력을 투입하여 비용을 더 지출한다고 생각하기 때문이다. 소프트웨어를 완벽하게 개발하여 적시에 종료하는 경우를 거의 보지 못했기 때문에 고객의 말이 무조건 맞다고 할 수는 없다. 경험적으로 보면 프로젝트 기간을 좀 더 늘려서 개발하는 것으로 해결되는 것도 아니다. 하지만 문제가 있을 것을 예상하고 안정화 기간을 잡는 것이 소프트웨어의 위험관리 측면에서 바람직해 보인다.

확인하고 확인하여 속을 들여다봐라

프로젝트관리자는 프로젝트 진행이 잘 안 되고 있을 때 단지 진척이 늦어지고 있는 상황을 질책할 것이 아니라 프로젝트가 지연되고 있는 원인을 파악해야 한다. 지연에 대한 귀책만을 따지고 알아서 해결하라고 하는 것은 좋은 태도가 아니다. 프로젝트 중간에 프로젝트를 포기하고 나가는 사람들을 많이 보았다. 프로젝트가 어려워서 나가는 경우는 극히 드물고 사람 관계 때문에 나가는 경우가 대부분이었다. 힘들어도 격려를 통하여 목표를 달성하겠다는 의지를 북돋는 프로젝트 분위기가 중요하다.

프로젝트 리더들은 프로젝트의 지연에 대해서 결과만을 확인하지 말고 왜 지연되고 있는지 속을 들여다봐야 한다. 많은 사람들이 지연되고 있다고 보고를 한 후에는 따라잡을 수 있다고 얘기한다. 한 번 지연되고 있다고 보고되면 이제 속을 들여다봐야 한다. 속 내용을 파악하지 못하고 결과치만을 보는 것은 돌이킬 수 없는 문제를 발생시킬 수 있다.

프로젝트 추진 중에 아주 성실한 리더를 보았다. 문제가 발생하면 개발자들과 같이 소프트웨어의 모든 것을 검토해주었다. 프로그램의 오류가 발생하면 같이 앉아서 문제를 파악하고 해결 방안을 제시해주었다. 개발자만의 문제가 아니면 관련된 사람들을 불러서 해결

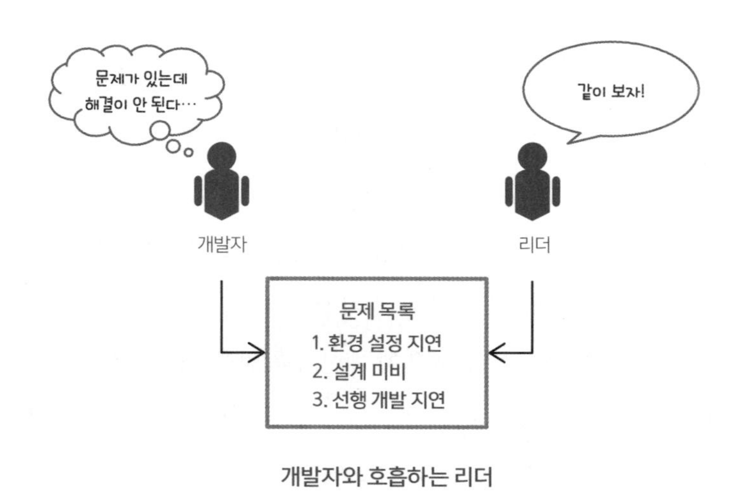

개발자와 호흡하는 리더

할 수 있도록 해주었다. 대부분의 경우에 개발자의 귀책 원인이 아닌 경우 무심하게 넘어가는 경우가 있다. '그쪽에서 해결을 안 해줘서 늦어지고 있다는 거지. 그러면 우리는 잘못이 없으니 기다리면 되겠네.'라고 생각하는 것이다. 이런 사고는 책임 소재만을 따져서 나중에라도 문책을 듣지 않기 위한 도피형 업무 태도일 뿐이다.

문제의 원인은 파보지 않으면 알 수 없는 것이 대부분이다. 문제의 원인을 알 수 없기 때문에 개발자를 포함해 누구도 해결을 위한 조치를 하지 못한다. 단지 일정을 맞추겠다는 공허한 약속과 문제를 해결할 수 있다는 약속만 있을 뿐이다. 개발자는 자신의 소프트웨어 개발에만 집중하기 때문에 다른 것은 잘 보지 않는다. 다른 것을 봐줄 수 있는 사람이 필요한 상황이 발생하면 이때 리더의 역할이 중요해진다. 개발자의 문제로 보는 것이 아니라 문제를 해결하는 것에 집중해야 할 때다. 리더는 문제를 확인하면 그 속에 있는 원인을 파악하는 데 주력해야 한다. 문제의 속이 보이면 이제 문제를 해결할 수 있다. 개발자들도 리더의 이런 리더십을 믿고 같이 해결에 동참하는 분위기가 되는 것이다.

프로젝트의 종료 기준을 정하자

모든 프로젝트는 프로젝트 추진에 대한 목표를 정한다. 목표를 정하면 달성하기 위한 세부적인 일들을 정의하고 담당자를 정하여 일

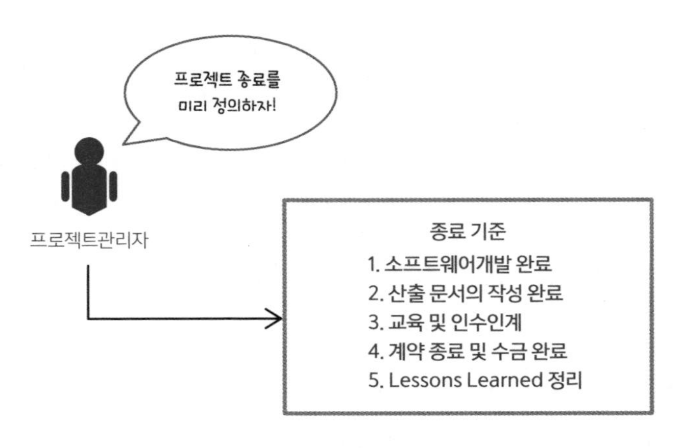

프로젝트 종료 기준의 정의

을 처리한다. 이런 일련의 과정들이 프로젝트 계획단계에서 추진된다. 프로젝트가 종료되면 목표를 달성했는지 확인하는 과정을 거치게 되는데 종료 기준이 있어야 가능하다. 계획단계에서부터 종료 기준을 고객과 명확하게 설정하여야 한다. 프로젝트가 소프트랜딩Soft Landing 할 수 있도록 미리 준비하는 것이다.

종료 기준은 소프트웨어의 개발 완료, 인수인계 완료, 개발된 소프트웨어의 구체적 성능지표, 계약 종료의 이행, 프로젝트 과정 중에 발생한 교훈(Lessons Learned) 정리 등으로 할 수 있다. 정의된 종료 기준을 모두 달성하여야 프로젝트가 제대로 종료되는데 정성적 지표보다는 정량적 지표로 기준을 정하는 것이 바람직하다. 예를 들어 소프트웨어개발 완료의 기준은 고객이 합의한 요구사항 명세의 테스트 합격률, 개발된 소프트웨어의 사용자 매뉴얼 작성 및 교육 이수와 같은 것들이다.

프로젝트 경험을 잘 정리해두고 차후의 프로젝트에 활용하는 것도 종료 단계에서 중요한 과제다. 프로젝트관리자와 PMO 조직 등이 주도하여 프로젝트를 진행하면서 경험했던 다양한 교훈을 정리해 둔다. 이 교훈들은 프로젝트 참여자들과도 공유되어 개인의 지식과 자산으로 쌓이도록 해야 한다. 물론 프로젝트 중간에 투입되어 일을 마치고 복귀하는 경우가 많기 때문에 시작부터 종료까지 프로젝트에 참여한 사람이 많지 않은 현실에서, 참여한 모든 사람들이 지식을 공유하기는 쉽지 않다. 이를 해결하는 방법은 지식관리 체계를 통하여 공유하는 방법이다. 프로젝트 계획서, 종료 보고서, 교훈 등을 공유하는 체계가 중요하다.

기업들은 세부적인 프로젝트의 성공과 실패담의 공개를 꺼리는 경향이 있기 때문에 지식의 공유는 쉽지 않은 편이다. 특히 실패의 경험은 거의 공개하지 않고 있다. 어떤 프로젝트에서 실패하였고, 실패의 원인은 무엇인지? 어떤 의사결정 과정을 거치게 되었는지? 실패를 반복하지 않기 위해서는 어떤 것들이 사전에 검토되어야 하는지? 등에 대해서 알 수가 없다. 경험을 많이 한 프로젝트관리자들을 통해서 전설처럼 말로만 전해진다. 새롭게 프로젝트를 맡게 되는 프로젝트관리자들이 경험하지 못한 프로젝트 문제를 마주했을 때 당황하여 옳고 빠른 의사결정을 하지 못하는 이유는 프로젝트의 실패 역사를 모르기 때문이다.

프로젝트의 진행이 잘 안 되고 실패 가능성이 농후해질 때 기업들이 프로젝트관리자를 교체하는 강수를 두는 경우를 많이 보았다.

더 경험 많은 프로젝트관리자를 투입하여 문제를 봉합하려는 시도다. 백전노장으로 다양한 프로젝트 경험을 갖고 있는 프로젝트관리자는 웬만한 문제는 잘 해결할 것이다. 조금 아쉬운 것은 '투입되는 모든 프로젝트관리자들에게 성공과 실패의 경험담을 체계적으로 전달했으면 더 좋았을걸.' 하는 것이다. 누구나 가질 수 없고, 어디에나 있는 것들이 아닌 가장 소중한 기업의 지식자산의 하나인 성공과 실패 사례들이 아무렇지도 않게 사장되는 것이 아쉬울 따름이다.

소프트웨어개발 방법에는 여러 가지가 있다

소프트웨어를 개발하는 핵심적 개념을 소프트웨어프로세스라고 한다. 프로그램을 만들기 위해 알고리즘을 생각해내고 즉시 컴퓨터 앞에 앉아서 바로 개발하는 해커 개발 방식으로는 부족하다. 여러 사람이 모여서 공동으로 프로그램을 개발할 때는 각자가 개발할 프로그램을 구분하고, 각각의 프로그램들이 잘 연계되어 작동할 수 있도록 해야 하며, 서로 간의 알고리즘이 영향을 받지 않도록 독립적이고 모듈화되도록 구분을 해야 한다. 소프트웨어개발의 체계가 있어야 혼란이 없는 것이다. 소프트웨어개발 기술이 발전하면서 좋은 품질의 소프트웨어를 생산성 있게 개발하고자 하는 연구 활동이 강화되면서 소프트웨어개발 방법이 다양해졌다.

소프트웨어를 어떤 방법으로 개발하는 것이 좋은지에 대한 여러 가지 생각과 시각이 있는데 이를 소프트웨어개발 패러다임이라고 한다. 최근의 대표적인 소프트웨어 패러다임은 애자일 개발 모델이다. 애자일 개발 모델이 대두되기 전에는 폭포수 개발 모델, 정보공학 개발 모델, 점진적개발 모델, 나선형개발 모델, 객체지향 개발 모델 등 다양한 방법이 연구되고 시도되었다.

어떤 개발 방법이 좋은지는 소프트웨어 프로젝트관리자, 설계자 및 개발자의 경험에 따라 다르지만, 안정적인 소프트웨어개발을 해야 하는 경우에는 정보공학 개발 모델을 많이 사용하며, 벤처기업과 같이 빠른 배포로 사업을 추진하는 경우에는 애자일 개발 모델을 많이 사용한다.

개발 방법은 어떤 것이 좋으냐의 관점이 아니다. 어떤 방식을 사용하는 것이 효과적이며 생산적인지 판단하여 사용하게 된다. 설계자마다 동일한 프로그램을 설계해도 알고리즘 설계의 결과가 다르고, 특정 설계 결과를 정답으로 판단할 수 없듯이 개발 방법이나 모델도 정답이 있는 것이 아니다. 소프트웨어의 프로젝트 환경과 만들어야 할 소프트웨어의 종류에 따라 여러 개발 모델을 혼용하더라도 최적의 대안을 찾아가는 것이 중요하다. 개발 모델을 개발 절차, 개발 방법 및 개발도구로 체계화한 것을 개발방법론이라고 한다. 예를 들어 객체지향 개발 모델은 개념적인 것이지만 객체지향 개발방법론은 객체지향 개발 모델을 기반으로 소프트웨어의 개발 절차를 만들고, 각 절차에서 사용하는 개발 방법을 설명하며, 개발도구로 개발 방법을 구체적으로 구현해놓은 것이다.

소프트웨어 패러다임이란 무엇인가?

패러다임을 한마디로 정의한다면 사람이 갖고 있는 시각의 틀을 의미한다. 패러다임은 어떤 한 시대 사람들의 견해나 사고를 지배하고 있는 이론적 틀이나 개념의 집합이다. 유럽의 중세 시대에는 지구를 중심으로 천체가 움직인다는 천동설이 사람들의 인식을 지배했다. 사람이 갖고 있는 패러다임은 잘 바뀌지 않는다. 고정관념으로 굳어져 있기 때문이다. 패러다임을 바꾸는 것은 생각과 시각을 혁명적으로 전환하는 것이다. 이런 사고의 전환이 패러다임 시프트다. 패러다임 시프트는 당연하다고 여기는 인식, 사상 혹은 가치관을 혁명적으로 변화시키는 것이므로 과거의 생각과는 단절된다는 의미를 갖고 있다.

소프트웨어 분야에도 패러다임의 전환으로 사회를 혁명적으로 바꾼 사례가 많이 있다. 대표적인 것이 스마트폰이다. 음성 전화를 기본으로 하는 핸드폰에서 스마트폰이 이동전화 기기를 대체하면서 소프트웨어산업이 크게 발전하였다. 소프트웨어 플랫폼 개발이 각광을 받게 되었다. 기존에 없던 새로운 유형의 회사들이 나오게 되었는데 페이스북, 트위터, 카카오톡, 배달의민족, 우버 같은 것들이다. 소프트웨어 플랫폼 회사들로 인하여 소프트웨어를 개발하는 방식에도 많은 변화가 있었다. 작은 모델을 쉴 새 없이 배포하는 방식으로 전환되어 빠른 개발이 필요하게 되었다. 요구사항의 수집과 동결을 없애고, 자주 변경되는 요구사항의 특성을 반영하여 기본적인 요구사항을 토대로 소프트웨어를 개발하여 보여주는 방식을 선호한다. 시간이 많이 걸리는 설계는 단순화하고, 코딩 전에 요구사항을 테스트케이스로 만들어서 테스트가 통과되도록 코딩하는 방식을 도입하였다. 하지만 모든 소프트웨어개발이 새로운 방식으로 바뀐 것은 아니다. 새로운 패러다임을 적용하여 개발을 하기도 하지만 예전의 방식도 여전히 사용된다.

소프트웨어개발 방법의 가장 고전적 개발 패러다임은 폭포수모델이다. 기본적 모델이라고 불리는 폭포수모델은 소프트웨어를 접하는 사람들은 거의 다 알고 있는 개발 패러다임이다. 개발 과정은 프로젝트 정의, 분석, 설계, 구현, 테스트 및 유지보수 단계로 구성된다. 프로젝트 정의는 프로젝트계획으로 바꾸어 부르기도 한다. 프로젝

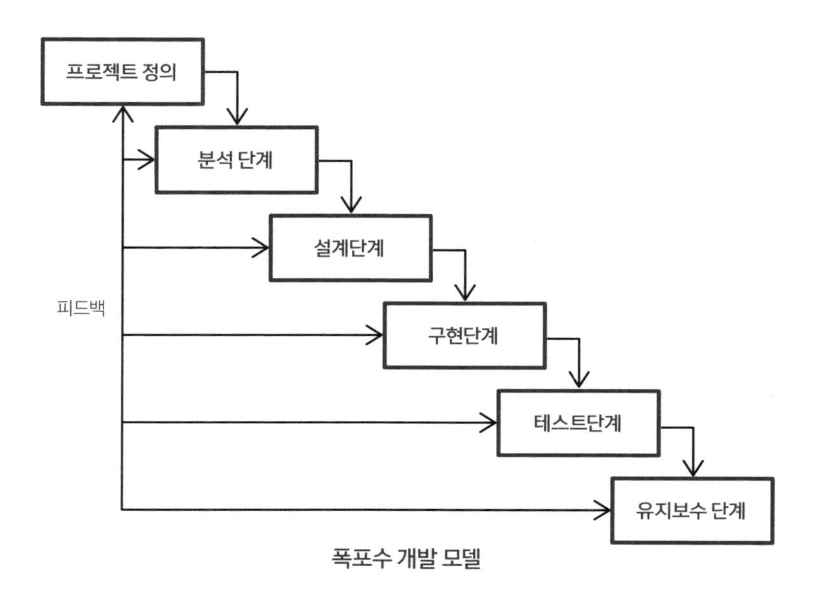

폭포수 개발 모델

트를 정의하여 시작하고, 분석 단계에서 고객의 요구사항을 정리한다. 설계단계에서 분석 단계의 요구사항 명세를 기준으로 소프트웨어구조, 프로세스, 데이터 및 알고리즘의 설계를 실시한다. 구현단계는 개발단계라고도 한다. 구현단계에서 소프트웨어를 개발한다. 우리가 일반적으로 얘기하는 프로그램코딩을 실시한다. 모든 프로그램의 개발이 완료되면 테스트단계에서 요구사항에 맞도록 프로그램이 개발되었는지 확인한다. 모든 테스트가 완료되었다면 소프트웨어는 유지보수 단계로 넘어가서 사람들이 사용하게 된다. 이 패러다임은 소프트웨어개발을 아주 잘 설명하는 기본적인 모델이다.

소프트웨어개발에 대한 기본적인 방법을 잘 설명해주는 폭포수모델은 소프트웨어개발 시 여전히 잘 사용되고 있는 방법 중 하나다. 단점이라면 자주 변하는 고객의 요구사항에 대응하기 힘들다는 문제가 있고, 소프트웨어가 제대로 개발되었는지 확인하는 단계가 소프트웨어개발 마지막 공정인 테스트단계라는 것에 있다. 고객의 요구사항이 구현단계에서 변경되면 설계를 다시 해야 하고 그동안 코딩했던 프로그램들은 무용지물이 된다. 테스트단계에서 고객의 요구사항이 빠진 것을 알았다면 설계부터 다시 해야 한다. 이처럼 앞단계에서 생겨난 문제점이 나중에 발견되는 경우가 생기게 되면 시간이 중복적으로 많이 걸리게 된다. 이러한 단점을 해결하기 위하여 몇 가지의 대안 모델이 생겨났다. 대표적인 것이 점진적개발 패러다임으로 불리는 것들이다. 시제품 개발 모델과 나선형개발 모델이 유명하다.

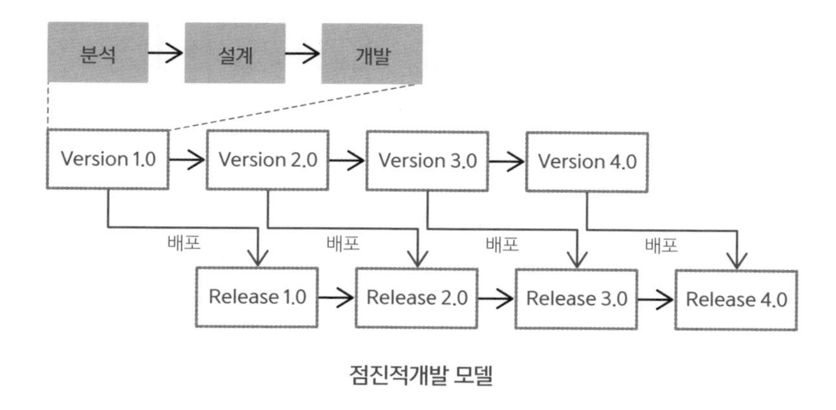

점진적개발 모델

점진적개발 패러다임은 요구사항의 변화에 어떻게 대응할 것인지에 관심을 갖는다. 폭포수모델의 단점 중 하나인 일시에 요구사항을 수집하여 확정하는 것의 문제점을 해결하려고 시도했다. 고객은 항상 변심한다는 가정하에 소프트웨어개발을 착수한다. 개발을 크게 하는 것이 아니라 작고 핵심적인 것부터 시작한다. 만약에 고객이 아니라고 하면 개발을 중지하여 손실을 적게 보는 전략을 선택한다.

시제품 개발 모델(Prototype Model)은 요구사항을 분석하여 시제품을 만들어서 고객에게 보여주고 고객이 승인하면 기능을 완료하거나 추가적인 기능을 개발한다. 여러 개의 요구사항이 있었다면 그중에서 가장 핵심적인 기능을 몇 개 추출하여 시제품을 만든다.

그림에서 보는 바와 같이 시제품이 개발되면 고객에 의해서 평가가 이루어진다. 자신이 원했던 기능이 잘 구현되었다면 상용으로 개발하여 배포한다. 만약 추가적인 기능이 필요하다는 평가가 나오면 추가 개발을 실시한다. 시제품이 고객이 원하는 기능으로 구현되어

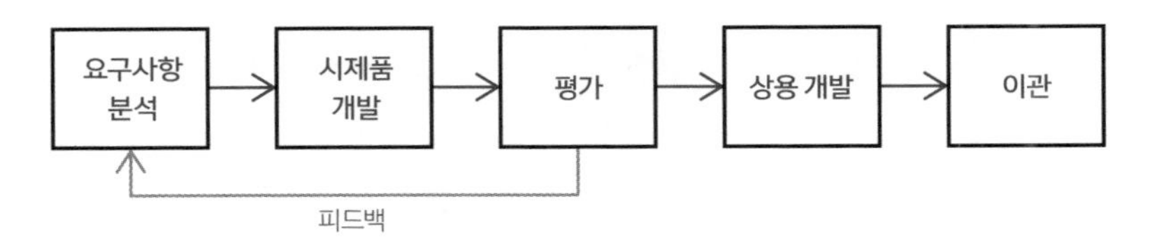

시제품 개발 모델

있지 않다면 프로젝트는 중지된다. 이 모델대로 하면 실패의 위험을 현저히 낮출 수 있다는 장점이 있다. 비슷한 방식의 개발 모델이 나선형개발 모델이다. 방식은 거의 비슷하다. 소프트웨어개발 전에 위험을 평가한다. 위험평가 결과에 따라 개발을 진행할지 중단할지 결정한다. 시제품 개발 모델보다 위험부담을 경감시켜 더 안정적인 소프트웨어개발을 추구한다.

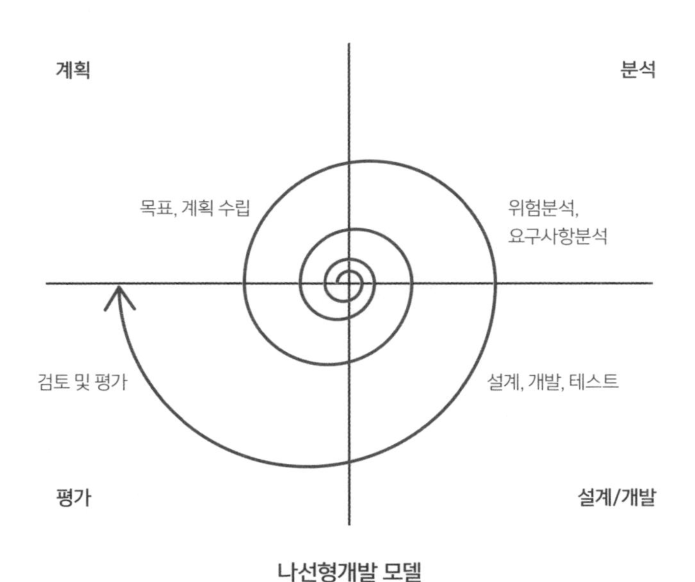

나선형개발 모델

소프트웨어개발 패러다임에 이런 종류의 방식이 있다는 내용으로 교과서에서 자주 언급되지만, 실제로 시제품 개발 모델과 나선형개발 모델은 잘 사용되지 않는다. 점진적개발 패러다임은 최근의 애자일 개발 모델에 적용되어 사용된다.

폭포수모델은 정보공학 방법으로 발전되었다. 정보공학 방법론은 기업의 대규모 소프트웨어 시스템 개발에 적당하다. 정보전략계획인 ISP(Information Strategy Planning)라는 단계를 통하여 기업의 소프트웨어를 포함하는 정보시스템 구축 계획을 수립하여 프로젝트를 실시한다. 물론 오랜 시간이 필요하며 많은 예산이 투입된다. 업무혁신(Business Innovation)을 통하여 업무처리 방식을 새롭게 설계하고, 이것을 소프트웨어 시스템에 반영하여 기업의 경쟁력을 강화하는 데 초점을 맞춘다.

정보공학 방법론은 소프트웨어를 기업의 핵심적 자원으로 인식하여 소프트웨어를 경쟁의 도구로 활용하기 위한 구축 전략을 수립한다. 소프트웨어 구현은 자동화를 추구하기 때문에 정보공학 방법론

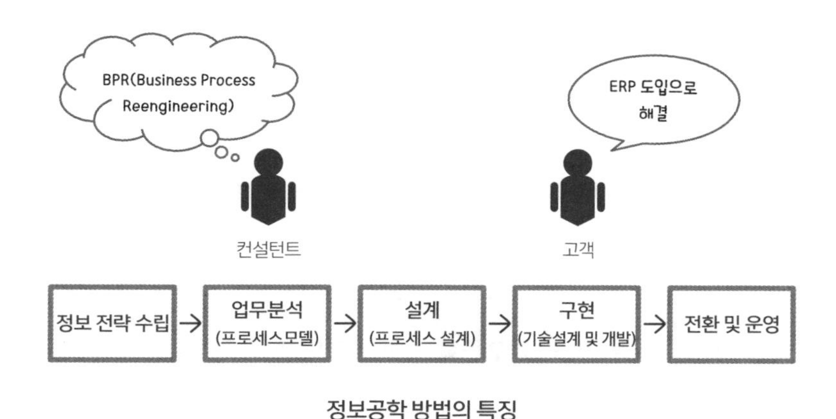

정보공학 방법의 특징

을 적용하는 많은 기업들은 ERP와 같은 상용소프트웨어의 도입을 적극적으로 추진하게 된다.

데이터모델과 프로세스모델을 통합하여 개발한다

폭포수모델에서 사용되는 분석 및 설계 기법은 구조적 분석, 설계 방법을 사용하여 데이터모델과 프로세스모델을 각각 진행하여 통합하는 과정을 거친다. 프로그램은 데이터를 처리하는 프로세스인 알고리즘을 만드는 것이 목적이기 때문에 당연한 결과다. 하지만 각각 설계하여 통합하는 것은 번거로운 일이다. 반면에 객체지향 모델은 데이터와 프로세스를 통합한 객체를 중심으로 모델링을 수행한다. 객체 내부의 세부 내용은 캡슐화하여 복잡도를 줄인다. 이미 만들어진 객체를 사용할 때는 내부의 구현 내용은 알 필요가 없도록 감춘다. 모듈 내의 응집도는 높이고 외부 모듈 간의 결합도는 낮추어 모듈의 독립성을 강화할 수 있다. 소프트웨어의 개발 원리를 잘 적용하고 있기 때문에 최근에 개발되는 거의 모든 소프트웨어는 객체지향 개발 방법을 적용하여 분석 및 설계, 개발되고 있다.

객체지향 모델의 목표는 소프트웨어의 단위를 객체인 클래스로 인식하려는 것이다. 소프트웨어는 클래스의 집합으로 구성된다. 클래스는 재사용할 수 있도록 모듈화되어 있으므로 개발자들은 이미 만들어진 클래스를 상속받아 즉, 호출하여 사용한다. 실제 프로그램에

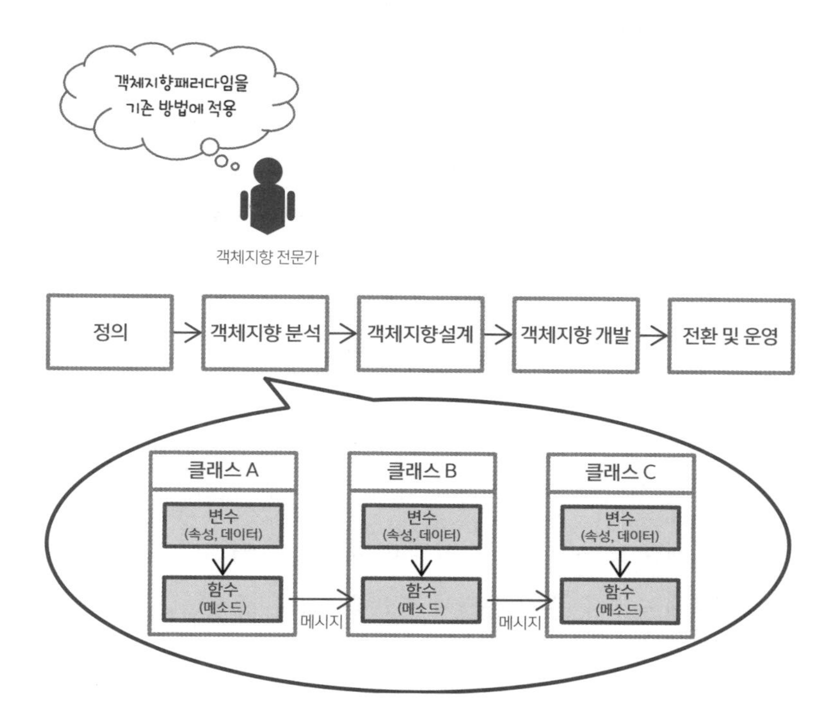

객체지향 모델을 적용한 개발 프로세스

서는 추상화되어 있는 클래스를 객체로 만들어서 재사용한다. 클래스는 데이터와 프로세스가 통합되어 있으므로 클래스에 있는 데이터인 변수와 프로세스인 함수를 사용하게 되는 것이다. 각각의 객체들은 함수 간의 메시지통신을 통하여 데이터를 전달하는 구조를 갖게 된다.

객체지향 모델로 소프트웨어를 설계할 때 각각의 단계는 바뀌는 것이 없다. 폭포수모델과 같이 분석, 설계 및 개발의 주요 과정을 동일하게 거친다. 단지 분석에서의 모델링을 객체지향방법을 사용하고, 설계에서는 클래스를 기반으로 설계를 완료한다는 것이 다를 뿐이다. 객체지향 모델은 분석, 설계, 코딩을 어떤 접근방법으로 할지에 대한 패러다임이라고 보는 것이 좋다. 애자일 개발 방법과 같은 경우에는 코딩을 강조하므로 객체지향기술 중에 객체지향프로그래밍을 적용하는 것이다.

기존 방식의 부정, 문서보다 코딩이 우선이다

애자일 개발 모델은 많이 사용되고 있는 개발 방법인 폭포수모델과 확연하게 다르다. 문서 중심의 사고에서 코딩 중심(Code Oriented)의 사고로 전환을 했다. 그렇다고 문서를 전혀 만들지 않는다는 얘기는 아니지만 기존 방법인 폭포수모델에 비하여 확연하게 다르다. 문서 만드는 것에 대해 강조하지 않는다. 문서를 근간으로 의사소통을 하지 않기 때문에 만나서 회의하는 것을 강조하게 되고, 고객도 같이 참여하게 된다. 빠른 개발을 위하여 설계 문서가 없거나 간략화되어 있기 때문에 두 명이 같이 개발하는 페어 프로그래밍을 문에 사람이 반복적으로 하는 작업인 테스트는 자동화하여 처리한다.

고객은 프로젝트에 같이 참여하여 제품 백로그Back Log를 만든다. 이것이 요구사항 명세서다. 백로그는 개발되어야 하는 작은 범위로 나누어지는데 이것을 스프린트 백로그라고 한다. 나누어진 스프린트 백로그는 한 번에 개발되어야 하는 물량이라고 생각하면 된다. 소

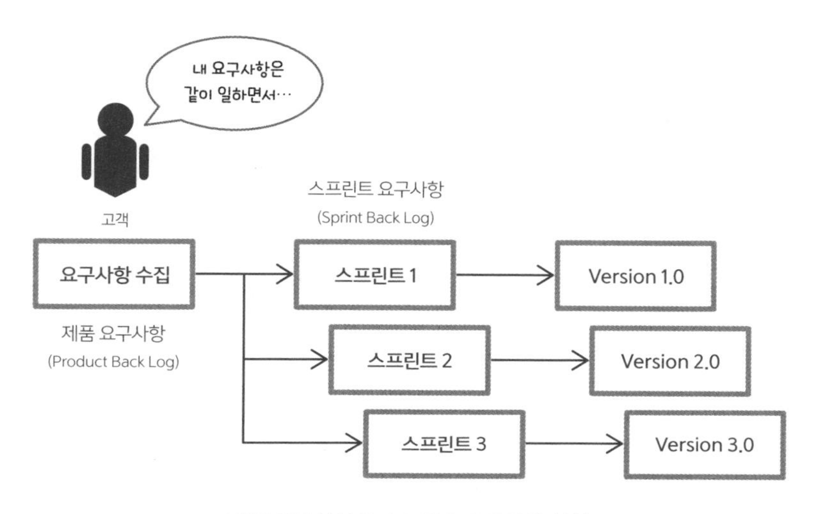

제품 요구사항의 스프린트 요구사항 분할

프트웨어제품이 개발되면 테스트를 거쳐서 배포된다. 최초의 버전은 1.0이 되고 지속적인 스프린트를 통하여 버전은 올라간다. 제품 백로그는 타임 박스Time Box라는 개념을 적용한다. 2주 이내의 타임 박스 내에 개발될 수 있는 수준으로 백로그를 나누어야 한다. 이렇게 나누어지면 우선순위에 따라 스프린트별로 개발할 물량을 정의하여 2주 이내에 하나의 버전이 개발되어 배포된다. 애자일 방법을 좀 더 고도화한 구체적 방법론이 있는데 익스트림 개발방법론(eXtreme Programming)이다.

익스트림 개발 방법은 애자일의 타임 박스 개념을 적용하여 2주 정도의 짧은 기간 동안 설계와 개발을 진행한다. 특징은 애자일 방법과 대동소이하다. 개발 팀은 프로젝트관리자, 설계자, 개발자, 사

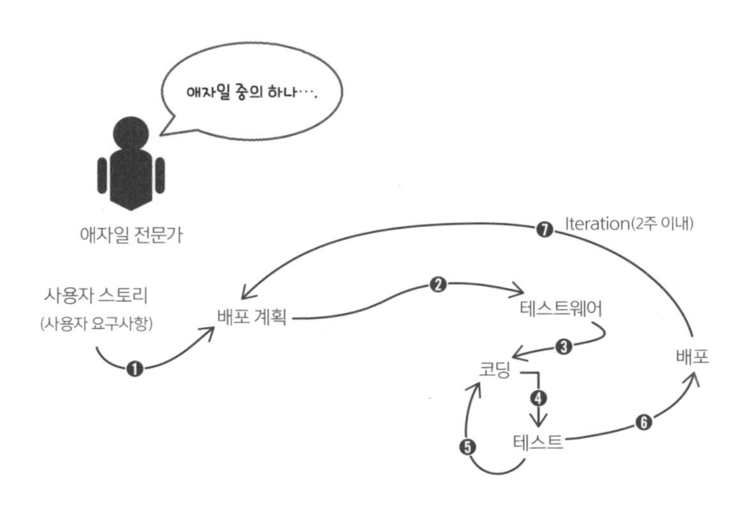

익스트림 방법론의 프로세스

용자가 모두 포함된다. 고객이 직접 테스트를 주도하여 원하는 제품인지 확인하는 과정을 거친다. 당연히 애자일과 마찬가지로 페어 프로그래밍을 실행한다.

익스트림 개발 방법의 핵심은 테스트 주도 개발이다. 프로그램을 위한 설계 문서는 테스트 문서인 테스트웨어Test Ware로 대치된다. 테스트는 반복적이고 피곤한 일이므로 자동화하는 것이 좋다. 낮에는 개발자가 코딩에 전념하고, 밤에는 테스트 도구가 자동으로 테스트를 수행하여 개발자가 아침에 출근하여 그 결과를 볼 수 있도록 함으로써 개발 생산성을 올리는 장점이 있다.

테스트 주도 개발(Test Driven Development)은 테스트의 처리에 중점을 둔 애자일 방법론 중 하나다. 짧은 기간 동안 집중적으로 개발하

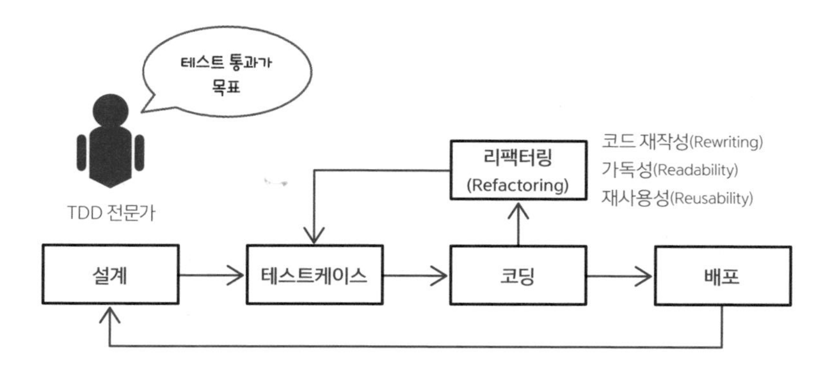

테스트 주도 개발 프로세스

는 소프트웨어프로세스의 하나라고 정의된다. 익스트림 방법론과 동일한 개념으로 이름만 다르다고 생각해도 좋다. 특징은 빠른 소프트웨어개발을 위하여 테스트 자동화 소프트웨어를 사용한다. 프로그램코딩의 목표는 테스트케이스를 만들고, 그에 해당하는 소스를 코딩하여 통과시키는 것을 반복하여 소프트웨어를 완성하는 것이다. 테스트를 통하여 문제가 된 프로그램 소스는 제대로 작동하는 깔끔한 소스로 리팩터링 된다.

애자일 방법에서 많이 언급되는 것이 스크럼 미팅이다. 스크럼 미팅은 매일 정해진 시간에 서서 하는 회의다. 회의에서 주로 할 얘기는 내가 어제 했던 일, 오늘 할 일, 작업을 수행하는 중에 문제가 되는 일과 다른 사람의 도움을 필요로 하는 일에 대한 것이다. 개발자는 자신이 맡고 있는 일을 완료하는 데까지 남은 기간을 이야기해야 한다. 회의 시간은 짧아야 하는데 주로 15분에서 20분 정도가 적당하다. 시간이 오래 걸리는 논쟁거리와 문제점이 있다면 회의 후에 바로 해결한다. 회의의 주된 목적은 진척 사항과 이슈를 공유하여 나중에 발생할 문제점을 예방하는 데 있다.

고객이 직접 참여하는 소프트웨어개발이 좋다

기업에서 추진하는 큰 규모의 소프트웨어개발에는 고객이 참여하여 자신들의 업무를 설명한다. 현재의 업무는 어떤 특징을 갖고 있으며, 문제점은 무엇인지? 그리고 개선할 부분은 어떤 것들이 있는지? 등과 같은 중요한 설명들을 하게 된다. 반면에 소규모의 소프트웨어 개발에서는 고객은 요청만 하고 프로젝트에 참여하지 않으면서 소프트웨어개발 결과만을 보고받고 사용하게 된다. 고객이 참여하는 소프트웨어개발과 참여하지 않는 소프트웨어개발에는 근본적으로 많은 차이가 있다. 우선적으로 고객이 느끼는 책임감의 차이가 클 것이다. 고객이 참여하는 프로젝트는 자신의 일이 되기 때문에 적극적으로 일을 같이하게 되고, 참여하지 않은 다른 고객들을 설득하는 데도 앞장서게 된다.

소프트웨어 개발단계에서의 분석 과정, 테스트 과정에는 고객의 참여가 필수이므로 많은 역할을 하게 된다. 변화 관리와 사용자 교육도 고객이 직접 하는 경우가 많다. 고객이 업무를 수행하는 과정에서 발생하는 여러 가지 문제점을 사용자의 입장에서 소프트웨어로 어떻게 처리할지 잘 설명할 수 있기 때문이고, 소프트웨어 개발자가 설명하는 것보다 더 현장감 있게 잘 설명하는 것을 보았다. 사용자 매뉴얼도 고객이 직접 만드는 것이 사용자에게 호평을 받는다. 소프트웨어 개발자가 만드는 사용자 매뉴얼은 기술적인 부분이 많을 수밖에 없기 때문에 업무처리 지침과 같은 부분은 부족한 점이 많이 있기 때문이다.

애자일 방법론, 테스트 주도 개발방법론은 고객의 참여를 중시한다. ERP와 같은 상용소프트웨어 적용 프로젝트는 고객이 많은 부분을 담당하여 프로젝트를 진행한다. 고객이 참여한 프로젝트가 실패한 경우는 그다지 흔하지 않다. 고객 자신의 목표도 있지만 소프트웨어 개발자 주도로 하는 것보다는 의사결정자와 내부 고객과의 의사소통에 유리하기 때문이다. 고객이 고객을 잘 설득할 수 있기 때문이다. 소프트웨어개발의 중요성을 간파하는 조직은 가장 우수한 사람을 프로젝트에 파견하지만 그렇지 않은 조직은 일 못하는 사람이나 한가한 사람들을 파견한다. 당장에 소프트웨어개발보다는 자신들이 해야 할 일이 많다고 생각하기 때문이다. 미래를 준비하는 조직은 아예 직원들을 프로젝트로 발령을 내기도 한다. 기존 조직과의 업무와 관계를 단절시켜서 프로젝트에 전념할 수 있도록 배려하는 것이다.

프로젝트를 추진할 때 몇 명이 파견을 나온 적이 있다. 유형은 이미 설명한 대로 두 가지다. 우수한 직원을 파견한 부서와 그렇지 않은 부서다. 그런데 파견 나온 사람들 모두 성과가 좋지 않았다. 프로젝트관리자로서는 아쉬운 부분이었다. 우수한 직원을 파견한 부서의 팀장은 일과 중이나 일과 후에도 지속적으로 연락하여 담당했던 업무를 처리하도록 지시하였다. 그 직원이 아니면 처리되지 않는 일이 많았다고 한다. 그 직원은 두 가지 일을 병행하느라 너무 힘들어 했다. 결국 상위 경영자에게 얘기해서 아예 발령을 냈다. 파견 전 부서의 일은 모두 잊고 프로젝트에 전념할 수 있도록 조치한 후에야 제대로 일할 수 있었다.

프로젝트관리 방법론과 소프트웨어개발 방법론의 통합

소프트웨어 패러다임을 실행 가능하도록 만들어놓은 것이 개발방법론이다. 개발방법론에는 소프트웨어 유형, 적용하는 방법에 따라 여러 가지가 있다. 규모가 큰 소프트웨어개발 회사들은 저마다의 방법론을 다양하게 만들어놓았다. 소프트웨어개발에 대한 절차를 명시해놓고, 직원들이 그 절차에 따라 일하도록 한다. 개발방법론은 한마디로 요리책이라고 표현한다. 책에 있는 그대로 하면 요리가 만들어진다고 할 수 있다.

소프트웨어 패러다임별로 다양한 방법론이 있고 프로젝트의 유형에 따라서도 방법론의 세부적인 절차가 다르다. 소프트웨어개발의 방법론은 대형 소프트웨어 시스템을 구축하는 방법론과 ERP와 같은 상용소프트웨어를 적용하는 방법론이 다르다. 기업의 프로세스

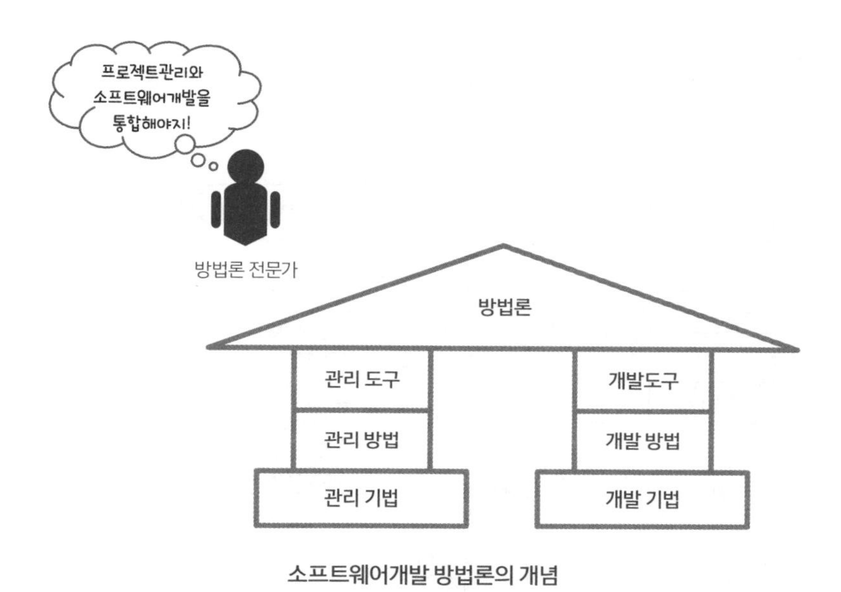

소프트웨어개발 방법론의 개념

를 혁신하는 방법론은 소프트웨어개발 방법론과는 완전히 다르다. 컨설팅 방법론과 비슷하다. 개발 방식에 따라서도 다르다. 정보공학 방법론을 사용하는 경우도 있고, 객체지향 방법론을 사용하는 경우도 있다. 애자일 방법론을 폭포수모델과 섞어서 하이브리드 형태로 사용하기도 한다. 하드웨어 및 네트워크와 같은 인프라 구축과 관련된 방법론도 있다. 최근에는 클라우드 기술을 적용하는 방법도 있다. 기존의 소프트웨어를 클라우드 환경으로 이관하는 방법이기 때문에 소프트웨어개발 방법론과는 다르다.

소프트웨어개발 방법론은 프로젝트관리 기법과 소프트웨어개발 패러다임에 의한 개발 기법을 통합한 것이다. 프로젝트관리 기법은 구체적인 관리 방법과 관리 도구를 지칭한다. 마찬가지로 소프트웨

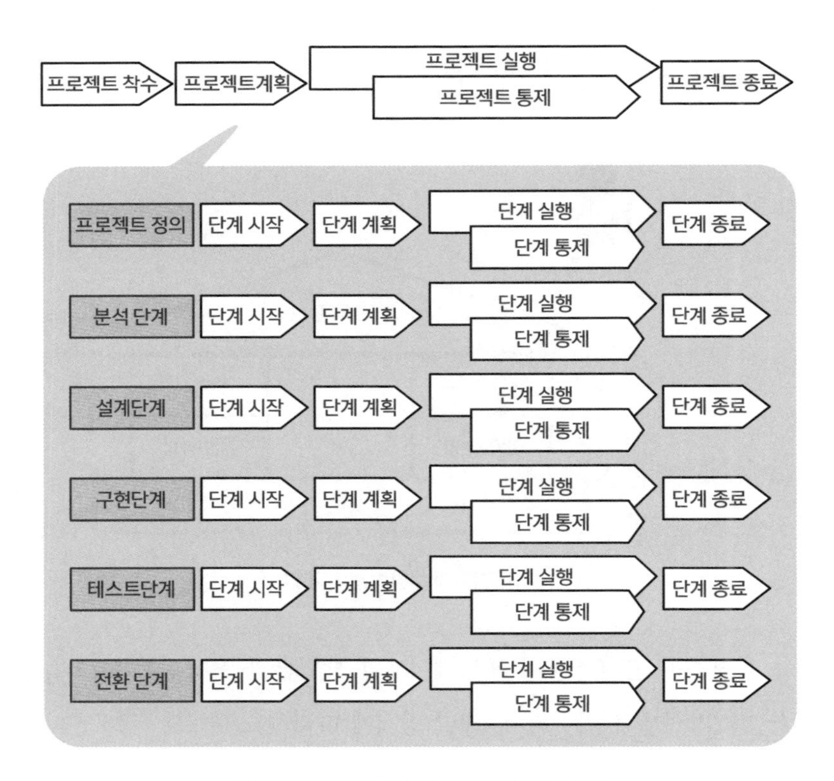

프로젝트관리 방법론과 개발방법론의 통합

어개발 기법은 개발 방법과 개발도구를 통합한 것이다. 소프트웨어는 개발 방법만 가지고 개발하는 것이 아니기 때문에 방법론을 통해 다양한 방법과 도구를 통합하여 어떻게 사용하여 프로젝트를 진행하고, 어떤 방식으로 개발하는 것이 좋은지 알려주는 표준적인 기업의 지침이자 지식이다. 프로젝트관리의 실행단계에서는 소프트웨어개발에 대한 단계별 절차가 포함된다. 소프트웨어개발의 각 단계는 프로젝트관리의 착수, 계획, 실행, 통제 및 종료의 5단계가 포함되어 진행된다.

개발방법론은 프로젝트 전에 확정한다

개발방법론은 프로젝트를 시작할 때 선정해야 한다. 프로젝트에 투입하는 많은 전문가들에게 어떤 방법론으로 프로젝트를 추진할지 알려줘야 한다. 경험이 많은 전문가들은 어떤 방법론으로 소프트웨어개발을 진행하는지 궁금해한다. 선정된 개발방법론에 대해서 많은 의견을 주기도 한다. 개발 과정에서 필요한 문서 템플릿이나 공통 소프트웨어의 사용에 대해서도 많은 경험을 전수받을 수 있다.

새롭고 생소한 방법론을 사용하는 것은 적당치 않다. 많이 사용했던 방법론을 적용하고 특화된 부분이 있다면 해당 부분에 대해서만 교육을 통하여 알려주는 방식이 좋다. 아무리 경험이 많은 전문가라도 생소한 분야에 대해서는 학습 시간이 필요하기 때문이다. 프로젝트관리의 측면에서 보면 생소한 방법론을 적용하기 때문에 발생하는 생산성 저하를 염두에 두어야 한다.

좋은 프로젝트관리자는 프로젝트관리 방법을 세팅하여 PMO 및 프로젝트의 리더들이 바로 적용할 수 있도록 함과 동시에 개발방법론을 선정하여 소프트웨어 전문가들이 사용할 개발 방법을 이해할 수 있도록 한다. 필수 문서에 대해서는 PMO를 통하여 배포하고 사용법을 숙지시킨다. 프로젝트 계획서나 프로젝트 워크북을 지속적으로 개정하면서 프로젝트 참여자들이 빠르고 쉽게 적용할 수 있도록 한다. 프로젝트 참여 인원이 많을 경우에는 프로젝트만을 위한 내부 홈페이지를 만들어서 적용하기도 한다. 팀원들과의 정보 공유가 생산성을 올리는 데 가장 손쉬운 방법임을 알고 있는 것이다.

너무 개발방법론에만 매몰되지 말자

소프트웨어 개발방법론은 소프트웨어를 개발하는 데 좋은 가이드가 되지만 원칙은 아니다. 프로젝트를 하다 보면 방법론에서 제시하는 많은 문서를 모두 다 만들려고 하는 경향이 있다. 방법론에서 제시하는 문서 표준 즉, 템플릿Template의 사용 경험이 부족한 경우나 복잡한 경우에는 많은 고민도 하게 된다. 그 표준대로 문서를 만들지 않으면 뭔가 개운하지 않은 느낌을 받기도 한다. 일을 제대로 처리하지 않은 것 같아 프로젝트가 성공하지 못할 것 같은 기분이 드는 것이다. 심하면 강박증 같은 증세가 생기기도 한다.

개발방법론은 요리책과 같은 것이다. 표준적인 지침을 주는 것일 뿐이다. 개발 방법에 대한 경험이 부족하거나 표준이 필요할 경우에 사용하면 좋은 것이다. 요리를 만들 때는 자신만의 요리 경험을 첨가하여 요리를 만들어야 창의적인 좋은 요리가 된다. 요리책에 있는 레시피대로 만들면 나쁘지 않은 요리를 만들 수 있다는 것일 뿐 최고의 요리가 만들어진다는 보증은 아니다. 개발방법론도 같은 이치다. 개발방법론에서 제시하는 방법을 사용하면 프로젝트가 실패할 확률이 낮아진다는 의미만 있을 뿐이다.

인정받는 소프트웨어 전문가가 되기 위해서는 자신이 필요한 것을 만들어낼 줄 알아야 한다. 불필요한 부분은 과감하게 없앨 줄도 알아야 한다. 있으니까 혹은 하라고 하니까 한다는 자세보다는 왜 필요한지? 꼭 필요한지? 했을 때 의미는 있는 것인지? 등과 같은 질문을 스스로 던져볼 줄 알아야 한다. 그래야만 자신과 일하는 동료들과 호흡하여 일할 수 있고, 자신과 같이 일하는 직원들 특히 개발자가 있다면 그 일을 시킬 수 있는 것이다.

내가 원하는 소프트웨어 알려주기

고객이 원하는 바를 소프트웨어로 개발하는 상황이라면 고객이 원하는 바를 정확히 이해하는 것을 중요한 목표로 삼아야 한다. 하나의 제품을 완성하기 위하여 고객에게 여러 번의 반복적인 질문을 통하여 원하는 바를 명확히 도출하고, 결과가 맞는지 모델을 통하여 확인하는 과정을 거치는 것이 일반적인 방법이다. 소프트웨어개발에 있어서도 비슷한 과정을 거친다. 분석가 역할을 하는 사람들은 고객을 잘 이해하는 사람들이다. 이들은 고객으로부터 소프트웨어에 대한 요구사항을 수집하여 정리한다. 수집된 결과로 소프트웨어의 상세한 모습을 파악해낸다. 분석가는 소프트웨어가 어떤 모습 즉, 무엇을 만들어야 할지에 대해서만 집중한다. 만들어질 소프트웨어를 어떻게 개발할지에 대해서는 관심을 둘 필요가 거의 없다. 소프트웨어를 어떻게 만들어낼지는 그다음 작업을 담당할 설계자의 몫이 된다.

요구사항을 분석하는 것은 어려운 일이다. 고객의 사업을 잘 모르거나 고객이 처한 상황을 잘 모르는 경우, 고객이 의도하는 바를 잘 모르는 경우 등과 같이 고객에 대한 경험이 부족한 분석가들은 고객들이 저마다 한마디씩 하는 요구에 대해서 정확한 의미를 알아내기 힘들다. 마치 영어를 모르는 사람이 영어를 해석하여 건물을 짓는 것과 비견될 만큼 어려운 일이다. 그러므로 분석가들은 고객과 같이 호흡을 많이 한 사람들로 배치된다. 기술적으로 우수한 사람보다는 언변이 뛰어나고, 보고서를 잘 만들고 발표를 잘하는 사람들이면서 고객의 힘든 점이나 고통(Pain Point)을 잘 아는 사람들이 분석가로 적당한 사람들이다. 이들은 고객과 설계자들 사이에서 의견을 조율하는 역할도 수행한다. 고객 입장에서 보면 자기 편이어야 하지만, 반대로 설계자 입장에서도 자기 편이어야 하는 사람이다. 분석가들은 이런 중간자적 입장 때문에 스트레스가 아주 심한 경우가 많다.

요구사항을 분석하는 목적은 고객이 원하는 바를 잘 정리하는 것이다. 이것을 문서로 만들어서 설계자에게 제공하는데 이를 요구사항 명세서라고 부른다. 요구사항 명세서는 소프트웨어의 최종 모습만을 설명하는 문서다. 이 문서에는 어떤 방법으로 소프트웨어를 만들어야 하는지에 대한 설명은 하나도 없다. 분석가들은 완성된 요구사항 명세서를 근간으로 소프트웨어에 대한 모델링을 실행한다. 이것은 건축물을 짓기 전에 보여주는 조감도나 건축모형과 비슷한 종류의 것이다. 상세한 설계도가 아닌 점을 주목해야 한다. 조감도대로 건축을 하면 건물이 무너질 수 있다는 걱정은 할 필요가 없다. 건물이 무너지지 않게 설계할 사람들은 분석가가 아니라 설계자와 시공자 들이기 때문이다.

고객의 요구사항을 잘못 분석하여 개발된 소프트웨어는 고객의 요구에 맞게 다시 개발되어야 한다. 이런 경우가 발생하면 소프트웨어 개발비는 감당할 수 없을 정도로 많이 소요된다. 연구 결과에 따르면 요구사항을 분석할 때 들어가는 비용보다 더 많은 비용이 들어간다고 한다. 이미 잘못된 요구사항을 근거로 작업한 것들을 백지화하여 새롭게 다시 일을 시작해야 하기 때문이다. 옛말에 "호미로 막을 일을 가래로 막는다."는 속담이 있다. 요구사항을 제대로 수집하여 분석하는 일은 소프트웨어개발 프로젝트의 위험을 회피하고 감소시키는 중요한 일이다. 요구사항분석에 최고의 전문가를 투입하여 일을 진행하는 이유가 이것 때문이다.

고객의 욕구와 요구를 잘 구별해야 한다

소프트웨어개발을 시작할 때 고객의 요구사항을 분석한다는 말은 단순히 고객이 하는 말을 수집하고 집계하는 것이 아니다. 분석이라는 말의 의미는 고객의 요구사항이 무엇인지 세밀하게 파악하는 것이다. 고객은 자신의 경험과 상황에 맞추어 요구사항을 말한다. 분석할 때는 고객이 소프트웨어 개발자의 입장을 헤아리면서 자신의 요구를 말하는 것이 아니라는 점을 기본 전제로 해야 한다. 고객은 오로지 자신의 처지에만 관심이 있다. 어떤 경우에는 요구사항이 불분명하기도 하고 어떤 경우에는 욕구를 얘기하는 경우도 있다. 욕구, 욕망, 희망을 말하고 있다면 요구사항으로 바꿔줘야 한다. 요구사항이 불분명하면 명확한 요구사항으로 바꿔줘야 한다. 이런 작업이 분석 업무의 주된 내용이라고 할 수 있다.

어떤 고객이 배가 고프다는 얘기를 했다면 분석가는 배고프다는 욕구나 욕망을 분석하여 고객이 원하는 것은 뭔가를 먹고 싶다는 말로 분석해낼 수 있어야 한다. 분명한 점은 고객은 아직도 자신이 원하는 바를 정확히 얘기하지 않았고, 자신의 처지나 문제점만을 얘기했을 뿐이다. 고객이 뭔가를 먹고 싶어 한다는 점을 분석해냈다면

고객 요구사항	분석된 요구사항	해결 방법
밥을 먹지 않아서 배가 고프다.	음식을 준다. (고객의 욕구·희망을 분석하여 요구사항으로 변환)	1. 한식을 만들어준다. 2. 중국 음식을 배달한다. 3. 양식 레스토랑에 간다.
내일 부산에 출장을 가야 한다.	부산에 가야 한다. (고객의 요구사항임)	1. 비행기로 간다. 2. 기차로 간다. 3. 자동차로 간다. 4. 걸어서 간다.

고객의 욕구, 희망 사항을 요구사항으로 분석

조금 더 분석하여 먹고 싶은 음식이 무엇인지를 알아내야 한다. 이것은 점쟁이가 점을 보는 것과는 다르다. 고객과 관련한 주변 상황을 파악하고, 음식에 대한 기호를 파악하여 해결할 수 있다. 건강에 문제가 있거나 특정한 알레르기 반응이 있어서 못 먹는 음식이 있다면 이런 것들을 잘 파악하여야 한다. 만약 고객이 육식은 좋아하지 않고 생선류를 좋아한다면 육류를 식재료로 많이 쓰는 중국 음식은 가급적 피하는 것이 좋다. 분석가는 분석을 마치면 이제 고객에게 제안을 한다. "당신의 배고픔을 해결하기 위하여 음식을 만들어줄 예정인데, 당신의 여러 상황을 고려했을 때 한식이 좋겠습니다. 어떻게 생각하십니까?" 고객이 이 제안에 동의한다면 고객의 요구사항 분석은 아주 잘되었다고 할 수 있다. 고객의 동의가 이루어지면 그다음 단계에서 할 일인 음식 만드는 일은 설계자의 몫이 된다.

숨어 있는 요구를 파악하는 것이 분석이다

고객은 자신이 얘기하는 것이 욕구인지 요구인지 구별하지 않는다. 그것을 구별하는 것은 분석가가 할 일이다. 좀 경험이 있는 고객이라면 요구사항을 명확히 설명할 것이다. 하지만 고객이 항상 그럴 것이라고 기대하는 것은 무모한 생각이며 분석가는 항상 최악의 상황을 고려해야 하므로 욕구를 말한다는 가정하에 준비를 해야 한다. 고객의 욕구를 요구사항으로 변환하는 일이 분석가가 해야 할 중요한 일 중의 하나이지만 욕구를 단지 의미적으로 변환하는 것만을 얘기하는 것이 아니다.

사례에서 언급한 것처럼 배가 고프니까 음식을 만들어서 제공한다는 의미만을 포함하는 것은 아니다. 고객은 자신이 힘들어하는 부분 위주로 설명하면서 그것을 해결할 수 있는 방안을 찾아주기를 원한다. 어떤 경우에는 자신도 해결 방안을 알고 있지만 스스로 할 수 없는 경우에 분석가가 대신 그 일을 처리해주기를 원할 수도 있다. 마음 한편에는 '당신이 전문가인데 알아서 해줘야지.' 하는 암묵적 요구도 있을 수 있다. 요구사항을 직접적으로 말하지 않으면서 분석가가 알아서 해주기를 원하고, 그것이 제대로 해결되지 않으면 자신이 원하는 바가 아니라고 부정하기도 한다. 분석가가 고객의 상황을 잘 이해하는 사람이어야 하는 이유가 여기에 있다.

금융 분야의 업무를 수행한 사람은 제조 산업에서 일하기 어렵다. 같은 제조 산업이라도 반도체산업에서 일하던 분석가가 가전제품 산업에서 분석 업무를 하기는 쉽지 않다. 고객이 하는 말은 알아들을 수 없는 외계어일 가능성이 있기 때문이다. 눈치로 고객의 욕구를 분석해서 요구사항으로 정리할 수는 없기 때문이다. 다른 사업에서 뛰어난 성과를 냈던 분석가가 새로운 산업에서 배척을 당하는 이유는 고객의 소리를 제대로 이해하지 못하기 때문이다. 욕구는 상당히 추상적이다. 구체성을 띠지 않기 때문에 세부적인 내용을 고객으로부터 알아내야 한다. 특히나 한국 사람들은 구체적으로 얘기하는 것을 서로 달가워하지 않는 문화 때문에 분석가에 의해서 욕구를 요구사항으로 바꾸는 것은 전문적인 일이 될 수밖에 없다.

물류 담당 부서에서 거래하는 배송 회사에 대해서 여러 가지 불만이 있었다. 그래서 이를 개선하기 위한 프로젝트가 진행되었다. 한국의 물류를 담당하는 경영자는 분석가에게 "배송 회사가 영세하여 일하는 것이 모두 수작업이고, 그로 인해서 데이터관리가 제대로 안 되고 있으며, 고객에게 적시에 배송하지 못한다. 어느 때는 두 대의 트럭으로 배송을 해야 하지만 한 대만 수배하여 배송하기도 했다. 나머지 한 대의 트럭에 대한 수배가 늦어지는 바람에 결국 배송이 늦어져서 고객의 불만을 사기도 했다. 월말 배송비 정산도 너무 힘들다. 배차 정보와 배송한 내용이 달라서 다시 계산하느라 시간이 너무 오래 걸리기도 한다. 배송 업무 전반을 전산화하여 문제가 없도록 해주길 바란다."며 불만을 토로했다.

물류 경영자와의 인터뷰 후에 배송 회사에 가서 인터뷰를 진행했다. 배송 회사 대표는 물류 부서에서 배송 정보를 사전에 공유하지 않아서 트럭을 수배하는 데 어려움이 있다고 했다. 최소한 하루 전에는 배송 계획이 수립되어 자신의 회사에 알려주면 충분한 수량의 트럭을 확보하여 배송을 원활히 할 수 있다고 했다. 자신의 회사에는 배송 업무를 처리할 수 있는 배송 정보시스템이 없기 때문에 모든 것을 수작업으로 처리할 수밖에 없는 상황임을 한탄했다. 그런데 배송 정보시스템을 구축하려면 돈이 많이 들기 때문에 굳이 그런 비싼 소프트웨어를 설치해야 하는지 잘 모르겠다고 했다. 현재는 어떻게 배송 정보를 받느냐고 했더니 팩스로 받고 있다고 했다.

분석가가 생각한 문제해결 방법은 간단했다. 이미 물류 부서는 배송 계획을 팩스로 배송 회사에 보내주고 있기 때문에 배송 회사 직원이 물류 정보를 조회하는 것은 문제가 없다고 생각했다. 우선적으로 물류 부서의 승인하에 배송 정보를 조회할 수 있는 권한을 주도록 건의하였다. 승인이 난 후에 물류센터와 배송 회사까지 네트워크를 연결하여 배송 정보를 조회할 수 있는 단말기를 설치해주었다. 이로써 큰 비용 들이지 않고 배송을 위한 트럭 수배와 배차 문제를 해결할 수 있었다.

물류 경영자, 배송 회사 대표가 말한 이런저런 욕구, 불만, 희망 사항은 결국 물류 정보를 배송 회사에서 볼 수 있도록 소프트웨어의 권한을 수정하면 되는 요구사항이었던 셈이다. 정산을 위한 소프트웨어는 그 이후에 시간을 두고 필요할 때 만들어주면 된다. 당장에 배송에 영향을 주는 업무는 아니기 때문이다. 만약에 분석가가 배송 회사의 소프트웨어를 새로 구축하는 것으로 요구사항을 파악했다면 구축 비용을 누가 투자하느냐에 대한 이슈로 그동안 풀리지 않았던 문제들이 그대로 남아 두 고객의 불만만 쌓이게 되었을 것이다.

고객은 자신의 요구사항을 '그것'과 같이 대명사로 말할 수 있다. 오랜 친분 속에서 고객이 생각하는 속에 있는 의미를 이해하지 못하면 알 수 없다. '내가 전에 말한 문제점', '그때 회의에서 말한 것', '점심시간에 얘기한 것', 이런 식으로 얘기한다. 고객이 코가 긴 짐승이라고 얘기하면 코끼리를 의미한다는 것은 알지만 특정 시점에 얘기한 것을 기억해내고 그 요구사항을 정리하는 것은 쉽지 않다. "그저 알아서 잘 해주십시오."라는 부탁을 할 가능성이 크기 때문이다. 욕구를 구체적 요구로 바꾸는 것은 경험이 쌓여야 가능하다. 경험이 있어야 고객의 강한 신뢰를 바탕으로 일을 할 수 있다. "요즘 직원들의 근태가 좋지 않아요."라는 말을 근태관리 소프트웨어를 만들어달라는 요구사항으로 구분해낼 수 있는 이유는 분석가가 고객과의 좋은 관계, 고객의 업무에 대한 경험과 이해, 분석에 필요한 충분한 지식이 있기 때문이다.

고객이 원하는 바를 아는 방법

요구사항을 파악하는 방법은 여러 가지가 있다. 대표적인 것들이 인터뷰, 설문, 문서 분석, 회의 같은 것들이다. 소프트웨어 프로젝트에서는 핵심적인 고객층을 대상으로 인터뷰를 한다. 하지만 한 번의 인터뷰를 통해서 알아낼 수 있는 것들은 한정적일 수밖에 없다. 그렇다고 의문점이 생길 때마다 다시 인터뷰를 예약하여 진행하는 것도 바쁜 고객들이 원하는 바는 아닐 것이다. 가장 많이 쓰이는 방법이 회의다. 분석가는 고객과의 회의를 통하여 다양한 욕구, 욕망, 희망 사항, 요구사항 및 문제점을 들을 수 있다. 회의를 진행하기 전에는 관련된 고객을 엄선하여 선정하고, 참여 대상 고객에게는 사전에 회의 목적을 충분히 소개하는 것이 좋다. 회의에서 고객이 말한 내용은 빠짐없이 모두 기록되어야 한다. 고객은 동일한 말을 두 번 하는 것을 꺼리기 때문이다. 상세하게 기록된 고객의 소리는 나중에라도 분석을 하는 데 유용한 기본 자료가 되며, 고객의 요구사항을 점검하는 기초 자료로 쓰인다. 단지 기억에 의존하거나 핵심적인 내용만을 발췌하여 정리하는 것은 좋지 않은 습관이다.

요구사항분석을 위한 회의에 참석한 경험 중에서 가장 인상 깊던 고객이 있었다. 이 고객은 대리급의 직원이었는데, 상당히 차분하게 자신이 원하는 바를 설명하였다. 그런데 특이한 점은 자신이 말하는 내용과 우리 분석가들이 얘기하는 내용을 토씨 하나 빼지 않고 기록한다는 점이었다. 처음에 회의를 진행할 때 우리들은 회의 내용을 그런 방식의 속기록으로 적는지 알아채지 못했다. 회의를 종료할 때쯤 그 고객이 지금까지 회의한 내용을 리뷰하겠다면서 자신이 적은 속기록을 펼쳐 보일 때 알아차린 것이다. 회의 시간에 얘기한 것들을 토씨 하나 빼지 않고 서로 얘기한 내용 전부를 리뷰할 때는 모인 사람들 모두가 놀라서 입을 다물지 못했다. 앞으로 저 고객과 회의할

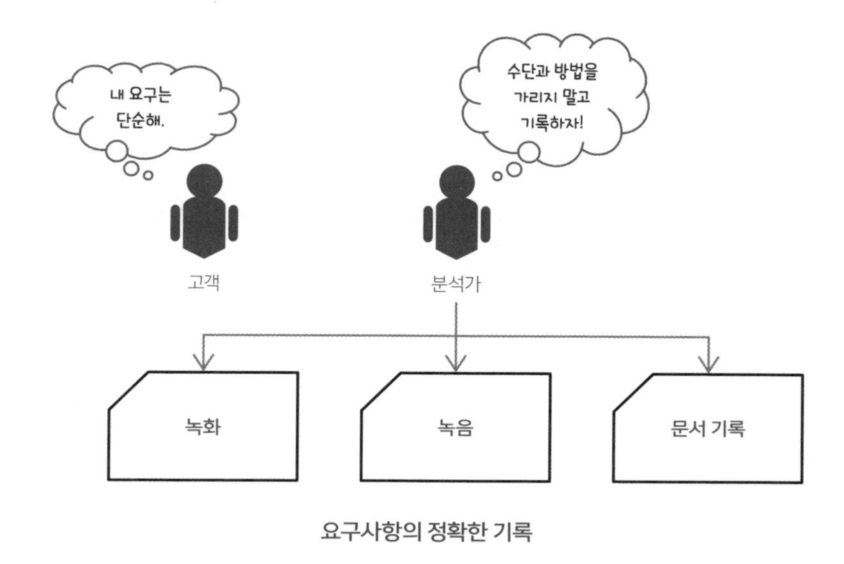

요구사항의 정확한 기록

때는 빈말을 해서도 안 되고, 정확한 분석 내용으로 얘기하지 않으면 큰 문제가 생길 수도 있을 거라는 위기의식을 갖기도 했다. 이처럼 기록을 완벽하고 정확하게 하는 것은 매우 중요하다.

고객과의 회의 시에 기록하는 방법은 다양하다. 말하는 것을 일일이 손으로 쓰는 방법도 있고, 곧바로 컴퓨터나 패드에 타이핑하는 방법도 있으며, 핸드폰으로 녹취하는 경우도 있다. 때로는 카메라로 내용을 찍어놓기도 하며, 비디오로 촬영하기도 한다. 기록하는 방법에 대해서 스스로 제한적인 생각을 할 필요는 없다. 기록할 수 있는 방법이 있다면 설사 중복되더라도 모든 방법을 동원하여 기록하는 것이 현명하다. 나중에 그 기록들은 고객의 요구사항을 분석하여 점검하며 검증하는 데 활용될 수 있으며 고객에게는 요구사항분석 회의가 얼마나 중요한 업무인지 인식시키는 계기도 되고, 그 회의에 임하는 자세도 바르게 할 수 있다.

고객과의 회의를 통하여 고객들이 말한 다양한 문제점을 파악하였다면 그들이 진정으로 원하는 바를 분석하여 해결 방안을 만들어내고, 이를 알리기 위한 고객 검토회의를 진행하는 것도 분석가의 핵심적 역할 중 하나다. 분석가는 문제를 추상화하여 서로가 쉽게 이해할 수 있도록 자료를 만들어야 한다. 문제가 잘 정의되면 문제를 해결 가능한 수준까지 분할하여 작은 단위로 해결 방안을 제시한다. 제시한 해결 방안에 대해서 고객이 합의하면 이것이 바로 요구사항 명세가 되는 것이다. 구체화된 해결 방안인 요구사항들은 수차례의 고객 회의를 통하여 점검되고 정제되어 최종적이고 변경이 불가능한 명세로 만들어져야 한다. 요구사항을 정리하다 보면 서로 모순적인 것들이 발견될 수 있다. 여러 고객들의 요구사항이 서로 모순적이거나 반목적인 관계에 있을 수 있기 때문이다. 이때 분석가에게는 고객들의 반목과 대립을 해결하여 하나의 요구사항으로 만들어야 하는 책임과 역할이 주어진다.

분석가는 고객이 하는 말을 해석하여 진정으로 원하는 것을 밝혀내야 하지만 고객의 요구사항을 각색하거나 조작해서는 안 된다. 고객이 어떤 측면에서 요청을 했는지가 불확실할 경우에는 요구사항의 주변 상황과 이유를 명확히 하여 요구사항에 반영해야 한다. 이런 것들을 요구사항의 전제 조건과 가정 사항이라고 한다. 어느 경우에는 선결과제 혹은 선결 조건이라는 것을 명시하기도 한다. 특정 요구사항이 완성되기 위해서는 앞서서 해결할 조건이 있다는 의미다. 전제 조건이 달려 있는 요구사항은 전제 조건이 맞지 않거나, 전제 조건이 해결되지 않아 변경되면 요구사항도 변경되어야 한다. 전제 조건이 있다는 것은 전제 조건을 고치지 않겠다는 의미는 아니다. 전제 조건은 항상 바뀔 수 있다는 것을 염두에 두고 요구사항을 확정해야 한다. 전제 조건이 바뀌면서 소프트웨어의 설계가 변경되는 경우도 보았다. 즉 계획에 차질을 주는 경우가 발생했다. 하지만 전제 조건의 변경에 대해서는 고객을 탓하지 말고 고객과 변경에 따른 새로운 합의를 시도하는 것이 바람직하다.

요구사항은 동결된다

요구사항을 분석하는 목적 중 하나는 고객의 말을 소프트웨어 설계자에게 전달하기 위해서다. 고객의 말을 그대로 전달한다면 굳이 분석을 해야 할 필요가 없다. 앞에서 살펴봤듯이 욕구를 요구사항으로 만들어내는 것이 일차적인 목표다. 분석된 요구사항은 소프트웨어 전문가가 이해할 수 있는 언어로 표현된다. 그런데 해결 방안에 대한 얘기는 포함되지 않고 고객이 원하는 바에 대한 것만 정리가 된다. 어떻게 해결할지에 대해서는 어떠한 내용도 포함되지 않는다. 고객이 튼튼한 건물을 필요로 한다고 하면 분석가는 건축용어로 요구사항을 분석한다. 진도 7의 지진에도 견딜 수 있는 내진설계, 풍

배포 번호	기능	ID	사용자 스토리	스토리 포인트
주문 1.0	주문입력	1	주문할 제품을 입력한다.	2
		2	제품이 있는지 확인한다.	1
		3	주문한 제품을 확인하고 수정 및 삭제할 수 있다.	3
	배송	4	제품을 당일에 배송한다.	1
		5	재고가 없으면 고객에게 알려준다.	1
		6	재고가 부족하면 일부만 우선 배송한다.	2
주문 2.0	실적 조회	7	주문 현황을 조회한다.	2
주문 3.0	선호도조사	8	제품에 대한 선호도를 조사한다.	3

제품 백로그 형태의 요구사항 명세서

속, 화재, 방제 등에 관한 내용을 포함하여 건축물의 요구사항을 만들어낸다. 이 요구사항에는 해결 방안에 대한 내용은 없고, 건축가들이 전문적으로 사용하는 말로 분석 정리되어 있는 것이다.

사례에 있는 요구사항 명세서는 제품 백로그Back Log 형식으로 만들어진 전형적인 명세서 모습이다. 릴리스Release 번호는 요구사항의 반영에 대한 순서를 나타낸다. 기능(Function)은 요구사항의 제목이다. 아이디는 요구사항의 일련번호다. 사용자 스토리는 요구사항의 세부적인 내용이다. 스토리 포인트Story Point는 요구사항의 중요도 혹은 우선순위를 의미한다. 요구사항을 선택적으로 처리해야 한다면 우선순위가 높은 요구사항을 먼저 처리하는데 이때 판단하는 근거로 사용된다.

요구사항 명세서는 소프트웨어의 크기가 방대하다면 수백 페이지의 문서가 될 수도 있다. 만들어진 요구사항 명세서는 고객과의 최종 검토 이후에 합의를 한다. 쌍방이 합의한다는 것은 이제 합의된 요구사항 기준으로 소프트웨어를 개발한다는 의미다. 그런데 소프

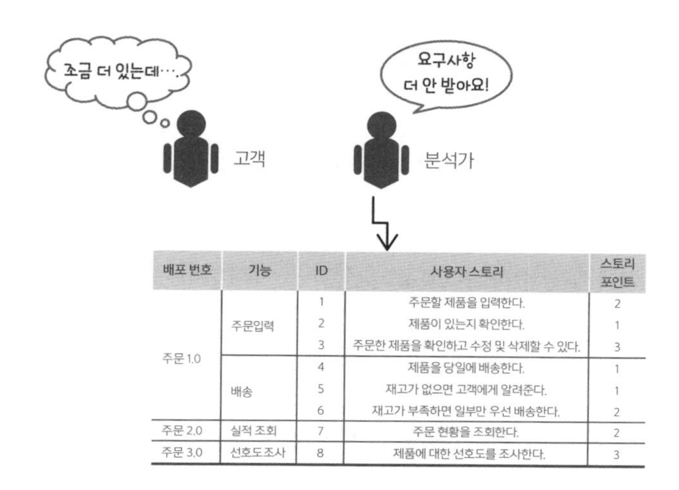

배포 번호	기능	ID	사용자 스토리	스토리 포인트
주문 1.0	주문입력	1	주문할 제품을 입력한다.	2
		2	제품이 있는지 확인한다.	1
		3	주문한 제품을 확인하고 수정 및 삭제할 수 있다.	3
	배송	4	제품을 당일에 배송한다.	1
		5	재고가 없으면 고객에게 알려준다.	1
		6	재고가 부족하면 일부만 우선 배송한다.	2
주문 2.0	실적 조회	7	주문 현황을 조회한다.	2
주문 3.0	선호도조사	8	제품에 대한 선호도를 조사한다.	3

요구사항 동결

트웨어가 개발되는 과정 중이나 개발된 이후인 테스트 과정 중에도 요구사항이 변경될 수 있다는 점을 감안해야 한다.

소프트웨어는 하나의 커다란 아키텍처다. 건물로 표현하면 건물의 기초를 쌓고 기둥을 세운 후에 외장을 붙여서 내부 인테리어를 한 것과 동일하다. 지하 3층까지 파고 기둥을 세웠는데 지하 5층까지 다시 파서 기둥을 세워달라고 하면 건물을 부수고 다시 지어야 하는 상황이 될 수도 있다. 10층짜리 건물인데 20층으로 다시 올려달라고 하면 기초나 기둥을 다시 만들어야 할 수도 있다. 이런 재설계와 재건축을 하게 되면 비용도 비용이지만 시간도 추가적으로 많이 소요된다. 건물을 지을 때 이런 식으로 요구사항을 변경하는 사람은 거의 없을 것이다. 하지만 소프트웨어개발 시에는 요구사항 변경을 스스럼없이 하는 경우를 종종 볼 수 있다. 소프트웨어가 보이지 않기 때문이고, 상당히 유연성이 있다고 믿기 때문일 것이다.

소프트웨어는 요구사항 변경으로 인하여 너무나 많은 소프트웨어 개발 프로젝트의 문제점이 발생한다. 이것을 막기 위하여 고객과 요구사항 명세서가 합의되면 요구사항의 변경이나 추가를 하지 못하도록 확실하게 동결해야 한다. 동결이란 이제부터는 이미 합의된 요구사항 기준으로 소프트웨어를 만들어내고 프로젝트를 종료하겠다는 의미다. 요구사항 동결Freezing 이후에는 요구사항을 절대로 받아들이지 않는다는 원칙을 고수한다. 요구사항 동결로 인하여 고객은 프로젝트가 진행됨에 따라 불만이 쌓일 수 있다. 불만이 너무 많이 쌓이게 되면 결국은 내가 원하는 소프트웨어가 아니라고 말하기도 한다. 고객을 위해서 구축한 소프트웨어인데 정작 본인들이 원하는 소프트웨어가 아니라고 하기 때문에 소프트웨어 개발자들은 패러독스의 함정에 빠지게 된다. 고객 만족을 위해 고객이 원하는 바를 받아들이면 소프트웨어의 변경을 실시해야 한다. 그것은 요구사항을 받아들이는 것에서 끝나는 것이 아니라 추가적인 시간과 비용을 필요로 하기 때문이다. 요구사항에 대한 고객 만족을 고려하면 납기 지연과 관련된 고객 불만족이 발생하는 패러독스의 함정이 되는 것이다.

우여곡절을 거쳐서 고객과 요구사항의 동결이 합의되면 추상화 수준을 최고로 높인 단계에서의 요구사항을 기초로 점차적으로 세부적인 요구사항으로 정밀화하면서 모델링을 실시한다. 요구사항에 대한 모델링은 해결을 위한 상세한 설계가 아니며 고객과의 의사소통을 위한 용도이면서 요구사항을 검증하는 용도로 쓰인다. 요구사항이 반영된 소프트웨어의 최종적인 모습을 고객에게 미리 보여줌으로써 소프트웨어개발 완료 후에 고객이 원하는 것이 이런 모습의 소프트웨어라는 것을 알려주고 요구사항분석이 제대로 되었는지 확인하는 과정이다. 설계자에게는 앞으로 만들어질 소프트웨어에 대한 모습을 알려주어 소프트웨어 모델을 토대로 설계를 준비할 수 있게 한다.

분석이 잘못되면 돌이킬 수 없기 때문에 회피 전략을 쓴다

소프트웨어 프로젝트를 진행하다 보면 종종 요구사항분석을 잘못하여 소프트웨어를 다시 개발하는 경우가 발생한다. 이때 발생하는 비용을 비교한 연구 자료, 논문들이 많이 있다. 소프트웨어는 분석, 설계, 개발, 테스트 및 운영의 단계로 개발된다는 것을 근간으로 연구한 결과에 따르면, 요구사항분석이 잘못되어 재분석을 한 비용과 대비하여 설계까지 한 이후에 다시 분석하여 설계한 경우, 개발을 취소하고 분석을 다시 하여 설계하고 개발한 경우, 테스트 과정 중에 재분석하여 설계, 개발 및 테스트한 비용, 운영 과정 중에 요구사항이 잘못되어 요구사항을 다시 분석하고 처음부터 다시 개발하는데 들어간 비용의 차이는 최대 이백 배가 더 들어가는 것으로 밝혀졌다. 요구사항분석 단계에서 분석이 잘못된 것을 알았다면 천만 원

단계	비용(가중치)
요구사항분석	2
설계	5
개발	10
단위테스트	20
통합 테스트	50
유지보수	200

분석 비용 비교

으로 다시 분석해도 되는데, 운영 단계에서는 이십억 원을 들여야만 요구사항을 만족하는 소프트웨어를 개발할 수 있다는 연구 결과는 요구사항분석의 중요성에 대해서 시사하는 바가 크다.

요구사항분석이 잘 안 되는 원인은 인간 사회에서 다른 일들로 빈번하게 발생하는 것들과 마찬가지 이유로 다양하다. 구체성이 부족하고, 미래에 발생할 것들을 미리 예측하여 소프트웨어를 개발하는 것도 힘들며, 의사소통이 잘못되어 발생하기도 한다. 너무나 다양한 원인이 있기 때문에 완벽을 기하고 요구사항을 분석할 수는 없다. 요구사항분석이 잘못되어 문제가 발생했던 경험이 많이 쌓여 있기 때문에 요구사항분석 위험을 회피하는 전략을 선택한다. 결국 요구사항분석은 잘못될 가능성이 많다는 것을 염두에 두고 일을 하는 것이다.

가장 많이 사용되는 회피 방법은 보여주고 확인하는 것이다. 요구사항분석이 완료될 때까지 기다리거나 불완전한 상태로 요구사항을 동결하여 소프트웨어를 개발하는 것이 아니라, 확실히 알고 있는 요구사항만을 가지고 소프트웨어를 모델링하여 보여준다. 만약 모델링 결과가 맞으면 추가적인 요구사항을 받아서 재차 모델링한다. 이런 작업을 수차례 반복하여 원하는 기능이 구현된 모델이 완료되면 요구사항을 동결하여 소프트웨어의 개발을 시작한다.

요즘은 더 급진적이고 빠른 방법도 사용한다. 요구사항분석과 함께 모델링과 설계를 아주 간단하게 처리하고, 고객이 있는 자리에서 프로그램을 코딩한다. 코딩이 완료되면 그 결과를 고객에게 시연한다. 고객이 생각했던 결과가 맞으면 사용할 수 있도록 배포를 실시함과 동시에 추가적인 기능에 대한 요구사항을 받아서 프로그램코딩을 실시하여 2차 배포를 실시한다. 즉 점차적으로 기능을 확대하면서 요구사항에 맞는 소프트웨어개발을 실시한다.

만들어진 소프트웨어에 적용하는 것도 회피 전략 중 하나다. 이미 만들어져 사용되고 있는 상용소프트웨어를 도입하여 그대로 쓰도록 하는 것이다. 고객의 요구사항을 소프트웨어에 맞추는 것이다. 이렇게 하기 위해서 선진 프로세스 도입, 프로세스개선 및 혁신이라는 취지로 고객의 요구사항을 바꾸는 것이다. 소프트웨어를 개발하는 것이 아니라 도입하여 설치하는 전략인 것이다.

요구사항을 모델링하여 확인한다

분석한 결과를 일일이 검토하여 확인하는 작업은 고객과 분석가에게도 힘든 일 중의 하나다. 적지 않은 요구사항 명세서의 모든 내용을 확인하는 일이기 때문이다. 어떤 요구사항은 고객이 말한 내용이 아닐 수도 있고, 어떤 내용은 고객이 말한 내용을 잘못 해석한 것일 수도 있으며, 어떤 내용은 고객 간에도 서로 이해가 상충하는 일일 수도 있다. 글로 쓰인 요구사항은 분석가 자신뿐만 아니라 고객이나 설계자에게도 제대로 와닿지 않을 수 있다. 그렇기 때문에 글로 쓰인 요구사항을 볼 수 있도록 시각화하는 데 많은 노력을 기울일 수밖에 없다. 분석가는 요구사항 명세서를 소프트웨어 모델로 시각화하여 보여준다.

소프트웨어는 건축물의 조감도나 모형과 같이 사람들에게 익숙

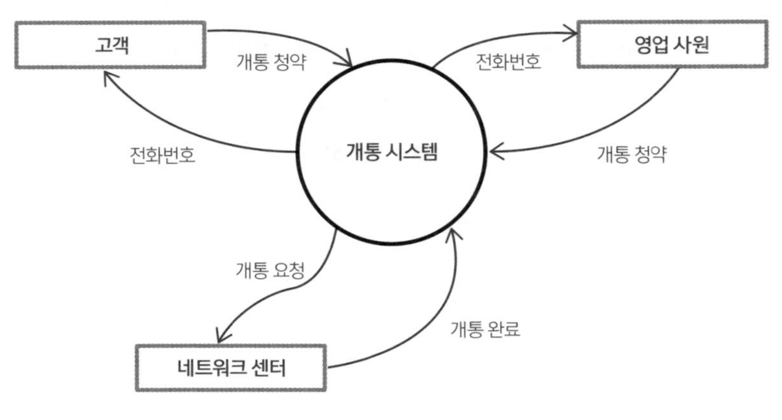

최상위 요구사항을 표현한 업무 배경도

한 방식으로 표현하기가 쉽지 않다. 소프트웨어 모델링은 화면과 리포트, 프로세스 및 데이터를 표시할 수 있는 단순한 도형으로 표현하여, 보이지 않음에서 오는 답답함과 불만을 어느 정도 해소할 수는 있다. 소프트웨어 모델은 기능 모델, 제어 모델 그리고 정보모델로 구분할 수 있다. 이 세 가지 모델이 완성되면 분석가가 다시 하나의 통합된 모델로 표현하여 최종적인 소프트웨어의 모습을 어느 정도는 파악할 수 있다.

기능 모델은 소프트웨어의 프로세스 흐름을 말한다. 예를 들어 주문을 처리한다면 프로세스는 주문을 입력하고, 재고를 할당하고, 배송을 지시하며 트럭에 물건을 싣고, 고객에게 배달한 후에 거래처에서 입고를 확정하고, 최종적으로 세금계산서를 발행하는 순서로 업무가 흐르는 것을 알 수 있다. 이 업무 흐름 속에서 각각의 기능을 순차적으로 처리되는 프로세스의 그림으로 표현하면 쉽게 이해할 수 있다.

기능 모델의 대표적인 방법이 데이터플로다이어그램Data Flow Diagram이다. 이 다이어그램은 사람에게 데이터의 처리를 직관적으로 이해시킬 수 있는 장점이 있다. 다이어그램에서의 원은 프로세스를 의미하고 화살표는 데이터나 정보의 흐름을 표현한다. 네모 상자는 엔터티Entity라고 부르는데 데이터를 처리하는 외부의 객체들이다. 이중의 직선은 데이터저장소를 의미한다. 데이터플로다이어그램은 맨 상위의 프로세스에서부터 점차적으로 세부적으로 표현되는 계층적인 방식으로 표현한다.

사례에 있는 모델은 고객이 상품 주문을 하는 경우에 대한 데이터플로다이어그램이다. 고객이 주문을 하면 과거의 매출채권(Account Receivable)에 대한 정보를 조회하여 신용도를 점검한다. 신용 점검이 끝나면 고객이 구매하려고 하는 가격을 점검한다. 가격이 결정되면 주문을 확정하여 주문 정보를 저장한다. 이 다이어그램에서의 엔터티는 고객 하나뿐이다. 프로세스를 표현하는 원에는 프로세스가 처리할 대표적인 일을 표현한다. 프로세스에 있는 번호는 프로세스의 고유한 번호다. 만약 1.1 주문입력(Order Entry)의 상세 프로세스 흐름이 있다면 1.1.1, 1.1.2, 1.1.3 등으로 프로세스 번호가 부여된다. 데이터저장소는 매출채권과 주문 이력(Order History)이다.

기능 모델을 그리는 방법에는 여러 가지가 있다. 프로세스를 중심으로 그리는 것 외에 기능을 중심으로 그리기도 한다. 기능을 중심

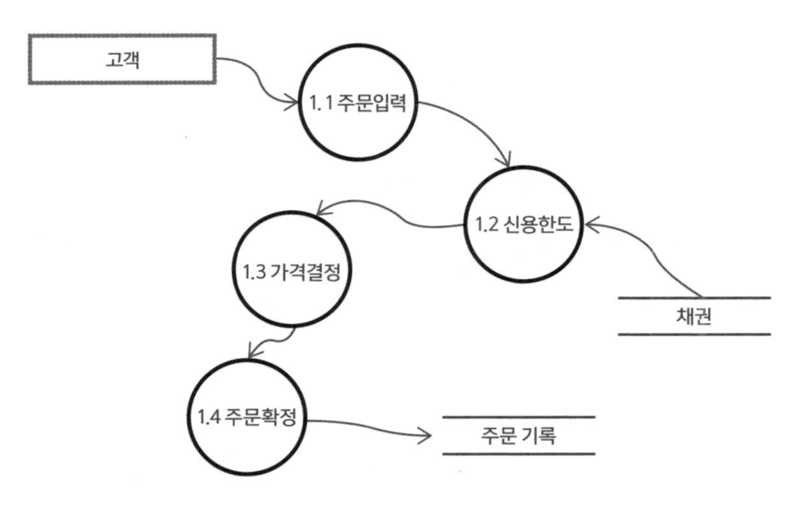

기능 모델의 대표적 방법인 데이터플로다이어그램

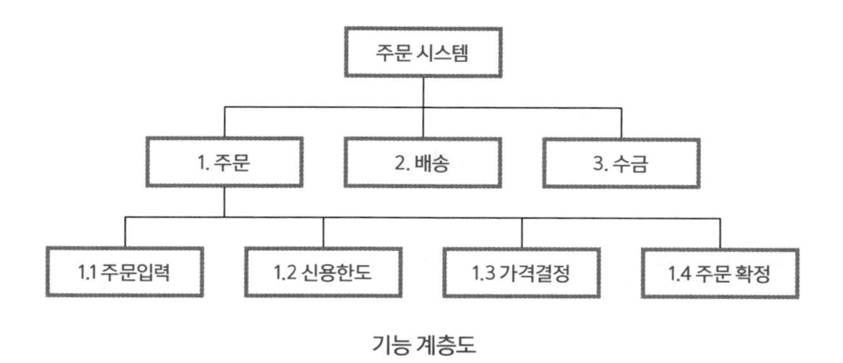

기능 계층도

으로 그리는 경우에는 기능 계층도(Function Hierarchy Diagram)를 많이 사용한다.

기능 계층도에서 보는 바와 같이 최상위 요구사항인 주문 시스템(Order system)을 주문(Order), 배송(Delivery), 수금(Collect)의 세 개 영역의 요구사항으로 나누었다. 그리고 주문의 경우는 주문입력(Order Entry), 신용한도(Credit Limit), 가격(Price), 주문 확정(Order Commit)의 네 개 영역으로 나누었다. 기능 계층도는 하나의 소프트웨어 시스템이 하위의 어떤 소프트웨어의 기능으로 구성되어 있는지 확인하는 데 용이하다.

〈프로세스 중심의 모델 사례〉는 또 다른 방식의 모델링 사례로 제품을 공급받는 과정에 대한 프로세스다. 모델링에는 업무처리에 대한 내용과 업무를 처리하면서 발생되는 데이터를 표시하는 방법으로 모델링을 하였다. 사례의 기능 모델을 설명하면, 제품을 주문하면 제품 주문 명세서를 공급사에 송부한다. 공급사가 제품을 공급하면 납품 확인서를 송부한다. 회사는 입고 확인과 제품검사를 실시

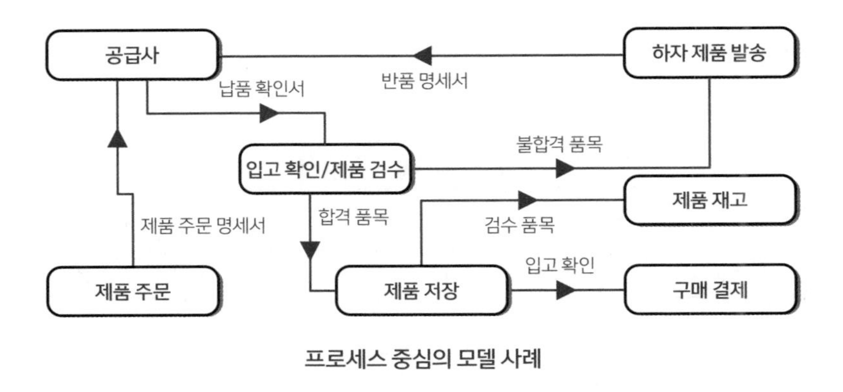

프로세스 중심의 모델 사례

하고 불합격이 되면 하자제품을 공급사에 보내면서 반품 명세서를 보낸다. 합격된 제품에 대해서는 재고로 저장한다. 창고에 저장된 제품은 제품 재고로 확정되고, 입고 확인이 되면서 구매 결제가 이루어진다.

제어 모델은 동적모델이라고도 하며 상태변화에 대한 모델링 작업이다. 소프트웨어가 외부 이벤트에 의해서 어떤 상태로 변화되는지를 모델링한 것이다. 휴대폰을 가정하면, 휴대폰은 버튼을 누르기 전에는 쉬고 있는 휴지상태다. 휴대폰의 버튼을 누르면 화면이 켜지면서 활성화상태가 된다. 화면에 있는 아이콘을 누르면 아이콘에 해당하는 앱이 실행된다. 음식점을 조회하는 앱이라면 앱은 사용자가 어떤 행위를 하기 전까지 대기상태가 된다. 만약 설정한 대기시간보다 길어지면 화면은 다시 휴지상태가 된다. 앱에서 데이터를 입력하여 확인을 누르면 앱이 작동하면서 해당하는 정보를 표시한다. 조회를 마치고자 종료를 누르면 앱의 실행을 멈추고 휴대폰에서 앱 화면

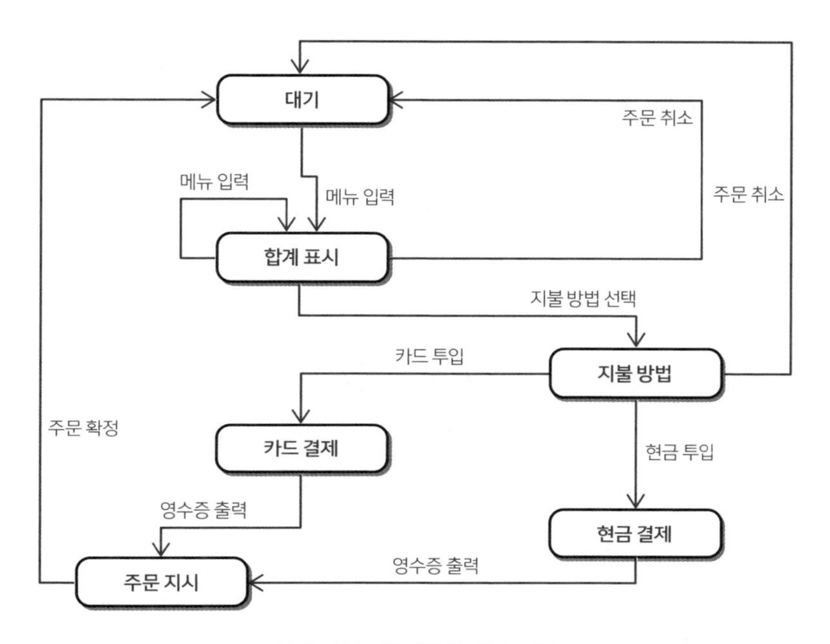

상태 변화도를 이용한 제어 모델

은 없어지고 휴대폰의 화면이 나오며 입력을 기다리는 대기상태가 된다. 이처럼 휴대폰의 상태변화는 외부의 동작이나 사건에 따라서 이루어진다.

사례에 있는 제어 모델은 상태 변화도(State Transition Diagram)를 이용한 키오스크 주문 처리에 대한 모델이다. 키오스크는 주문이 입력되기 전까지 대기상태를 유지한다. 고객이 키오스크를 통하여 메뉴를 선택하면 주문한 상품에 대한 합계를 표시한다. 주문은 반복적으로 이루어지며 메뉴가 선택될 때마다 합계가 누적으로 표시된다. 고객이 주문을 마치고 지불 방법을 선택한 후 해당하는 지불을 실행하면 영수증이 출력된 후 주문 지시가 이루어지면서 주문이 확정되고, 키오스크는 대기상태로 돌아간다. 한 상태에서 다른 상태로의 변화는 외부의 이벤트에 의해서 일어난다. 화살표에 외부의 자극이나 이벤트의 내용을 기술하고 이전 상태에서 변화된 다음 상태를 표시함으로써 소프트웨어의 동적인 변화를 이해할 수 있다.

정보모델은 요구사항을 처리하기 위한 데이터의 모습이 어떤지 모델링한다. 직원 정보라는 데이터를 모델링하면 직원 정보는 사번, 이름, 주민등록번호, 생년월일, 주소, 나이, 성별, 결혼 유무, 경력, 학력 등과 같은 데이터로 구성되어 있다. 각각의 정보들은 서로 간에 관계를 갖고 있다. 직원은 부서에 속하게 되므로 하나의 부서가 여러 명의 직원을 갖는 구조를 관계로 표현한다. 정보를 모델링한 결과는 기능 모델이나 제어 모델에서 데이터처리를 위한 기본모델로 사용된다. 소프트웨어가 데이터를 수집하여 저장하고 가공하는 것이 기본적 기능임을 상기하면 정보모델링의 필요성에 대해서 쉽게 이해할 수 있다.

사례에 있는 ER모델Entity Relationship Model은 푸드 트럭을 이용한 음식 사업에 대한 정보모델이다. 조리법에 따라 음식 메뉴가 만들어진다. 음식 메뉴는 조리법에 의해서만 만들어지고 조리법은 있지만 음식 메뉴에 포함되지 않는 메뉴도 있다. 그러므로 조리법과 음식 메뉴의 카디널리티Cardinality는 일대일(One To One)의 관계를 갖고 있으며, 모달리티Modality는 음식 메뉴는 선택(Optional), 조리법은 필수(Mandatory)의 관계를 갖고 있다.

음식 메뉴와 매출의 카디널리티는 일대다(One To Many)의 관계를 갖고 있고, 음식 메뉴 없이 매출이 발생할 수 없으므로 모달리티는 필수이며 음식 메뉴에 해당하는 매출이 없을 수 있으므로 선택이 된다. 사업 장소와 매출의 관계는 일대다의 관계다.

살펴본 바와 같이 소프트웨어 모델링은 간단한 도형을 이용한 그림으로 표기한다. 표기법은 사전에 프로젝트 참여자에게 공유되어 이해될 수 있도록 해야 한다. 사용되는 표기법은 프로젝트마다 혹은 프로젝트 참여자의 경험에 따라 다양하게 사용되기도 한다. 표준적

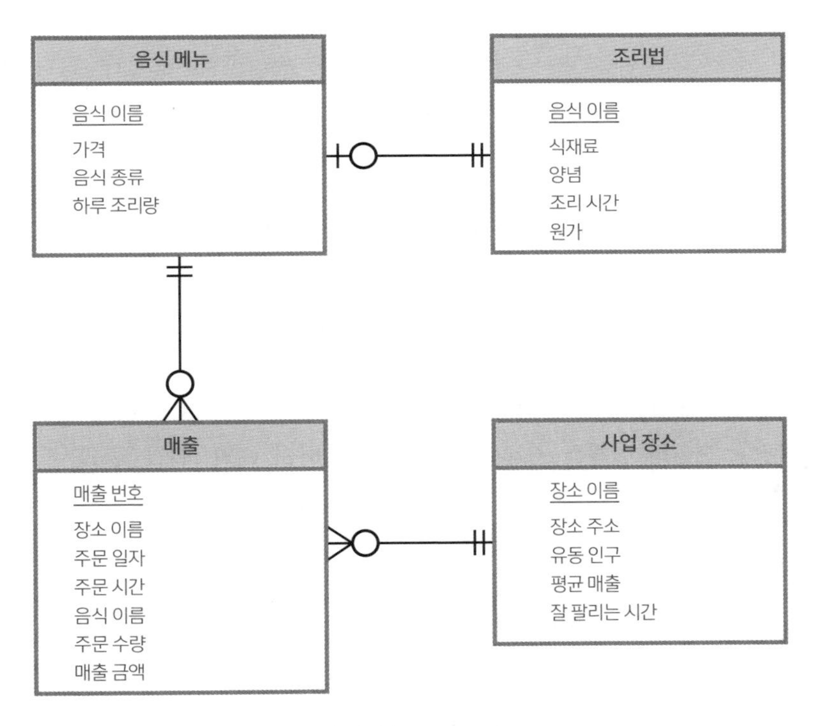

정보모델의 대표적 방법인 ERD

하는 것은 그다지 어려운 일은 아니지만 요구사항을 기준으로 모델을 만드는 것은 전문적인 작업이다. 표기법을 일일이 손으로 그리거나 문서로 그리는 것은 시간이 많이 걸리는 일이므로 소프트웨어 모델링 도구를 이용하기도 한다. 이런 소프트웨어도구를 CASE Computer Aided Software Engineering 도구라고 한다. CASE 도구는 분석 모델링을 거쳐 설계를 실시하면 프로그램 코드가 자동으로 생성되는 기능을 갖춘 것도 있지만 복잡한 알고리즘을 구현하는 데 적합하지 않아서 많이 사용되지는 않고 소프트웨어 모델링 작업에만 사용되는 경우가 많다.

분할하여 정복하라

요구사항을 분석하는 기본적인 방법은 분할정복(Divide & Conquer)이다. 분할정복을 이해하려면 현대 의사들의 전문 분야를 보면 쉽게 이해할 수 있다. 의학이 발전하기 전인 옛날에는 의사들의 전문 분야가 없었다. 한 명의 의사가 모든 병에 대해서 진료와 치료를 수행했다. 그러나 현재는 신체와 병의 종류에 따라 내과, 외과, 안과, 신경과, 성형외과, 정형외과 등 여러 전문 분야로 아주 세분화되었다. 병이라는 문제를 해결하기 위하여 치료 과목을 세분화하여 해결하는 방법을 택한 것이다. 그래서 환자가 병이 나서 병원을 찾았을 때 여러 전문 분야의 의사들이 각자 자신이 맡은 분야의 치료를 성실히 수행하면 환자가 갖고 있는 모든 병이 다 치료되는 원리다.

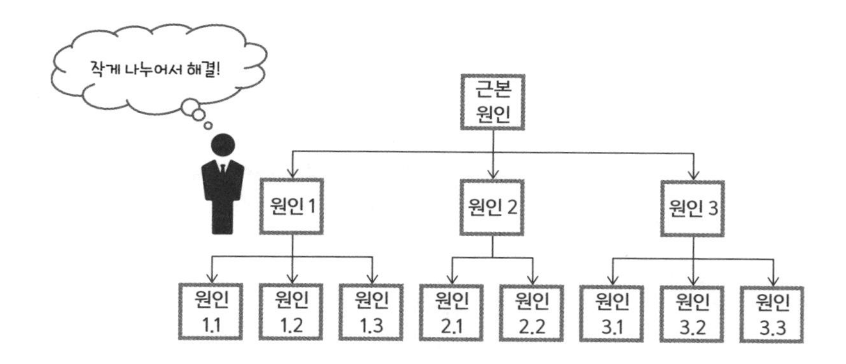

분할정복의 원리

분할정복은 문제의 대상이나 해결하고자 하는 대상을 세부적으로 아래로 나누어가면서 해결할 수 있는 수준에 도달하면 분할을 중지한다. 최종적으로 문제의 대상이 해결 가능한 수준이 되었으면 가장 아래에 있는 분할된 문제를 해결해나간다. 가장 아래 단계의 문제가 모두 해결되어 이 해결 내용들을 모으면 바로 그 위의 것들이 해결되는 것이다. 이런 방식을 수차례 진행하면 결국 원래의 최상위에 있던 근본 문제가 해결될 수 있다. 분할정복의 방법을 잘 이해할 수 있도록 그림으로 도와주는 기법 중 유명한 방법이 피시본Fishbone과 로직트리Logic Tree다.

피시본은 문제의 원인을 파악하는 데 유용한 방법이다. 고객이 빨래를 할 수 없다는 문제를 얘기했다면 피시본 다이어그램을 이용하여 문제의 원인을 구조적으로 쉽게 파악할 수 있다. 물 공급이 안 돼서 발생하는 문제, 세탁기 자체가 발생시키는 문제, 세제가 원인인 경우 그리고 빨랫감이 원인인 경우가 있다. 물 공급의 문제는 파이

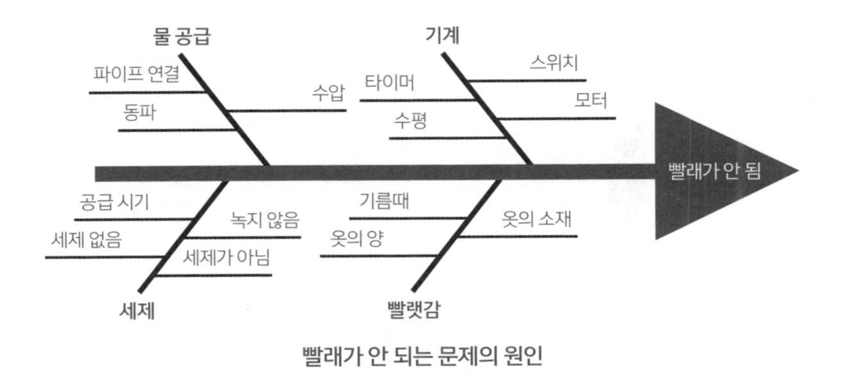

빨래가 안 되는 문제의 원인

프 연결이 안 되었거나, 수압이 낮거나 수도관 동파 등의 원인으로 고장이 났을 수 있다. 세탁기의 기계적 문제는 스위치 불량, 타이머의 고장, 모터의 고장, 세탁기의 수평이 안 맞아서 생기는 문제로 나눌 수 있다. 세제의 경우 세제 공급 타이밍이 안 맞거나 세제가 없을 수도 있다. 또한 세제가 녹지 않았거나 혹은 세제가 아닌 것을 넣었을 수도 있다. 빨랫감 자체의 문제도 있다. 기름때여서 세탁이 안 되거나 옷을 너무 많이 넣어서 그럴 수도 있고, 옷의 소재가 세탁이 안 되는 것일 수도 있다. 이러한 문제의 원인을 분석하여 물고기 뼈모양의 그림으로 표시하였다.

피시본과 비슷한 방법으로 문제의 원인을 분석하는 데 사용되는 것이 로직 트리다. 고객이 빠르게 날아서 어디론가 원하는 곳으로 가고 싶다는 요구사항을 로직 트리를 이용하여 살펴보자. 이 요구사항을 세 개의 세부적 요구사항으로 나눈다.

첫째, 사람이 타고 갈 수 있어야 한다.

둘째, 날아가야 한다.

셋째, 원하는 곳으로 갈 수 있도록 조종이 되어야 한다.

세 개로 나눈 세부적 요구사항을 다시 한 번 분할한다. 사람이 탈 수 있어야 한다는 문제는 조종사와 승객이 탈 수 있도록 한다. 날아가야 한다는 문제는 주 날개와 꼬리날개로 분할한다. 원하는 곳으로 갈 수 있도록 조종할 수 있어야 한다는 것은 조종석을 만드는 것과 엔진을 만드는 것으로 해결한다. 결국은 사람을 태우고 날아갈 수 있는 새로운 발명품인 비행기를 만드는 것으로 해결 방안이 수립되는 것이다.

1. 사람이 타고 갈 수 있어야 한다.
    1.1 조종석을 만든다.
    1.2 승객이 탈 수 있는 캐빈을 만든다.
2. 날아가야 한다.
    2.1 주 날개를 만든다.
    2.2 꼬리날개를 만든다.
3. 원하는 곳으로 갈 수 있도록 조종이 되어야 한다.
    3.1 조종장치를 만든다.
        3.1.1. 계기판을 만든다.
            3.1.1.1 고도계를 만든다.
            3.1.1.2 속도계를 만든다.
            3.1.1.3 연료계를 만든다.
        3.1.2. 조종 기기를 만든다.
            3.1.2.1 엔진 조종 기기를 만든다.
            3.1.2.2 방향 조종 기기를 만든다.
    3.2 엔진을 만든다.

요구사항 명세서의 구조

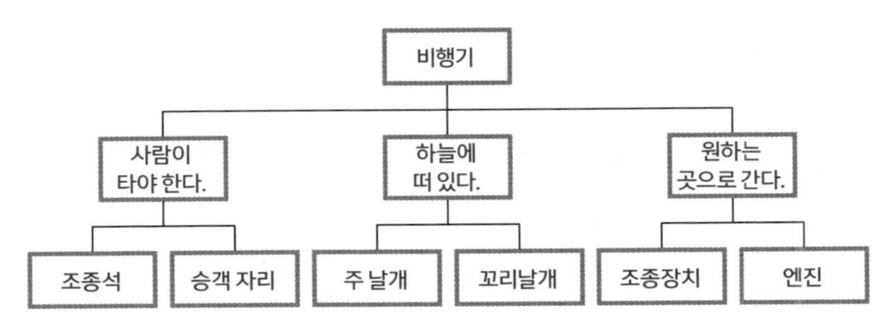

비행기에 대한 로직 트리

분석한 내용을 문서로 만들면 〈요구사항 명세서의 구조〉와 같은 구조화된 모습이 될 것이다. 이 구조화된 문제분석 리스트는 요구사항 명세서와 동일한 구조를 갖고 있다. 이 문서의 내용이 수백 페이지짜리 요구사항 명세라면 이 문서만을 가지고 전체의 요구사항분석 내용을 구조적으로 잘 이해하기는 쉽지 않다.

그래서 보다 이해하기 쉽게 요구사항 명세를 비행기에 대한 계층구조인 로직 트리로 다시 표현하면 어떤 사람이든지 쉽게 요구사항이 분석된 내용을 이해할 수 있다.

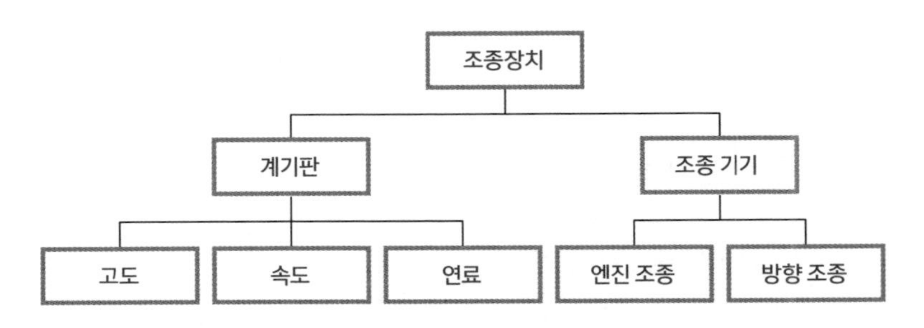

조종장치에 대한 로직 트리

조종장치의 경우 좀 더 세부적인 요구사항으로 나눌 수 있다. 계기판과 조종 기기로 나누고 계기판은 고도, 속도, 연료에 대한 계기로 나눈다. 조종 기기는 엔진 조종과 방향 조종기로 나눌 수 있다.

요구사항분석의 방법인 분할정복의 결과를 말로 적는 것보다는 피시본이나 로직 트리로 표현하면 쉽게 이해할 수 있는 장점이 있음을 알 수 있다. 분할된 요구사항 명세는 앞으로 설계자들에 의해서 설계가 진행된다. 고도계, 속도계, 연료계의 설계가 완료되면 계기판에 대한 설계가 완료되는 것이다. 엔진 조종 기기 및 방향 조종 기기의 설계가 완료되면 조종 기기에 대한 설계가 완료된다. 계기판과 조종 기기의 설계를 통합하면 조종장치에 대한 설계가 완료된다. 이런 방식으로 아래서부터 해결하여 위로 올라가면서 통합하면 최종적으로 비행기의 설계가 완료된다.

요구사항분석 시에는 미시를 만족해야 한다

미시MECE, Mutually Exclusive Collectively Exhaustive는 번역하자면 중복이 없으며 빠짐없이 전체를 포함해야 한다는 의미다. 문제를 분석할 때 문제의 원인이 중복되거나 일부의 내용이 빠지지 않도록 해야 제대로 된 해결 방안을 만들 수 있다는 원칙이다.

예를 들어 전국의 인구분포를 구분할 때 남성과 여성으로 구분하면 사람들이 중복되지 않으면서 모든 사람들이 포함된다. 고등학생

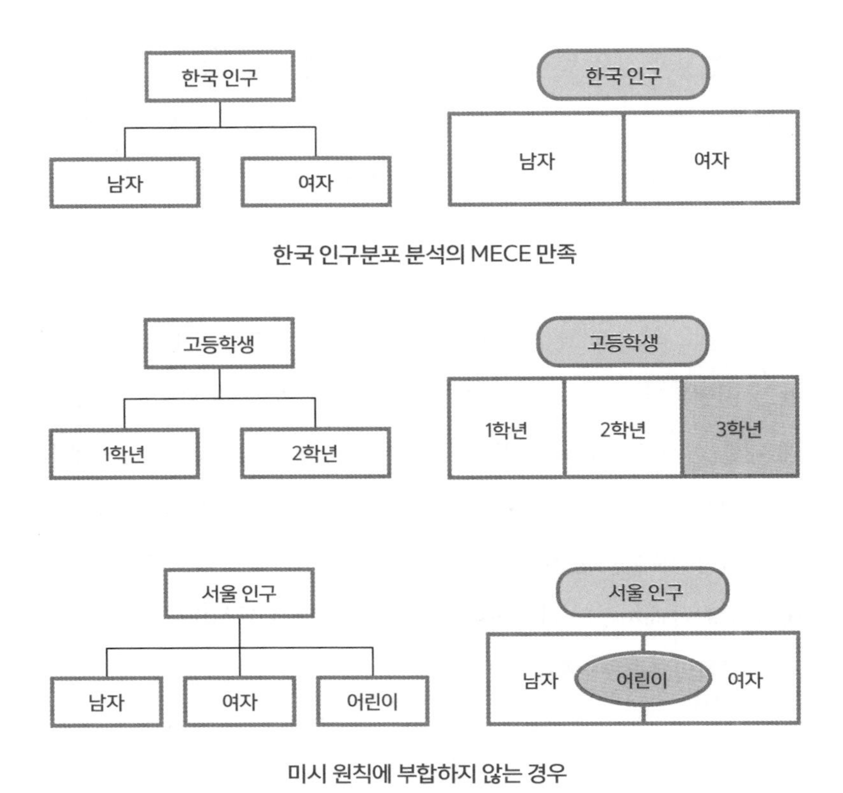

한국 인구분포 분석의 MECE 만족

미시 원칙에 부합하지 않는 경우

을 학년별로 구분한다면 1학년, 2학년, 3학년으로 구분할 수 있으나, 1학년, 2학년으로만 구분한다면 중복되지는 않으나 고등학생 전체를 표현한 것은 아니므로 빠짐없이 전체를 포함한다(Collectively Exhaustive)는 원칙을 만족하지 못한다. 서울 인구를 남자, 여자, 어린이로 구분하여 로직 트리를 그린 경우를 보면 전체를 다 포함하지만 어린이는 남자나 여자 중에도 들어갈 수 있으므로 서로 중복되지 않는다(Mutually Exclusive)는 조건을 만족하지 않는다.

미시 원칙이 중요한 이유는 분석된 문제가 중복이 없고 빠짐없이 전체가 포함되어야 도출된 해결 방안으로 문제를 해결할 수 있기 때문이다. 예를 들어 서울 사람들의 하루 운동량을 파악하여 시민 운동 예산을 수립한다고 할 때 성인 남자, 성인 여자, 미성년자로 구분하여 분석을 한다면 올바른 예산 결과를 만들어내겠지만 남자, 여자, 미성년자로 구분하는 경우에는 예산이 중복되어 올바른 예산을 도출해내지 못할 것이다.

분석 대상의 추상화가 먼저다

추상화는 대상을 대표적인 특성을 가지고 설명하는 방법이다. 이 추상화의 개념을 적용하여 핵심적인 것에만 집중하여 문제를 분석하는 전략이다. 이 방법으로 문제를 분석하면 문제분석이 상당히 용이할 수 있다. 사례에서 보는 바와 같이 비행기에 대한 로직 트리를 가지고 해결 방안을 추상화하였다. 복잡한 비행기의 구조를 보여주는 것이 아니라 문제의 원인을 해결할 수 있는 핵심적인 내용으로 구조화했기 때문에 이해하기 쉽다.

자동차의 보닛을 열어보면 내부에 수많은 부품들이 서로 복잡하게 연결되어 있는 모습을 볼 수 있다. 각각의 부품들은 고유의 기능을 가지고 있으며, 목적은 자동차를 달리게 하는 것이다. 자동차를 만들거나 정비하는 사람들은 볼트와 너트, 연료 호스나 냉각 파이

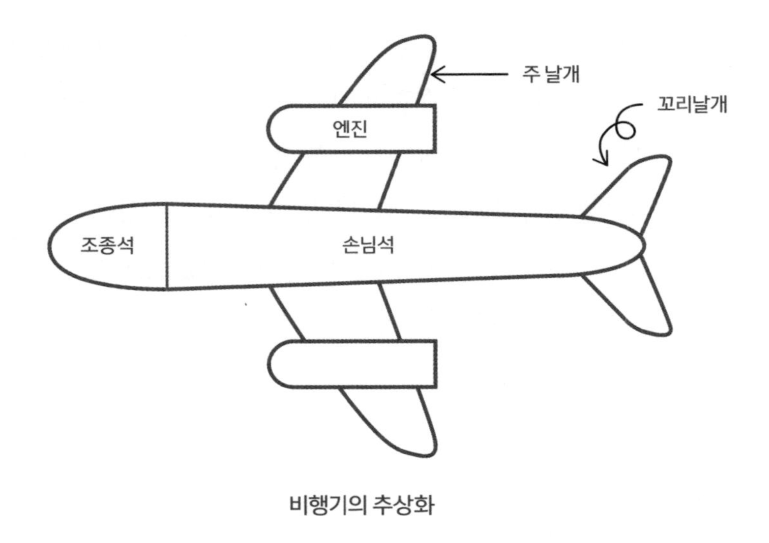

비행기의 추상화

프 그리고 여러 가지 전기장치 등과 같은 부품과 전체적인 구조를 잘 알아야 한다. 그러나 자동차를 운전하는 사람들은 자동차란 앞으로 갈 수 있도록 힘을 만드는 엔진, 도로를 달리기 위한 바퀴, 방향을 조종하는 핸들을 가진 제품이라고 생각한다. 자동차의 복잡한 모든 것을 감추고 중요한 몇 가지 특징으로 자동차를 이해한다. 이러한 인식 과정이 추상화다.

추상화는 계층적 구조를 통하여 높은 수준에서 낮은 수준으로 정리할 수 있다. 최상위는 가장 높은 단계의 추상화된 대상의 설명이고, 그다음은 그보다 약간 세부적인 추상화다. 분할정복을 통하여 추상화 단계를 계속 낮추게 된다. 이런 방식으로 단계를 내려갈수록 추상화를 구체화시키면 대상이 갖고 있던 복잡성을 해결하면서 이해할 수 있다. 그림과 같이 자동차 전체를 이해하는 데는 엔진의 세

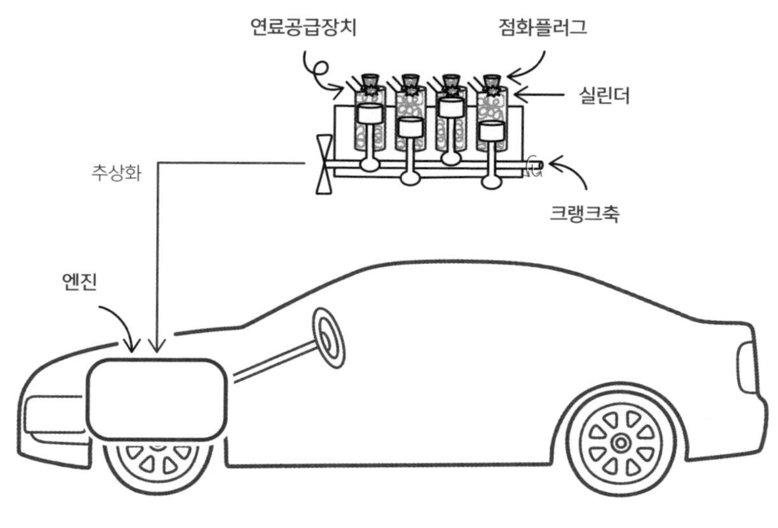

자동차 엔진의 추상화

부 내용인 실린더, 크랭크축, 점화플러그, 연료공급장치까지 알 필요는 없다. 엔진과 관련된 모든 장치들을 캡슐화하여 엔진이라고 표현한다. 엔진만을 대상으로 문제를 풀어가려면 엔진의 추상화 단계를 약간 풀어 조금 더 구체화시켜서 실린더, 크랭크축, 점화플러그, 엔진 본체 등으로 분할할 수 있다. 실린더를 대상으로 문제를 풀어가려면 동일한 방식으로 세분화하면 된다.

최근의 소프트웨어는
객체지향 모델링을 알아야 한다

요즘은 거의 모든 소프트웨어개발에서 객체지향방법을 이용한다. 객체지향은 소프트웨어개발에 대한 패러다임으로 소프트웨어 모델링을 객체를 근간으로 하는 방법을 의미한다. 객체라는 것은 하나의 독립된 프로그램이라고 생각할 수 있다. 소프트웨어는 객체들의 모임으로 구성되며, 각각의 객체들이 서로 메시지를 주고받으면서 알고리즘을 수행하는 구조를 갖게 된다. 객체지향 모델링은 각 객체인 소프트웨어의 독립성이 강하게 유지되어 내가 만든 프로그램이 다른 프로그램의 영향을 덜 받게 된다. 그러므로 소프트웨어유지보수에 항상 발생하는 프로그램의 변경이 다른 방식으로 개발된 것에 비해서 상대적으로 용이하다. 소프트웨어 전체를 검토하고 수정하는 것이 아니라 해당하는 객체를 중심으로 수정하면 되기 때문이다. 예를 들어 하나의 화면에 입력, 수정, 조회, 삭제, 저장 등 여러 개의 버튼이 있다고 가정하자. 객체지향프로그래밍에서는 버튼별로 객체를 만든다. 즉 버튼별로 각각의 프로그램이 있다고 생각하면 된다. 요구사항의 변경으로 삭제하는 기능을 수정해야 하는 경우에 삭제 버튼에 해당하는 프로그램만 수정하면 되기 때문에 다른 부분의 영향을 최소화한다.

객체지향은 객체를 모델링할 때 일반화라는 개념을 사용한다. 일반화는 객체로부터 공통적인 특징을 모아서 재사용할 수 있도록 한

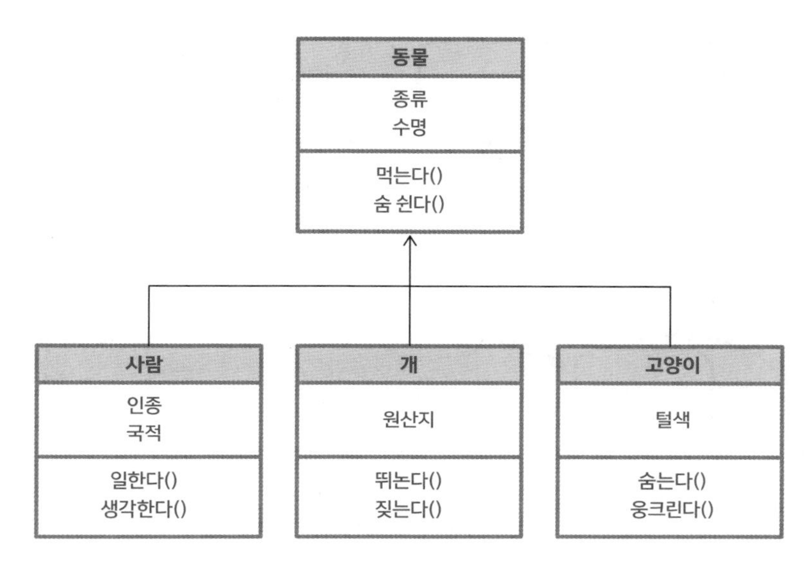

객체지향 개념의 클래스 사례

다. 즉 공통적인 특성을 모아서 객체를 만들어놓으면 향후에 특정 객체를 만들 때 공통적인 특징에 대해서는 이미 만들어놓은 객체를 사용하고 해당 객체에만 있는 특징을 부가하여 사용하면 된다. 이미 만들어놓은 객체를 사용함으로써 반복적인 재작업이 많이 줄어들 수 있다. 이렇게 이미 만들어놓은 객체를 재사용하는 것을 상속이라고 한다.

프로그램을 객체로 모델링했을 때 재사용이 되는 것 외에도 다형성이라는 장점이 있다. 소프트웨어를 부품화시키는 것이다. 객체는 소프트웨어의 입장에서 보면 하나의 기능을 하는 작은 프로그램이기 때문에 가장 상위의 객체를 상속받아 만들어진 여러 종류의 객체들, 즉 프로그램들은 서로 호환이 될 수 있다. 그러므로 상황에

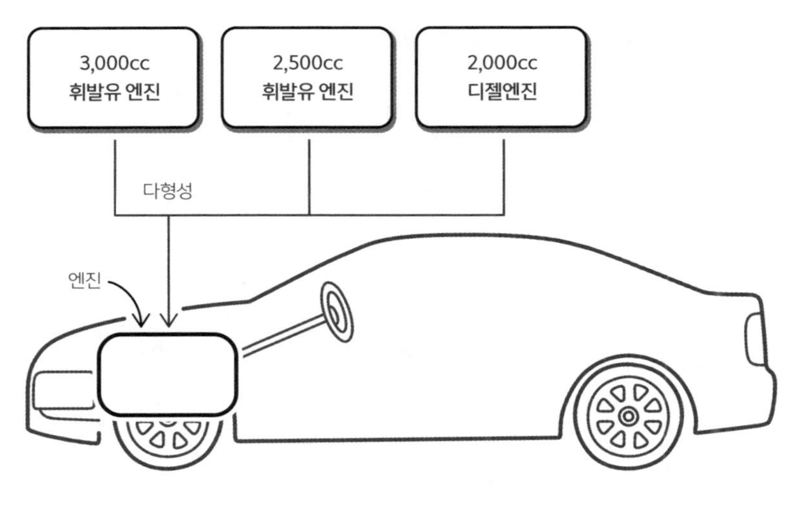

객체지향의 다형성

따라 다양한 기능을 하는 프로그램을 바꾸어 쓸 수 있다. 그림에서 보는 바와 같이 엔진을 하나의 상자로 일반화하여 객체로 만들었다. 그리고 차종별로 들어가는 엔진은 여러 종류가 있다. 3,000cc 엔진을 달고 차를 생산하다가 다른 엔진으로 바꾸어 생산할 때 엔진이 있을 자리 등 기존 차량 부품과 호환이 되면 새로운 차종을 만들어 내는 데 용이하다.

객체는 데이터와 함께 함수가 들어 있는 작은 프로그램이다. 프로그램을 코딩할 때 객체 내부의 세부적인 내용은 몰라도 객체 간의 인터페이스 규약만 알면 보다 쉽게 프로그램이 가능하다. 프로그래머의 입장에서는 함수에서 처리되는 세부적인 알고리즘을 일일이 알 필요가 없기 때문에 자신이 만들고자 하는 프로그램에만 집중할 수 있다. 이런 특징을 캡슐화 및 정보은닉이라고 한다. 분석의 관점

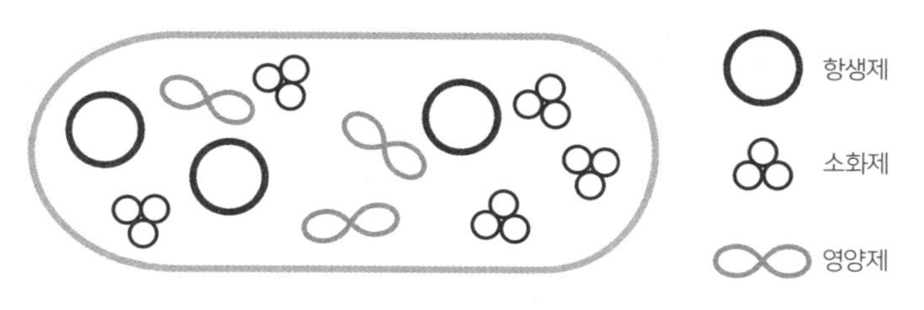

각종 약들의 캡슐화

에서 보면 모델링할 대상을 추상화하는 좋은 방법 중 하나다.

객체지향방법으로 모델링하면 세부적인 내용은 감추어서 복잡함을 해결하고, 반복적으로 나타나는 기능은 일반화하여 중복을 제거할 수 있다. 그러므로 고객과 설계자 입장에서는 개발될 소프트웨어를 간결하게 이해할 수 있다. 설계자는 객체지향의 원리를 적용함으로써 프로그램 코드를 재활용할 수 있으므로 생산성이 올라가는 장점이 있다.

요구사항은 빠짐없이 추적되어야 한다

분석된 요구사항을 100% 완료하면 소프트웨어개발은 완료되고 고객이 원했던 제품이 된다. 소프트웨어개발의 격언에 "요구사항보다 좋은 소프트웨어는 개발될 수 없다."는 말이 있다. 곱씹어서 생각해 보면 요구사항을 다 만족하는 소프트웨어를 개발하기는 힘들다고 생각할 수도 있다. 그러므로 요구사항이 완벽하게 적용된 소프트

요구사항 생성	문제점 분석	해결 방안 설계	해결	테스트
CR-001	PA-001	SD-001	PM-001	TA-001
CR-002	-	SD-002	PM-001	TA-001
CR-003	-	SD-003	PM-002	TA-001
CR-004	-	N/A		

요구사항의 추적성

웨어인지 확인할 수 있도록 요구사항에 대한 추적성을 부여한다.

기록된 모든 요구사항은 유일하게 식별되어야 하므로 고유한 식별 번호가 부여된다. 요구사항이 기록되어 문제점을 분석하고 분석 결과에 대해서 고유한 식별 번호가 부여된다. 이제 해결 방안에 대해서 설계가 실시되어 설계 번호가 부여된다. 설계에 따라 프로그램코딩으로 해결이 되면 해결 결과에 대해서도 고유한 번호가 부여되는데 이는 프로그램 식별코드가 된다. 마지막으로 테스트를 통하여 해결안이 검증되고 이때 부여되는 번호가 테스트웨어 번호다.

요구사항은 이와 같이 추적이 가능하도록 관리되어야 최종적으로 어떤 요구사항이 소프트웨어에 반영되었는지 알 수 있다. 요구사항의 추적성을 관리하는 표를 보면 CR-001의 요구사항은 PA-001, SD-001의 설계 문서 번호, PM-001의 프로그램 ID로 추적이 됨을 알 수 있고, 최종적으로 TA-001의 테스트로 검증이 되었다. CR-004는 어떤 이유에 의해서 설계에 반영되지 않았지만 요구사항이 최종적으로 어떻게 처리되었는지는 알 수 있다.

고객이 요구한 사항에 대해서는 분석가가 임의로 수정하거나 삭제해서는 안 된다. 만약 수정이나 삭제가 되었다면 그 이유가 명확해야 한다. 필요에 따라 분석가가 요구사항을 추가할 수도 있다. 이렇게 추가된 요구사항은 품질에 영향을 주는 것은 아니라고 할 수 있다. 품질은 고객이 요구한 사항을 얼마나 만족시키느냐에 따라 결정된다. 그러므로 고객이 요구했던 사항이 추적되어야만 개발된 소프트웨어가 어떤 품질수준인지 알 수 있다. 사례에서 고객은 자신이 말한 4개의 요구사항이 모두 소프트웨어로 개발되지 않았지만 마지막 요구사항에 대해서는 어떤 이유에 의해서 개발되지 않았는지를 알고 있기 때문에 고객은 품질에 대해서 만족할 것이다.

분석가의 힘든 처지를 이해하자

잘해야 본전이라는 말이 있다. 분석가를 가장 잘 표현하는 적합한 말이다. 프로젝트가 잘 진행되었다면 설계와 프로그램 개발이 잘되었다는 칭찬을 듣지만 프로젝트 진행이 제대로 안 되어 문제가 생기면 요구사항분석이 잘못되어 프로젝트 진행이 잘 안 된다는 핀잔을 듣는다. 분석가는 고객과 설계자 사이에서 발생하는 갈등을 조정해야 한다. 고객은 항상 과도한 요구를 하는 반면에 설계자는 과도한 요구사항을 꺼리기 때문이다. 분석가는 항상 수세적이다. 고객의 요구를 받아들이지 않으면 고객 불만이 높아지고, 고객의 요구사항을 다 받아들이면 프로젝트관리자와 설계자들이 불만을 갖게 된다. 설

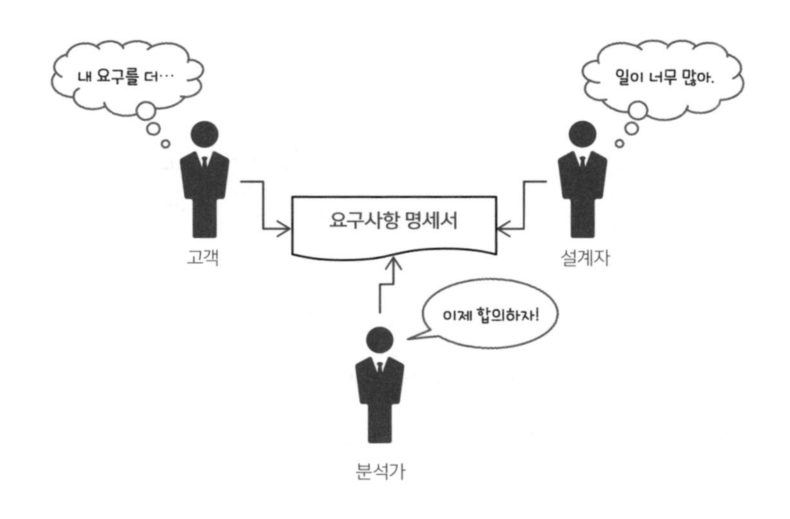

분석가의 의견 조율 역할

계자에게 고객의 입장을 대변하기도 한다. 때로는 설계자의 업무 부담이 커지면 고객에게 설계자를 대변하기도 한다. 분석가는 항상 애매모호한 중간자의 위치에서 줄타기하듯 일한다. 고객 간의 분쟁에도 분석가는 어려움을 겪는다. 고객을 대신하여 다른 고객들과 합리적인 대안으로 이해 충돌을 조정하는 일을 도맡아 할 수도 있다. 분석가는 고객의 문제점을 개선할 의무가 있다. 고객이 요구한 그대로 요구사항 명세서를 만드는 것보다 더 바람직한 개선 방안이 있다면 그것을 고객에게 역으로 제안하는 것이 좋다.

분석가는 고객과 함께 요구사항 명세서의 진척 사항을 점검해야 한다. 고객과 합의한 요구사항이 제대로 되어야만 프로젝트가 완성되기 때문에 어쩔 수 없이 고객의 편일 수밖에 없다. 설계 및 개발의 진척이 늦어지거나 해결을 위한 설계가 제대로 나오지 않을 경우 설계자와 함께 새로운 대안을 만들어서 고객에게 제안하고 설득하는 일도 해야 한다. 전반적인 프로젝트 진척에 대해서 프로젝트관리자와 같은 책임을 갖고 관심을 가져야 하는 이유이기도 하다.

분석가는 고객 경영층을 설득하는 일을 도맡아 하기도 한다. 소프트웨어개발에서 설득자로서의 역할을 수행한다고 볼 수도 있다. 고객 경영층은 내부의 직원보다 경험 많은 분석가의 말을 신뢰하는 경우가 많다. 그래서 프로세스 분석만 전문적으로 하는 컨설턴트를 투입하여 고객 설득을 담당하기도 한다. 투자에 대한 인식이 보수적일 수밖에 없는 경영층을 설득하는 데는 컨설턴트와 같은 전문가가 더 적격이기 때문이다.

분석가는 업무 설계 능력이 특출하면서 고객 관계가 좋은 사람 중에 선정되기도 한다. 소프트웨어개발 회사에게는 가장 능력 있는 사람들이다. 업무 설계가 결국은 요구사항 명세서이면서 프로세스모델 설계다. 소프트웨어개발 경험이 전무한 경우 소프트웨어기술 설계자를 설득할 수 있는 업무 설계가 될 수 없으므로 업무 설계는 기술 설계를 감안하여 진행되어야 한다. 이 프로세스 설계를 가지고 고객 경영층을 포함하여 설득하고 이해시켜야 하기 때문에 고객 간의 이해 상충과 충돌을 잘 조정하는 최적화된 모델만이 요구사항분석의 성공의 기초가 된다.

소프트웨어구조
잡기

요구사항은 소프트웨어설계를 통하여 소프트웨어로 실현된다. 설계 시에는 모든 요구사항이 추적성의 원칙을 준수하여 빠짐없이 구현되어야 한다. 그리고 소프트웨어 개발자는 설계도를 가지고 프로그램을 코딩한다. 그러므로 설계의 최종 결과는 프로그램 소스라고 할 수 있다. 설계도는 개발자가 이해하기 쉽게 만들어져야 한다. 설계도를 만들 때 설계자는 항상 개발자의 어려움을 감안해야 함과 동시에 설계도는 개발자가 프로그램을 코딩할 때 여러 가지 고민 없이 바로 코딩할 수 있도록 상세하고 면밀하게 작성되어야 한다. 기본적으로 설계도는 요구사항이 제대로 반영되었는지 테스트로 추적이 가능해야 한다. 추적성으로 인하여 요구사항이 모두 설계되고 개발되었는지 확인할 수 있는 소프트웨어품질의 기초가 만들어진다. 설계는 향후의 유지보수를 위하여 소프트웨어의 변경이 용이하도록 표준과 절차에 따라 되어야 한다.

소프트웨어는 모듈성이 중요하다. 하나의 큰 요구사항을 잘게 나누어 독립적으로 작동 가능한 소프트웨어로 만들어놓은 것을 모듈이라고 한다. 이 모듈들은 서로 독립적이어서 서로 간의 진화, 변경에 영향이 없어야 한다. 모듈들은 다른 프로그램이 쉽게 사용할 수 있도록 유연성이 있어야 한다. 잘 알려진 소프트웨어모듈이 우리가 알고 있는 함수, 라이브러리, 객체, 클래스 등으로 불리는 것들이다. 소프트웨어설계 시에는 모듈성을 확보할 수 있도록 심혈을 기울여야 나중에 문제가 발생할 가능성이 작아지며, 문제가 발생하더라도 쉽게 해결할 수 있다.

소프트웨어설계의 대표적인 방법에는 프로세스 중심 설계, 데이터 중심 설계 및 객체지향설계가 있다. 프로세스는 실행 가능하고, 명확하게 정의할 수 있는 단위 업무다. 프로세스 중심 설계에서는 프로세스에서 처리되는 데이터변환과 업무를 처리하는 기능적 내용을 중심으로 설계를 진행한다. 설계 시에는 요구사항을 처리하기 위하여 업무처리의 시작부터 최종 종료될 때까지의 순서를 논리적으로 배치하여 업무가 잘 처리될 수 있도록 한다. 프로세스 중심 설계의 장점은 설계된 내용을 프로젝트 참여자들이 쉽게 이해할 수 있다는 점이다.

데이터 중심 설계는 데이터 간의 관계를 기반으로 업무처리의 방법을 설계한다. 설계된 업무는 프로그램 알고리즘을 표현하는 SQLStructured Query Language에 의해서 데이터가 처리된다. 데이터 중심의 설계를 하면 처리되는 데이터의 일관성 및 무결성이 잘 보장되는 특징이 있다. 데이터 중심 설계는 단독으로 사용되기보다는 프로세스 중심 설계와 통합되어 사용된다.

객체지향설계 방법은 자료와 프로세스를 통합한 객체를 기반으로 설계하는 방법이다. 객체는 하나의 작은 소프트웨어 알고리즘이며 객체 간에는 메시지를 통하여 자료를 주고받는다. 설계자는 자신이 만든 객체 외에 다른 사람들이 만든 객체의 세부 내용을 알 필요가 없으므로 소프트웨어설계의 복잡성이 줄어든다. 또 객체지향설계에 의한 소프트웨어는 객체 간의 독립성이 강하므로 유지보수 하기가 상대적으로 용이하며 소프트웨어 재사용성 측면에서도 유리한 장점이 있다.

소프트웨어를 설계하는 전략은 사용되는 방법론에 의해서 결정되기도 하지만 개발할 소프트웨어의 규모, 투입되는 설계자 및 개발자의 역량, 추진 기간 등도 고려되어야 한다. 기본적으로 프로세스 중심과 데이터 중심으로 통합하여 설계하는 방법으로 설계할지 객체지향방법으로 설계할지 결정한다. 경우에 따라서는 기본설계에서는 프로세스 중심의 설계전략을 채택하여 전체적인 소프트웨어 모델을 만들고, 상세설계에서는 객체지향설계 방법을 적용하는 혼합적(하이브리드) 방법을 적용하기도 한다.

모델과 설계도를 만드는 것은 대부분이 문서를 만드는 작업이다. 많은 시간을 문서를 만드는 데 투입하게 되는데 프로젝트 전체로 보면 상당히 많은 시간을 차지하게 된다. 설계자들은 소프트웨어의 전체 구조를 만들기 위하여 모델링과 상위 설계에 많은 시간을 쏟지만 정작 프로그램에 필요한 상세설계는 여러 가지 사정으로 시간을 많이 쏟지 못하는 경우가 있다. 대표적으로 납기의 촉박을 꼽을 수 있다. 시간 부족이 우려된다면 모델링과 기본설계의 시간을 대폭적으로 줄임과 동시에 만들어야 하는 설계 문서의 양을 줄여야 한다.

그간 경험한 많은 프로젝트에서 만들어진 모델링 결과와 기본설계 문서들이 진행 과정에서 무의미한 용도로 전락하거나 중요도가 없어서 사용되지 않는 경우를 보았다. 그렇다면 실질적으로 필요한 상세설계와 프로그램코딩에 시간을 집중하는 전략이 효율적일 수 있다. 상세 설계도는 데이터 스키마, 알고리즘, 화면 등과 같이 코딩에서 바로 활용할 수 있는 부분에 집중하는 것이 좋고, 이미 너무 상식적이어서 설계도가 필요 없는 수준의 프로그램이라면 과감하게 생략하는 것도 좋은 전략이다. 프로그램설계에 대한 문서 작업을 아주 많이 줄여야 하는 방침이 있다면 선도 프로그램 혹은 크리티컬 패스Critical Path에 해당하는 프로그램만 설계도를 작성하는 것으로 전략을 수립하여 실행하는 것도 고려해볼 만하다.

큰 구조를 잡고 상세하게 설계하는 것이 원칙이다

설계의 기본적인 방향은 큰 구조를 잡아 소프트웨어의 전반적인 기반을 다지는 기본설계 후에 상세설계를 통하여 소프트웨어의 세부 모습인 알고리즘 설계로 코딩이 가능하도록 진행하는 것이다. 기본설계는 소프트웨어의 아키텍처를 만들어가는 과정이다. 이 설계로 만들어질 설계도는 소프트웨어 구조도, 데이터 설계도, UIUser Interface 설계도인 화면 설계도와 리포트 설계도다.

소프트웨어구조 설계는 분석 결과 만들어진 프로세스모델의 최하위 단위인 원시 프로세스(Primitive Process)를 기준으로 다른 프로세스와의 영향도를 고려하여 독립적으로 수행 가능한 소프트웨어모듈을 찾아내는 것이다. 소프트웨어모듈에 따라 하나의 원시 프로세스가 할당되는 경우도 있고, 여러 개의 원시 프로세스가 할당되는 경우도 있다. 모듈을 찾아내고 구성하는 기준은 다른 모듈과의 영향도다. 이것을 응집도가 높으며 다른 프로그램과의 결합도가 낮다고 표현한다. 여러 개의 원시 프로세스 중에 서로 간에 응집도가 높으면 하나의 모듈이 되는 것이 좋으며, 원시 프로세스 간에 결합도가 낮으면 서로 다른 모듈로 만드는 것이 소프트웨어의 모듈화에 좋다.

데이터설계는 데이터모델에서 만든 ERD Entity Relationship Diagram를 데이터의 스키마 Schema(구조)로 변환하는 과정이다. ERD에서 만든 데이터구조와 데이터의 상세한 속성들은 오라클 Oracle 데이터베이스 혹은 MySQL과 같이 선정된 데이터베이스관리 시스템에서 구현이 가능하도록 해당하는 데이터베이스언어로 변환된다. ERD는 데이터베이스언어로 변환되기 전에 데이터의 스키마가 잘 구조화될 수 있도록 정규화 과정을 거친다. 정규화는 데이터처리 시에 발생하는 이상 현상과 중복성을 제거하여 데이터의 일관성과 무결성을 유지하기 위한 데이터 스키마의 정제 과정이다.

UI 설계는 사용자들이 사용할 화면과 보고서 등을 만들어내는 과정이다. 화면의 구조(Layout)를 만들어내기 때문에 소프트웨어의 얼굴이라고 할 수 있다. UI 설계에서는 사용자의 컴퓨팅 환경을 고려하여 설계한다. 만약 사용자가 윈도 기반의 개인용 컴퓨터를 사용하면 그 환경에 맞추어야 한다. 애플의 매킨토시 기반의 컴퓨터라면 매킨토시에 적합한 UI를 설계해야 한다. 사용자가 스마트폰을 기반으로 소프트웨어를 사용한다면 스마트폰의 안드로이드 혹은 iOS에 따라서 UI 설계를 진행한다. UI 설계는 화면의 모습이기 때문에 메뉴, 화면의 모양, 화면에서 사용되는 버튼과 같은 객체들, 화면에서

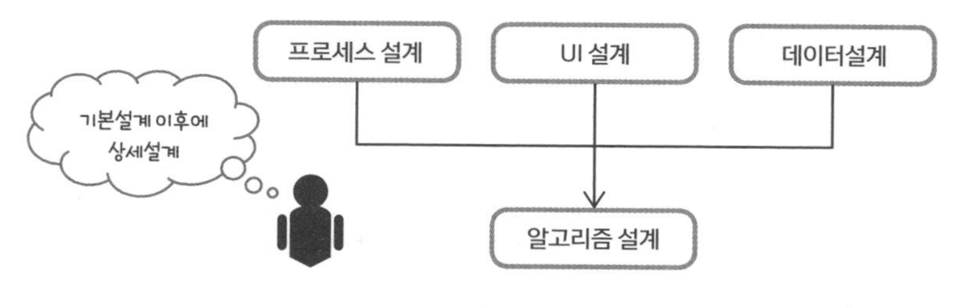

기본설계와 상세설계

사용되는 데이터필드들을 선정하고 그것들이 있어야 할 위치를 결정하여 설계한다.

기본설계에서는 모듈을 구분하고, 데이터의 스키마를 만들어놓으며 사용자 화면의 모습인 UI 구조를 정리했다. 데이터의 스키마 설계가 이루어져 있으므로 모듈과 화면 구조가 확정되면 소프트웨어 알고리즘을 본격적으로 설계할 수 있다. 이것을 상세설계라고 부른다.

소프트웨어 알고리즘 설계는 프러시저Procedure 설계라고도 부른다. 프로그램을 코딩하기 위한 가장 중요한 설계과정이다. 알고리즘 설계에서는 일반적으로 순서도를 많이 사용한다. 순서도는 객체지향 설계에서는 액티비티 다이어그램Activity Diagram이라고 불린다. 순서도만으로 프로그램의 알고리즘 설계를 이해할 수 없다면 가상 코드(Pseudo Code, Program Design Language)로 프로그램의 알고리즘을 구현할 수 있다. 가상 코드는 순서도로 변환이 가능하며 역으로 순서도는 가상 코드로 변환이 가능하다. 가상 코드는 프로그램언어는 아니지만 개발자들은 가상 코드로 만들어진 알고리즘을 보고 프로그램언어로 쉽게 변환할 수 있다.

소프트웨어모듈을 만드는 프로세스 설계

소프트웨어의 프로세스를 설계한다는 의미는 소프트웨어를 여러 개의 알고리즘으로 나누어 독립적으로 수행이 가능한 소프트웨어의 모듈을 구분해낸다는 의미다. 다른 소프트웨어의 영향을 받지 않으면서 독자적으로 실행이 가능한지 이미 만들어놓은 프로세스모델을 기반으로 설계 작업을 수행한다.

이 설계 작업의 기준은 원시 프로세스다. 프로세스모델 설계가 잘 되어 있다면 원시 프로세스는 하나의 모듈로서 잘 작동할 수 있는 알고리즘이 될 것이다. 프로세스의 알고리즘이 너무 작고 독립적이지 않으면 다른 프로세스의 영향을 심하게 받게 된다. 이런 원시 프

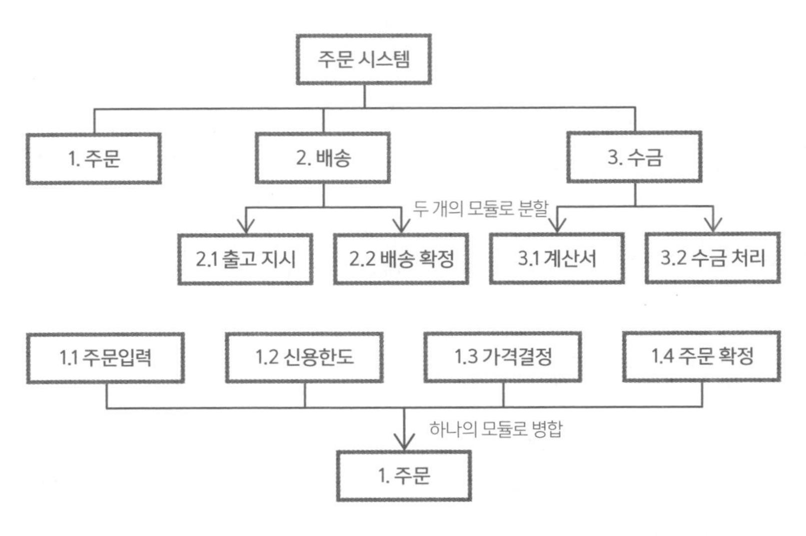

주문소프트웨어의 모듈 구조도

로세스들은 다른 프로세스에 통합되어야 한다. 어떤 경우에는 프로세스의 크기가 커서 하나의 알고리즘으로 구현하기 힘든 경우가 발생할 수도 있다. 이런 경우에는 독립적으로 실행이 가능한 작은 프로세스로 추가 분할해야 한다.

적당한 크기의 모듈을 정하는 표준이나 가이드라인은 없다. 설계자의 경험과 창의성에 따라 작업이 이루어지게 된다. 설계된 모듈은 프로그램 구조도로 표현할 수 있다.

사례는 프로세스 모델링을 통하여 만든 기능 구조도(Function Hierarchy Diagram)를 프로세스 설계과정 중에 여러 번의 정제 과정을 거쳐서 최종적으로 만든 설계도다.

주문 시스템은 주문(Order), 배송(Delivery), 수금(Collect)의 세 개 상위 모듈로 구성되어 있다. 주문을 구성하는 네 개의 원시 프로세스인 주문입력(Order Entry), 신용한도(Credit Limit), 가격(Price), 주문확정(Order Commit)은 주문으로 통합되어 하나의 모듈이 된다. 반대로 배송 프로세스는 모듈이 너무 크므로 두 개의 세부 모듈인 출고지시와 배송 확정으로 모듈을 구분한다. 수금 프로세스의 경우도 모듈이 너무 크므로 송장 발행(Invoice and A/R)과 수금(Collect)으로

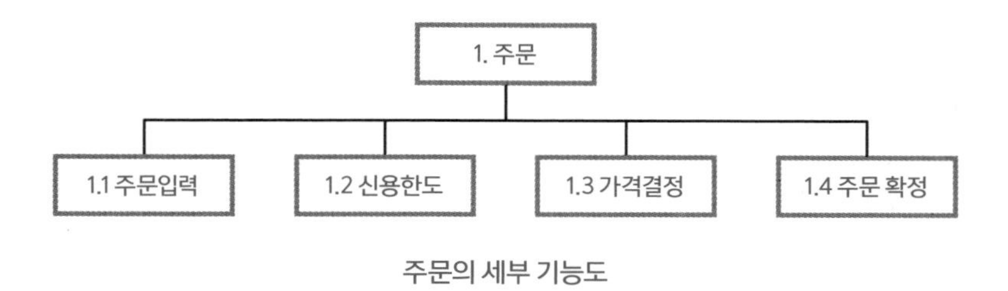

주문의 세부 기능도

모듈을 분리한다.

주문 프로세스의 원시 프로세스인 주문입력, 신용도 조사, 가격 및 주문 확정은 주문 모듈의 세부적인 모듈로 존재한다. 각각의 모듈은 프로그램을 구성하는 세부 모듈이 된다. 세부 기능들은 알고리즘 혹은 프러시저Procedure 설계의 대상이 되어 설계자는 세부적인 프로그램의 알고리즘을 고민하여 순서도나 가상 코드로 프로그램이 가능하도록 상세설계를 실시한다.

주문소프트웨어를 구성하는 하위 모듈인 주문입력의 알고리즘을 순서도로 만들어서 알고리즘 설계를 완료할 수 있다. 우리가 사용하

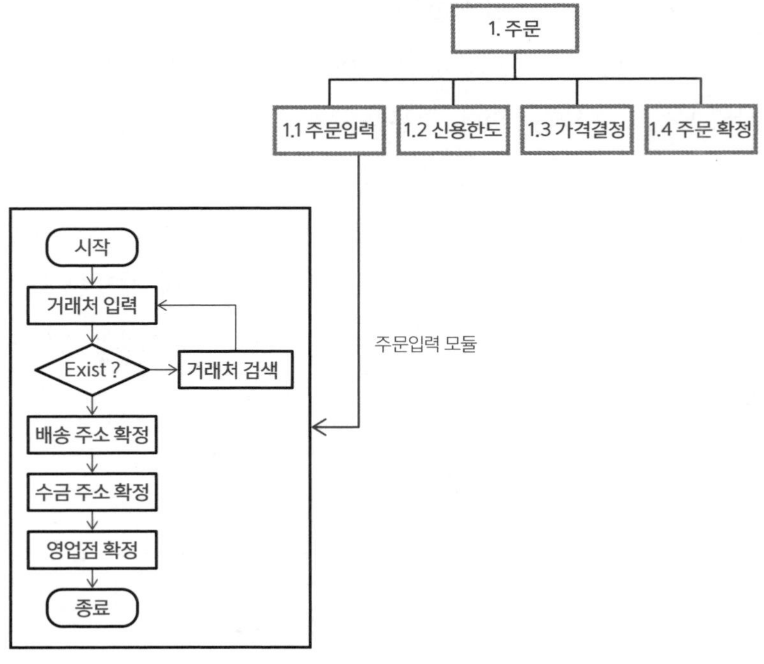

주문입력에 대한 순서도

는 순서도는 이미 널리 사용되고 있으므로 특별히 설명하거나 표준을 정하지 않아도 의사소통하는 데 문제가 없을 정도다. 프로그램 알고리즘은 화살표의 방향으로 진행하며 마름모의 판단에 대한 결정 결과에 따라 분기가 이루어진다. 순서도는 로직 트리 형식의 프로그램 구조도 방식으로 표현할 수도 있다. 어떤 방식을 사용할 것인지에 대한 기준이 없기 때문에 설계자와 개발자가 좋아하는 표현 방식이면 어느 것이라도 허용된다.

소프트웨어의 얼굴을 만든다

UI 설계는 화면 및 보고서에 대한 설계다. 사용자들이 가장 처음 마주하는 프로그램들이므로 사람들이 보기에 미려해야 하고 기능적으로 사용이 편리해야 한다. 화면 디자인은 유행이 있으므로 너무 튀는 디자인은 좋지 않다. 유행이 지나면 다시 화면을 리뉴얼해야 하는 부담이 있기 때문이다. 하지만 외부 사용자를 위한 화면은 적극적으로 유행을 반영한 화면을 만들어 사용자의 관심을 유도하기도 한다. UI는 설계자 및 개발자 관점에서 프로그램의 알고리즘과 밀접하게 연관되어 있으므로 프로세스 설계보다 먼저 되거나 최소한 동시에라도 수행되어야 한다.

일반적으로 UI의 설계 원칙은 사용자와의 일반적 상호작용에 초점을 맞추면 된다는 것을 기본 전제로 하여 다음 사항을 고려해야

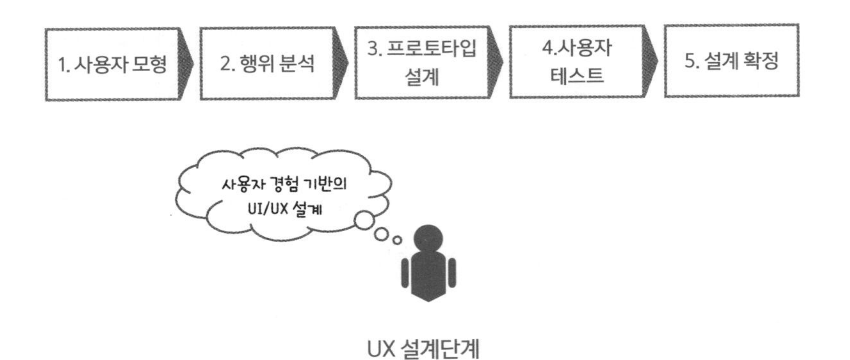

UX 설계단계

한다.

첫째, 다른 곳에서도 일반적으로 사용하는 보편적 디자인을 권고한다.

둘째, 사용자가 사용하기 쉽게 설계를 실시한다.

셋째, 화면들 간의 일관성을 유지하여 사용상의 혼란을 방지해야 한다. 설계자별로 다양한 입력 방식을 만들거나 동일한 기능들이 화면의 여러 곳에 위치한다면 사용자들에게 불편이 따르기 때문이다.

UX User Experience를 설계하는 경우도 흔하다. 일반적이고 보편적인 사용자들의 화면 사용경험을 분석하여 사용자가 효율적으로 소프트웨어를 사용할 수 있게 하는 설계 방법이다. 사용 통계 및 사용 데이터를 근거로 최적의 사용 환경을 만드는 데 목적이 있다. 예를 들어 대부분의 사용자들이 도움말 위치를 오른쪽 상단에 있는 것으로 기억하고 있다면 그 위치에 도움말을 배치하는 것이 좋다. 전문적으로 데이터를 입력하는 사용자들은 경험적으로 어떤 순서로 데이터를 입력하는 것이 좋은지 잘 알고 있다. 이 경험을 찾아내서 화면 디자인을 하면 사용자들의 업무 생산성과 만족도가 많이 올라갈 수 있다.

UX 디자인 설계 절차는 사용자 모형 정의부터 설계 확정의 단계로 수행된다. 각각의 단계에서 할 일을 알아보면 아래와 같다.

UI 설계에서는 사용자들과 많은 쟁점이 있을 수 있다. 컴퓨터의 속도 및 네트워크의 속도에 따라 화면에서 반응하는 응답 성능에 영에 영향을 준다. 또한 화면이 복잡하고 이미지, 동영상과 같이 그려진 디자인이 많이 들어가면 속도에 영향을 준다. 사용자들이 사용하는 도움말 기능에서도 세세한 기능 설명과 사용법 설명을 요구하는 경우도 많이 있다.

가장 중요한 쟁점은 사용하다 오류가 발생했을 때 사용자가 어떻게 오류를 복구하고 계속 업무를 처리할 것인가에 대한 조치 기능이

1. 사용자 모형 정의
   사용하는 소프트웨어의 사용자그룹이 어떤 유형의 집단인지 정의한다.
   예를 들어 초보자 그룹, 가끔 사용하는 사람들, 전문가 그룹.
2. 사용자의 행위 분석
   설문, 인터뷰 등으로 사용자의 경험을 분석한다.
   디자인, 성능, 편리성 등에서 사용자들이 요구하는 우선순위를 파악한다.
3. 프로토타입 디자인
   분석된 사용자 행위 결과를 토대로 화면을 설계한다.
4. 사용자 테스트
   프로토타입으로 사용자와 테스트를 실시하여 개선할 사항에 대해서
   집중적으로 논의한다.
5. 설계 확정
   테스트 완료 후에 개선된 결과를 소프트웨어의 화면 설계에 반영한다.

UX 디자인 단계

다. 사용자 중심의 소프트웨어라면 소프트웨어의 알 수 없는 다양한 오류에 대해서 사용자들이 쉽게 이해하고 조치할 수 있는 대비가 구현되어야 한다. 잘 짜인 소프트웨어를 만드는 것은 설계자 및 개발자의 투입시간에 많은 부담이 있으므로 어느 수준에서 소프트웨어를 만들어낼 것인가에 대해 요구사항분석 단계에서 확정이 되어야 반복적인 재설계 작업을 방지할 수 있다.

잘 설계된 사용자인터페이스는 오류에 대한 설명이 자세하여 오류 발생 시 사용자가 어떤 행동을 취해야 하는지 알려줄 수 있어야 한다. 처음 입력하는 사용자들이 당황하지 않도록 자세한 입력 설명을 하는 것이 좋다. 소프트웨어가 알려주는 메시지는 사용자들이 쉽게 이해할 수 있어야 한다. 즉 고객이 이해할 수 있는 수준으로 메시지를 만들어서 표시한다. 여러 설계자 및 개발자가 프로그램을 만들다 보면 통일되지 않은 형식으로 화면이 개발되어 사용자에게 혼란을 주는 경우가 종종 있다. 그래서 사전에 통일된 UI를 만들어서 적용하도록 준비해야 한다.

프로그램은 일관성, 편리성에 중점을 두고 설계가 진행되어야 한다. 여러 프로그램은 설계자별로 다양한 유형의 메시지를 사용하는 경향이 있다. 친절한 설계자는 아주 쉬운 말로 메시지를 만들지만 그렇지 않은 경우도 많다. 아이콘과 버튼은 동일한 위치에 있어야 사용자들이 프로그램을 사용할 때마다 편리하게 사용할 수 있다.

화면에서의 색상도 중요한 고려 요소다. 문제가 있거나 시급한 메시지는 빨간색 등으로 표시하여 경고의 의미를 전달하는 것이 좋다.

기본적인 설계 원칙	세부 내용
일관성 유지	- 프로그램 간에 동일한 단어, 메시지 사용 - 동일한 위치에는 동일한 기능 - 동일한 색상, 동일한 크기로 같은 의미 부여
사용 편리성	- 필수 영역과 선택 영역의 구분 - 전문가를 위한 빠른 처리 방법 제공 - 이해하기 쉽게 최대한으로 많이 설명
반복 제거	- 디폴트값의 제공 - 자동으로 얻어지는 정보의 제공 - 불필요한 데이터입력 제거

화면 설계의 원칙 사례

화면에 데이터를 입력할 때는 필수 입력 사항과 선택적으로 입력할 사항을 구분하여 사용자들이 입력할 때 주의를 기울이도록 해야 한다. 화면에 여유 공간이 많이 있다면 화면에서 사용자에게 알려주고 싶은 내용은 충분히 넣어주는 것이 좋다. 화면에 여유가 많이 있는데도 여백의 미를 추종하여 충분한 사용법을 넣지 않는 것은 바람직하지 않다.

일반 사용자와 달리 전문 사용자들은 빠르게 데이터를 입력하고 싶어 한다. 그러므로 마우스를 사용하는 방식보다는 키보드를 이용하여 입력하는 것을 선호한다. UI 설계에서 전문적인 사용자들이 많이 사용하는 화면에 대해서는 빠르게 입력할 수 있는 방안을 고려해야 한다. 화면에는 디폴트로 데이터를 넣어주는 것이 편리하다. 필수 입력에 대해서는 디폴트값이 데이터오류를 만들 가능성이 있으므로 주의하여 디폴트값을 선정한다. 화면에는 사용자들이 업무를

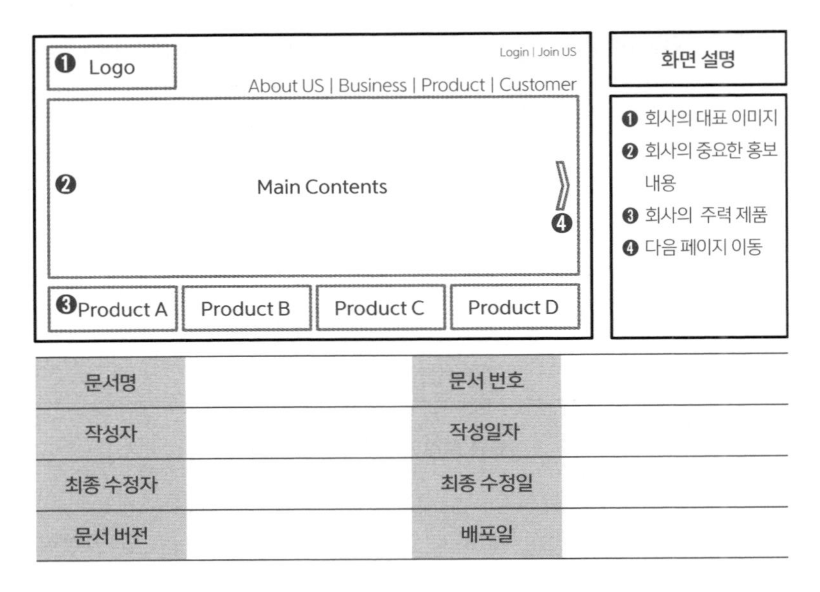

문서명		문서 번호	
작성자		작성일자	
최종 수정자		최종 수정일	
문서 버전		배포일	

화면 설계도 사례

처리하면서 필요로 하는 정보를 많이 보여주는 것이 좋다.

프로그램이 규정한 데이터가 입력되지 않았을 때 데이터입력 오류라는 간단한 메시지보다는 왜 데이터입력에 문제가 있는지를 알려주고 데이터오류를 바로잡기 위한 방법은 어떤 것이 있는지 혹은그와 관련된 데이터를 보여줌으로써 사용자가 올바로 판단하여 정확한 데이터를 입력할 수 있도록 하는 것이 좋다. 데이터설계를 하다 보면 불필요한 데이터를 설계에 넣는 경우도 있다. 꼭 관리가 되어야하는 정보가 아니면 데이터입력에서 과감하게 제외하여 사용자의 데이터입력 업무 부담을 경감시키는 것도 좋은 프로그램설계 방안이다.

화면 설계도는 왼쪽 편에 화면에 대한 레이아웃Layout 설계를 보여주고, 오른쪽의 화면 설명(Description)에서 화면의 세부적인 내용을 설명한다. 화면이 복잡하여 오른쪽 화면 설명에 모든 내용을 넣을 수 없는 경우에는 다른 문서에서 추가적으로 설명하기도 한다. 화면 설계도에는 문서의 표준적인 관리 기준에 따라 문서명, 문서 번호, 작성자, 작성일자, 최종 수정자, 최종 수정일, 문서 버전 및 배포일까지 관리한다. 설계 문서는 예외없이 문서관리에 대한 표준을 정하여 문서의 생성, 배포 및 폐기까지 관리될 수 있도록 하는 것이 바람직하다.

정규화로 완벽한 데이터설계를 수행한다

데이터설계는 ERD Entity Relationship Diagram를 데이터베이스에서 요구하는 실제적인 구조로 변환하는 과정이며 정규화(Normalization)를 통하여 데이터처리 시 발생하는 데이터중복과 이상 현상을 제거한다. 정규고화를 통하여 데이터의 일관성과 무결성이 유지되어 프로그램의 알리즘 설계가 단순하고 수월해진다.

사례의 ERD를 데이터 스키마로 변환하였다. 매출 테이블은 복합키로 구성되어 있는데 키의 구조가 복잡하므로 새로운 키인 매출 번호를 생성하여 데이터 스키마를 만들었다. ERD를 통하여 만들어진 데이터 스키마는 정규형에 만족하는 테이블인지 검토되어야 한다.

테이블 정규화는 6단계의 과정을 거치게 되는데 일반적으로 BCNF Boyce-Codd Normal Form까지만 수행해도 소프트웨어를 개발하는 데 문제가 없

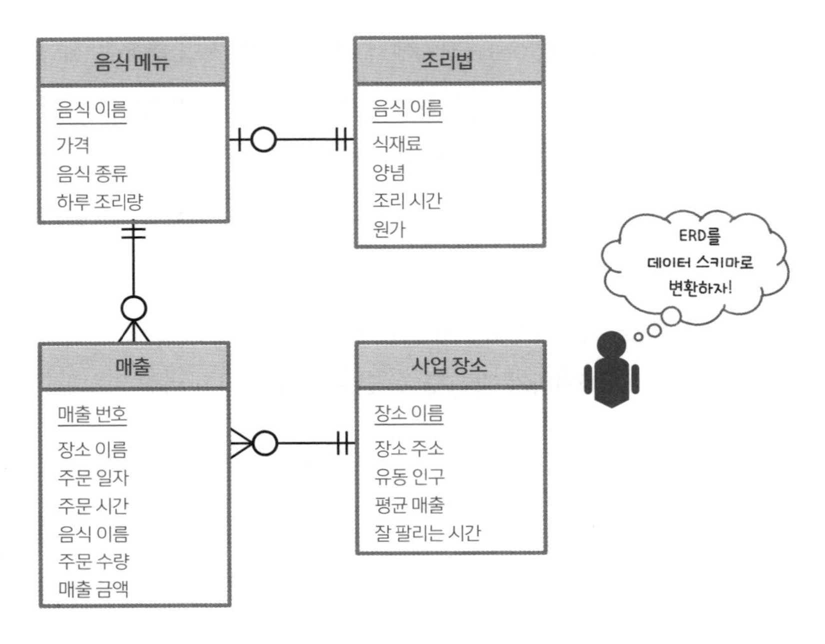

음식 메뉴(음식 이름, 가격, 음식 종류, 하루 조리량)
조리법(음식 이름, 식재료, 양념, 조리 시간, 원가)
매출(매출 번호, 장소 이름, 주문 일자, 주문 시간, 음식 이름, 주문 수량, 매출 금액)
사업 장소(장소 이름, 장소 주소, 유동 인구, 평균 매출, 잘 팔리는 시간)

ERD를 데이터 스키마로 변환

다. 제1 정규형은 테이블의 모든 필드값이 원잣값을 갖도록 반복 프레임을 제거하는 것이다. 제2 정규형은 테이블의 기본키에 모든 필드가 종속되도록 만드는 것이다. 제3 정규형은 이행 종속을 제거한다. BC 정규형은 테이블에 후보키에 해당하는 필드가 있어서는 안 되도록 정규화한다. 정규화를 통하여 테이블은 데이터조작에 용이하도록 쪼개지게 된다.

정규화된 테이블은 정제된 데이터 스키마로 변환된다. 사례의 주

주문 번호	주문 일자	고객	주문 금액
1100023	2019/04/02	사당대리점, 마포대리점	2,000,000,000
1100024	2019/04/03	김포대리점, 양주대리점, 일산대리점	1,700,000,000

↓ 필드의 원자화 및 반복 제거

주문 번호	주문 일자	고객	주문 금액
11000231	2019/04/02	사당대리점	1,000,000,000
11000232	2019/04/02	마포대리점	1,000,000,000
11000241	2019/04/03	김포대리점	1,000,000,000
11000242	2019/04/03	양주대리점	500,000,000
11000243	2019/04/03	일산대리점	200,000,000

제1 정규형 테이블 사례

문 테이블은 ORDER$_{\text{Order_No, Order_Date, Customer, Order_Amount}}$의 스키마로 변경될 수 있다. 이 스키마는 데이터베이스의 데이터정의언어에 의해서 SQL로 변경되어 데이터베이스에 저장된다.

생성된 데이터 스키마는 테이블 정의서로 만들어져서 프로그램 개발자에게 배포되어야 프로그램을 할 때 사용할 수 있다. 사례에 있는 것처럼 테이블 정의서는 테이블 명, 테이블 생성일자, 작성자 등

```
CREATE TABLE ORDER
(Order_No NUMBER NOT NULL,
Order_Date DATE,
Customer VARCHAR(50),
Order_Amount NUMBER,
PRIMARY KEY (Order_No));
```

테이블 생성 SQL문 사례

테이블 명	Vendor_Master			
테이블 생성일자	2019년 1월 20일		작성자	김태호
칼럼 명	데이터타입	길이	키	칼럼 설명
Vendor_id	Character	10	PK	공급처 번호
Vendor_name	Character	30		공급처 공식 이름
Short_name	Character	20		공급처 별명
Post_code	Character	10		우편번호
Address	Character	50		주소
Telephone_no	Character	15		전화번호
Contact_point	Character	30		연락처 이름
Business_start_date	Date			거래 시작일
Major_product	Character	30		주요 제품
Date_created	Date			생성일자
Date_last_modified	Date			최종수정일자

테이블 정의서 사례

과 같은 기본적인 설계 사항에 대한 정보를 포함하고 테이블의 칼럼명, 데이터타입, 길이, 키 관련 정보, 칼럼 설명 등과 같이 프로그램을 코딩할 때 사용하는 중요 정보를 갖고 있다.

데이터설계는 성능에 대한 이슈를 잘 해결하는 것이 중요하다. 프로그램 속도가 떨어지는 대부분의 경우는 데이터 스키마가 잘못되어 있거나, 인덱스의 활용이 적절치 않아서 발생한다. 그러므로 데이터조작을 효율적으로 하기 위한 추가적인 설계를 검토해야 한다. 데이터가 물리적인 저장장치로 들어가기 전에 데이터베이스관리자 혹은 데이터베이스전문가들로 구성된 데이터 전문가들의 설계를 거쳐서 가장 효율적인 데이터관리가 될 수 있도록 설계에 반영하고, 주기적으로 구현된 데이터의 스키마가 적합한 성능을 내고 있는지 확인한다.

자료와 프로세스를 통합하여 한 번에 설계

자료와 프로세스를 통합하여 설계하고 개발하는 방법이 객체지향 설계 방법이다. 객체를 정의한 클래스는 소프트웨어를 구성하는 가장 작은 단위의 모듈이라고 할 수 있다. 소프트웨어는 객체 간의 메시지로 작동하므로 소프트웨어의 모듈성이 강화되어 소프트웨어의 설계 및 유지보수에서 기존의 방법보다 많은 장점을 만들어낸다. 객

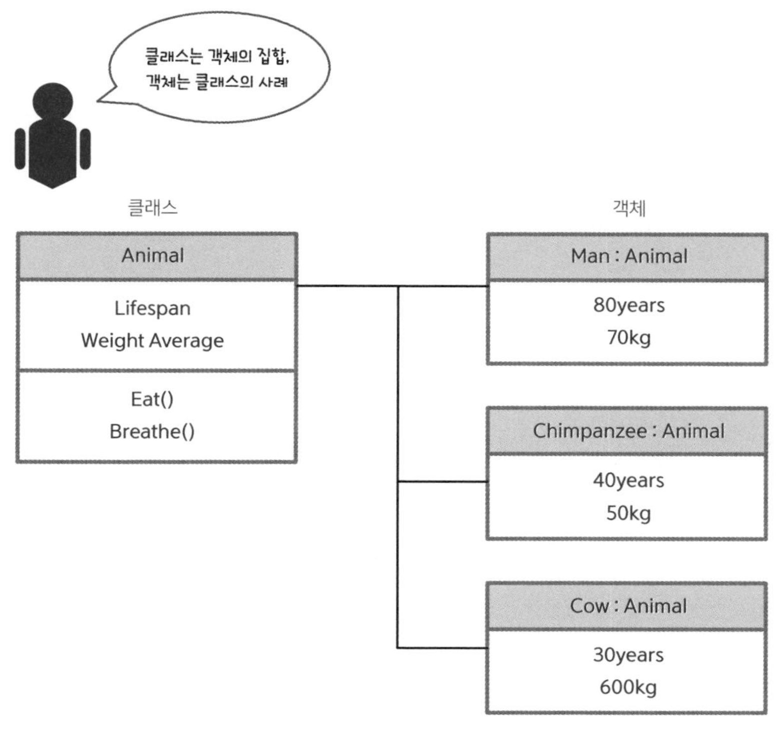

클래스와 객체

체지향설계에서의 주안점은 클래스를 찾아내서 설계하는 것이다. 설계의 최종 단계에서는 클래스의 자료정의와 함께 프로세스에 대한 알고리즘이 포함된다.

동일한 유형의 객체를 모아서 대표적으로 표현한 것이 클래스다. 또한 객체는 클래스의 사례(Instance)라고 하기도 한다. 예제 프로그

```
public class Animal{
int lifespan;  //동물의 수명
int weightaverage //동물의 평균 무게

public void Eat() {
  ------
}
public void Breathe {
  ------
}
}

public class AnimalStudy{
    public static void main(String[] args) {
        Animal man; // 동물 클래스로 사람을 객체화
        man = new Animal(); //사람으로 객체화된 인스턴스
        // 즉 Animal이라는 클래스를 가지고 man이라는 객체를 만듦
        Animal chimpanzee = new Animal(); //침팬지로 객체화된 인스턴스
        Animal cow = new Animal(); //소로 객체화된 인스턴스
        .........
    }
}
```

클래스와 객체, 인스턴스의 사례

램을 보면 동물이라는 클래스를 만들어서 수명(Lifespan), 평균 무게(Weight Average)의 데이터인 속성과 Eat(), Breathe()의 함수인 메소드를 선언했다. 선언된 클래스 Animal은 AnimalStudy라는 클래스에서 사람이라는 객체로 선언(Animal man;)되어 사람이라는 인스턴스(man = new Animal();)로 사용되었다.

클래스 간의 연관성을 표현하는 것이 관계다. 클래스는 데이터와 프로세스를 통합한 구조이기 때문에 클래스의 데이터들은 정보모델에서의 관계와 마찬가지로 서로 간에 관계를 갖게 된다.

클래스에 포함되어야 하는 속성(데이터), 메소드Method(프로세스) 설계가 완료되면 상세설계는 메소드의 상세 알고리즘 설계를 진행한다. 클래스를 하나의 화면으로 생각하고 화면에서 동작하는 메소드의 알고리즘을 만든다고 생각해도 좋다. 메소드의 알고리즘은 가상 코드로 구현되어도 되며, 순서도인 액티비티 다이어그램으로 표현되어도 된다. 각 클래스의 관계에 따라 데이터는 추가, 갱신, 삭제될 때 데이터의 일관성이 유지되도록 알고리즘이 만들어져야 한다. 정보모

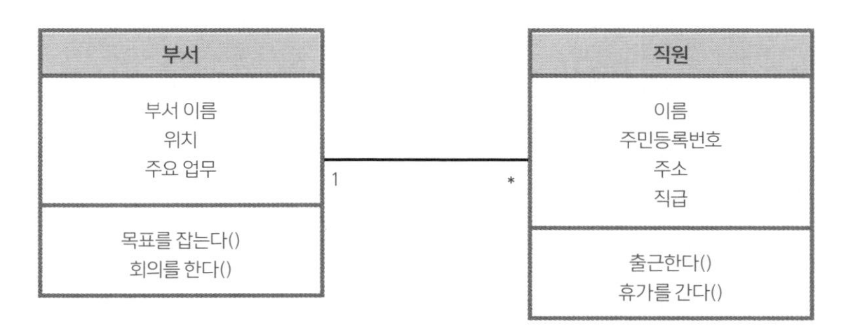

클래스 간의 관계(일대다 사례)

델링의 결과로 데이터설계를 했듯이 클래스에 있는 속성들을 기준으로 데이터설계를 실시하여 데이터베이스에 들어갈 데이터 스키마를 만든다. 필요하다면 정규화의 정제 과정을 거쳐서 하나의 목적만을 수행하는 클래스로 만들기 위해 클래스를 분리하거나 통합해야 한다.

설계의 궁극적인 목적은 코딩이다

모델링을 하는 궁극적인 목적은 만들고자 하는 소프트웨어가 원하는 목적대로 제대로 만들어질 수 있는지 확인하기 위함이다. 즉 고객의 요구사항이 제대로 반영되었는지 확인하기 위해서라고 할 수 있다. 소프트웨어 모델링은 여러 가지 그림으로 표현하는데 많은 시간이 들어가는 작업임을 감안하여 꼭 필요하고 필수적인 모델링이 아니면 과감하게 생략하는 전략을 사용하는 것이 좋다. 개발자에게 필요한 것은 다양한 종류의 모델링 설계 결과가 아니고 프로그램을 코딩할 수 있는 상세설계의 내용들인 화면, 데이터 및 알고리즘 설계다.

요구사항을 분석하고 모델링하는 데 상당히 많은 시간을 투입하여 작업을 하지만, 작업 이후에 개발자들이 잘 활용하는 산출물인지, 꼭 필요한 것인지에 대해서는 확신할 수 없다. 일부 설계자들은 모델링과 기본설계 위주로 설계를 마치고 상세설계는 개발자에게 위임하는 경우가 많이 있다. 상세설계를 하는 것이 도리어 시간 낭비로 이해되는 것이다. 그리고 마주 앉은 자리에서 말로써 자신이 생각한 알고리즘을 전달하려고 한다. 심각한 문제는 말로써 알고리즘 설계가 전달되었을 때 개발자들은 설계자가 얘기한 모든 내용을 프로그램 코드에 반영하지 못한다는 점이다. 차라리 문서 위주의 기본설계는 하지 말고 상세 알고리즘을 가상 코드나 순서도로 작성하여 개발자에게 넘겨주는 것이 제대로 된 알고리즘의 구현을 도와 제대로 된 프로그램 소스를 만드는 상책이다.

지금까지 분석을 통하여 설계의 목표가 정해지고 이를 통하여 소프트웨어개발이 진행된다고 설명했다. 그렇지만 분석된 결과를 확인하는 과정이 모델링이기 때문에 모델링을 무조건 해야 하는 작업으로 인식할 필요는 없다. 요구사항 명세서에 대해서 말로써 혹은 문서로써 충분히 설명이 가능하고 이해가 된다면 모델링을 통하여 다시

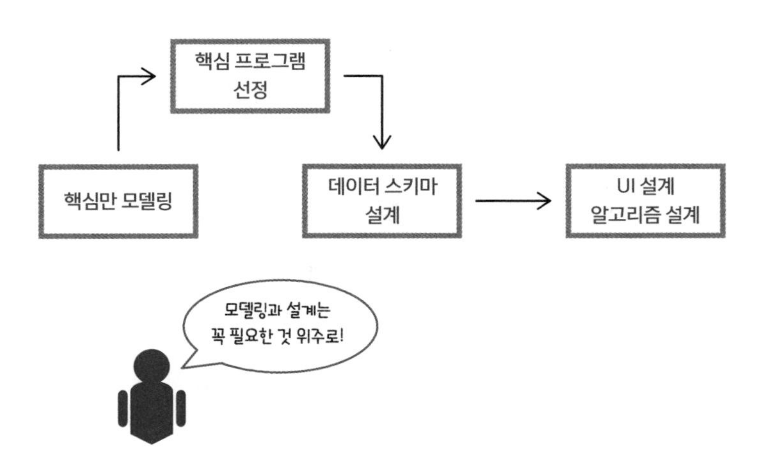

설계의 전략적 실행

확인할 필요는 없는 것이다. 소프트웨어의 구조가 복잡하여 말이나 글로는 다 표현이 안 되고 한 번에 구조를 파악하기 힘들다면 상위 수준의 모델링을 통하여 서로의 인식 차이를 확인하는 수준으로 꼭 필요한 것 중에서도 아주 일부만을 대상으로 모델을 만들어도 좋다.

이미 많은 경험을 갖고 있는 분석가가 투입되었다면 분석이 완료된 후에 바로 모델링을 생략하고 기본설계를 실시하는 것도 좋은 전략이다. 설계단계에서 데이터의 스키마를 바로 만들어서 UI 설계와 알고리즘 설계가 진행될 수 있도록 하는 편이 프로젝트의 성공에 조금이나마 더 도움이 된다. 경험 많은 설계자는 데이터 스키마를 만들 때 정규화 과정이 불필요할 정도로 바로 스키마를 잘 만들어낼 수 있음을 경험을 통해서 수없이 확인했다. 다른 곳에서 이미 사용했던 스키마가 있다면 그것을 따라서 하는 것이 더욱 좋다. 일일이 고민하여 새로운 스키마를 만들어낼 필요는 없다.

프로그램을 코딩하는 개발자에게는 데이터 스키마 설계도, UI 설계도와 함께 가상 코드로 만든 알고리즘 설계나 흐름도를 제시하여 프로그램코딩을 시작할 수 있도록 한다. 세 가지 설계도는 우선순위를 가지고 선택적 설계를 실시한다. 프로그램 목록에서 우선순위가 가장 높으면서 크리티컬 패스Critical Path에 해당하는 프로그램을 선정하여 설계를 실시해야 한다. 주변의 쉬운 프로그램을 우선적으로 선정하여 일정을 맞추는 방법으로 설계를 진행하는 것이 가장 안 좋은 설계 계획이다.

우선적으로 설계할 프로그램은 우선순위가 높고 빠져서는 안 되는 중요한 프로그램이다. 보통은 선도 개발 프로그램이라고 한다. 하지만 중요한 선도 프로그램이라고 알고리즘 설계를 모두 해야 할 이유는 없다. 복잡하지 않은 프로그램이라면 알고리즘 설계도 생략할 수 있다. 개발자가 별도의 설계 없이도 충분히 개발이 가능하다면 설계는 생략하고, 개발자가 프로그램 소스에 충분한 주석을 달아놓는 전략을 추진하는 것이 바람직하다.

누구나 가상 코드로 알고리즘을 만들 수 있다

가상 코드는 프로그램 작성 시 알고리즘과 논리를 표현하기 위한 언어다. 우리가 일상에서 쓰는 일반적인 언어를 사용하여 프로그램 코드를 흉내 내어 표현하기 때문에 실제의 컴퓨터에서는 작동하지 않으나, 설계자와 개발자들은 직관적으로 이해하기 쉽다.

가상 코드를 쓰면 설계와 프로그램 개발에서 많은 장점이 있다. 우선 설계 완료 후 검토할 때 이해가 쉬워 상세한 검토를 빠짐없이 실행할 수 있다. 또 개발자는 가상 코드를 적용하여 프로그램언어의 문법에 맞도록 프로그램을 잘 만들 수 있으므로 알고리즘을 어떻게 만들어내야 하는지에 대한 고민이 적어진다. 마지막으로 가상 코드는 프로그램의 주석을 용이하게 작성할 수 있도록 도와준다. 가상 코드를 프로그램 개발도구에 모두 카피하여 주석으로 처리하고, 그 가상 코드 밑에 실제로 사용되는 프로그램언어를 코딩하면 훌륭한 주석이 된다.

자동온도조절기라는 프로그램의 가상 코드를 작성해보자. 자동온도조절기는 설정한 온도에 맞추어 방 안의 온도가 설정온도 위로 올라가면 에어컨이 작동하고 아래로 떨어지면 난방기가 작동하는 알고리즘을 갖고 있다. 가상 코드의 내용은 아래와 같다.

가상 코드는 우리가 알고 있는 일반적인 순서도 혹은 흐름도로 표현할 수 있다. 자동온도조절기에 대한 가상 코드는 순서도로도 동일한 내용으로 변경되었다. 가상 코드가 길면 알고리즘의 정확성 여부를 파악하는 데 어려울 수 있으므로 순서도로 알고리즘을 표현하는

```
자동온도조절기 함수 시작
    원하는 온도를 입력한다.
    입력한 온도를 저장한다.
    LOOP 현재의 온도를 측정한다.
        IF 입력 온도 = 현재 온도
            10분간 정지한다.
        ELSE
            IF 입력 온도 > 현재 온도
                난방기를 켠다.
            ELSE
                에어컨을 켠다.
            END
        END
    END LOOP
함수 종료
```

자동온도조절기 알고리즘 가상 코드

것이 더 이해하기 쉬운 경우도 많이 있다. 개발자는 가상 코드를 가지고 프로그램을 코딩하기도 하며 프로그램 흐름도를 가지고 코딩하기도 한다. 둘 중에 하나는 꼭 필요한 상세설계의 핵심적 작업 산출물이다.

가상 코드를 만드는 데는 약간의 원칙이 있다. 프로그램을 코딩하는 것이 아니기 때문에 강제적인 조항은 아니지만 경험적 측면에서 보면 다른 개발자들이 잘 이해할 수 있도록 하기 위해 설계자에게 가상 코드 작성 기준을 가이드로 줄 수 있다.

코딩하고자 하는 프로그램언어를 잘 알고 가상 코드로 알고리즘

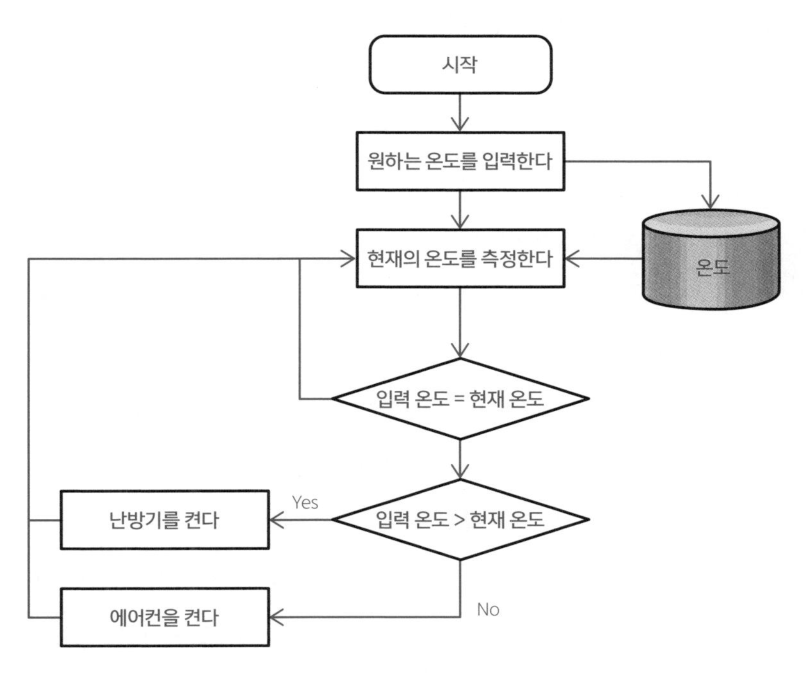

자동온도조절기의 가상 코드에 대한 순서도

1. 자연어로 작성하는 것을 원칙으로 한다.
2. 세부적인 프로그램의 문법은 무시한다.
3. 프로그램에서 사용하는 문법 중에 잘 이해할 수 있는 부분은 차용한다.
   – IF/ELSE, CASE, FOR, WHILE, DO/UNTIL
4. 데이터타입은 선정된 프로그램언어에서 적용 가능하도록 한다.
5. 프로그램의 중요한 알고리즘은 상세하게 작성한다.
6. 가상 코드로 작성된 알고리즘은 흐름도(Structure Chart)로 용이하게 변경할 수 있어야 한다.
7. 정해진 규칙이 없으나, 상대방이 이해할 수 있는 수준이 되어야 한다.

가상 코드 사용 원칙과 지침

설계를 하면 개발자에게 좀 더 친숙하게 알고리즘을 작성할 수 있을 것이다. 특정 프로그램언어에 익숙하지 않은 설계자라면 순서도로 표현하는 것이 더 적당할 수 있다. 프로그램언어를 모르면서 설계를 한다는 것이 모순적인 상황이기도 하지만 꼭 프로그램언어를 알아야 설계가 가능한 것은 아니다.

예를 들어 자연수의 보수를 구하기 위한 C++나 자바 언어를 위한 가상 코드를 만들어보자. 클래스의 이름은 실제 프로그램 소스에서 사용할 이름을 부여하였다. 가상 코드 자체는 프로그램언어와 비슷하지만 친숙한 자연언어를 사용하였기 때문에 개발자뿐만 아니라 일반인도 설계자가 의도한 알고리즘을 보다 쉽게 이해할 수 있다.

이 가상 코드는 실제로 프로그래머에 의해서 아래와 같은 C++ 프로그램 소스로 개발된다. C++에 대한 가상 코드를 가지고 프로그램을 코딩한 결과를 보면 가상 코드와 거의 동일함을 알 수 있다.

```
클래스 calcomp 시작
    메인 함수 시작(문자열)
    반복문 natnum 시작(1에서 9까지)
            화면 출력 :
            natnum에 대한 10의 보수 : 10-natnum
        반복문 natnum 종료
    메인 함수 종료
클래스 종료
```

자연수 보수 산정 가상 코드

이때의 설계는 가상 코드나 C++나 거의 흡사한 문법을 사용했기 때문이다.

또 하나의 사례는 테이블에서 데이터를 읽어서 다른 테이블에 데이터를 넣어주는 가상 코드다. DEFINE VARIABLES는 변수를 선언한다는 가상 코드다. 그 바로 밑에 변수를 지정하고 그에 대한 변수 타입을 선언하였다. DEFINE CURSOR는 데이터베이스에서 데이터 레코드를 읽어서 저장하기 위한 메모리 공간을 의미한다. 즉 이 문장은 데이터베이스의 SELECT문의 처리결과를 저장하기 위한 문장이다. FETCH는 SELECT된 데이터 레코드(Row)를 하나씩 읽어오는 명령을 의미한다. 그 다음부터는 FOR LOOP문 안에서 반복순환을 통하여 데이터 레코드를 하나씩 읽어오고 처리하는 알고리즘이다. 동일한 유형의 데이터가 오면 상세 데이터만 생성하다가 데이터의 유형이 바뀌면 기본데이터를 만들어준다. 최종적으로 데이터

```
START PROCEDURE
    DEFINE VARIABLES
        INTERFACE is NUMBER
        COMPARED is NUMBER
    DEFINE CURSORS(CURSOR선언)
    BEGIN
        FETCH ROW FROM CURSOR
        STORE COMPARE TO INTERFACE
        FOR LOOP
            IF COMPARE = INTERFACE
                INSERT ROW INTO TABLE_LINES
            ELSE
                INSERT INTO TABLE_HEADERS
                STORE COMPARE TO INTERFACE
                INSERT ROW INTO TABLE_LINES
            END IF;
            FETCH ROW FROM CURSOR.
        END FOR
        INSERT INTO TABLE_BATCH
        COMMIT
END
```

가상 코드 사례

를 모두 읽어서 데이터 생성이 끝나면 배치 데이터를 만들고 프로그램은 종료한다.

이 가상 코드는 프로그램언어와 유사하지만 프로그램으로 실행가능한 코드는 아니다. 어떤 프로그램언어로 개발이 되어야 할지에 대한 고려는 없지만 알고리즘은 선정된 어떤 프로그램 코드로도 쉽게

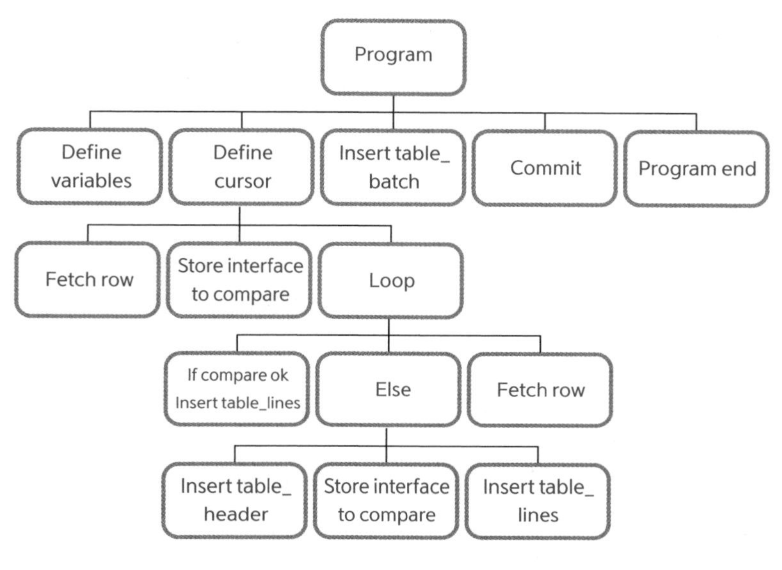

가상 코드를 프로그램 구조도로 변환

변경할 수 있다.

이 가상 코드는 순서도의 일종인 프로그램 구조도(Program Structure Chart)로 쉽게 변환될 수 있다. 가상 코드는 프로그램 구조도를 통하여 가상 코드의 알고리즘의 구조화된 설계 결과를 알아볼 수 있고 확인 및 검증도 가능하다. 조금 복잡하고 긴 프로그램을 일반적으로 사용하는 흐름도인 순서도로 가상 코드를 표현하면 알고리즘이 한 장의 종이에 들어가지 않아서 표현하는 데 애로 사항이 있을 수 있다. 이런 경우에는 프로그램 구조도가 표현하는 데 용이하다. 한 장에 모든 알고리즘을 넣을 수 없다면 기본 알고리즘을 표현한 후에 세부 알고리즘은 다른 페이지에 설명하는 방식으로 하는 것이 좋다. 추상화와 분할정복의 원칙을 적용하면 된다. 즉 최상위의 구조도는 추상화 단계를 최대로 높여서 만들고, 하위로 내려갈수록 상세화를 심화하는 방향으로 프로그램 구조도를 작성한다.

독립적인 프로그램이 되도록 설계해야 한다

다른 프로그램의 영향을 덜 받는 독립적인 프로그램을 설계하는 것은 모든 설계자들의 공통된 목표다. 독립적인 프로그램이란 의미는 모듈화된 프로그램으로 설계한다는 말로 표현할 수 있다. 모듈화된 프로그램은 프로그램 간에 영향을 주지 않으며 서로 간섭하지 않는다.

프로그램 간에는 메시지를 통한 데이터의 인터페이스로 작동하기 때문에 특정 모듈의 변경이 다른 모듈에 영향을 주지 않는다. 모듈화는 프로그램의 복잡도를 해결해준다. 복잡한 알고리즘을 가진 하나의 프로그램보다는 단순한 알고리즘을 가진 여러 개의 프로그램으로 나누는 것이 더욱 좋다. 모듈화를 강하게 시행하면 프로그램의 알고리즘이 단순해지기 때문에 운영자의 유지보수에 대한 부담을 덜 수 있다.

소프트웨어의 모듈화를 나타내는 설계 지표가 응집도와 결합도다. 응집도는 모듈화된 프로그램의 알고리즘들이 동일한 목적에 부합되어 있는지를 나타내는 지표다. 설계자가 프로그램을 설계했는

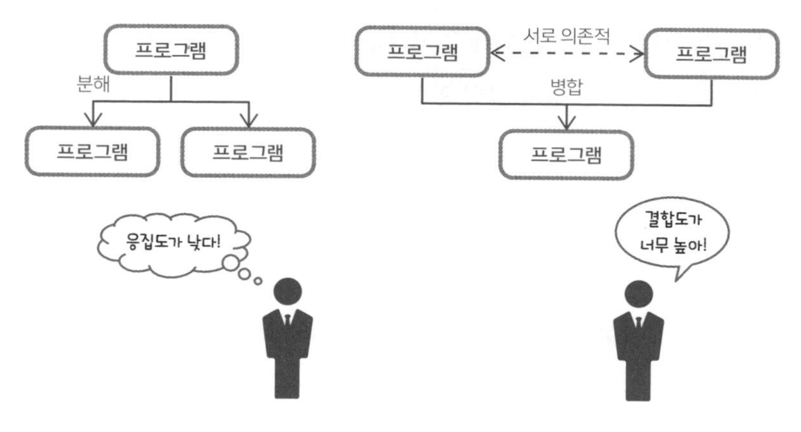

프로그램의 응집도와 결합도

데, 응집도가 낮다는 것은 연관되지 않은 알고리즘과 기능들이 모여 있다는 의미다. 이런 종류의 프로그램은 응집도를 높이기 위해 분리해야 한다.

결합도는 다른 두 개의 프로그램 간의 상대적 의존관계다. 모듈화된 두 개의 프로그램의 결합도가 높다는 것은 서로 의존적이라는 것이고 연관관계가 깊다는 것이다. 만약 하나의 프로그램이 변경된다면 상대 프로그램도 변경되어야 한다. 프로그램 간의 알고리즘이 서로 간에 영향을 강하게 주기 때문이다. 그러므로 두 개의 프로그램은 하나로 합쳐야 한다.

하나의 프로그램 내에서 응집도가 높고, 두 개의 프로그램 간에는 결합도가 낮다면 독립성이 강한 프로그램이고 이런 프로그램들은 모듈화가 잘된 것이다. 모듈화가 잘되어 있기 때문에 여러 곳에서 다시 재사용할 수 있게 된다. 개발자나 운영자는 프로그램의 설계도를 보면 하나의 목적을 위해 알고리즘이 구현되어 있으므로 쉽게 이해할 수 있다. 모듈성이 강한 프로그램으로 설계하는 일반적인 원칙이 있는 것은 아니다. 프로그램을 너무 작은 알고리즘으로 나누면 프로그램 수가 늘어나면서 성능에 안 좋은 영향을 줄 수 있다. 프로그램의 크기는 상대적인 것이긴 하지만 프로그램 소스 길이가 너무 길어서 이해하는 데 지장을 준다면 과감하게 분리하는 것이 좋다.

나쁜 설계란 무엇인가?

나쁜 설계란 한마디로 모듈화되지 않은 프로그램설계를 의미한다. 모듈화가 되지 않은 이유는 모델링 단계에서 분할정복을 제대로 하지 않았기 때문이다. 즉 설계하고자 하는 소프트웨어를 잘 이해하지 못한 것이 가장 큰 원인이다. 대표적으로 발생하는 현상이 프로그램 한 곳의 알고리즘을 바꾸면 다른 곳도 바꿔야 하는 상황이다. 프로그램 내에서도 모듈화가 제대로 되지 않아 발생하기도 하고, 프로그램 간에도 서로 영향을 많이 주기 때문에 발생하기도 한다. 설계 시에는 단 하나의 목적을 위해서만 기능하도록 알고리즘을 설계하라는 말이 있다. 여러 기능을 하는 알고리즘들이 하나의 모듈에 혼합되어 있으면 프로그램설계와 코드가 길어지게 되고 본의 아니게 다른 곳에 영향을 주게 된다.

프로그램의 한 곳을 수정했는데 예상치 못한 곳에서 알고리즘 오류가 발생하는 경우도 나쁜 설계의 예다. 이 경우는 아주 비극적인 문제를 만들어낸다. 자신이 설계한 프로그램들이 어떤 곳에서 영향을 주는지조차 알 수 없기 때문에 설계로서는 최악의 설계가 되는 것이다. 소프트웨어개발에서 피해야 할 대표적인 개발 방법 중의 하나인 '개발하고 아무 일 없기를 기도하기'일 뿐이다. 이 상황은 프로그램설계 시에 결합도가 높은 상황으로 설계되었기 때문이며 그 결합도의 영향을 예측하지 못해서 발생한 것이다.

개발된 프로그램이 다른 곳에서는 재사용될 수 없다면 그 설계는 바람직한 설계라고 할 수 없다. 너무 복잡하게 설계되어 개발한 사람도 헷갈리는 프로그램도 좋은 설계라고 할 수 없다. 복잡하게 설계하였지만 기능적으로 문제가 없다는 것이 좋은 것은 아니다. 하나의 프로그램에 너무 많은 기능을 구현하도록 설계되는 것도 바람직한 설계의 원칙이 아니다. 하나의 프로그램은 하나의 기능만을 충실하게 작동하도록 설계하는 것이 다용도로 좋다. 그래야 다른 프로그램에서 재사용할 확률이 높아진다. 다른 프로그램에 의존하지 않도록 설계되어야 하는 것도 중요한 원칙이다. 이미 설명한 바와 같이 결합도를 최소로 만들어서 독립적으로 잘 실행되도록 해야 한다.

가져다 쓸 수 있는 디자인패턴이란 것도 있다

소프트웨어 디자인패턴은 설계하면서 공통적으로 자주 발생하는 설계상의 문제점을 해결해놓은 최적의 설계도 템플릿Template이다. 패턴이란 말 그대로 반복적이고 주기적인 특징을 갖고 있다. 옷감에 있는 반복적인 무늬들을 패턴이라고 하는 이유도 여기에 있다. 설계자는 이미 잘 정의되어 패턴으로 설계하기만 한다면 나중에 예기치 않은 다른 요구나 문제가 나올지라도 고민하지 않고 쉽게 해결할 수 있다. 디자인패턴은 교수와 같은 유수의 소프트웨어 전문가들이 만들어놓은 설계 방법이다. 주로 객체지향 방법론을 사용하는 경우에 적용된다. 디자인패턴을 사용하면 이미 적용하여 좋은 점이 검증되어 있으므로 설계자는 많은 고민을 할 필요가 없어서 설계의 생산성이 올라간다. 또 개발자들과 의사소통도 용이하다. 설계를 실시한 후에 개발자에게 어떤 디자인패턴으로 설계했는지 알려주면 개발자는 설계자의 설계 의도를 쉽게 이해할 수 있다.

디자인패턴을 최초로 소개한 학자가 에리히 감마Erich Gamma, 리처드 헬름Richard Helm, 랠프 존슨Ralph Johnson, 존 블리시디스John Vlissides이다. 이들이 제안한 GoFGang of Four가 패턴의 바이블로 여겨지며 주로 객체지향설계에 사용되는 디자인을 추상화하여 패턴으로 정립한 것이다. 이들은 초기에 23개의 패턴을 발표하였다. 현재는 수천 가지의 디자인패턴이 발표되어 있다.

디자인패턴을 쓸 경우에 주의할 점은 패턴을 쓰면 설계가 다 해결될 것이라는 생각은 하지 말아야 한다는 것이다. 소개된 패턴이 어떤 상황에서나 잘 적용된다고 말하지는 않는다. 비슷한 환경이 되면 쓰는 것이 미래에 발생할 설계 변경의 불확실성을 어느 정도 해소하

생성 패턴	기능	객체의 생성과 변경이 다른 소프트웨어에 미치는 영향을 최소화하여 독립성을 유지시킨다.
	패턴	· Factory method · Singleton · Prototype · Builder · Abstraction factory
구조 패턴	기능	복잡한 형태의 소프트웨어구조를 상속을 통하여 단순화시킨다.
	패턴	· Adapter · Composite · Bridge · Decorator · Facade · Flyweight · Proxy
행위 패턴	기능	객체 간의 반복적으로 사용되는 메시지의 교환방법을 패턴화하여 결합도를 낮춘다.
	패턴	· Template method · Interpreter · Iterator · Observer · Strategy · Visitor · Chain of responsibility · Command · Mediator · State · Memento

GoF의 소프트웨어 디자인패턴

기는 하지만 설계하는 데 참고하는 정도로 사용하는 것이 바람직하다. 잘 설계된 소프트웨어가 있다면 카피하여 사용하는 것은 아주 좋은 전략이지만 그것이 모든 것을 해결하는 것은 아닐 수도 있다. 소프트웨어의 알고리즘을 만드는 일은 가장 창의적인 활동이기 때문이다.

덧붙이는 설계를 어떻게 할 것인가?

덧붙이는 설계(Extension Design)란 이미 개발되어 있는 소프트웨어에 새로운 기능 혹은 프로그램을 추가하는 설계를 의미한다. 기업에서 상용소프트웨어인 ERP Enterprise Resource Planning 시스템을 도입하여 사용하려고 하는 경우에 ERP에 없는 새로운 기능을 추가하는 경우가 대표적인 사례다. 이미 많은 기업들이 개발되어 있는 상용소프트웨어를 사용하고 있다. 도입 초기에는 잘 사용하지만 어느 정도 시간이 지나면 초기에 도입한 기능으로는 만족을 할 수 없게 된다. 기업은 환경 변화에 적극적으로 대응하면서 생존해야 하고, 새로운 사업을 추진하려면 기존에 도입한 소프트웨어의 기능 개선이 필요한 경우가 종종 생기게 된다.

소프트웨어의 기능 추가나 변경에 대해서 어떻게 대처할 것인가? 상용소프트웨어는 절대로 수정할 수 없다는 불문율이 있다. 그렇다면 다음의 소프트웨어 업그레이드까지 기다릴 것인가? 아니면 기존의 소프트웨어를 수정하여 대응할 것인가? 이에 대한 전략적 의사결정이 남게 된다. 대부분의 소프트웨어 개발자들은 상용소프트웨어 도입을 꺼린다. 자신들이 직접 개발하지 않은 소프트웨어는 수정하는 데 많은 제약이 있기 때문이다. 개발에 참여하더라도 일부분에 대해서만 참여하게 되어 개발자로서의 역할을 충분히 할 수 있는 기회가 적어지게 된다. 그러므로 기업의 상용소프트웨어 도입 정책과는 별개로 소프트웨어에 대한 요구사항을 어떻게 처리할 것인지는 도입 이후에 많은 논란을 야기한다.

기존 소프트웨어에 없던 기능을 새롭게 추가하는 설계를 기능 확장(Extension), 애드온Add-On 설계라고 한다. 설치되어 있는 소프트웨어와의 인터페이스 규약이 잘되어 있고, 다른 소프트웨어로부터 데이터를 받아서 처리할 수 있는 기능이 잘 구비되어 있으면, 이런 설계를 하는 것은 그다지 어려운 일은 아니다. 또 기존의 소프트웨어를 수정해야 하는 경우도 있다. 이런 설계를 커스터마이징Customizing 설계라고 한다. 이미 개발되어 있는 소프트웨어의 일부나 전체 기능을 수정하여 원하는 기능으로 변경하는 경우는 상당히 까다로운 설계를 해야 한다. 원기능의 영향을 덜 받도록 해야 하기 때문에 기존 설계 내용을 잘 파악하지 못하고 커스터마이징을 하면 소프트웨어의 알고리즘과 데이터의 무결성에 문제가 발생할 가능성이 아주 높다.

기존 소프트웨어의 변경을 실행함에 있어서 가장 좋은 전략은 모듈화와 기능의 독립성을 유지할 수 있는 방안을 찾는 것이다. 기존 소프트웨어의 표준인터페이스가 잘 정비되어 있다면 새로운 소프트

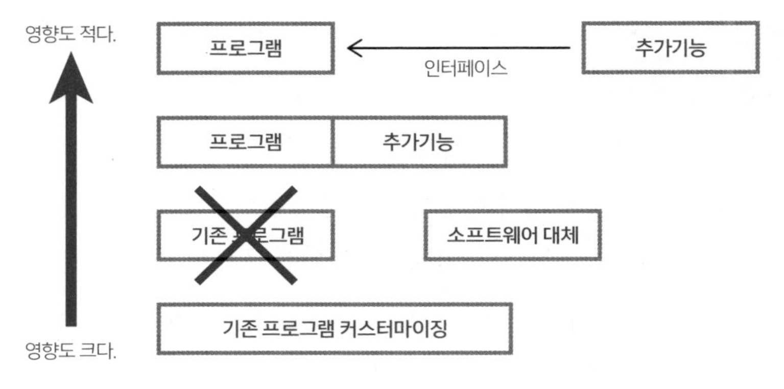

소프트웨어 확장, 수정 설계전략

웨어를 개발하고 처리된 데이터는 인터페이스를 통하여 기존 소프트웨어에 전달하는 방법이 제일 좋다. 데이터를 인터페이스를 통해 받을 때 데이터의 확인 과정을 거치도록 되어 있다면 데이터의 무결성과 일관성이 유지되기 때문에 위험은 최소화된다.

기존 소프트웨어를 수정하지 않고 새로운 기능을 개발하여 대체하는 것도 좋은 전략일 수 있다. 이 방법은 기존 소프트웨어에 적용되어 있는 데이터구조를 그대로 사용할 수 있다. 새롭게 만들어진 소프트웨어는 일부분의 데이터구조를 사용하기 때문에 회귀테스트의 범위가 작다. 또 기존 소프트웨어의 업그레이드, 소프트웨어패치와 같은 작업을 할 경우에 문제없이 진행할 수 있다.

대체 기능을 개발하여 적용하는 것이 어렵다면 기존의 기능을 보완하는 새로운 소프트웨어를 추가 개발하여 사용하게 하는 방법도 있다. 이것은 원래의 기능도 쓰면서 새롭게 개발된 기능도 쓰는 방식이다. 이 방식을 사용하면 기존 소프트웨어에 영향은 적게 주지만 기존 소프트웨어의 구조와 알고리즘을 잘 알지 못하면 추가기능을 설계하는 것이 어렵다.

가장 위험한 방법이 기존 소프트웨어 알고리즘을 수정하여 적용하는 방법이다. 이 방법을 쓰면 기존 상용소프트웨어의 많은 부분을 검토해야 하고 회귀테스트의 범위도 상당히 늘어나기 때문에 시간 및 비용이 많이 소요된다. 기존 소프트웨어에게 영향을 주지 않도록 설계되어 적용된다면 사용자도 편리하고 유지보수 담당자의 운영도 손쉽지만, 향후에 소프트웨어의 업그레이드나 소프트웨어패치 작업을 하는 경우에 수정한 부분에는 적용할 수 없다는 단점이 생긴다.

많은 상용소프트웨어는 소프트웨어의 설계 내용을 공개하지 않으려고 한다. 설계를 공유하면 사용하는 기업에서 추가적인 요구나 기능 보완을 위하여 소프트웨어의 수정을 시도할 가능성이 많으며, 수정을 제대로 하지 못하여 발생하는 문제점이 크기 때문이다. 소프트웨어의 설계와 소스가 제공되지 않는 상황에서 개발업체의 도움 없는 자체적인 소프트웨어 변경은 기존 소프트웨어의 구조와 알고리즘을 알 수 없는 블랙박스 설계가 되기 때문에 가급적 시도하지 말아야 한다. 실패할 확률이 높기 때문이다.

소프트웨어 버그란 무엇인가?

소프트웨어 개발자는 품질에 관한 얘기를 많이 하고, 또 많이 듣는다. 품질에 대해서 관심이 많은 사람은 전문가적인 견해를 밝히기도 한다. 품질은 소프트웨어의 중심적 논란거리이자 또 한편으로는 품질을 향상시키기 위해서 많은 노력을 기울여야 하는 분야다. 품질이 논란거리가 되는 이유는 소프트웨어의 품질이 하드웨어의 기술 발전에 비례하여 지속적으로 향상되지 않기 때문이다. 미국의 프레더릭 브룩스Frederick Brooks 교수는 "소프트웨어에는 은 총탄(Silver Bullet)이 없다."는 유명한 말을 하였다. 이 말의 진정한 의미는 소프트웨어에 숨어 있는 결함, 우리가 일상적으로 버그라고 부르는 에러의 문제를 확실하고 완벽하게 해결할 방법이 없다는 것이다.

소프트웨어의 버그는 설계도의 검증과 테스트로 찾아낼 수 있다. 하지만 여기서 생각할 것은 버그를 다 찾아낼 수 없다는 것이다. 지금까지도 완전한 무결점의 소프트웨어를 만들어내지 못하는 점에 주목해야 한다. 이것이 컴퓨터를 포함한 하드웨어 제품과의 차이점이다.

소프트웨어품질의 궁극적 목적은 고객이 요구하는 것을 소프트웨어로 잘 만들어내는 것이다. 소프트웨어의 품질은 소프트웨어 버그와는 약간 결이 다른 말이다. 소프트웨어 버그는 소프트웨어 자체의 작동에 초점이 맞춰져 있다. 하지만 품질은 소프트웨어의 정상적인 작동뿐만 아니라 고객이 진정으로 원하는 바를 프로그램으로 구현했는지를 확인하는 것에 초점을 맞춘다. 그 미묘한 차이는 개발자의 관심과 고객의 관심 사이의 간극에서 온다.

소프트웨어의 품질에 영향을 주는 중요한 것 중에 데이터의 신뢰성과 무결성도 있다. 데이터가 신뢰성을 잃으면 프로그램의 로직, 알고리즘이 아무리 올바르더라도 제대로 된 결과를 만들어낼 수 없다. 새로운 소프트웨어 시스템을 구축하는 경우에는 전환되어 들어오는 데이터의 신뢰성과 무결성을 확보해야만 제대로 품질목표를 달성할 수 있다.

소프트웨어 버그를 파헤친다

우리는 소프트웨어 버그라는 말을 자주 쓴다. 버그는 말 그대로 벌레라는 뜻이다. 오래전 컴퓨터가 처음 만들어져 쓰이고 있을 때, 컴퓨터가 오작동하였다. 엔지니어들이 컴퓨터 안을 들여다보니 벌레 한 마리가 회로에 달라붙어 죽어 있는 것을 발견했다. 회로가 제대로 작동하지 않은 이유가 버그 때문이었다는 얘기가 전해진다. 거의 믿거나 말거나 수준의 이야기다. 어쨌든 현재 우리가 쓰는 소프트웨어에 버그가 있다는 말은 실제로 벌레가 있다는 의미는 아니지만 집 안의 가구 같은 곳에 숨어서 옷을 망가뜨리거나 집 안에서 병원균을 전염시키는 매개체 역할을 하는 존재와 마찬가지로 컴퓨터, 소프트웨어 등에서 장애를 유발하고 그로 인해 많은 피해를 발생시키는 소프트웨어 문제를 의미한다. 벌레를 잡기 위해서 살충제를 쓰듯이 소프트웨어 버그를 잡기 위한 직접적인 방법은 디버깅이라고 부르는 작업이다. 디버깅의 실제적인 방법은 검증과 테스트 외에는 별로 없다.

소프트웨어에는 항상 버그가 잠재되어 있다는 것을 철칙으로 삼으라는 말이 있다. 버그는 설계자의 실수로 잘못된 설계를 하거나 프로그래머의 프로그래밍 실수에 기인한다. 설계자가 설계를 완료하면 여러 사람이 모여서 설계상의 기술적 오류가 있는지 확인하는 과정을 거치는데 이것을 검증이라고 한다. 프로그램의 소스 코드에 잘못된 코드가 들어 있는지 확인하는 과정을 테스트라고 하며, 많은 소프트웨어 개발자들이 디버깅이라는 말로 표현하기도 한다.

디버깅은 프로그래머가 자신이 만든 소스 코드의 알려진 오류에 대해서 여러 방법을 통하여 원인을 찾아내고 해결하는 과정이다. 개발의 문제로 발생하는 소프트웨어 버그의 예를 들면, 프로그램이 알 수 없는 오류(Exception Error)로 죽어버리는 경우, 메모리가 풀Full 나는 경우, 무한루프Loop에 빠져서 죽지 않는 경우, 데드로크Dead Lock에 빠지는 경우 등을 들 수 있다. 이런 경우 프로그래머는 소스 코드를 열어놓고 자신이 경험하여 알고 있는 수십 가지의 다양한 기술적 시도를 통하여 문제가 되는 코드를 찾아내기도 하며, 프로그램을 비정상적으로 강제 종료하면서 발생하는 에러 로그를 이용해서 버그를 유발하는 소스 코드를 찾아내기도 한다. 과정으로 보면 상당히 파괴적인 일을 수행하는 고달픈 작업으로 보인다. 특히 남이 만들어놓은 프로그램의 버그를 잡아내는 것은 내가 다시 프로그램을 새로 짜는 것보다 어려운 고역 중의 고역이다.

소프트웨어 버그와 비슷한 말로 에러, 오류, 결함, 장애라는 말

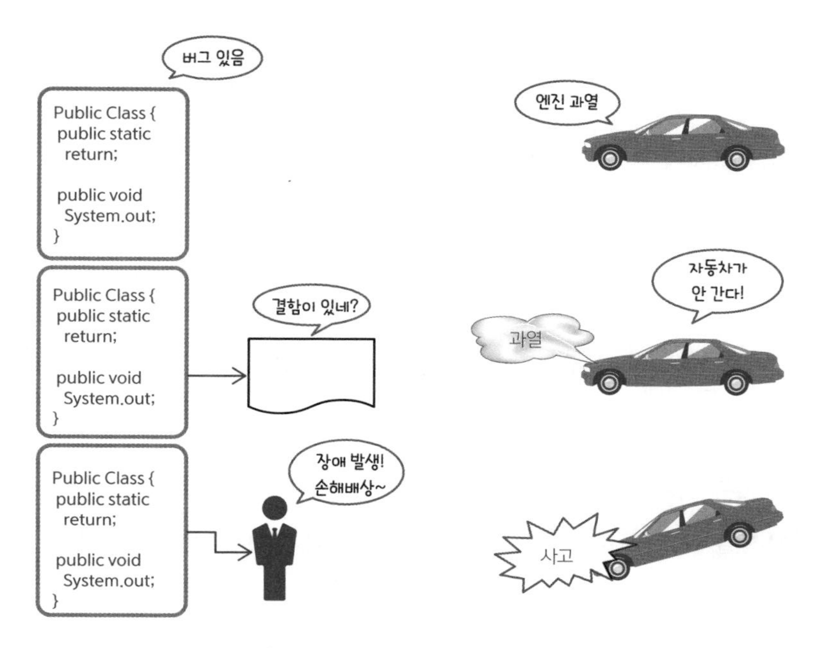

소프트웨어 버그의 종류

도 혼용해서 사용한다. 특별한 구분 없이 비슷한 의미로 쓰이는 말들이지만, 어감상 내포하는 의미는 약간씩 다르다. 에러는 우리나라 말로 오류라고 번역되므로 같은 뜻이다. 프로그래머의 기술적 실수에 의한 비정상적인 작동을 야기하는 것을 의미하므로 소프트웨어 버그와 동일한 의미로 볼 수 있다. 결함은 소프트웨어 에러에 의해서 발생한 결과를 의미한다. 소프트웨어에 결함이 있다고 하면 그 소프트웨어가 작동하여 사용자가 원하지 않은 잘못된 결과를 만들어낸다는 의미다. 장애는 에러와 결함으로 인하여 발생한 사고를 의미한다. 자동차를 예로 들면 자동차의 엔진에서 과열이 발생하면 자동차 엔진에 버그가 있다고 할 수 있다. 엔진의 과열로 자동차가 멈추면 그 자동차에는 엔진 결함이 있다고 한다. 엔진 결함으로 자동차가 갑자기 멈춰 섬으로 인해 대형교통사고를 유발시켰다면 자동차의 엔진 결함으로 장애 즉 사고가 발생했다고 한다.

소프트웨어에는 숨겨져 있는 에러가 있다

소프트웨어 개발자는 소프트웨어 안에 버그가 잠재되어 있다는 사실을 왜 받아들여야만 할까? 소프트웨어가 모든 경우의 수에 다 대비해서 잘 설계되어 있고 그대로만 테스트된다면 소프트웨어 안의 모든 버그를 찾아서 고칠 수 있다. 하지만 소프트웨어 개발자가 만들어낸 프로그램의 소스 코드는 정해진 규칙이 없다. 즉 개발자 자신의 지식과 경험에 의해서 인위적으로 창조되었기 때문에 어떤 식으로 코드가 작성되었는지 사전에 예측하기란 쉽지 않다. 특정 목적의 결과를 만들어내기 위한 프로그램의 코드는 거의 무한 가지의 종류가 있을 것이다. 비결정성 다항식 시간(Nondeterministic Polynomial Time)의 문제와 동일하다.

일반 하드웨어 제품의 경우 에이징테스트Aging Test를 수행한다. 에이징테스트라는 것은 시간이 지남에 따라 그 제품이 안정적으로 문제없이 잘 작동하는지 확인하는 과정이다. 예를 들어 스마트폰의 경우 에이징테스트 장소에서 스위치를 켜두고 한 달, 두 달, 몇 달의 에이징 기간을 거쳐서도 계속 안정적으로 작동하는지 확인한다. 혹은 스위치를 끄고 켜고를 수없이 반복한다. 소프트웨어의 경우도 에이징 테스트를 통하여 안정적으로 작동하는지 확인해야 하는데 그것이 쉽지 않다. 소프트웨어가 돌면서 메모리에 변수들이 꽉 차서 소프트웨어가 죽는 경우가 있다. 한 사람이 테스트할 때는 잘 돌아서 문제가 없다고 판단했는데, 실제 환경에서 여러 명이 사용하다 보니 급격하게 사용량이 많아지면서 로그기록이 넘쳐서 저장공간 부족으로 죽기도 한다.

실제로 이와 유사한 장애가 많이 발생한다. 만약 혼자서 쓰는 소프트웨어라면 버그가 아닐 수도 있는데, 수백 명이 사용하다 보니 버그가 되어 장애가 발생하는 것이다. 또 시간이 지남에 따라 과거에는 문제가 없던 것들이 문제로 대두되는 경우도 있다. 대표적으로 Y2K 버그가 있었다. 2000년도 전에는 연도를 표기하는 숫자를 끝의 두 자리로만 쓰는 경우가 일반적이었는데, 이에 따라 2000년은 00년으로 표기된다. 그런데 표기 자체가 문제가 아니라 00년으로 되어 있는 데이터를 프로그램의 알고리즘에서 어떻게 인식하느냐의 문제가 생긴 것이다. 만일 은행에서 00년을 1900년으로 인식한다면 이자 계산에서 엄청난 오류가 발생할 것이기 때문이다.

이런 종류의 잠재적인 버그는 실제 환경이 아니고는 찾아내기 어렵다. 테스트를 위하여 실제 환경과 비슷하게 만들어놓고 테스트해야 하지만 그런 테스트 환경을 구축하는 것도 어렵다. 솔직히 경험적으로는 비용이 많이 들기 때문에 테스트 환경을 구축하지 못한다.

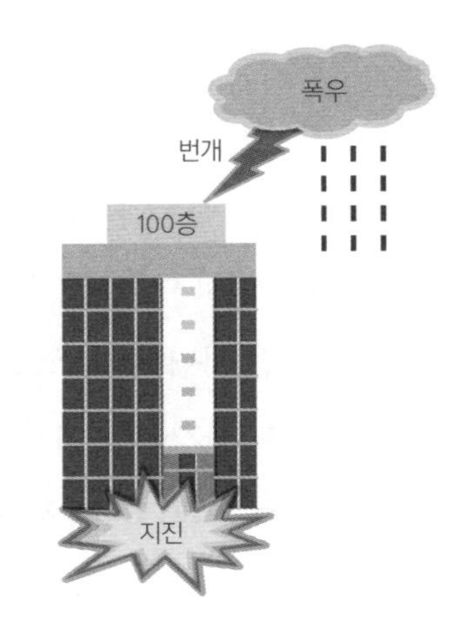

실제 환경에서의 테스트

세계 최고의 빌딩인 100층짜리 건물이 서울에 지어졌다. 설계도상으로는 아무리 강력한 지진이 나도 무너지지 않을 만큼 안전한 건물이다. 하지만 실제로 무너지지 않을지는 실제 지진이 발생했을 때야 비로소 알 수 있는 것이다. 건축물들은 실제의 지진 환경에서 안정성을 테스트할 수 없기 때문에 다양한 방법으로 시뮬레이션을 수행한다. 이런 결과를 토대로 실용 가능한 방법을 적용하여 설계에 반영한다. 하지만 소프트웨어는 건물과 같은 하드웨어보다 스트레스테스트가 좀 더 용이함에도 불구하고 실행하지 않는 경우가 많다.

소프트웨어의 잠재적 결함을 찾아내자

내가 짠 프로그램에 잠재적 결함은 얼마나 있을까? 발견되지 않은 잠재적 결함이 얼마나 있는지 알아야 미리 대처할 수 있다. 그런데 잠재적 결함 수가 얼마나 있을지 알아내는 방법이 마땅치 않다. 다음은 소프트웨어 개발자들이 자주 사용하는 방법은 아니지만 이렇게 하면 잠재적 결함의 수를 어느 정도는 파악할 수 있다는 소개다.

커다란 호수에 물고기가 얼마나 살고 있는지 개체수를 파악하고 싶다면 물을 다 빼서 물고기를 잡아 세어보면 된다. 그런데 작은 연못이라면 가능하지만 대청호나 소양호라면 불가능할 것이다. 이럴 때 사용할 수 있는 방법은 샘플링하여 추정하는 것이다. 호수의 일정 부분에 그물을 치고 거기서 잡히는 물고기의 수를 가지고 전체를 추정하는 것이다. 하지만 호수의 지형과 환경이 다양하면 어디에서 샘플링하느냐에 따라 물고기의 추정량에 차이가 많을 것이다. 그래서 좀 더 과학적으로 샘플링하는 방법을 사용한다. 개체수를 확인하고자 하는 호수에서 살지 않는 물고기, 예를 들어 빨간색 물고기를 1,000마리 방사하고, 일정 시간이 흘러서 빨간 물고기가 여러 곳으로 퍼졌을 시기에 샘플링을 위하여 일정 개체수를 그물로 잡는다. 잡은 물고기를 확인해보니 빨간색 물고기 100마리가 잡히고 다른 물고기가 10,000마리 잡혔다면 이 호수에는 그물에 잡힌 빨간색 물고기 수의 비례에 따라 물고기 100,000마리가 살고 있다고 추정할 수 있다. 진짜로 그렇게 있는지는 물을 빼서 일일이 세어보지 않고는 알

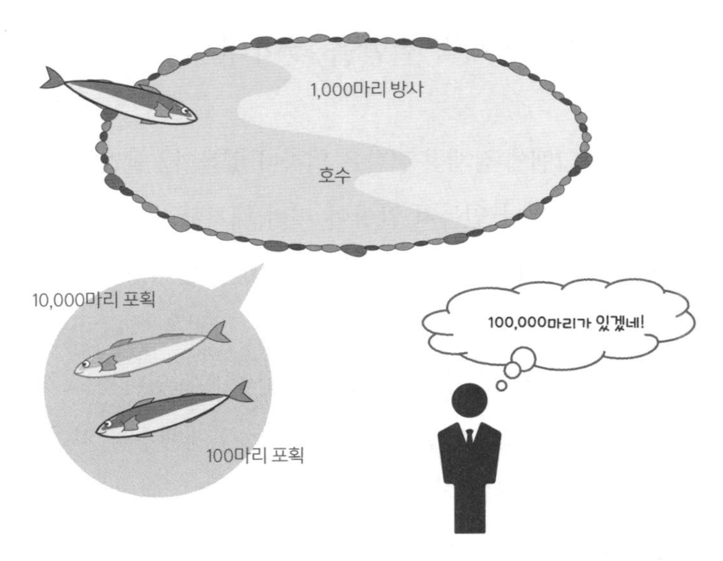

물고기의 개체수 추정 방법

수 없으므로 믿을 수밖에 없다.

이 방법을 소프트웨어 잠재결함 관리에서 동일하게 적용한다. 이것을 오류 심기 방법(Error Seeding Method)이라고 부른다. 말 그대로 소프트웨어에 오류를 뿌려보는 방법이다. 소프트웨어 테스트가 끝났으면 즉, 완료되었으면 인위적인 오류를 만들어서 소프트웨어에 심어놓는다. 오류의 종류는 알고리즘 오류도 있고, 요구사항에 대한 처리 로직 오류도 있다. 다양한 종류의 오류를 만들어서 프로그램 소스에 코딩한다. 소프트웨어를 개발한 개발자가 직접 해도 좋으며 다른 사람이 코딩해도 좋다. 중요한 점은 인위적으로 만든 버그 즉 오류를 여기저기에 많이 심어두는 것이다. 가급적 그동안 다른 프로그램의 테스트에서 발견된 다양한 유형의 에러를 포함하여 풍부한 경험에서 발견한 다양한 오류를 심어두는 것이다.

오류 심기가 완료되면 프로그램을 테스트할 때 사용했던 동일한 테스트케이스로 다시 테스트를 수행한다. 테스트케이스가 잘 만들어졌다면 인위적으로 심은 오류가 많이 발견될 것이고, 부실했다면 많이 발견되지 않을 것이다. 이렇게 테스트를 수행한 결과로 잠재적 오류가 얼마나 있는지 추정할 수 있다. 인위적 오류를 심어놓기 전에 테스트한 결과를 보니 50개의 오류가 발견되어 이미 수정을 완료하였다. 만약 100개의 인위적 오류를 심어놨는데, 테스트로 발견한 인위적 오류가 80개가 발견되었다면 나머지 20개에 대응하는 10개의 잠재적 오류가 아직도 프로그램 안에 들어 있는 것이다. 만약 100개의 인위적 오류를 다 발견했다면 이 테스트케이스로 대부분의 오류를 찾아내서 잠재적 오류가 거의 없다고 할 수 있다.

100개를 다 발견하지 못하면 기존에 만든 테스트케이스로는 모든 오류를 다 걸러내지 못한다는 얘기다. 그렇다면 이제 테스트케이스를 수정하며 나머지 20개의 인위적 오류를 발견할 수 있도록 해야 한다. 테스트케이스를 제대로 보완했다면 20개의 인위적 오류뿐만 아니라 10개의 잠재적 오류도 발견할 수 있을 것이다. 앞에서 언급한 것처럼 잠재적 오류가 인위적 오류에 비례하여 있다고 확정할 수는 없지만 그만큼 잠재적 오류를 다 찾아내는 것이 어렵다는 점과 항상 잠재적 오류가 있다는 점을 명심하여 그것을 발견하기 위한 테스트를 해야 한다는 것이다.

소프트웨어 버그로 인한 사고

소프트웨어의 잠재적 결함 즉 버그를 해결하지 않아서 발생한 사고를 살펴보자. 최근 신문에 오르는 자동차 사고 기사 중에는 탑재된 소프트웨어의 오류로 교통사고를 냈다는 기사가 종종 있다. 이런 종류의 사고 기사는 과거에는 볼 수 없었던 것으로 소프트웨어가 얼마나 중요한 사회 인프라인지, 소프트웨어의 결함 해결이 얼마나 중요한 것인지를 알 수 있다. 또한 자동차를 만드는 첨단기업에서조차 소프트웨어의 결함으로부터 자유롭지 못함을 알 수 있다.

몇 해 전에 미국의 통신사에서 한 직원이 자신에게 걸려오는 전화를 차단하고 싶어서 전화번호를 다 입력하지 않고 필드를 빈 상태

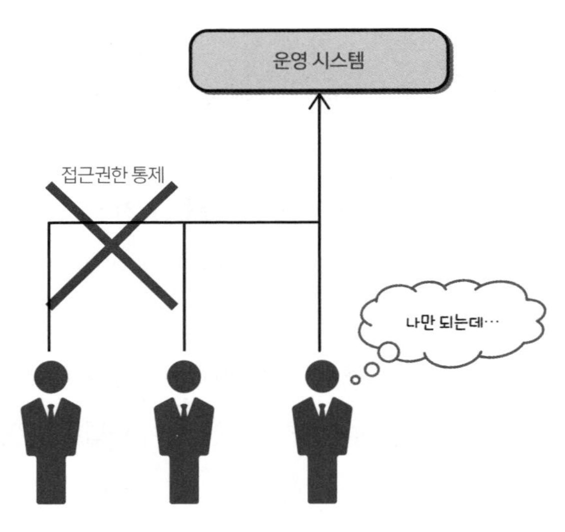

접근권한 통제를 통한 시스템보호

(Blank)로 입력하고 저장하는 실수를 했다. 전화를 차단하는 소프트웨어는 블랭크를 모든 값인 *와 같은 와일드카드Wild Card로 인식하여 모든 번호를 차단하는 대형 사고를 내고 말았다. 프로그램에서 갱신(Update), 삭제(Delete)는 모든 데이터를 의미하는 와일드카드 기호를 사용하지 않는 것이 원칙이다. 우리가 알고 있지만 절대로 써서는 안 되는 명령어인 'Remove *.*'와 같은 기능을 한다고 보면 된다.

이 사고는 두 가지 측면에서 문제의 원인을 파악할 수 있다. 우선은 직원들이 전화를 차단하는 기능을 마음대로 사용할 수 있었다는 점이다. 우리들이 일반적으로 말하는 운영 모드, 운영 시스템 혹은 프로덕션Production시스템 등은 권한을 가진 소수의 사람들만 들어가서 작업을 할 수 있는 곳이다. 특히 소프트웨어 운영을 담당하는 사람 중에는 최소한의 직원들에게만 운영 모드에서의 조회 권한을 부여하여 데이터를 확인할 수 있도록 한다. 직접적인 사용 즉, 조작 자체는 금지하는 것이다. 내부자에 의한 데이터조작 사고를 방지하기 위함이다. 또 소프트웨어의 수정 권한을 가진 개발자는 운영 모드에 진입할 수 없도록 하는 것이 철칙이다.

다른 하나는 소프트웨어의 버그로 인한 문제점이다. 테스트가 되었다면 이런 문제는 발생하지 않았어야 한다. 테스트에서는 당연히 작동해야 하는 것과 어쩌다 한 번 작동하는 것에 대한 적절한 비율을 가진 케이스로 테스트해야 하는데 이 경우에는 당연히 되어야 하는 기능에 대해서 테스트가 안 된 것으로 보인다. 이 경우는 알고리즘상의 오류는 아니지만 비즈니스적으로 발생할 가능성이 없는 내용이 차단되지 않고 그대로 코딩이 되어 있는 문제를 안고 있었다. 소프트웨어의 잠재적인 버그는 생각하기 어려운 알고리즘에도 있지만 당연하다고 생각하는 곳에 잠재되어 있는 경우도 많이 봐왔다. 프로그램을 짜다 보면 개발자들이 가끔 실수하는 것이 스페이스의 값인 공란과 널값Null Value이다. 두 개의 값은 화면으로 보면 동일하게 보인다. 하지만 데이터에 저장될 때는 공란과 널NULL은 다른 값으로 저장된다. 당연히 데이터 조회를 하면 원하는 데이터를 볼 수 없다.

소프트웨어 작동 중단은 모두 내 탓?

다양한 원인에 의한 소프트웨어의 중단은 소프트웨어의 품질 문제만인가? 많은 개발자를 당황하게 하는 것이 소프트웨어의 알 수 없는 작동 중단이다. 가끔은 사용자 PC의 문제에 기인하여 소프트웨어가 먹통이 되거나 재부팅되는 사고를 내기도 한다. 내가 만들지 않은 소프트웨어에서 문제가 생겨도 소프트웨어 개발자의 책임으로 돌리는 경우가 허다하다. PC가 다운될 것을 예측하지 않았고, 예측하여 죽지 않는 프로그램을 개발하지 않았다. 또한 억울하지만 PC가 다운되는 사유가 명확하지 않다면 배포된 내 소프트웨어의 문제로 귀결된다.

개인 PC에서보다 더 많은 일을 처리하는 서버에서는 더 많은 사고가 일어난다. 여기에는 내가 만든 소프트웨어뿐만 아니라 다양한 종류의 소프트웨어가 설치되어 사용되고 있으므로 서로 간에 많은 영향을 줄 수밖에 없는 구조다. 특정 소프트웨어서 발생한 사고가 내 소프트웨어에 영향을 주었고, 불행히도 내 소프트웨어의 장애 허용도가 낮아서 먼저 다운되었다. 프로그램의 예외적 사항에 대한 프로그램의 코딩이 부족했기 때문에 먼저 다운되었지만, 이것도 내가 잘못한 일일까?

소프트웨어의 장애가 발생하는 원인은 아주 다양하다. 우리가 자주 언급하는 것이 휴먼 에러다. 대부분의 기업에서 휴먼 에러가 발생하면 에러 유발자는 대역죄인 취급을 받는다. 왜 휴먼 에러를 만들게 되었는지에 대한 심각한 분석도 각오해야 한다. 어느 경우에는 막대한 배상금도 물어줘야 한다. 물론 개인이 배상을 해야 하는 것은 아니다. 고객에게는 엄청난 분량의 반성문과 재발 방지 대책을 제출하고 다시는 실수하지 않겠다는 각서도 써줘야 한다.

휴먼 에러는 인간의 실수로 발생한 오류다. 사람이기 때문에 오류가 있을 수 있다는 말에 공감하더라도, 인간이기 때문에 어쩌다 한 번씩 생기는 실수나 오류조차 막아야 한다. 이를 위해 품질시스템에 의한 규정에 따라 소프트웨어 변경에 대한 영향도 분석, 설계서 검토, 프로그램 소스 코드의 검사, 프로그램 단위테스트, 통합 회귀테스트 등의 단계를 거쳐서 최종적으로 새로운 버전의 소프트웨어를 배포한다. 엄청나게 엄격한 프로세스를 가지고 일일이 합격해야 다음 단계로 넘어가서 일을 진행함에도 불구하고 휴먼 에러가 걸러지지 않고 구렁이 담 넘어가듯이 슬슬 넘어가는 이유는 무엇일까? 실

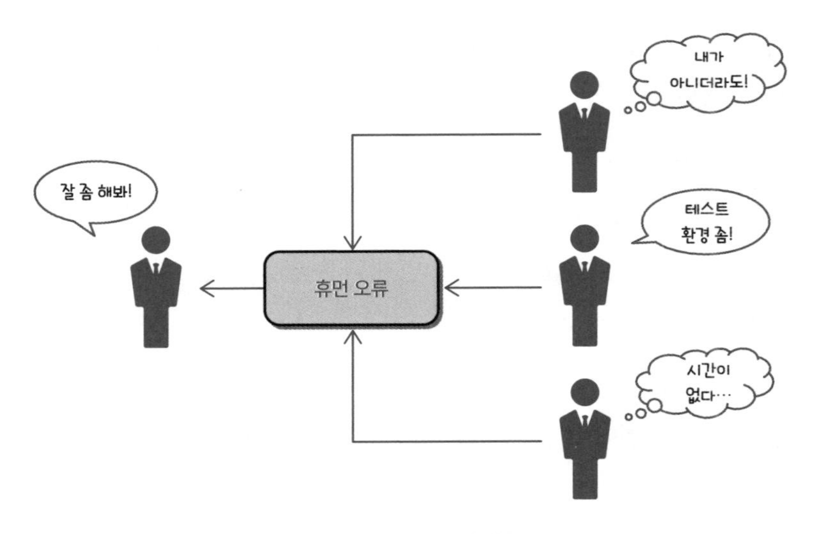

휴먼 오류의 대표적 이유

제로 장애를 분석해 보면 이유는 몇 가지 되지도 않는다.

첫째, 프로세스만 있고 제대로 지키지 않는 경우다. 건성건성 단계를 처리한다. 내가 제대로 안 해도 남들이 알아서 찾아줄 거라는 막연한 기대심리나 업무의 나태함이 내포되어 있다.

둘째, 시스템의 복잡성으로 상호연동 테스트를 할 수 없는 환경적 미비를 들 수 있다. 테스트를 완벽하게 할 수 없는 구조를 갖고 있기 때문에 제대로 된 확인을 하지 못한 것이다.

셋째, 항상 얘기하는 시간 부족이다. 어느 소프트웨어 개발자도 고객이 설정한 납기를 어기기는 어렵다. 납기 내에 개발을 완료해야 하지만, 많은 소프트웨어 개발자는 비록 덜 되었더라도 배포해야만 하는 시간으로 여겨 체념한다.

소프트웨어개발은 했으나 검증도, 확인도 안 된 소프트웨어가 멋대로 배포되어 사고가 발생하는 것이다. 시간이 부족해서 어쩔 수 없이 배포했다고 해도 용서되는 것은 아니다. 마찬가지로 납기를 어기는 것도 용납되지 않는다. 둘 사이에 경중은 있지만 소프트웨어 개발자에게는 러시안룰렛 게임과 비슷한 의사결정 환경을 만든다고 할 수 있다. 하지만 문제 있는 자동차, 혹은 안전성이 검증되지 않은 자동차를 소비자에게 판매하면 틀림없이 사고가 나기 때문에 절대로 해서는 안 되듯이 제대로 완료되지 않은 소프트웨어를 배포해서는 안 된다.

심각하게 생각할 보안 사고

바이러스로 인해 발생하는 문제는 품질 문제인가? 보안 전문가들은 보안 취약점이 있는 것에 대해서는 품질 문제로 인식한다. 그렇다면 보안 침해사고가 나면 개발자의 문제인가? 만약 알려진 보안 취약점이고 개선을 권고했는데 개선이 안 된 상태로 놔두고 있다가 보안 사고가 나면 개발자의 문제로 귀결된다. 마찬가지로 보안에 대비하고자 바이러스백신 프로그램을 깔고 백신 파일을 최근의 것으로 업데이트하고 있는데 그것을 하지 않아서 바이러스에 걸리면 개인에게 사고의 책임이 돌아간다. "전투에 진 장군은 용서해도 경계에 실패한 장군은 용서할 수 없다."는 옛말을 적용한다고 할 수 있다.

알려진 바에 따르면 보안 침해사고의 대부분이 응용소프트웨어에서 발생한다고 한다. 대표적으로 증권사에서 SQL 인젝션Injection 기법으로 불법 로그인하여 서버에 침투하는 사고가 나기도 했다. 어떤 경우에는 통신사의 고객 정보를 조회하며 수만 건의 개인정보를 탈취하기도 했다. 인터넷 플랫폼에서 정보가 유출되기도 한다.

소프트웨어의 보안 취약점을 해결하기 위하여, 배포된 소프트웨어의 취약점을 자동으로 분석하는 소프트웨어를 돌려서 분석하고, 발견된 취약점의 소스 코드를 수정하는 방법을 사용한다. 이 방법은 시간도 많이 걸리고 무수히 많은 소프트웨어를 일일이 수정하는 데 시간과 비용이 상당히 많이 들어간다.

이러한 바이러스, 보안 침해 등의 소프트웨어 취약점의 문제는 궁극적으로 소프트웨어품질의 문제다. 보안의 경우 미래에 나올 모든 보안 문제를 미리 해결할 수 없다는 것은 상식적인 생각이기 때문에 발생 때마다 개선해야 하는 과제이지만, 이미 알려진 보안 취약점을 설계 및 프로그램 개발 과정에서 반영하지 않는 것은 문제라고 할 수 있다.

소프트웨어의 문제점에 대한 실버 불렛은 없다

뱀파이어와 늑대인간을 죽일 수 있는 유일한 무기가 바로 은 총탄(Silver Bullet)이다. 영원히 살 수 있는 그 무시무시한 괴물을 인간이 만든 다른 어떤 무기로도 죽일 수 없다. 프레더릭 브룩스 교수는 자신의 연구 실적과 IBM에서의 소프트웨어개발 경험을 토대로 소프트웨어의 문제점을 냉정히 파악하고, 그것을 해결하는 만병통치약과 같은 실버 불렛은 없다고 주장했다. 그의 주장은 결국 개선을 위해서는 열심히 노력하는 방법밖에 없다는 것으로 귀결된다.

브룩스 교수에 따르면 소프트웨어 프로젝트는 항상 시간이 부족하여 추가적인 비용을 투입하게 만드는데 그 원인은 바로 품질이 원하는 수준에 도달하지 못하기 때문이다. 소프트웨어는 인간이 만든 어떤 구조보다 복잡하면서 눈에 보이지도 않아 만드는 과정에서 확인하는 것이 너무 어렵다. 또한 소프트웨어는 인간의 머릿속에 있는 개념적 구조이기에 이해하기 쉽도록 추상화를 진행하는데, 추상화된 결과만을 가지고 그 구조의 세부적인 것들을 일일이 파악할 수 없는 현실적 문제도 있다.

프로그램을 코딩하면서 발생하는 소프트웨어 버그는 추상적으로 설계하면서 발생하는 복잡성에 비하면 아무것도 아니다. 소프트웨어는 하나의 단일한 논리적 알고리즘으로 구성되어 있지 않고 여러 사람이 표준에 따라 만든 소프트웨어를 결합하여 작동하는 방식을 택한다. 하나의 단일 프로그램으로 만드는 것은 프로그램코딩의 복잡성을 증가시키기 때문에 가급적 단순화하여 모듈별로 나누어 개발을 진행하는 것이 용이한 개발 방법이다. 이러한 방법은 또 다른 문제점을 낳게 하는데 여러 사람 간의 의사소통에서 발생하는 문제점, 각자 개발한 소프트웨어의 통합이 잘 안 되는 문제점, 비용과 시

소프트웨어의 문제를 한 번에 해결하는 방법은 없다

간이 증가되는 문제점을 발생시킨다.

고객의 요구사항을 명세화하기가 너무 어렵기 때문에 소프트웨어를 개발하는 개발자와 고객의 실력에 따라서도 소프트웨어의 문제가 발생하곤 한다. 소프트웨어의 만병통치약인 은 총탄은 없지만 다양한 방법으로 소프트웨어개발과정에서 나오는 버그, 에러, 오류, 결함, 결점 등의 품질 문제를 해결하려는 노력은 계속되고 있다.

소프트웨어 버그 감소에 대한 대책은 설계에서부터 시작하는데, 그 설계에 반영되기 위해서는 설계자의 경험과 역량이 품질에서 요구하는 수준으로 올라와 있어야 한다. 고객과의 의사소통을 통하여 실제적인 고객의 요구를 설계에 반영할 수 있도록 한다. 소프트웨어의 눈에 보이지 않는 특성을 감안하여 고객에게 보여줄 수 있는 방안을 마련해야 한다. 예를 들어 화면의 프로토타입Prototype을 만들어서 고객에게 보여준다. 프로토타입은 작동은 하지 않지만 보여주면 고객도 자신이 원하는 것인지 생각할 수 있고, 설계자는 고객의 생각을 좀 더 구체적으로 받아낼 수 있다.

프로그램코딩 과정에서 잠재된 버그를 줄이기 위해서 점진적으로 개발하는 방법도 사용된다. 개발 초기에는 프로그램의 중요한 구조부터 만들고, 핵심적인 역할을 하는 알고리즘을 구현하는 데 집중한다. 알고리즘이 제대로 작동하는지 확인되면 부가적으로 필요한 기능을 추가로 코딩해나간다. 프로그램코딩 전에 테스트데이터를 만들어서 그 테스트데이터를 어떻게 성공시킬지에 대한 알고리즘을 만들어내는 것도 좋은 방법이다.

궁극적으로 다른 사람들이 사용하고 있어서 이미 신뢰성이 검증된 소프트웨어를 구매하는 것이 소프트웨어 버그로부터 자유로워지는 방법이다. 우리가 업무용으로 많이 사용하는 워드와 같은 소프트웨어를 보면 쉽게 이해할 수 있다. 소프트웨어의 실제적인 문제점을 알고 있는 개발자라면 잘 사용되고 있는 소프트웨어를 가져다 부족한 기능을 추가하면 되고, 기능이 약간 다른 소프트웨어라면 가져다가 해당 부분만 수정하는 것도 좋은 방법이다.

고객의 요구사항을 만족하는 것이 품질이다

소프트웨어품질의 정의는 고객의 요구사항을 만족하는 것이다. 고객이 원하지 않으면 품질이 좋다고 할 수 없다. 고객의 요구사항과 품질에 대한 한 가지 사례를 살펴보자. 어떤 학생이 탈것을 요구했다. 학교 근처의 하숙집에서 학교까지 등하교를 위하여 걷는 것보다 빠르게 이동하고 싶었던 것이다. 이 학생은 수중에 돈이 그렇게 많지 않기 때문에 비교적 저렴한 방법을 알려주어야 한다. 이 학생이 원하는 탈것은 어느 것이 좋을까?

얘기된 요구사항만으로 학생이 원하는 것을 단정적으로 말할 수는 없다. 수중에 갖고 있는 돈의 기준이 명확하지 않다는 점을 생각한다면 어느 것이라도 다 요구사항을 만족시킬 수 있다. 만약 수중에 돈이 별로 없다는 기준이 오백만 원이라면 중고차를 살 수 있을 것이다. 20만 원 정도라면 자전거가 맞을 것이고, 만 원밖에 없다면 공공교통을 이용하는 것이 좋다. 빠르게 이동하는 것은 주관적인 조건이기 때문에 정확한 기준을 삼기 어려운 점이 있다. 학생이니까 무

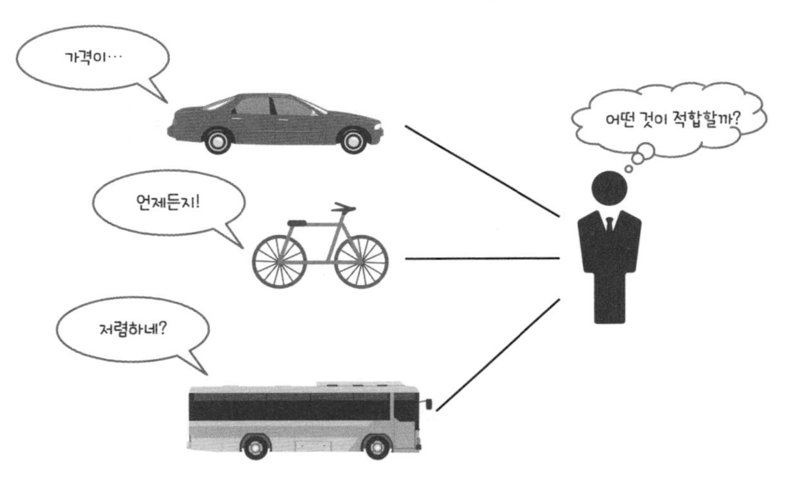

학생이 원하는 교통수단

조건 자전거여야 된다는 말은 선입관에 불과하다.

품질은 고객이 원하는 것 이상도, 이하도 아니다. 고객이 원하는 것 이상을 제공하는 것이 좋은 품질이라고 생각할 수도 있지만 실제로 그런 것은 아니다. 보통은 물건을 구매하면서 가성비를 따지기 때문에 가격 이상의 것을 좋은 품질로 얘기하지만 품질의 정의만을 가지고 얘기하면 꼭 그런 것은 아니다. 소프트웨어 개발자가 가끔 오해하는 부분이 이것이다. 고객이 원하지 않는 것을 많이 만들어주려고 한다. 개발자 개인적인 욕망도 있지만 그렇게 개발해서 주는 것이 좋은 품질이라고 생각하기 때문이다. 또 알아서 잘해준다는 생각도 있다. 고객은 다 말하지 않기 때문에 알아서 잘 만들어줘야 한다는 의무감 같은 것이 뇌리에 박혀 있다.

고객의 요구사항을 파악하는 것은 상당히 힘든 일이다. 고객은 자신이 원하는 바를 제대로 설명하지 못할 뿐 아니라 완벽하게 얘기하지도 않는다. 고객은 자신의 욕구와 욕망 그리고 명시적인 요구사항을 같은 것으로 착각한다. 또 분석가나 설계자도 고객의 욕구와 명시적인 요구사항을 잘 구분하지 못한다. 물론 경험이 많은 개발자들은 경험적으로 잘 구분해내기도 하지만 대체적으로 구분하지 못하고 설계를 하기 때문에 프로그램 개발에서 애를 먹는다.

업무 분석가는 고객의 욕구와 욕망을 명시적인 요구사항으로 바꾸는 일을 잘해야 한다. 우리는 이것을 추상적인 요구를 구체화한다고 말한다. 고객이 얘기한 욕구가 요구사항으로 명세화되면서 수 가지에서 수십 가지의 구체적인 요구사항으로 바뀌게 된다. 고객은 이

사람의 욕구와 요구사항

렇게 명시적으로 구체화된 자신의 요구사항을 프로그램으로 만들어서 보여주어야 만족하게 되는 것이다. 그래야만 비로소 소프트웨어의 품질이 좋다고 얘기할 수 있는 것이다.

업무 분석가가 만들어낸 요구사항 명세서는 이제 고객과의 약속이 되는 것이다. 고객은 소프트웨어를 만들어달라고 요청한 사람이므로 이 사람과 요구사항 명세서가 올바른지 확인해야 한다. 확인이 되었다면 목표를 명확히 하기 위하여 요구사항 명세서에 서로 사인을 한다. 이제 소프트웨어 개발자는 요구사항 명세서에 있는 그대로 소프트웨어를 개발하면 되는 것이다. 이제부터 요구사항 명세서는 소프트웨어가 개발되는 프로젝트 내내 개발의 기준이 된다. 즉 규범, 성경이나 헌법이 되었다고 생각해도 좋다. 어쨌든 지켜야 하는 것이 된 것이다. 앞으로 개발자들이 하는 모든 일은 요구사항 명세서에 있는 일을 하고 있는지? 빠진 것은 없는지? 등에만 관심을 가져야 한다. 이 관심을 구체화하는 것을 요구사항 추적성이라고 한다. 요구사항은 프로젝트가 종료될 때까지 추적되어 완료를 확인할 수 있도록 추적 번호가 만들어진다. 결국 성공한 프로젝트의 기준은 애초에 고객과 합의한 요구사항 번호와 만들어진 소프트웨어가 일치하고 빠짐이 없는지 확인된 프로젝트라고 말할 수 있다.

품질을 담당하는 전문가 QA

소프트웨어의 품질을 전적으로 담당하는 사람을 QA Quality Assurance(품질 담당자)라고 부른다. 이들은 품질을 계획하여 그 계획을 소프트웨어 개발자와 공유한다. 또 개발자들이 품질계획에 따라 실행한 결과를 집계하여 품질을 측정한다. 측정한 품질 지표에 따라 개선할 사항을

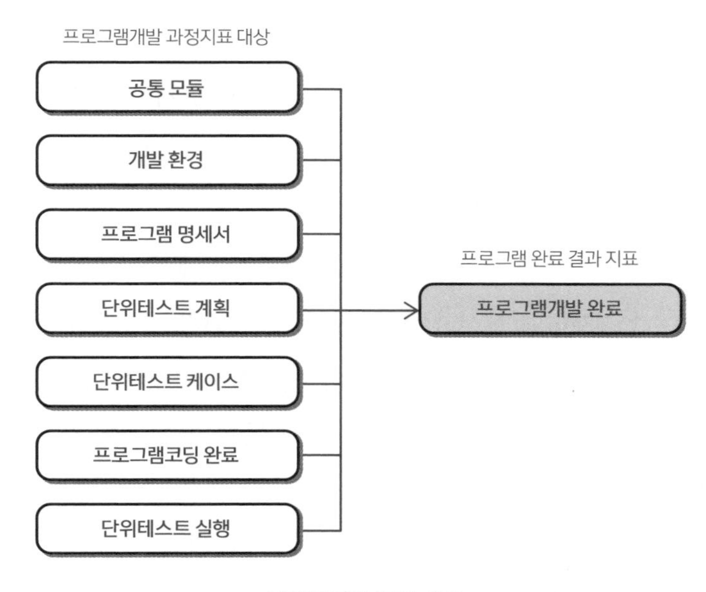

과정지표와 결과 지표

추가적으로 조치하고 제대로 추진이 되는지 모니터링한다. 여기까지 들으면 QA는 소프트웨어개발 프로젝트에서 아주 중요한 일을 담당하는 것으로 느낄 것이다. 하지만 개발자들은 QA를 무척이나 싫어한다. QA가 하는 일을 개발자들이 개발하는 데 있어서 발목을 잡는 일로 여기고, 품질이 안 좋은 것에 대해서 프로젝트의 윗사람들에게 고자질하고, 항상 힘들게 하며 통제하는 사람들로 인식하기 때문이다.

QA의 역할이 개발자의 품질을 통제하는 것에 주안점을 둔다면 모든 개발자는 차라리 QA는 없는 것이 낫다고 할 것이다. 개발에는 전혀 도움을 주지 않기 때문이다. 개발자는 항상 납기에 밀려서 밤낮으로 개발에 매진하는데 QA는 품질을 빌미로 노상 회의를 진행하고 자료를 요구한다. QA는 품질 지표 관리를 위해서 개발 결과의 집계가 필요하다. 프로젝트관리자는 품질 지표를 통해서 자신의 프로젝트가 제대로 진행되고 있는지 파악하려고 하기 때문에 항상 QA에게 빠른 집계를 요구한다.

품질은 QA가 열심히 한다고 해서 향상되거나 개선되는 것은 아니다. QA가 집계하여 분석하는 지표는 수행 결과가 어떻게 되었는지를 나타내는 결과 지표가 대부분이다. 경험이 많은 QA라면 결과를 집계하는 데 연연할 것이 아니라 무엇보다 먼저 소프트웨어프로세스 과정에서 어떤 점을 개선해야 품질이 향상될 수 있는지 고민해야 한다. 또한 개선을 위해서는 과정지표를 선정하고 관리해야 한다.

QA는 품질계획서를 만드는데 이것은 품질의 표준을 정하고 품질의 목표를 설정하여 개발자들이 달성할 수 있도록 견인한다. 품질목표는 프로젝트 시작 전에 만들고 소프트웨어 프로젝트 참여자들이 들어오기 시작하면 교육하고 공유하는 활동을 한다. 품질을 관리하는 것은 상당히 지난한 과정이다. 인내력이 요구되고 개발자들에 대한 리더십도 요구된다. QA는 품질보증 업무도 담당한다. 품질보증이란 품질목표와 성과를 비교하여 성과가 품질목표에 도달하도록 관리하는 업무다. 언급한 바와 같이 성과가 제대로 나오려면 과정지표를 잘 만들어야 한다. 소프트웨어개발상의 과정지표를 관리하면 개발 진척이 어떻게 될지 예측할 수 있어서 납기 지연에 대한 대응이 가능하다. 그러므로 프로젝트 종료가 가까워질 무렵에야 알 수 있게 되는 납기 지연의 낭패를 막고 목표 미달의 질책으로부터 해방될 수 있다.

결과 지표만 관리하다가 문제가 된 사례가 있다. 아마도 대부분의 프로젝트에서 발생하는 사례라고 할 수 있다. 소프트웨어를 개발할 때는 단위프로그램의 완료 건수를 관리한다. 이것은 대표적인 결과 지표다. 프로젝트의 개발단계가 3개월의 시간을 두고 있다면 1개월째는 30% 개발 완료, 2개월째는 누적으로 60% 개발 완료, 3개월째는 누적 100% 개발 완료를 목표로 수립한다. 1개월째, 2개월째는 60%까지 잘 마무리하여 목표를 달성하였다. 어느 개발 팀은 목표를 초과하여 개발을 진행시키기도 한다.

경험이 많은 프로젝트관리자는 마지막 3개월은 관리 수준을 세분화하여 주 단위 관리를 실시한다. 마지막 1주차는 70%, 2주차는

80%, 3주차는 90%, 4주차는 100%로 관리한다. 1주차는 70%를 무난히 달성했다. 2주차도 80%, 3주차도 90%를 달성했다. 이제 마지막 4주차에 10%만 달성하면 소프트웨어개발은 완료된다. 하지만 마지막 4주차에서 소프트웨어개발 완료는 97%에서 멈춰 선다. 개발팀에 물어보니 나머지 3%는 일주일의 시간이 더 필요하다고 한다. 일주일의 시간을 주었는데 개발 진척은 98%에서 멈춘다. 다시 일주일을 주어도 완료되지 않는다. 결국 한 달 동안 추가로 개발했지만 99%에서 개발 진척이 안 된다.

이러한 문제점은 어느 프로젝트에서나 흔히 발생하는 상황이다. 모두 이유가 있는 상황이다. 소프트웨어 개발자는 진도를 맞추고자 쉬운 프로그램부터 코딩을 시작한다. 그렇기 때문에 초기 진도는 잘 뺄 수 있다. 난해하고 어려운 프로그램은 나중으로 밀어놓는 경향이 있기 때문에 개발단계의 마지막으로 몰릴수록 진도가 안 나게 마련이다. 이런 문제를 예방하는 방법 중의 하나가 과정지표를 관리하는 것이다.

데이터의 신뢰성이 소프트웨어의 반이다

소프트웨어의 구성 요소 중에 하나인 데이터의 신뢰성을 간과하는 경우가 많이 있다. 신규로 개발되어 사용하는 프로그램이라면 새롭게 데이터가 입력되므로 들어가는 데이터가 제대로 들어가는지 확인하면 된다. 기존에 있던 데이터를 사용하는 프로그램이라면 데이터의 전환을 통하여 예전 데이터를 새로운 프로그램에 맞도록 신규 데이터베이스로 이관하여 사용하게 된다. 데이터는 한번 어그러지면 다시 맞추는 것이 힘들다. 대부분의 개발자들이 겪는 어려움은 프로그램의 알고리즘은 이상이 없는 것 같은데, 사용자로부터 데이터가 이상하다는 얘기를 듣는 경우다. 아무리 프로그램을 뜯어봐도 찾을 수 없는 에러가 있는 것이다. 이럴 때는 데이터의 무결성을 확인해야 한다.

프로그램의 로직 오류가 있는 줄도 모르고 있다가 나중에 알았을 때는 이미 감당하기 힘든 정도로 엄청나게 많은 양의 오류 데이터가 쌓여 있는 경우도 있다. 상황을 분석해보니, 프로그램은 데이터베이스의 이곳저곳에 데이터를 신규로 삽입하고 변경해놓았다. 손쓰기에는 이미 잘못된 데이터가 너무 많이 생성된 것이다. 일일이 손으로 수정하기에는 시간이 너무 촉박하여 데이터를 정정하는 프로그램을 개발하여 일시에 고치는 작업을 하기도 한다. 하지만 이런 작업은 굉장히 힘들고 위험한 작업이다. 운영환경에 있는 데이터를 수정한다는 것은 데이터의 신뢰성을 해치는 행위이기 때문이다. 만약 틀린 데이터를 기준으로 고객에게 수금을 처리했거나 물건을 배송했거나 입금 처리를 했다면 어떻게 할 것인가? 데이터만 수정한다고 일이 해결되는 것이 아니다.

데이터무결성 문제로 갑자기 프로그램이 죽거나 테이블 간에 데이터가 서로 안 맞아서 보여지는 결과가 다른 경우를 많이 봤다. 화면

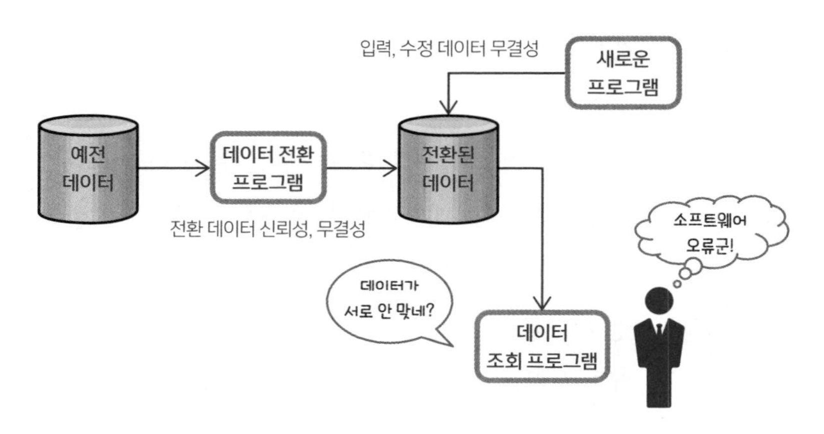

데이터의 무결성도 소프트웨어품질

의 요약 정보에는 10만 원이라고 되어 있는데, 세부 내역을 들어가서 보니 내역의 합이 11만 원이다. 어느 데이터가 맞는 데이터인지 알 수 없는 상황이 발생했다.

데이터의 무결성이 깨졌다는 얘기는 소프트웨어의 품질에 이상이 있다는 말과 같다. 많은 개발자들이 데이터의 무결성에 대해서 그냥 무신경하게 넘어가는 것에 대해 경각심을 가져야 한다. 내 프로그램이 새로 만드는 데이터뿐만 아니라 데이터 전환으로 넘어가는 데이터의 무결성도 프로그램 알고리즘의 잠재적 문제를 찾듯이 세밀하게 검증하여 전체 소프트웨어의 기능에 이상이 없도록 해야 한다.

품질보증 기법은 검증과 확인이다

소프트웨어의 품질을 보증하는 방법에는 검증 및 확인이 있다. 검증은 우리가 만들어야 하는 소프트웨어를 올바른 방법으로 개발하고 있는지 보증하는 활동이고, 확인은 고객의 요구사항에 맞는 소프트웨어를 만들고 있다는 것을 보증하는 활동이다. 좀 헷갈린다면 검증은 소프트웨어를 만드는 프로세스가 맞다는 것을 보증하고, 확인은 고객이 원하는 제품을 만든다는 것을 보증한다는 것으로 이해하자. 검증은 프로세스가 잘 정의되어 있고 그 프로세스대로 잘 따라서 하면 당연히 제대로 된 제품이 나온다는 경영 원칙이며 검토, 워크스루와 같은 방법을 통해서 검증한다. 반면에 확인은 고객이 원하는 바를 제대로 구현했는지 최종 제품을 직접적으로 평가하는 것으로 테스트를 통해서 확인한다.

품질보증 기법 중에 대표적으로 검토(Review), 워크스루Walk Through, 검사(Inspection), 시험(test) 및 감사(Audit)가 있다. 가장 느슨한 방법이 검토이고 강하고 엄격한 기법이 감사다.

검토는 문서의 검증 활동에 많이 사용하는 방법인데 간혹 알고리즘의 확인이나 코드 리팩터링을 위해서 소스 코드의 검토도 한다. 소프트웨어 설계자가 작업한 결과에 대해서 작업에 참여하지 않은 제3자가 예상치 못한 오류나 개선 사항이 있는지 살펴보는 데 목적이 있다. 문서의 내용을 일일이 보면서 문제가 있는지 확인한다. 만약 프로그램 소스 리뷰라면 To Do Fix와 같이 표기하면서 진행

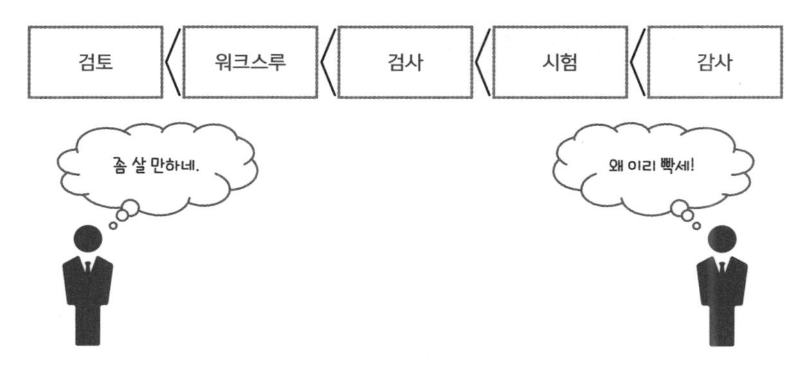

품질보증 기법의 종류

하여 나중에 소스 코드를 수정할 수 있도록 한다.

워크스루는 개발자가 다양한 사람에게 의견을 받기 위하여 발표하고 참여자는 그 내용에 대해서 자신의 의견을 제시한다. 개발자는 이때 나온 의견에 대해서 자신의 판단에 따라 반영한다. 워크스루는 회의 형태로 진행하며 일종의 검토회의라고 할 수 있다. 문서의 처음부터 마지막까지 일일이 문제점을 파악하는 방법이다.

경험적으로 얘기하면 검토나 워크스루 중에는 검토를 자주 하는 편이다. 워크스루는 자주 사용하는 방법은 아닌데 아마도 검토와 별반 차이가 없다고 생각하는 것 같다. 또한 워크스루라는 말 자체도 자주 쓰는 용어가 아니다. 하지만 검토든 워크스루든 형식적인 방법에 매달리지 않고, 계획을 수립하고 제대로 수행하는 것이 중요하다. 검토할 문서나 코드에 대해서 대충 보고 빠르게 회의를 끝내는 것으로 만족해서는 안 된다. 검토 시에는 사전에 점검 리스트(Check List)를 만들어서 진행할 것을 권고하고 있다. 하지만 사전에 점검 리스트를 만드는 것 자체가 어렵고 시간이 많이 들어가는 작업이므로 잘 지켜지지 않는 것이 현실이다. 소프트웨어 전문가이면서 리더 역할을 수행하는 사람들은 자신의 경험을 바탕으로 검토를 진행하지만 그 검토 내용이 체계적으로 문서화되어 있는 경우가 거의 없다. 대부분 점검 리스트는 한 번 쓰고 버린다는 생각이 강하므로 문서로 잘 남기지 않는 경향도 있다.

검토는 동료가 하는 개인 검토(Peer Review), 공식 검토(Formal Review), 검토회의(Review Meeting) 등이 있으며, 검토 보고서는 동일한 양식을 사용한다.

인스펙션Inspection은 검사라는 말로 사용된다. 주로 소스 코드를 실행하지 않고 명령어를 따라가면서 알고리즘을 검사할 때 사용한다. 방

검토 보고서

검토 방법	개인 검토 : Peer Review (Peer Review,, Formal Review, Walk Through, Review Meeting)
검토자	홍길동
검토 일시	2018년 10월 20일 15시~16시
검토 대상	주문 분석 팀 주문 업무 요구사항분석 명세서
검토 목적	요구사항이 설계에 적합하게 분석되었는지 검증함
검토 내용	1) 요구사항의 일련번호가 중복되어 있음 - 중복 번호 RA002, RA101 2) 고객이 요구한 주문 확정에 대한 건이 누락됨 3) RA125는 요구사항이 명확하지 않음
제안 사항	1) 주문과 배송의 요구사항 누락 부분 검증 필요함
서명	

검토 보고서 양식

법으로 따지면 워크스루와 비슷한 방법이지만, 검사의 목적은 소스 코드에 결함이 있는 것을 찾아서 지적하는 활동이다. 상당히 경직되고 공격적인 회의라고 할 수 있다. 검사 회의에 참석하는 사람은 고도로 훈련되거나 경험이 많은 숙련된 사람이므로 짧은 시간에 효율적으로 많은 문제점을 찾아낼 수 있다. 이 회의의 주된 목적은 잘못된 것을 지적하는 것에 있다. 해결 방안을 찾아내는 회의는 아니지만 현실에서는 문제점에 대해서 해결 방안도 같이 알려주곤 한다. 당연히 시간이 많이 걸리게 되어 있는 검사 회의지만 해결 방안까지 얘기해 주므로 더 많은 시간이 소요된다. 검사 회의는 문제를 지적하고, 해결 방안에 대해서는 검사가 끝난 뒤에 개인 스스로 해결하는 것이 검사 회의의 효율성 측면에서 바람직하다.

테스트는 실제로 실행하는 프로그램에 대해서 테스트케이스를 가지고 실제 사용하는 것처럼 확인하는 과정이다. 테스트의 종류는 목적과 시기에 따라 다양하다. 테스트는 프로그램에 결함이 있다는 것을 증명하는 과정임을 명심해야 한다. 그러므로 문제가 있음을 증명하기 위하여 혹독하게 테스트를 준비해야 한다. 테스트에서 문제가 없는 것으로 통과되어도 잠재적인 결함은 계속 남아 있을 것이기 때문이다.

감사는 정해진 절차에 따라서 소프트웨어를 개발했는지 확인하는 절차다. 그러므로 프로젝트나 소프트웨어개발 전에 절차가 정해지지 않았다면 감사할 것도 없다. 모든 것이 지적 사항이 되기 때문이다. 표준절차가 있다면 감사는 절차를 지켰는지 확인하고 지키지 않은 것에 대해서 부적합 사항을 보고한다. 개발자는 부적합 사항에 대해서 시정 조치해야 하며 시정 조치한 결과에 대해서는 감사를 진행했던 사람들이 다시 감사를 진행한다. 감사는 다분히 사후적인 활동이므로 소프트웨어 개발자들이 정해진 절차와 표준을 지키도록 강제하는 데 목적이 있다.

감사와 비슷한 용어로 감리가 있다. 감리는 감사의 기능 외에 예방적 성격도 있어서 프로젝트가 성공할 수 있도록 기술적 조언과 개선사항을 권고한다.

대부분의 기업이나 프로젝트에서는 소프트웨어프로세스에 대한 절차와 표준을 만들어서 활용한다. 처음으로 프로젝트에 참여하는 사람에게 미리 만들어진 절차와 표준이 있다는 것의 의미는 자신의 역량을 충분히 발휘할 수 있는 기회가 주어진 것이며, 소프트웨어개발에 집중할 수 있도록 여건을 만들어주는 것이다. 많은 프로젝트에서 초기에 시간을 까먹는 이유가 이런 것의 준비 부족과 관련이 있다. 경험 많은 개발자는 알아서 하지만 경험이 부족한 사람들은 프로젝트에서 무엇을 해야 하는지에 대한 의문을 갖고 있기 때문이다.

품질시스템을 알아야 한다

품질시스템은 표준화 기구에 의해 정의된 품질관리 및 품질보증에 대한 규격을 말한다. 우리나라는 이미 수십 년 전부터 소프트웨어 품질시스템을 국제 규격이 정한 표준에 따라 관리하는 것을 관행으로 삼아서 적극적으로 국제 규격의 품질시스템을 도입하였다. 일종의 경영을 보조하는 품질관리 절차로 이해하면 된다.

대표적으로 ISO International Standard Organization의 품질 표준을 도입하여 적용하였으며, 소프트웨어 분야는 ISO9001을 적극 도입하여 국제표준 인증을 획득하는 데 많은 노력을 기울였다. ISO 품질 인증을 받기 위해서는 ISO에서 정의한 표준절차를 제대로 따르고 있는지를 심사하여 절차를 잘 따르고 있으면 인증을 해주고, 절차를 제대로 따르지 않으면 부적합 사항에 대한 시정권고를 한다. 이후 시정 조치가 제대로 되었으면 품질 인증을 해주고 있다. 이 인증은 ISO가 정한 표준적인 품질시스템이 기업 내부에서 제대로 적용되어 사용하고 있는지에 대한 판단이 전부다. 즉 인증을 받았으면 ISO 품질 인증 회사이고, 그렇지 않은 회사는 아무것도 아닌 것이다.

ISO 품질 인증에 비하여 조금 더 힘들게 인증을 받아야 하는 CMMi Capability Maturity Model Integration는 미국 주도의 소프트웨어품질 인증 체계다. 기업의 소프트웨어개발 역량과 프로세스의 성숙도를 가지고 5단계로 평가하기 위한 모델이다. ISO는 기업 단위로 인증을 하지만 CMMi는 조직 단위로 평가를 하기 때문에 기업 내부에서도 CMMi의 성숙도가 높은 조직이 있는 반면에 그렇지 않은 조직도 있을 수 있다. 가장 낮은 단계인 Level 0은 프로세스를 가지고 있지 않아 임의로 소프트웨어를 개발하는 조직이라고 생각하면 된다. 해커 개발 모델 Hacker Coding Model, 코딩 앤드 픽스 Coding & Fix, 코딩 앤드 프레이 Coding & Pray를 사용하는 조직이다. 가장 높은 단계인 Level 5는 소프트웨어개발에 최적화된 프로세스를 갖고 있어서 프로세스만 제대로 지켜서 소프트웨어를 개발하면 세계 최고의 품질을 가진 소프트웨어를 만들 수 있다고 한다. 우리나라 기업은 Level 2나 Level 3만 되어도 대단한 개발 역량을 갖고 있는 조직이라고 말할 수 있다.

현재는 대부분의 기업이 품질시스템에 대해서 그다지 큰 관심을 갖고 있지 않다. 이미 우리나라에서 소프트웨어산업과 기술을 선도하는 회사는 외부의 품질 인증이 그다지 회사의 이미지나 홍보에 도움을 주지 않는다는 것을 깨닫고, 실질적인 프로세스의 정착이나 개선을 위한 노력을 중시한다. 이제는 굳이 품질 인증을 받지 않더라도 품질 프로세스의 내부 역량이 많이 내재화되어 있다. 이미 외부 소프트웨어개발 사업이 크게 성장하지 않는 상황에서 외부 고객에게 품질에 대한 우위를 점하고 있다는 점을 알리는 것도 사업적으로 큰 장점이 되지 않고 있다. 또한 4차 산업혁명에서는 인증을 위한 복잡한 절차를 적용하고 많은 문서를 작성하기보다는 빠르게 변화하는 환경에 속도감 있게 적응하는 것이 중요하다. 이런 상황 변화에 따라 품질 인증에 대해서 큰 관심을 갖지 않게 된 것 같다.

국제기구에 의한 인증과는 별개로 기업의 내부에 품질시스템이 있어서 체계적으로 품질을 관리하고 있다는 것은 기업의 역량을 강화하면서 소프트웨어의 신뢰성을 확보하는 좋은 수단이다. 품질 인증은 누군가로부터의 인증보다는 기업이나 조직의 실제적인 품질 향상을 위한 노력과 역량의 내재화가 중요하다. 하지만 품질을 향상시키기보다는 남에게 품질 인증을 받았다는 사실을 홍보하여 사업에 이용하려는 목적이 강한 것을 알 수 있었다. 많은 회사들이 실제적인 품질시스템은 회사의 어디에도 없고, 인증을 받아야 하는 시기에만 품질시스템을 적용하고 있는 것으로 시늉만 하고 있을 따름이었다.

졸업장이 아닌 실력의 품질시스템이 중요하다

오래전에 품질 인증을 위한 품질감사를 받은 적이 있다. 이때쯤이면 모든 조직들이 인증 심사를 통과하기 위하여 그동안 무관심했던 많은 양의 서류를 조작하기 시작한다. 한마디로 소프트웨어프로세스의 소설을 창작하는 것이다. 그동안 사용하지 않았던 품질 절차를 마치 잘 사용하고 있었던 것처럼 서류를 만들어낸다. 하지만 나는 이렇게 조작된 결과로 인증에 응하지 않고, 기존에 했던 결과를 가지고 인증을 받겠다고 했다. 품질 심사를 특정 대학을 나온 사람이라는 졸업장 수준으로 생각하는 것이 싫었기 때문이다. 대학 졸업장도 중요하지만 실제적으로 중요한 것은 대학에서 얼마나 잘 배웠는가 하는 실사구시(實事求是)의 정신이 아닐까?

어쨌든 많은 사람이 이런 결정에 놀라지 않을 수 없었을 것이다. 인증을 못 받으면 그 조직은 회사의 경영진으로부터 엄청난 질책을 받게 되고, 인증을 받기 위하여 제대로 된 품질 절차를 준수해야 하므로 일이 많이 늘어나서 당분간 피곤한 회사 생활을 해야 하기 때문이다. 그 조직의 최상위 리더는 당연히 결과가 나쁘므로 책임을 져야 하고 회사로부터 많은 불이익을 받을 수밖에 없다. 하지만 인증을 위한 인증은 회사의 품질 향상에 도움이 되지 않을뿐더러 궁극적으로 회사의 경쟁력에도 도움을 주지 않기에 인증 심사할 때까지 문서의 조작을 허락하지 않았다.

다행히도 조직의 내공이 있어서 인증을 받을 수 있었지만 아주 많은 부적합 사항을 받게 되었다. 부적합 지적을 받았다는 의미는 그 부적합 사항을 일정 기간 내에 시정 조치하여 재심사를 받아야 한다는 의미로 이때는 모든 직원들이 제대로 된 품질시스템을 적용하는 기회의 시간이 되는 것이다. 지금은 세월이 많이 흘렀고, 이미 우리나라는 한국뿐만 아니라 세계적으로도 소프트웨어 강국이 되었다. 굳이 품질시스템의 인증을 해외 여러 기관에서 받을 필요 없이 제대로 된 제품을 공급하는 시장의 신뢰로 품질을 강화해야 한다.

소프트웨어의 품질특성

소프트웨어가 품질이 좋다는 의미는 고객의 요구사항을 만족해야 한다고 했다. 그런데 요구사항 만족이라는 품질 정의가 너무 추상적이기 때문에 좀 더 구체적으로 어떤 품질의 조건을 만족해야 하는지 고민해보자. 문제의 원인을 구체적으로 찾아내는 방법인 분할정복 기법을 사용하여 좀 더 세부적으로 분석하여 품질을 정의할 수 있

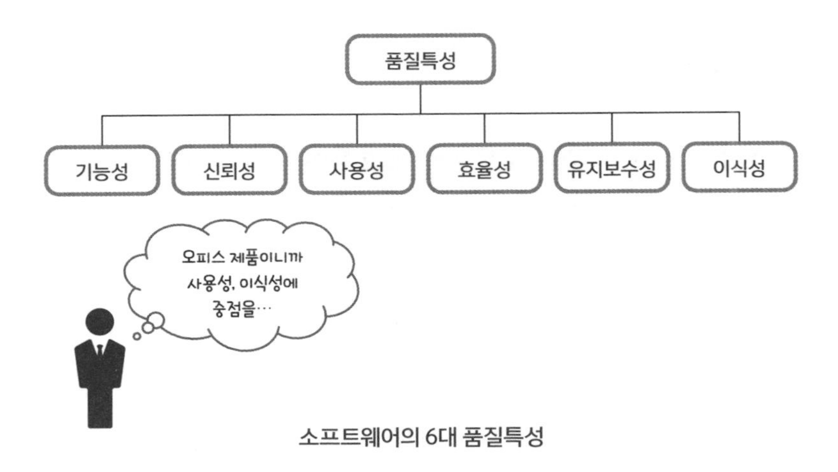

소프트웨어의 6대 품질특성

다. 이런 세부적인 품질특성이 ISO 등에서 발표하는 국제표준에 잘 나와 있다. ISO에서는 기능성, 신뢰성, 사용성, 효율성, 유지보수성, 이식성을 대표적인 소프트웨어의 품질특성이라고 제안했다. 각 특성을 구체적으로 살펴보자.

기능성은 고객이 요구하는 기능이 개발되었는지, 또 완성된 기능은 오류가 없는지로 설명한다.

신뢰성은 개발된 소프트웨어는 신뢰할 만한지, 예를 들면 장애 발생 시에 복구는 바로 될 수 있는지, 심각하지 않은 소프트웨어의 오류나 장애가 발생해도 전체 소프트웨어는 죽지 않고 가동되는지로 설명할 수 있다.

사용성은 고객이 편하게 사용할 수 있는지, 예를 들면 소프트웨어 화면은 사용자가 직관적으로 이해할 수 있는지, 소프트웨어 조작은 용이한지, 소프트웨어의 사용이 일관적인지, 쉽게 접근하여 사용할 수 있는지로 설명할 수 있다.

효율성은 소프트웨어가 자원을 효율적으로 사용하는지, 예를 들면 응답시간이 원하는 수준인지, 컴퓨터 용량 내에서 실행이 되는지, 컴퓨터의 자원을 과도하게 사용하지는 않는지를 의미한다.

유지보수성은 소프트웨어 변경이나 관리가 용이한지를 의미한다.

이식성은 다른 컴퓨터 환경에서 사용해야 한다면 쉽게 이식할 수 있는지로 설명할 수 있다.

모든 특성을 다 만족할 수는 없지만 적어도 소프트웨어의 품질특성에는 이런 것이 있구나 하는 정도는 이해하고 소프트웨어를 개발해야 한다. 물론 특성에 대한 단어의 의미가 바로 와닿지 않아서 '이게 뭘까?' 하고 생각할 수는 있지만, 약간의 개발 경력만 있다면 이 정도의 품질특성은 머릿속에 내재화되어 있을 것이다.

우리가 개발하는 소프트웨어제품 종류에 따라 소프트웨어의 품질특성의 주안점이 바뀐다. 품질특성에 대한 우선순위가 다르다고 할 수 있다. 워드와 같이 일반인 대상의 오피스 제품이라면 신뢰성, 사용성, 효율성, 이식성이 중요할 것이다. 일반인 대상으로 제품을 팔아야 하므로 어느 사용자나 쉽게 이해하고 바로 사용할 수 있으면 좋을 것이고, 집에 있는 컴퓨터의 기종에 관계없이 잘 설치되어 사용되어야 하기 때문이다. 반면에 기업에서 필요한 기능의 소프트웨어를 아웃소싱 프로젝트로 개발하는 것이라면 기능성, 신뢰성, 유지보수성 등이 중요할 것이다. 당연히 고객이 원하는 바를 개발해야 하므로 기능성이 중요하고, 장애에 민감하지 않게 죽지 않고 잘 돌아야 하며, 향후 소프트웨어의 관리 및 변경이 용이해서 소프트웨어가 잘 운영되어야 한다. 반면에 이식성과 같은 품질특성은 그다지 중요하게 생각하지 않을 것이다.

대부분의 소프트웨어 개발자들은 고객의 요구에 따라 소프트웨어를 만드는 경험이 축적되어 있기 때문에 고객이 원하는 바는 잘 만들어내는 편이다. 소프트웨어가 한번 개발되면 모든 일이 끝나는 것이 아니다. 소프트웨어의 잠재적 오류와 환경 변화로 인한 수정에 대처하기 위하여 많은 소프트웨어 운영자가 개발자의 뒤를 이어서 일을 시작한다. 이들은 소프트웨어의 운영과 수정, 변경 등의 유지보수 업무를 한다. 이때를 염두에 두고 관리해야 할 소프트웨어의 품질특성이 유지보수성이다. 소프트웨어 개발자들의 향후 업무를 용이하게 하기 위한 품질특성이라고 할 수 있다.

소프트웨어유지보수 품질이 좋기 위해서는 소프트웨어가 유연해서 요구사항의 변경을 쉽게 처리할 수 있어야 한다. 이를 용이성이라고 한다. 비슷한 특성으로 기능 추가가 쉬운 확장성을 들 수 있다. 소프트웨어의 소스는 가독성이 좋아야 한다. 유지보수를 하지 않는다면 가독성은 크게 의미가 없다. 또한 모듈성도 중요하다. 작은 모듈로 구성되어 있어야 관리가 용이하고 이해도 쉽다. 변경 시에도 영향도가 적어서 약간의 소스만을 수정하여 반영할 수 있기 때문이다. 재사용성도 중요하다. 추가적인 기능 개발을 위한 소프트웨어개발 시에 기존에 개발한 소프트웨어모듈을 사용하면 생산성뿐만 아니라 오류가 적어지는 장점이 있다. 다른 소프트웨어 시스템이나 플랫폼과의 연동에서 쉽게 인터페이스가 가능한 호환성도 중요한 품질특성이다.

품질이 좋은지 나쁜지 판단하는 기준

품질이 어떤지를 판단하는 정량적 기준이 있어야 좋은지 혹은 나쁜지를 판단할 수 있다. 소프트웨어프로세스 전문가나 품질 전문가들이 항상 하는 얘기가 있다. "측정할 수 없으면 관리할 수 없고, 관리할 수 없으면 개선할 수 없다."는 말이다. 우리가 뭔가를 못하고 있어서 아니면 더 잘하기 위해서 개선을 하는데 그 개선의 결과가 제대로 되었는지 표시할 수 있는 정량적 숫자가 있어야 한다는 말이다. 공부를 하더라도 전보다 열심히 했으면 당연히 전보다 성적이 올라야 한다. 성적이 떨어지면 열심히 하지 않았다는 객관적 증거로 사용

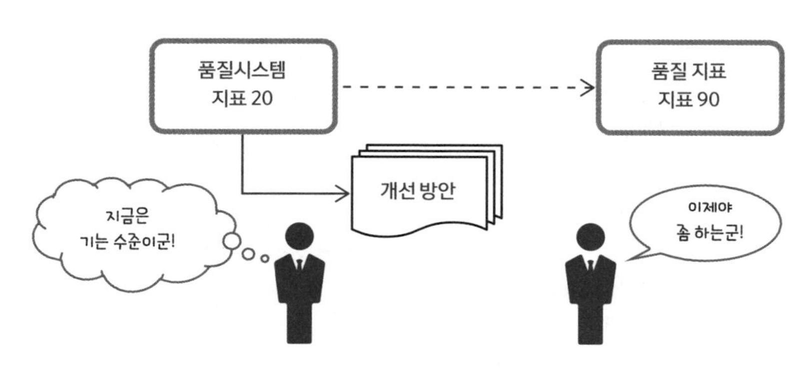

품질 지표를 정해야 개선을 할 수 있다

된다. 소프트웨어품질도 동일한 성질을 갖고 있다. 개선을 하기 위해서는 지금 현재의 상태를 알아야 하는데 그것을 정량적 숫자로 표기한다. 그리고 여러 방안으로 개선을 하고 일정 시간 동안 개선을 해서 그 결과가 어떻게 되었는지 다시 숫자로 표기한다.

우리는 이것을 품질 지표(Metrics)라고 한다. 품질 지표는 다양하게 연구되어 활용되고 있는데 예를 들면 소프트웨어개발과정 중에는 개발 진척률, 데이터 전환율, 테스트 합격률, 결함 발생률, 테스트 결함 발견율, 인당 개발 생산성 등을 사용하고, 소프트웨어유지보수 과정 중에는 장애 건수, 장애 시간, 장애 처리시간, 배포 오류율, 테스트 결함 발생수, 납기 준수율 같은 지표를 대표적으로 사용한다.

이와 같이 다양한 품질 지표를 선정하여 현재 수준을 측정하고 개선할 목표를 확정한 후에 개선을 위한 다양한 과제를 수행하다 보면

품질 지표	지표 산정
개발 진척률	개발 완료 프로그램/전체 프로그램X100
데이터 전환율	전환 데이터 건수/전체 데이터 건수X100
테스트 합격률	테스트 성공 프로그램/테스트프로그램X100
결함 발생률	결함 발생 프로그램/전체 프로그램X100
테스트 결함 발견율	결함 발생 건수/테스트케이스 수X100
인당 개발 생산성	개발 완료 건수/투입 인력 공수
장애 건수	장애 건수(주별/월별/연간)
장애 시간	장애 누적 시간(주별/월별/연간)
장애 처리시간	장애 조치 경과시간(주별/월별/연간)
배포 오류율	오류 프로그램/배포된 프로그램X100
테스트 결함 발생수	결함 발생 건수(단위프로그램)
납기 준수율	납기 지연 프로그램/배포된 프로그램X100

대표적인 품질 지표 사례

어느 순간에는 목표를 이룰 수 있다. 하지만 소프트웨어개발이 사람이 직접 하는 일이 많다 보니 사람의 절대적인 노력과 참여가 없거나 등한시하는 경우에는 지표가 다시 나빠지거나 개선이 되지 않는 경우도 종종 보게 된다. 이때 많은 사람들이 원상 복구되었다는 말을 자주하게 되는 이유다. 그러므로 소프트웨어품질은 장기적인 관점에서 프로세스개선을 충실히 이행해야 함은 물론 조직의 문화가 바뀌지 않으면 잘 안 될 분야다.

소프트웨어 개발자들이 개선 의지를 갖고 목표를 명확히 인지한 후에 묵묵히 정해진 절차와 규정을 준수하면 당연히 원하는 성과를 얻을 수 있다. 기존에 많은 경험을 가진 사람과 새로 들어온 신입 사원을 비교하면 생산성은 경험을 많이 가진 사람이 월등한 성과를 내기도 하지만 소프트웨어로 인한 휴먼 장애 발생은 꼭 경험이 부족한 신입 사원이 많이 내는 것은 아님을 알 수 있다. 경험이 많은 전문가라도 약간의 방심으로 인해 휴먼 장애를 내는 경우를 많이 보았다.

회의 중에, 운영했던 소프트웨어 시스템에서 장애가 발생했다는 문자를 받았다. 이 회사에서는 장애가 발생하면 장애를 최초로 인지한 사람이 장애 보고를 하도록 제도화되어 있다. 장애가 발생한 소프트웨어의 문제를 파악하였다. 일반적인 화면을 사용하는 프로그램이 아니고 배치 프로그램으로 일괄작업을 하는 프로그램이었다. 장애의 원인은 예전에 개발해서 배포한 프로그램의 알고리즘 문제로 비정상 종료되었기 때문이었다. 이에 새로운 알고리즘을 적용해야 했다. 당연히 그와 같은 고객의 비즈니스 변경에 대해서 프로그램을 새로 짜서 테스트도 완료한 상황이었고, 이제 새로운 프로그램으로 작업을 돌리기만 하면 되었다. 하지만 운영자의 나태함과 방심으로 예전 프로그램을 돌린 것이다. 2차 장애가 발생한 것이다.

변명은 다양하다. 누가 봐도 안쓰러운 상황이다. 사람이기 때문에 일이 많아서 실수할 수 있는 상황으로 보이기는 하지만 결과는 너무나 큰 문제를 발생시켰다. 작업을 위한 체크리스트가 제대로 보완이 안 되어 있었고, 그 체크리스트를 사용하지도 않았다. 또 작업 후에도 그 결과를 확인하지 않았다. 결론적으로 보면 당연히 해야 할 일을 바빠서 혹은 잘될 것으로 믿고 안 한 것이다. 절대 실력이 부족해서 발생한 일이 아니었다. 이런 일이 발생하는 원인은 조직의 문화가 품질 중시의 문화로 제대로 정립되어 있지 않기 때문이다. 표준과 절차는 목에 칼이 들어와도 지켜야 한다는 말이 있듯이 절차 준수만 제대로 하더라도 평균 이상의 품질수준을 확보할 수 있음을 경험적으로 알려주고 싶다.

착각의 품질 지표와 이면에 숨은 의미 찾기

품질 지표는 결과 지표도 관리해야 하지만 과정지표를 잘 관리해야 나중에 문제가 없음을 언급했다. 지표가 좋은데도 뭔가 알 수 없는 문제가 발생하는 경우가 있다. 이런 것을 착각 속의 지표라고 할 수 있다. 일상에서도 그런 일이 발생한다. 물가 인상률은 낮은데 실

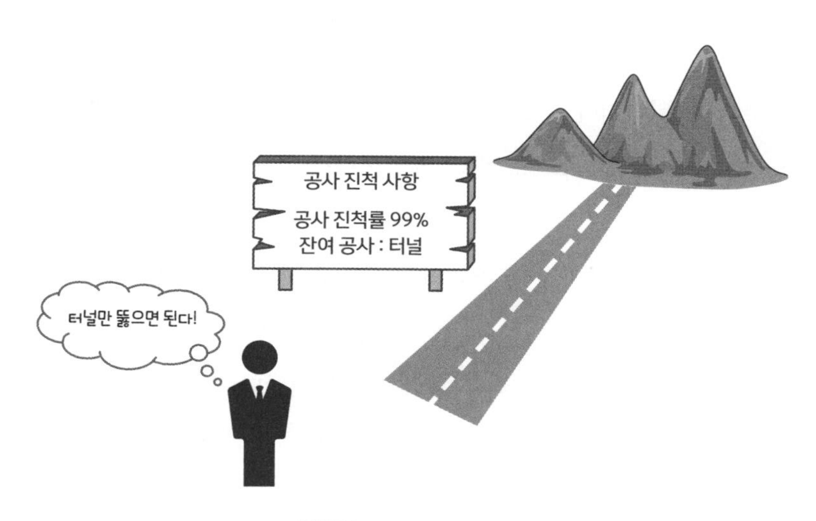

진척률은 99%, 완료율은 0%

제 물건값은 엄청 올랐다는 말이 신문에 등장한다. 지표와 실물의 차이가 있는 것이다.

소프트웨어개발 완료율을 지표로 많이 사용하는데, 어느 프로젝트팀의 개발 완료율은 99%다. 하지만 업무가 전혀 돌아가지 않아서 고객과 테스트를 할 수가 없다. 미완료된 1%의 프로그램 때문에 전체가 완성되지 못하고 있는 것이다. 예를 들면 주문입력(50개 프로그램)→재고 조회(20개 프로그램)→물건 배송(1개 프로그램)→수금(20개 프로그램)→주문 종료(9개 프로그램)의 순으로 업무를 처리하는 소프트웨어개발이다. 물건 배송 프로그램 외에는 99개 프로그램이 다 개발 완료되어 완료율은 99%다. 하지만 물건 배송 프로그램 한 개가 완료되지 않아 전체 소프트웨어가 작동되지 않는 상황이 발생했다.

개발 과정을 관리하는 리더는 99%의 숫자만 보고 제대로 되고 있다고 믿고 있었지만, 완료 기준으로 보면 0%의 완료율이라고 볼 수도 있다. 만약 배송 프로그램의 개발이 한 달 지연되면 전체 프로젝트가 한 달이 지연된다. 프로젝트에서 이런 프로그램을 크리티컬 패스Critical Path라고 부른다. 만일 크리티컬 패스로 지표를 관리했다면 이런 착각은 없었을 것이다.

이와 같은 상황이 데이터 전환에서도 일어난다. 예전 시스템에서 10억 건의 데이터를 전환하여 신규시스템으로 이관하였다. 데이터의 전환 성공률은 99.99%로 거의 완벽한 수준이라고 판단할 수 있다. 그렇다면 성공하지 못한 데이터인 0.01% 즉 10만 건이 제대로 전환이 안 된 것이다. 10만 건의 오류 데이터를 정상 데이터로 만드는 데는 아주 많은 노력이 필요하다. 경험상으로 보면 못 만들어낼 가능성이 더 많이 있다. 이와 같이 지표를 관리하더라도 이면에 숨어 있는 의미를 찾아야 제대로 된 관리라고 할 수 있다.

좋은 프로그램 만들기

좋은 프로그램 만들기에서 설명하려는 것은 '어떻게 하면 프로그램코딩을 잘할 수 있을까?'에 대한 얘기다. 프로그램을 코딩한다는 것은 설계도의 내용에 맞는 제대로 된 기능을 구현하는 것이다. 프로그램을 코딩하기 위해서는 프로그램언어를 알아야 하는데 2019년 현재 세계적으로 가장 많이 쓰이는 언어는 자바다. 모든 언어 중의 16% 정도를 차지한다. 그 뒤를 이어서 C언어가 많이 사용된다. 요즘 한창 주가를 올리는 언어가 파이썬Python이다. 어떤 조사에 따르면 한국의 경우는 자바스크립트Java Script라는 언어가 가장 많이 사용되고 그 다음이 파이썬, 3위가 자바라고 한다. 하지만 어떤 프로그램언어가 많이 쓰이는지에 대해서는 크게 고민할 필요가 없다.

그동안의 경험으로 보면 프로그램언어는 유행에 따라 자주 바뀐다. 바뀌는 주된 이유는 기존 언어의 한계 극복을 위하여 새로 만들어진 언어가 유행처럼 번지게 되기 때문이다. 소프트웨어 개발자들은 지금 쓰고 있는 언어가 최신의 기술 트렌드를 반영한 프로그램으로 코딩할 수 없거나 코딩이 까다롭고 힘들다면 새로운 언어를 찾게 되는 것이다. 또 먼저 사용하던 언어보다 쉽게 배울 수 있고 직관적으로 이해할 수 있으면 바로 유행이 된다. 예전에 유행하던 코볼COBOL이라는 언어는 인터넷 프로그래밍을 할 수 없기 때문에 점차 사라지게 되었다. 프로그래머가 10년 이상 쓰던 언어를 바꾼다는 것은 상당한 모험심이 필요할 것이다. 하지만 개발자로서 프로그램언어를 바꾸는 것에 대해서 걱정하거나 의도적으로 회피할 필요도 없다. 개발을 조금이라도 해본 사람들은 어떤 언어를 쓰더라도 쉽게 적응하는 것을 봐왔다.

자바와 자바스크립트가 유행하게 된 이유는 인터넷 덕분이다. 지금과 같이 스마트폰이 대세인 환경에서는 자바 외에도 코틀린Kotlin 같은 언어가 확산되고 있다. 코틀린이라는 언어는 개발자로서 눈여겨 볼 만하다. 자바보다 프로그램을 하기가 수월하면서 컴파일된 실행 파일이 자바 가상머신에서 수행된다. 이 말은 힘들게 자바로 코딩할 필요가 없다는 얘기다. 애플 스마트폰에서 사용하는 오브젝티브시Objective-C를 대체하는 스위프트Swift 같은 언어도 개발자들에게 주목을 받기 시작했다. 구글에서 발표한 Go라는 언어도 많이 확산되고 있다. 장점은 역시 프로그램을 하기 쉽다는 것이다. 빅데이터가 유행을 타면서 분석 언어로 적합한 파이썬이나 R이 유행을 타게 되었다.

프로젝트 시작 전에 프로그램코딩을 위한 개발 언어를 선정하기도 하지만, 분석이나 설계과정에서 적합한 프로그램언어를 선정하여 개발을 진행하기도 한다. 즉 유행하는 언어가 있다거나 대부분의 개발자가 특정 언어를 사용한다고 해서 그것이 바로 프로그램언어로 선정되는 것은 아니다. 원하는 기능을 구현하기 쉬운 언어로 선정하는 것이 소프트웨어개발의 위험을 최소화할 수 있기 때문에 기존 개발자들이 잘 알고 있는 언어와 새로운 개발 언어 사이에서 어떤 것이 좋을지에 대한 고민을 하게 된다.

프로그램을 잘한다는 것은 프로그램언어를 능숙하게 잘 다룬다는 것만을 의미하지는 않는다. 프로그램을 잘 만든다는 것은 설계도를 잘 이해하여 고객이 원하는 것을 만들어낸다는 의미를 함축하고,

그 결과가 오류 없이 잘 작동한다는 의미다. 또한 프로그램을 만드는 일을 생산성 있게 한다는 의미도 포함된다. 다른 사람이 5일에 만들 프로그램을 10일에 걸쳐서 만든다면 아무리 잘 만든 프로그램이라도 경제적 가치가 떨어진다. 프로그램을 만드는 데 있어서 세상에 없던 알고리즘을 적용하여 오랜 기간 잘 만드는 것에 일의 목적을 두어서는 안 되기 때문에 프로그램 개발자는 항상 번민에 싸이게 된다. 이것은 좋은 프로그램을 개발해야 하는 개발자의 양심과 고객과 약속한 납기 간의 타협이 아니라 개발자로서 지켜야 할 의무라고 생각해야 한다.

처음 프로그램을 시작하는 사람이 단기간에 프로그램언어를 습득한다고 일이 되는 분야는 아니다. 물론 간단한 알고리즘을 만들어야 하는 프로그램이라면 가능할 수도 있지만 그렇지 않은 경우가 대부분이다. 사회적으로 인정받는 많은 개발자들은 프로그램 개발에 대한 일을 시작한 이후부터 여러 가지 시행착오를 거치면서 스스로 기술을 내재화하고 경력을 쌓으면서 어떤 종류의 소프트웨어를 개발해도 제대로 된 결과를 만들어내는 경지에 도달했다. 신입 개발자에게 주어진 설계도에 복잡한 알고리즘을 잘 설명하는 의사코드(Pseudo Code)가 정리되어 있다면 그나마 쉽게 코딩을 할 수 있지만 우리나라의 경우 의사코드를 설계하는 경우가 별로 없기 때문에 알고리즘의 코딩은 순전히 그 개발자의 몫이 된다. 그래서 프로젝트관리자와 같이 소프트웨어개발을 책임지는 사람들은 항상 참여 개발자가 그동안 어떤 종류의 소프트웨어를 개발했는지를 살펴본다.

프로그램을 만드는 사람을 프로그래머라고 하고 프로그램 개발자라고도 한다. 때로는 소프트웨어 개발자라고 하기도 하며, 그냥 줄여서 개발자라고도 한다. 영어로는 프로그램 코더Coder라는 말도 쓰며, 어느 경우에는 빌더Builder라고 부르기도 한다. 기업, 기관 또는 조직에서 통상적으로 호칭하는 방법의 차이일 뿐 하는 일이 다른 것은 아니기 때문에 헷갈릴 필요는 없다.

유행하는 프로그램코딩 방식이 있다

우리나라에서는 유행 정도는 아니지만 많은 관심을 두었던 프로그램 방법 중에 페어 프로그래밍Pair Programming이라는 것이 있다. 전통적으로 프로그램은 한 사람이 자신의 지식과 경험을 토대로 개발한다. 마치 도서관에서 혼자 공부하듯이 조용한 사무실에서 고독을 씹으면서 개발을 진행한다. 일종의 연구소 같은 개념의 사무 환경을 조성하여 개발을 진행한다.

하지만 페어 프로그래밍은 조금은 시끄러울 수도 있는 방식이다. 두 사람이 하나의 모니터 앞에 앉아서 프로그램을 한다. 키보드도 하나이기 때문에 둘이 사이좋게 코딩을 하는 것도 아니고, 한 사람이 코딩을 하면 다른 사람은 코딩을 제대로 하는지 봐주는 역할을 한다. 코딩을 하는 사람을 드라이버Driver라고 하며 봐주는 사람을 내비게이터Navigator라고 한다. 자동차 경주 중에 랠리는 자연의 비포장도

로를 달리는 경기다. 정해진 코스가 없이 출발 지점과 도착 지점만 정해져 있어서 운전자는 운전을 전담하고, 내비게이터는 지도를 보면서 운전자에게 운전할 코스와 그 코스에 대해서 어떻게 운전할지 알려준다. 둘 사이의 완벽한 호흡이 랠리에서의 승리를 이끌게 된다.

지금부터 10년 전에 해외에서 근무할 당시에 전문 소프트웨어개발 회사를 방문한 적이 있었다. 그 회사에서 페어 프로그래밍을 소개받았다. 두 명이 한 조가 되어 프로그램을 코딩하는 것을 보고, 그런 방식으로 프로그래밍을 하면 생산성이 나오는지를 물었다. 그 회사의 개발 담당 임원은 당연히 한 명이 혼자 개발하는 것보다 생산성이 올라간다고 답했다. 이런저런 설명은 길게 하지 않았으나, 페어 프로그래밍만 적용한 것이 아니고 테스트 자동화까지 적용해서 생

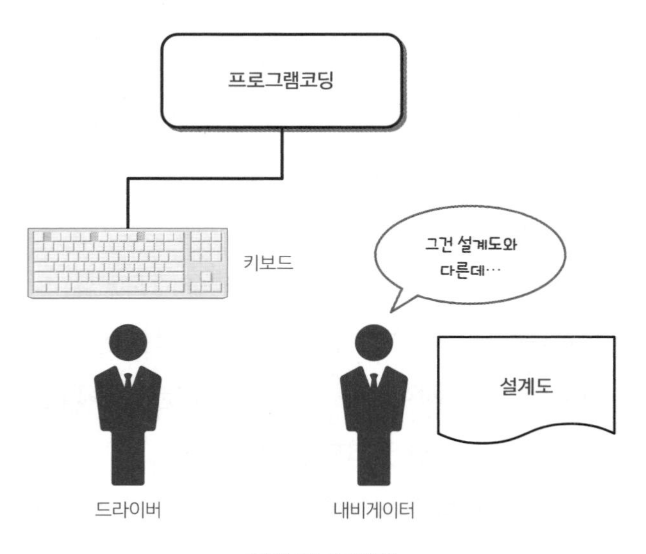

페어 프로그래밍

산성을 올린다고 했다.

그때의 생각으로는 둘이 앉아서 개발하면 상당히 불편하겠다는 느낌을 받았다. '프로그래머의 자존심이 있지! 내가 짜는 프로그램을 옆에서 이래라저래라 하는 것이 적응이 될까?'라는 의문도 많이 있었다. 연구에 따르면 동양의 문화에는 잘 어울리지 않는다는 얘기도 있다. 비슷한 실력을 가진 사람들이 짝이 되어 개발을 하면 생산성도 크게 오르지 않아서 별로 쓸모가 없다는 얘기도 한다. 아주 복잡한 알고리즘을 개발하거나 경력이 많은 사람과 적은 사람이 짝을 할 경우에는 경력이 적은 사람이 혼자서 프로그램을 하는 것보다 생산성이 오른다는 연구 결과가 있다.

그런데 여기서 말하고 싶은 것은 페어 프로그램의 유용성이 아니라, 남이 봐주면 의외로 문제해결이 쉽다는 점이다. 문제가 발생했을 때, 즉 알고리즘이 잘 안 풀릴 때 혹은 알 수 없는 버그가 해결되지 않는 등의 문제에 봉착하는 경우 혼자서 끙끙대면서 고민하지 말고 경험이 많은 사람을 찾아가야 하는 이유가 여기에 있다. 본격적으로 페어 프로그램 방식으로 코딩을 하지 않았던 사람도 알게 모르게 이런 경험을 갖고 있다. 프로그램을 하다 보면 간혹 프로그램의 오류를 혼자서 잡아내지 못하는 경우가 있다. 해결이 안 되어 개인적인 고민과 갈등도 있고, 잠도 제대로 오지 않는 스트레스를 경험한다. 이때 사교성이 좋은 개발자는 경험 많은 선배를 찾는다. 굳이 경험 많은 선배를 찾는 것은 프로그래머의 자존심 때문이겠지만 그 선배가 내비게이터 역할을 하면서 프로그램의 오류를 잡아주는 경우

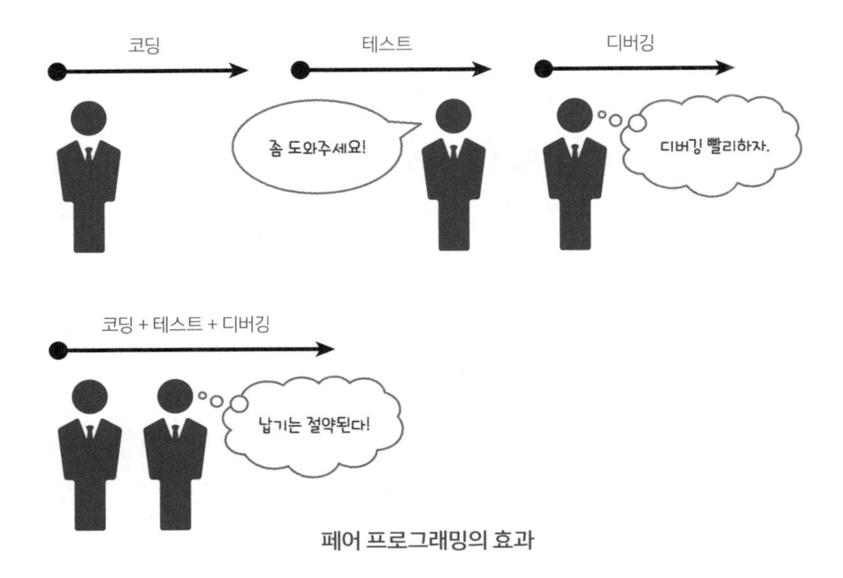

페어 프로그래밍의 효과

가 있을 것이다. 둘이 같이 오류를 잡으면 자신이 못 봤던 오류도 잘 잡아내어 디버깅의 생산성이 올라가는 것이다. 이게 바로 페어 프로그래밍의 효과인 것이다. 이런 극적인 효과가 상시적으로 발생하기를 바라는 것이다.

프로그램 완료 후에 디버깅하는 시간, 검토하는 시간, 코드 인스펙션하는 시간들을 따로 갖지 말고 같이 한 번에 해결하자는 것으로, 이렇게 한 번의 집중적인 시간 투입으로 완벽하게 프로그램코딩을 완료하면 전체 기간이 줄어드는 효과가 있다. 프로젝트로 봐서는 정말 대단한 효과가 아닐 수 없다.

프로그램 할 때는 좋은 친구가 있어야 한다

이미 말했듯이 프로그램을 하는 사람들은 대부분 자존심이 강하다. 프로그램 과정 중에 남들이 간섭하는 것을 상당히 못마땅하게 생각하며 자신이 만든 알고리즘에 대한 평가에 대해서도 좋지 않은 감정을 느끼게 된다. 항상 주변의 개발자들과 개발 기술에 대한 문제를 논쟁하기 좋아한다. 자신이 존경할 만한 기술을 가진 사람에게는 친근감을 표시하고 하나라도 더 좋은 것을 배우고자 한다. 하지만 그것은 프로그램을 하지 않을 때의 얘기이고 프로그램을 할 때는 오로지 혼자다. 많은 사람들이 프로그램 할 때는 시간 가는 줄도 모르고 집중해서 프로그램을 개발한다. 누가 하라고 강요하지 않아도 대부분의 개발자들은 식음도 전폐하고 알고리즘을 완료하는 데 집중하게 마련이다.

하지만 문제는 프로그램코딩을 할 때 발생하는 것이 아니라 프로그램을 테스트하거나 문제가 발생했을 때다. 프로그램을 코딩하던 습관대로 자신이 스스로 해결하려고 하기 때문에 많은 시간을 쏟게 마련이다. 부디 혼자 고민하지 말라고 권고하고 싶다. 프로그램 개발자는 자신의 역량이 충분하든 아니든 간에 주변에 친한 개발자 몇 명은 사귀어야 한다. 프로그램을 하는 과정은 누구나 바쁘기 때문에 선뜻 도와주려는 사람이 없다. 하지만 친한 사람이 있다면 부탁해보자. 며칠이 걸리던 문제도 순식간에 해결되는 상황이 연출될 수도 있을 것이다. 앞에서 언급한 페어 프로그래밍을 상기하면 이해가 될 것이다.

옆에서 개발하고 있는 개발자가 만든 프로그램이 내가 만든 프로그램보다 여러모로 더 우수하다고 하면 어떻게 할 것인가? 많은 사람들이 자존심 때문에 그냥 넘길 수도 있다. 창조는 모방으로부터 온다는 얘기도 있듯이 잘하고 있는 것이 있다면 가져다 써야 한다. 그것은 남의 지식을 훔치는 것이 아니라 남의 지식을 활용하여 나를 한 단계 업그레이드하는 방법이다. 그래서 업그레이드가 되었다면 그 동료에게 자신의 결과를 다시 주면 된다. 서로 주고받으면서 발전의 선순환이 만들어진다.

주변에 자기를 도와줄 동료나 선배가 있다면 이제 스스로의 실력을 갖춰가야 한다. 프로그램언어 실력은 몇 번의 시행착오와 여러 번의 개발 경험으로 어느 정도 갖추었다면 다른 개발자들의 좋은 경험을 자신의 것으로 만드는 일만 남은 것이다.

코딩을 잘하기 위한 몇 가지 경험적인 원칙이 있다. 남의 것을 합법적으로 카피하여 사용하기, 스켈리턴 프로그램을 만들어서 사용하기, 쉬운 것부터 복잡한 것으로 점진적으로 개발하기, 비정상종료를 예상하여 죽지 않는 알고리즘 구현하기가 있다. 여러 사람이 사용하는 경우가 대부분이므로 동시성 제어를 확실하게 하기, 그 외에도 코딩을 하면서 이렇게 하면 더 잘 만들 수 있는데 하는 것들이 많이 있을 것이다. 이런 것들을 하나씩 살펴보자.

코딩 전에 스켈리턴 프로그램부터 만들자

집을 지을 때도 가장 먼저 하는 것이 기초를 다지고 그 위에 기둥을 올리는 일이다. 소프트웨어개발에서 기초는 개발 환경이고, 기둥은 스켈리턴Skeleton(뼈대) 프로그램이다. 두 개가 잘 정리되어 있지 않으면 프로그램의 결과가 부실해질 수밖에 없다.

프로그램을 코딩하기 전에 개발 환경을 완전하게 갖춰놓는 것이 개발을 제대로 하기 위한 기초 토대다. 물론 모든 개발자가 이 일에 참여하는 것은 아니지만 프로젝트가 진행 중이라면 프로젝트의 누군가는 나서서 해야 할 일이다. 개발 환경은 개발자가 일할 사무실, 개발자가 사용할 책상과 의자, 개발자가 연결할 네트워크, 전원장치와 같은 인프라의 설치만을 의미하는 것이 아니다. 개발자가 개발하는 개발 서버, 개발을 위한 시스템소프트웨어가 완비되어 있어야 함은 물론 개발을 시작했을 때 사용할 코딩 워크북같이 코딩의 표준을 정한 가이드북이 있어야 한다. 당연히 공통으로 써야 하는 클래스, 라이브러리, 함수와 공통프로그램이 개발, 배포되어 있어야 한다.

프로젝트마다 공통적으로 사용할 개발 환경, 라이브러리 등이 준비되어 있지 않은 경우에는 개발자들이 아무 일도 없이 설계도만 보면서 어떻게 개발할지에 대한 생각으로 시간을 버리는 경우를 종종 보았다. 개발자는 개발자대로 시간만 지나간다고 아우성이고, 고객은 고객대로 왜 놀고 있냐고 난리를 치는 상황이 반복되는 것은 공통으로 준비해야 할 일을 너무 가볍게 생각하기 때문이다.

개발 환경이 준비되어 있다면 개발자가 가장 먼저 할 일은 스켈리턴 프로그램을 찾는 것이다. 없으면 당연히 만들어야 한다. 이 프로그램은 집의 기둥과 같은 것이다. 처음에 만들 때 제대로 만들면 모든 프로그램에서 쉽게 적용이 가능하다. 그러므로 앞으로 프로그램 코딩을 할 때 고민할 것은 핵심적인 알고리즘뿐이다. 프로그램언어를 처음으로 배우고 이제 막 개발을 시작할 때도 마찬가지다.

모든 프로그램은 실행되어 처리가 끝날 때까지 프로그램의 중요한 스켈리턴이 있다. 예를 들어 주문을 입력하는 프로그램을 가정해 보고 사용자와 프로그램이 처리하는 과정을 밟아보면, 윈도에서 아이콘을 누르면 첫 화면이 뜨는데 포털 형태의 화면이 대부분이다. 포털 화면에서 주문입력이라는 메뉴를 누르면 주문을 입력하는 화면이 표시된다. 주문입력 화면에서 제품을 선택하면 가격이 표시되고, 제품 선택을 완료하면 최종 가격이 표시된다. 다음에 배송 주소를 입력하고 결제를 어떤 방법으로 처리할지 입력한다. 결제가 완료되면 이제 주문이 완료된 것이다.

주문입력에서 결제 완료까지가 하나의 프로그램이라면 전체를 하나의 프로그램 덩어리로 보고 시작부터 마지막까지 순차적으로 코딩하는 방식으로 개발하는 것이 아니라 프로그램의 구조를 잡은 후에 세부적인 기능단위로 쪼개놓고 각각을 코딩하는 방법으로 프로그램을 개발하는 접근방법이 좋다. 즉 기능단위의 점진적인 접근방식으로 개발을 진행하는 것이다.

프로그램의 일반적이고 공통적인 구조를 가진 스켈리턴 프로그램

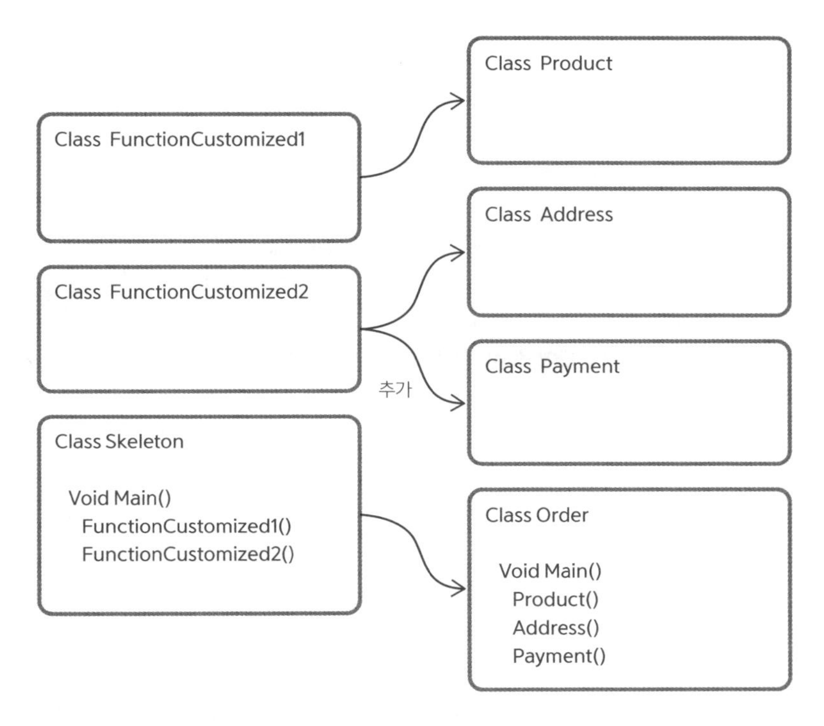

스켈리턴 프로그램과 주문프로그램

을 만들었다면 이제 개발하고자 하는 프로그램은 이 스켈리턴 프로그램을 카피하여 필요한 부분을 추가하거나 수정하는 방법을 사용한다. 스켈리턴 프로그램은 하나의 완벽한 프로그램이다. 단지 프로그램 내부에 중요한 알고리즘이 하나도 없기 때문에 하는 일 없이 시작 후 바로 정상적으로 종료될 뿐이다. 이렇게 구조화된 방법으로 개발하면 처음부터 끝까지 순차적으로 코딩하면서 개발하는 방법보다 이해하기 편하여 아무리 복잡한 알고리즘을 가진 프로그램이라도 쉽게 코딩할 수 있어서 코딩 중간에도 확인이 용이하다는 장점이

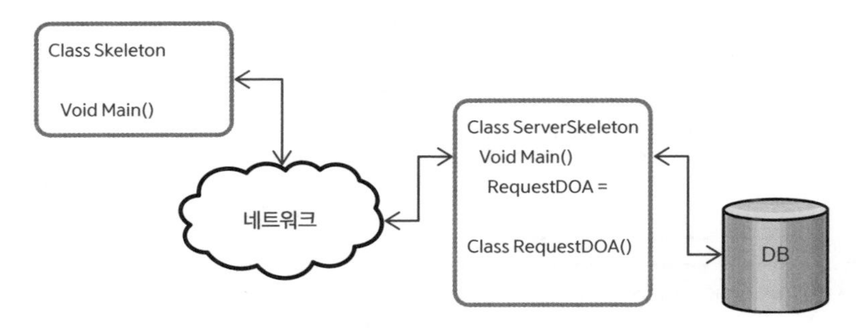

PC 클라이언트에서 서버 및 DB까지 연동한 스켈리턴 프로그램

있다.

우선 스켈리턴 프로그램을 복사하여 새로운 프로그램 오더Class Order를 만들고, 프로덕트Class Product에 대한 기능을 코딩하여 제대로 작동하는 것을 테스트로 확인하여 문제가 없으면 다음 기능인 어드레스Class Address 부분을 코딩한다. 이런 식으로 점진적으로 기능을 완료해가면, 처음부터 마지막까지 순차적으로 개발하여 최종적으로 모든 기능을 한 번에 디버깅하는 것보다 훨씬 효율적으로 프로그램을 코딩할 수 있다.

일반적으로 소프트웨어를 개발할 경우에, 프로그램이 하나인 경우는 없고 대부분이 시스템이라고 불리는 프로그램의 집합으로 되어 있다. 이 프로그램의 집합을 잘 나누어서 개발할 수 있도록 하는 역할은 설계자들의 몫이지만 나누어진 프로그램의 세부적인 구조를 만들어내고 알고리즘을 추가하는 것은 프로그램의 몫이다. 하지만 스켈리턴 프로그램이 준비가 안 되어 개발자별로 각각 만든다면 나중에 프로그램을 통합하여 하나의 소프트웨어 시스템으로 실행할 때 문제가 발생할 가능성이 존재하고, 소프트웨어유지보수에도 어려움이 따를 수 있다는 점을 명심해야 한다.

그러므로 프로그램코딩을 할 때 핵심적인 고려 사항은 전체가 실행되는 프로그램의 스켈리턴 구조를 만들어야 하는 것이다. 많은 프로그램이 인터넷이나 스마트폰 환경에서 구현되는 것을 감안하면 전체라는 것은 클라이언트인 PC나 스마트폰에서 작동하는 기능, 서버에서 클라이언트의 요청을 받아서 작동하는 기능, 그리고 데이터베이스에서 관리되는 기능이 모두 포함된 스켈리턴 프로그램이 되어야 한다.

개발의 순서는 쉬운 것부터 복잡한 것으로

개발 실력이 아주 좋은 사람도 개발은 항상 쉬운 것부터 한다. 어려운 것부터 하다 시간을 많이 소비하게 되면 나중에 시간이 부족하여 개발 분량을 다 채우는 데 어려움이 있을 수 있기 때문이다. 우리가 시험을 볼 때도 쉬운 문제부터 풀고 어려운 문제를 나중에 푸는 것이 경험적 철칙이듯 말이다.

프로그램의 알고리즘을 코딩하는 관점에서 보면 프로그램 중에 가장 쉬운 프로그램이 조회 프로그램이다. 그다지 큰 알고리즘 없이 데이터를 가져다 보여주면 되기 때문이다. 인쇄 프로그램도 같은 종

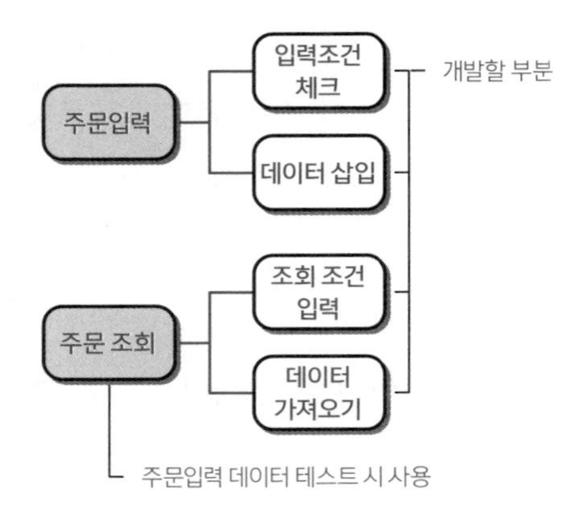

주문입력과 주문 조회

류의 프로그램이다. 그다음으로 쉬운 프로그램은 삭제하는 프로그램이다. 일반적으로 데이터를 삭제하는 프로그램의 경우 데이터를 실제로 삭제하는 알고리즘으로 만들지 않고 삭제했다는 표시를 업데이트하는 프로그램을 짠다. 나중에 삭제한 기록을 봐야 할 경우가 생기기 때문이다. 그다음이 입력하는 프로그램이다. 입력한 데이터를 각종 알고리즘으로 체크하여 데이터를 입력하므로 많은 개발 노력이 필요하다. 가장 어려운 프로그램이 수정하는 프로그램이다. 수정을 위해서는 데이터를 불러오고 수정한 내용에 대해서 다시 복잡한 알고리즘으로 체크하여 데이터를 갱신하기 때문이다.

쉬운 프로그램부터 짠다고 조회 프로그램부터 짤 수는 없다. 데이터가 없기 때문에 조회에 대한 테스트를 제대로 할 수 없기 때문이다. 그렇다고 조회를 위한 데이터를 손으로 입력하거나 데이터 자동 생성프로그램을 짤 수도 없는 노릇이기 때문이다. 그러므로 항상 가장 먼저 입력하는 프로그램을 짠다. 설계도의 내용대로 입력한 데이터를 각종 알고리즘으로 체크하도록 제대로 짜야 한다. 스켈리턴 프로그램에서 설명한 것처럼 기능단위로 점진적으로 개발하여 프로그램을 완료한다.

이제 입력프로그램이 완료되면 조회 프로그램을 만든다. 입력프로그램에서 들어온 데이터를 조회할 수 있으므로 조회 프로그램의 문제와 입력프로그램의 문제를 알 수 있다. 테스트하여 문제가 없으면 삭제 프로그램을 짠다. 설명했듯이 삭제 프로그램은 삭제 표시만 하고 데이터를 실제로 삭제하지는 않는다. 데이터 삭제 프로그램은 삭제가 되면서 각종 알고리즘으로 데이터를 원래대로 원복시키는 알고리즘이 구현되어야 한다. 삭제가 되었는지는 조회 프로그램으로 확인할 수 있다.

이제 마지막으로 수정프로그램을 짜면 된다. 가장 어려운 프로그

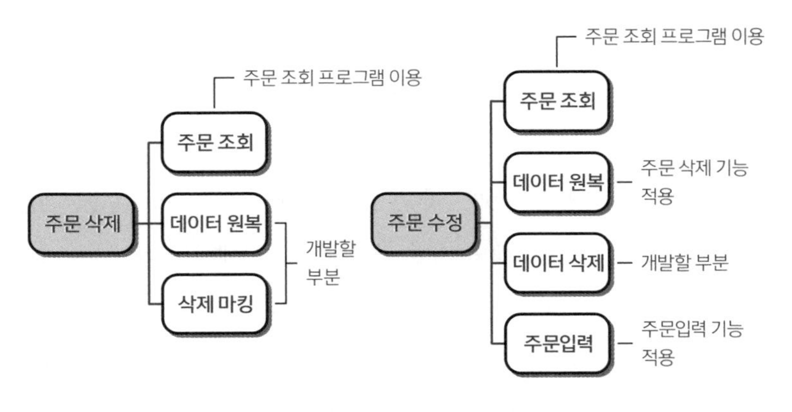

주문 삭제와 주문 수정

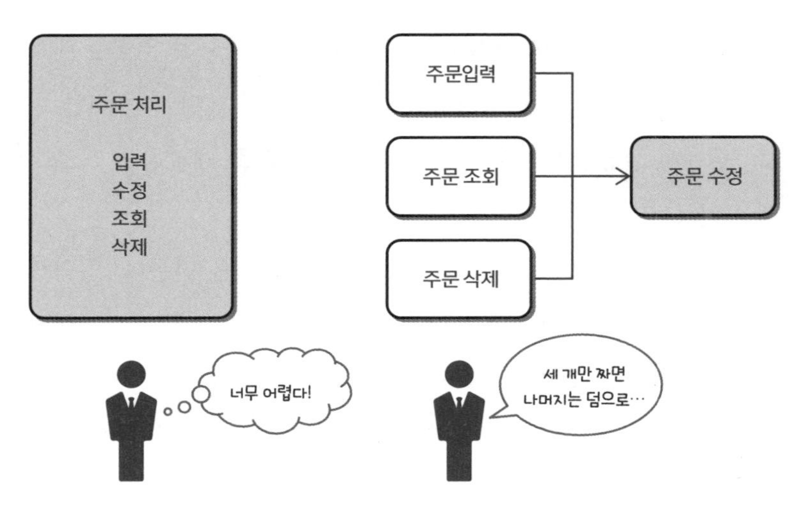

쉬운 것부터 어려운 순으로 개발

램이지만 지금까지 짠 프로그램을 조합하면 된다. 수정을 위해서 조회를 해야 하므로 조회 프로그램의 기능을 사용하고 사용자가 데이터를 수정하면, 기존 데이터는 삭제하고 수정된 데이터를 입력하는 기능을 적용하면 기존에 개발된 프로그램을 이용하여 쉽게 완료할 수 있다.

하나의 소프트웨어에 포함되는 기본적 기능을 바탕으로 어떤 프로그램을 먼저 개발하는 것이 좋은지 설명했다. 여러 프로그램을 묶어놓은 소프트웨어 시스템의 개발 접근방법 측면에서도 마찬가지 원리가 적용된다. 소프트웨어 시스템에서는 메뉴 프로그램도 있고, 코드를 관리하는 프로그램도 있으며, 마스터데이터를 관리하는 프로그램도 있다. 이런 종류의 프로그램은 공통프로그램이다. 공통프로그램을 먼저 개발해야 내가 짠 프로그램을 메뉴에서 불러올 수 있고, 마스터데이터나 코드데이터를 활용할 수 있다. 예를 들어 마스터데이터를 관리하는 프로그램에는 여러 가지 공통적인 기본코드가 들어간다. 그렇다면 기본코드 프로그램을 먼저 개발하는 것이 가장 좋다. 마찬가지로 기본코드를 관리하기 위한 접근권한을 확인하기 위해서는 권한관리 프로그램이 우선되어야 하고, 개발된 프로그램은 메뉴가 있어야 수행이 되므로 메뉴를 만드는 것이 먼저다.

복잡한 알고리즘의 검증은 흐름도가 최선이다

흐름도는 데이터의 처리에 대한 논리적인 생각을 표현한 것이다. 흐름도를 그리는 방법은 여러 가지가 있지만 구조화하여, 즉 계층적으로 그리는 것을 권고하고 싶다. 시작부터 종료까지 물 흐르듯이 아래로 내려가는 흐름도를 그리면 하나의 종이에 그리지 못하는 경우가 대부분이기 때문에 큰 몸통을 그리고, 큰 몸통에 해당하는 작은 것을 그리는 식의 계층적 구조로 만들어야 이해하기 쉽다. 여기서 표기법에 대해서는 고민하지 않아도 된다. 아는 방법으로 그리는 것이 최선이고 중요하다.

흐름도를 그리면 복잡한 조건에 따라 분기되는 알고리즘을 해결하는 데 유용하여 로직이 새는 경우를 방지할 수 있다. 많은 프로그램의 오류 중 하나가 처리해야 할 조건을 프로그램 알고리즘으로 담지

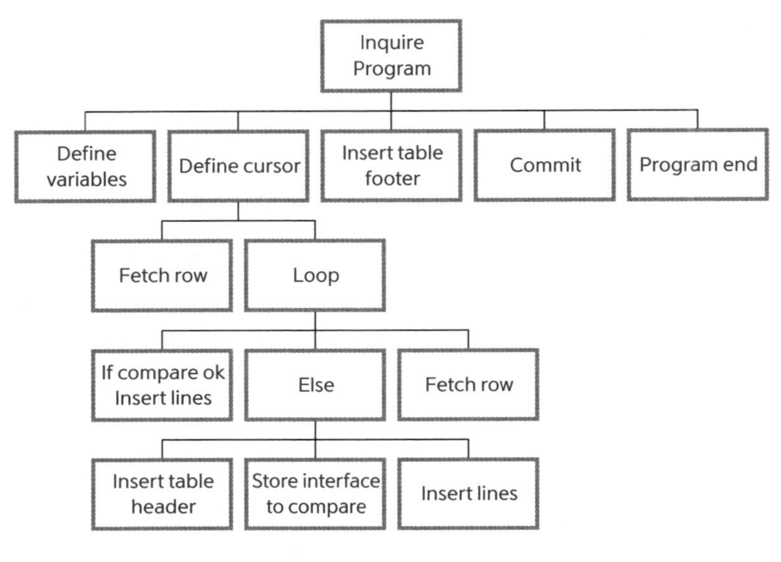

계층적 구조의 흐름도

못한 경우다. 프로그램의 실력이 부족해서가 아니다. 경험적으로 보면 복잡한 알고리즘을 구현하는 과정 중에 흔히 일어나는 일이다. 프로그램이 완벽하게 잘 짜였다고 할 때는 복잡한 여러 조건을 구현하면서 발생할 가능성이 있는 경우에 대해 예외처리가 잘되어 있는 경우를 말한다.

예외처리는 비즈니스 로직의 복잡함에서도 나오지만, 프로그램의 수행 과정에서도 나온다. 어떤 경우이든 예외적 상황이 발생할 모든 경우를 알고리즘으로 구현할 때는 흐름도만큼 잘 표현하는 경우를 보지 못했다.

알고리즘의 확인은 흐름도를 그려가며 확인하는 것이 가장 좋은 방법이지만, 알고리즘을 머릿속으로 그려보는 습관도 중요하다. 코딩 전에 워크스루Walk Through를 통하여 알고리즘이 새고 있는 부분이 없는지 확인하고 코딩을 한다면 전체 소스가 매끄럽게 보일 것이다.

프로그램을 수정하다 보면 알고리즘이 제대로 안 되어 수정에 수정을 거듭하는 경우가 있다. 제대로 되지 않은 프로그램을 고치다 보면 어느덧 누더기가 되어 있는 프로그램을 만나게 될 것이다. 우리

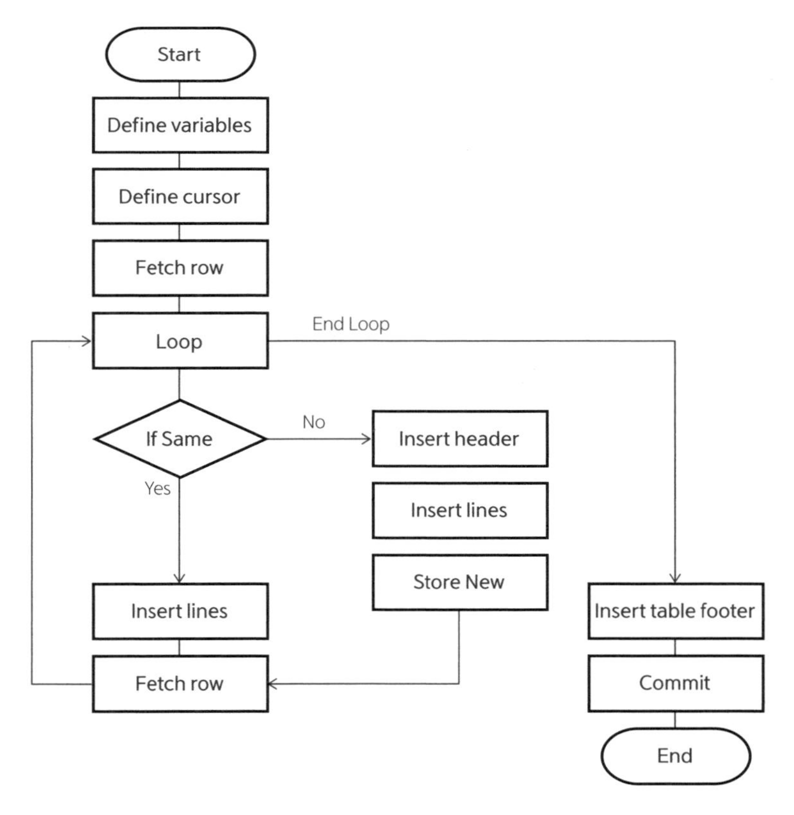

전통적 방식의 흐름도

가 스파게티소스 코드라고 부르는 경우다. 기능은 그럭저럭 수행되는 것 같은데, 이 프로그램이 제대로 구조화되어 있는지 의문이 들 수 있다. 이럴 때는 과감하게 개발된 프로그램의 흐름도를 그려보자. 흐름도를 그리고 프로그램을 개발하는 방법에서 역으로 해보는 것이다. 이렇게 함으로써 프로그램에 코딩되어 있는 알고리즘이 정확하게 구현되었는지 검증할 수 있다.

자신을 위한 프로그램을 적극적으로 개발하는 자세

프로그램을 사용하는 목적은 사람들의 업무처리에 도움을 주어 시간도 절약하고 정확성을 기하기 위함이다. 그런데 프로그래머는 소프트웨어개발 프로젝트에서 자신을 위해서는 프로그램을 잘 짜지 않는 경향이 있다. 어떤 업무든 손으로 해결하려고 한다. 프로그램을 만드는 데 도움을 준다면 자신에게 필요한 프로그램을 적극적으로 개발해서 사용해야 한다.

데이터를 입력하는 프로그램을 짜서 테스트를 하려면 들어간 데이터가 정확한지 확인을 해야 한다. 복잡한 알고리즘이 있는 경우 다른 테이블의 데이터를 체크하는 경우도 있고, 다른 테이블에 갱신 작업을 해야 하는 경우도 있으며, 다른 데이터를 삭제하기도 한다. 또 다른 곳에 인터페이스 하는 경우도 있다. 이처럼 하나의 데이터가 처리되기 위해서는 복잡한 내부의 처리 알고리즘이 있는 경우가 대

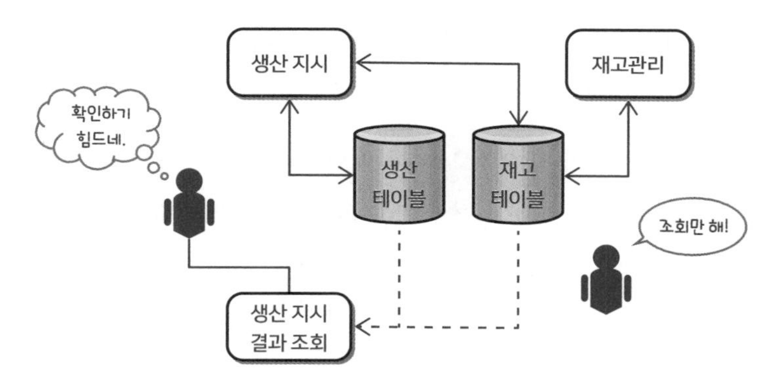

프로그램실행 결과를 확인하는 나만의 프로그램

부분이다.

이런 경우 입력한 데이터가 제대로 되어 있는지 일일이 확인하기 위해서는 처리된 데이터를 열어봐야 한다. 어느 경우에는 데이터처리가 올바로 되었는지 전화로 상대방에게 물어보기도 한다. 어떤 경우에는 메일로 물어보기도 한다. 쉬운 경우가 없지만 이렇게 확인이 필요한 경우 일일이 수작업으로 처리하는 것은 생산성도 떨어지고, 확인에 시간이 오래 걸리고, 부정확하게 확인하는 경우도 발생한다. 그래서 우리는 이것을 프로그램으로 해결하는 방법을 찾아야 하는 것이다. 이런 경우의 프로그램은 대부분 처리결과를 조회하는 프로그램이므로 만드는 것도 간단하다. 하나의 화면으로 조회가 안 된다면 필요한 프로그램 수를 늘려서 개발하면 된다. 일일이 손으로 확인하는 것보다 시간도 많이 절약된다. 단지 이 프로그램은 사용자가 정식으로 사용하는 프로그램이므로 프로그래머 자신의 메뉴에만 존재하는 개발용 보조 프로그램일 뿐이다.

기본기능이 작동하는 환경을 만들자

프로그램은 여러 사람이 모여서 개발하는 것이 일반적인 상황이다. 개발할 때마다 느끼는 것이지만 다른 사람이 뭔가를 해줘야 내가 처리할 수 있는 상황이 발생한다. 우리는 이런 것을 의존한다고 말한다. 프로그램으로 처리하는 선후의 관계가 있는 것이다. 물론 내가 선후관계가 있는 프로그램을 다 개발하는 경우라면 먼저 개발할 것과 나중에 개발할 것의 순서를 정해서 하면 되지만, 그렇지 않은 경우 난감한 상황에 처하게 된다.

이런 경우를 대비하여 선후관계를 분석하여 개발하는 계획을 수립하지만 계획대로 안 되는 경우도 종종 보게 된다. 그렇다면 상대방이 끝나기를 기다릴 것이 아니라 내가 스스로 해결해보자. 즉 기본기능이 작동하도록 내게 필요한 프로그램을 개발하는 것이다. 내가 만든 프로그램의 입력 결과가 제대로 되었는지 확인하기 위한 조회 프로그램을 짜는 것과 동일하다. 내 프로그램에서 필요한 데이터가 없다면 내가 만들어서 처리할 수 있도록 하여 프로그램의 완결성을 확인하면 된다.

대표적인 예가 스터브Stub와 드라이버Driver 프로그램이다. 내가 만든 프로그램만으로는 작동을 안 하고 다른 프로그램들이 있어야 작동한다면 자신의 프로그램이 제대로 수행되는지 알 수 없다. 그때는 임시로 스터브나 드라이버 같은 프로그램을 만들어서 사용한다. 이름의 구분이 있지만 내 프로그램이 작동하기 위한 최소한의 기능을 가

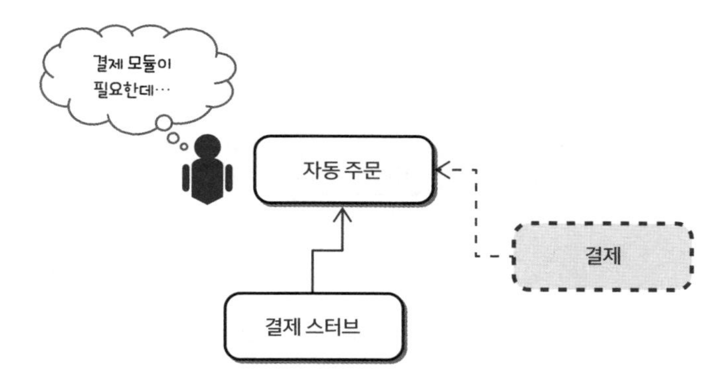

스터브 프로그램으로 내 프로그램실행 확인

진 프로그램을 의미하며, 프로그램의 단위테스트를 위해서도 꼭 필요한 프로그램이다. 스터브는 내 프로그램이 불러서 써야 하는 프로그램이다. 반대로 드라이버는 나의 프로그램을 불러서 쓰는 프로그램이다.

무인화 점포를 만들기 위하여 자동주문시스템을 개발한다고 가정해보자. 여러 명의 개발자들이 투입되어 프로그램을 코딩하고 있는 상황이다. 내가 맡은 부분은 키오스크의 화면에서 상품을 주문하여 확정하는 프로그램이다. 주문 중간에 상품의 선정이 끝나면 결제를 해야 하는데 이것은 다른 사람이 개발하고 있다. 이때 내가 만든 프로그램이 잘 실행되는지 알아보기 위해서는 결제 프로그램이 필요하지만 아직 개발이 안 되어 있다면 이때 스터브 프로그램을 만들어서 내가 만든 프로그램 전부를 테스트할 수 있다. 스터브 프로그램은 결제의 전 과정을 처리하는 프로그램이 아니라 결제할 금액을 스터브 프로그램에게 넘겨주면 스터브 프로그램은 결제가 성공되었

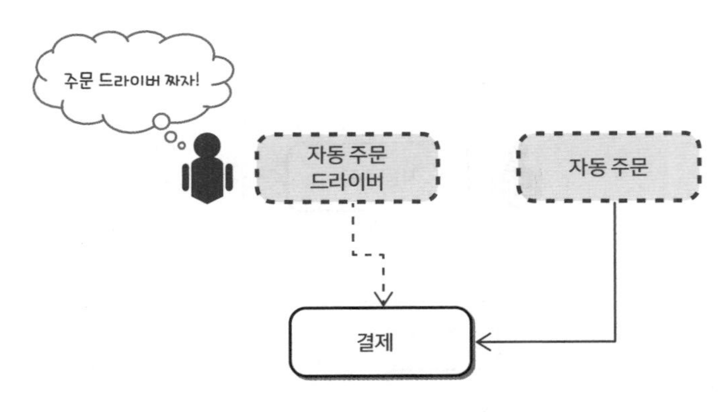

드라이버 프로그램으로 내 프로그램 확인

다는 값을 보내주면 된다. 그러므로 아주 간단한 프로그램이라고 할 수 있다.

드라이버 프로그램은 반대로 생각하면 된다. 내가 결제 프로그램을 만들었는데 앞에서 처리되어야 하는 주문 기능들이 아직 완료되지 않은 상황이다. 그렇다면 내가 프로그램을 테스트하기 위하여 드라이버 프로그램을 만든다. 드라이버 프로그램을 실행시킴으로써 내 결제 프로그램이 제대로 실행되는지 알 수 있다. 드라이버 프로그램에서 최종 결제할 금액을 넘겨받으면 내 프로그램을 실행하여 결제가 제대로 되는지 확인할 수 있다. 그리고 프로그램이 종료되면 결제가 제대로 되었다는 값을 보내주면 된다. 그러면 드라이버 프로그램에서 받은 값을 가지고 결제 프로그램이 잘 실행되었는지 알 수 있다.

소프트웨어개발계획이 프로그램 간의 선후관계, 의존도를 잘 파악하여 제대로 수립되어 있고 그대로 진행이 된다면 스터브나 드라

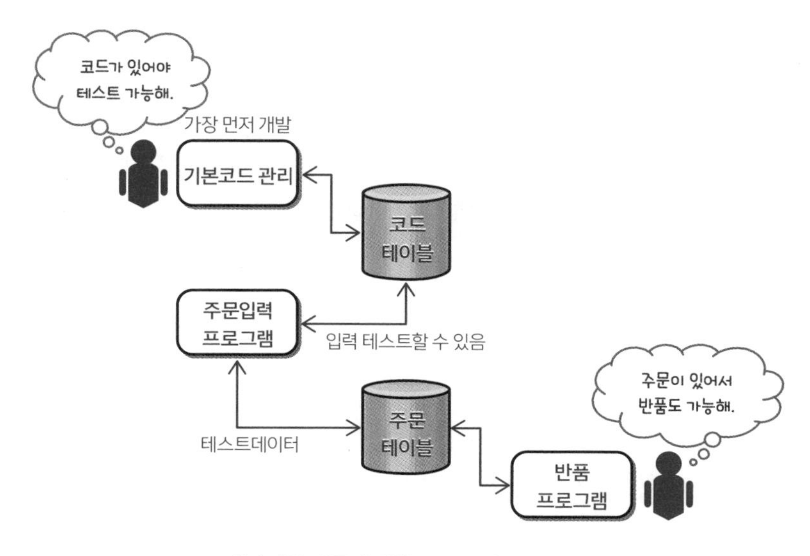

데이터를 만들기 위한 프로그램 개발 전략

이버 프로그램은 만들 필요가 없는 것들이다. 하지만 계획대로 진행이 안 될 경우 차선책으로 만들어 사용하게 될 것이다.

데이터가 없어서 프로그램코딩이 완료되지 못하는 경우도 종종 있다. 이때도 프로그램으로 데이터를 만들어서 충분한 테스트데이터를 확보해야 한다. 물론 가장 좋은 방법은 데이터의 입력을 고객에게 위임하거나 고객으로부터 받은 데이터를 쓰는 것이다. 많은 경우에 상품 코드, 가격, 고객 등의 마스터데이터라고 하는 기본코드는 고객으로부터 받아야 하는 경우가 대부분이다.

프로그램을 개발할 때도 마스터 코드를 관리하는 프로그램부터 짠다. 코드 관리프로그램의 경우 간단하게 개발할 수 있는 것들이 대부분이기 때문에 순식간에 개발을 완료할 수 있다. 이렇게 완성이 되면 그때부터 고객에게 마스터데이터를 입력해달라고 요청하면 된다. 엑셀과 같은 데이터로 관리되어 있으면 전환 프로그램을 짜서 일시에 올리면 된다. 기존에 쓰던 소프트웨어가 있다면 거기에서 받아서 전환해도 된다. 프로그램의 개발 순서도 입력하는 프로그램을 먼저 개발하여 고객이나 개발자가 입력하면서 테스트할 수 있도록 하면 전체 개발 생산성은 올라가게 된다.

프로그램의 알고리즘 오류에 대처하기

프로그램을 개발하고 테스트 과정 중에 로직이 어디에서 꼬였는지 모르는 경우가 발생한다. 로직이 꼬여 있다는 것을 개발자들은 '답이 안 맞는다'는 표현을 종종 쓴다. 어느 경우에는 특정한 데이터가 들어올 때 프로그램이 죽기도 한다. 더 황당한 경우는 어느 경우에 프로그램이 죽는지 모른다는 것이다.

프로그램은 아주 정상적인 데이터와 정상적인 경우에만 돌아야 하는 것이 아니고 비정상적인 경우에도 죽지 않고 잘 돌아야 한다. 비정상적인 경우에 대해서는 예외처리 로직을 잘 만들어서 코딩해야 하는데 예외처리 로직에서도 빠진 경우가 있다면 어떻게 해야 할까? 모든 경우를 다 포괄하는 로직을 구현하는 것이 어렵다면 비정상종료가 되었을 때 대응할 수 있는 방안이라도 만들어놓으면 그나마 안심할 수 있다.

비정상종료를 막는 기본적인 원칙은 들어온 데이터를 제대로 체크하는 것이다. 예를 들어 '0'으로 나누면 대부분의 프로그램은 비정상적으로 종료된다. 그렇다면 '0'이 못 들어오도록 입력 과정에서 막으면 된다. 다음으로 생각할 것은 비정상종료에 대한 로그를 기록하는 것이다. 가장 좋은 것은 데이터처리에 대한 로그를 모두 기록해두는 것인데 모든 데이터의 로그를 기록하는 것은 저장용량 측면에서 낭비가 발생하므로 중요한 데이터처리에 대해서만 로그를 기록하자. 데이터베이스에서도 트랜잭션로그를 기록하기는 하지만 이 로그데이터를 보는 데는 많은 시간이 필요하고 절차가 복잡하여 특별한 경우가 아니면 사용이 제한되므로 프로그램 개발자 관점에서의 로그를

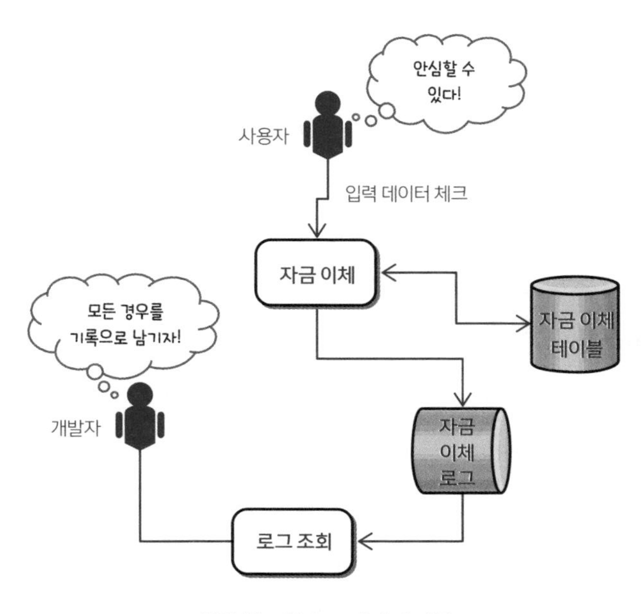

입력 체크와 로그데이터 기록

기록하는 것이 좋다. 당연히 기록된 로그는 개발자가 조회할 수 있도록 로그 조회 프로그램을 만들어야 한다. 또한 비정상종료에 대한 로그가 발생했다면 나에게 발생 상황을 알려줄 수 있도록 하는 것이 좋다. 이런 종류의 프로그램을 개발하는 것은 시간이 좀 들 뿐이지 어려운 것은 아니다.

중요한 데이터처리에 대한 로그는 나중에 있을지도 모르는 데이터 처리 오류에 대해서도 해결 방안을 만들 수 있는 근거가 된다. 한 기업에서 자금 이체에 대한 개발을 담당한 적이 있다. 자금 이체는 기업이 지불할 돈을 자신의 계좌에서 빼서 다른 기업이나 직원들에게 보내는 것이다. 거의 매일 이체되는 자금 규모가 몇백억에서 많게는 몇천억 단위로 상당히 컸다. 물론 자금 이체 건수도 상당히 많았다.

프로그램이 조금이라도 잘못되면 대형 사고가 날 수 있으므로 프로그램이 비정상으로 종료되는 것에 대한 로그뿐만 아니라 전체 자금 이체에 대한 로그를 철저히 기록했다. 로그는 3중으로 기록했다. 서버에서 처리한 데이터를 서버의 텍스트파일로 기록했으며, 데이터베이스에서 처리되는 데이터도 히스토리History 데이터로 로그를 기록했다. 서버에서 도는 프로그램의 경우 트랜잭션 단위의 로그뿐만 아니라 프로그램의 실행 과정에 대한 로그 즉 비정상종료에 대한 로그까지도 기록했다. 이렇게 3중의 로그기록으로 문제가 발생해도 어떤 문제인지 쉽게 알 수 있어서 빠른 대처가 가능했다. 또 로그를 감시하다 문제가 발생하면 고객에게 미리 상황을 알려주고 대응할 수 있도록 함으로써 고객도 안심하고 프로그램을 사용할 수 있었다.

이제 쌓아놓은 로그가 있기 때문에 문제가 발생할 때뿐만 아니라 주기적으로 로그를 검토하여 어떤 문제가 있었는지 확인하는 작업을 수행하여 문제가 발견되면 프로그램의 개선을 실행한다. 소프트웨어의 유지보수가 선행적으로 실현되는 것이다.

로그를 만들면서 절대로 간과해서는 안 되는 부분이 있다. 로그를 제대로 정리해주지 않으면 서버의 저장용량이 꽉 차서 서버 자체가 죽는 경우가 발생한다. 종종 시스템소프트웨어의 로그 용량초과로 시스템 전체가 죽는 장애를 겪기도 한다. 서버에 쌓이는 로그를 제때 정리만 해도 막을 수 있는 장애이지만 많은 운영자들이 잊어버리고 그냥 지나치기도 한다. 파일 단위의 로그는 하나의 로그로 만들면 삭제할 때 어려움이 발생하기도 한다. 예를 들어 한 달 전까지의 로그만 삭제할 경우 난감한 상황이 발생한다. 그러므로 파일 단위의 로그는 일 단위 혹은 주 단위로 로그파일을 새로 생성하여 로그를 기록하면 편리하게 로그를 삭제할 수 있다.

동시 사용 시의 문제점을 파악해야 한다

프로그램의 버그, 비정상종료 등의 문제뿐만 아니라 알고리즘이 잘못되어 당황스러운 사고를 당하는 경우가 있다. 대표적으로 동시 사용에서 알고리즘이 정확하지 않으면 엉뚱한 데이터를 만들어낸다. 가장 황당했던 경험은 마이너스 재고가 생기는 것이다. 동시 사용은 여러 명이 같은 데이터를 갱신하거나 삭제할 경우에 어떤 표준과 절차로 처리해야 데이터의 무결성이 확보되는지에 대한 알고리즘이다. 쉬운 것 같지만 정교한 알고리즘으로 코딩하지 않으면 사고로 이어지기 십상이다.

간단한 예를 들어보면 동창회에서 공용으로 사용하는 통장에 100만 원이 들어 있다. 동창회장은 70만 원을 사용하려고 하고, 사무총장은 60만 원을 사용하려고 한다. 동창회장과 사무총장이 동시에 사용하면 130만 원을 사용하게 된다. 물론 현실의 은행에서는 130만 원을 인출할 수 없지만 카드로 사용한다면 가능하다. 월말에 카드 고지서를 보면 130만 원 쓴 것으로 나오고 결제 대금이 부족하다고 할 것이다. 카드는 통장에 있는 잔액 기준으로 지불 여부를 확인

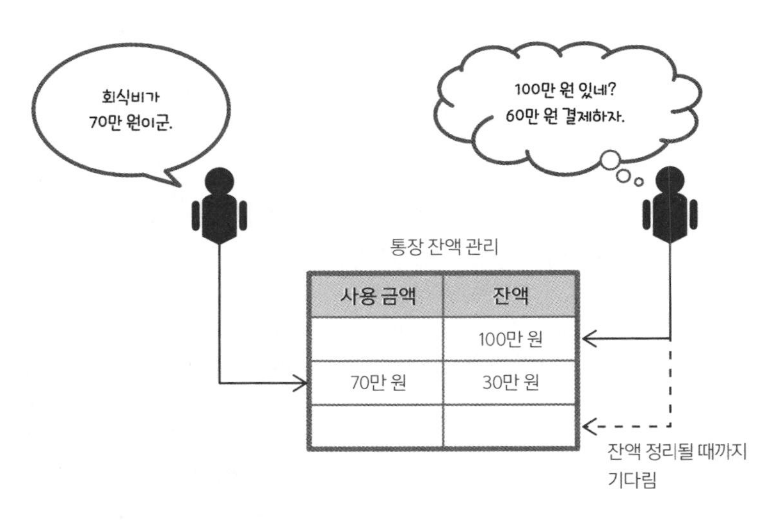

동시 사용할 경우 데이터정리가 될 때까지 기다림

하지 않는다. 현재까지 본 잔액 기준으로 사용할 뿐이다. 만약 한 사람만이 사용한다면 이런 일은 잘 발생하지 않을 것이다.

카드 사용 금액이 내 통장 잔액을 넘어서 사용되지 못하도록 하는 방법은 사용 즉시 사용 금액을 차감하는 방법뿐이다. 이런 기능이 있는 카드를 직불카드라고 하는데, 프로그램에서도 직불카드의 기능을 적용한 알고리즘을 사용해야 정확한 데이터를 유지할 수 있다.

직불카드에서 적용한 잔액 관리 알고리즘은 순간적으로 처리되는 경우에도 정확히 지켜지게 된다. 트랜잭션이 일어날 때 먼저 데이터를 찜하고, 즉 잠금을 걸어놓고 자신이 트랜잭션을 다 처리한 후에 잠금을 푼다. 이것을 잠금-확정(Locking- Commit)의 처리단계를 거친다고 한다. 동시에 다른 트랜잭션이 처리를 위하여 데이터에 접근할 때 잠금이 되어 있으면 기다리는데 이것을 기다림(Waiting)이라고 한다.

이런 방식으로 데이터를 처리할 경우 동창회장과 사무총장이 100만 원의 잔액이 있는 것을 확인했다손 치더라도 동창회장이 70만 원을 쓸 때 잠금을 걸고 처리하여 잔액을 30만 원으로 만들어놓으면 그다음에 들어온 사무총장이 60만 원을 쓰려고 할 때 잔액이 부족하므로 '잔액이 부족합니다'라는 메시지를 줄 수 있다. 사무총장이 "방금 전에 잔액을 100만 원으로 봤는데 이건 뭐야!" 하고 다시 잔액을 확인하면 이미 동창회장이 70만 원을 써서 30만 원만 남은 것을 알게 될 것이다. 간발의 차이로 돈을 쓸 수 없게 되었지만 잔액 관리는 꼼꼼하게 처리되는 것을 알 수 있다. 이처럼 데이터무결성을 확보하기 위한 잠금 주기는 트랜잭션의 처음 프로세스에서 잠금을 걸고 변경 작업을 시작하여 맨 마지막에 데이터 변경을 확정(Commit)해야 된다.

데이터 교착상태를 조심해야 한다

데이터의 교착상태(Dead Lock)라고 하는 것은 프로그램이 돌다가 정지해 있는 상황을 말한다. 엄밀히 말해서 정지해 있다기보다 서로 상대방의 프로세스가 끝나기를 기다리고 있는 것이다. 프로그래머가 주의를 기울이지 않으면 이러한 상황이 발생할 가능성이 아주 크다. 교착상태에 빠지면 사용자는 어떻게 처리할 방법이 없고, 해당하는 프로세스를 죽이거나 PC를 강제로 꺼서 교착상태를 해결하고, 처리된 데이터를 원상태로 복구하는 되돌리기(Roll Back)를 시켜야 한다. 여기서 되돌리기를 시킨다는 것은 프로그램이 하는 것이 아니라 프로세스가 죽으면 데이터베이스에 자동으로 데이터 되돌리기를 하기 때문이다.

교착상태에 빠지는 이유는 데이터의 무결성 확보를 위하여 데이터의 갱신 전에 다른 프로세스가 그 데이터를 사용하지 못하도록 잠금(Lock)을 걸기 때문이다. 이미 설명한 바와 같이 데이터를 잠그는 이유는 하나의 데이터에 여러 개 프로그램이 동시에 접근하여 데이터를 변경할 경우 데이터에 이상한 결과를 만들 수 있기 때문이다. 데이터 잠금이 걸리면 다른 프로세스는 그 데이터 갱신 작업에 참여할 수 없다. 잠금이 너무 오래 걸리면 다른 사용자의 사용에 방해를 주기 때문에 일정 시간 이상의 잠금을 지속할 경우 데이터베이스에서 알아서 자동으로 잠금을 풀어주고 되돌리기를 하는 경우도 있다.

데이터 잠금과 데이터 갱신 확정의 프로세스는 정교하게 알고리즘을 구현하지 않으면 교착상태에 빠질 수 있다. 같은 프로그램 간에도 서로 교착상태에 빠질 수 있을 뿐만 아니라 서로 다른 개발자가 프로그램을 할 때도 동일한 패턴으로 알고리즘을 짜지 않으면 서로 다른 프로그램 간에도 교착상태에 빠져서 데이터 되돌리기가 되는 경우가 있다.

데이터 되돌리기가 되면 그동안 작업했던 내용이 다 날아가는 것이다. 사용자로서는 매우 곤혹스러운 상황이 발생한다. 많은 사용자가 동시에 동일한 프로그램을 사용하여 데이터 갱신 작업을 하면 교착상태에 빠질 가능성이 농후하다. 교착상태에 빠지는 알고리즘은

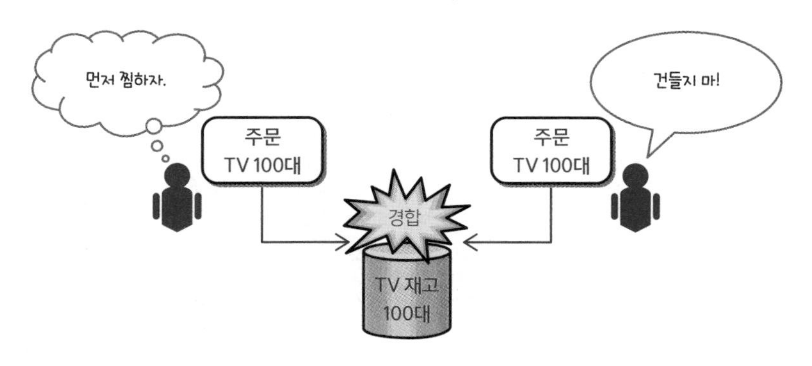

동일한 데이터의 갱신, 삭제 시 경합 발생

경험이 부족한 개발자들이 흔히 만드는 오류이기도 하지만 프로그램을 개발할 때의 코딩 워크북이 없거나 부실해서도 발생한다.

한 전자제품 판매회사의 프로젝트에서 개발했던 재고관리 기능의 경우 수많은 사람들이 항상 재고를 보면서 업무를 처리했다. 고객의 주문을 입력할 때도 상품 재고가 있는지 확인해야 했고, 재고가 없으면 구매를 하는데 이때도 재고를 확인하면서 적정 재고 수량에 대한 주문을 했다. 상품을 배송할 때도 재고를 쳐다보고 했으며, 상품 배달이 완료되어도 출하 확정을 위하여 재고를 갱신했다.

이처럼 판매회사는 재고관리 기능이 가장 복잡한 데이터 트랜잭션 그 자체였다. 단지 재고를 조회하는 것은 교착상태에 빠질 이유가 없다. 하지만 구매를 해서 상품이 들어오면 들어온 수량만큼 재고를 늘려준다. 주문이 들어오면 그 수량만큼 재고를 찜해놓고 다른 주문이 재고를 건들지 않도록 한다. 이러한 모든 과정은 재고의 사용을 잠그고 갱신한 후에 확정하는 단계를 밟아서 재고의 무결성을

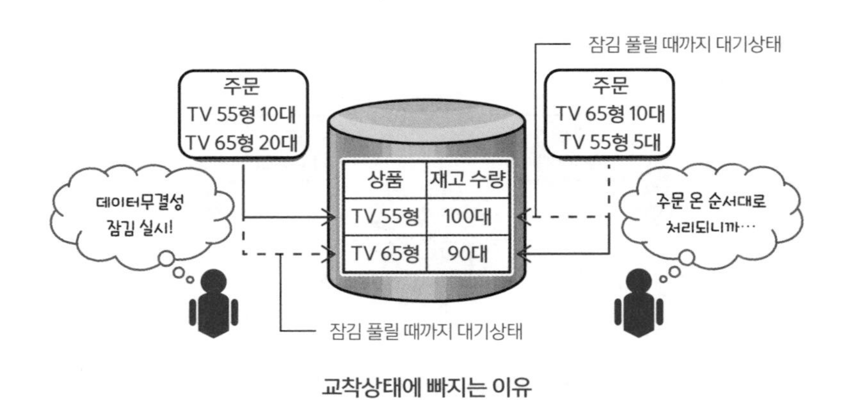

교착상태에 빠지는 이유

확보하게 된다. 하지만 프로그램 간에 교착상태가 발생하지 않도록 알고리즘을 만들지 않으면 자주 프로세스가 강제 종료되고, 데이터의 되돌리기가 일어나게 된다.

이런 일이 일어나면 업무 담당자는 프로그램을 제대로 못 만들었다고 불평을 하거나 시스템에 문제가 있다고 항의하기도 한다. 소프트웨어 개발자는 데이터의 일관성과 무결성을 위해서는 그 정도는 감수해야 한다고 생각할 수 있다. 최악의 알고리즘을 생각하면 당연하지만 프로그램의 설계에서부터 교착상태에 빠지지 않도록 기준이 정해지고 프로그램이 그 기준에 맞추어 개발되었다면 대부분은 해결할 수 있는 문제다.

데이터무결성 확보는 알고리즘의 완성도다

핵심은 데이터처리의 잠금과 확정(Commit)을 어디에서 할 것인가의 문제로 귀결된다. 처리 프로세스 중간중간에 잠금과 확정을 하면 데이터 되돌리기 시에 데이터의 무결성(Data Integrity)이 깨지는 경우가 생긴다. 너무 긴 시간 동안 잠금을 실시하면 다른 프로세스의 기다림 시간이 길어져서 트랜잭션 처리 효율성이 떨어진다. 그러므로 고도의 정교한 알고리즘 설계와 코딩이 요구된다.

기업에서 필수적으로 사용하는 회계에서 전표를 입력할 경우에세 개의 테이블에서 각각의 데이터가 추가와 갱신을 하는 작업이 순

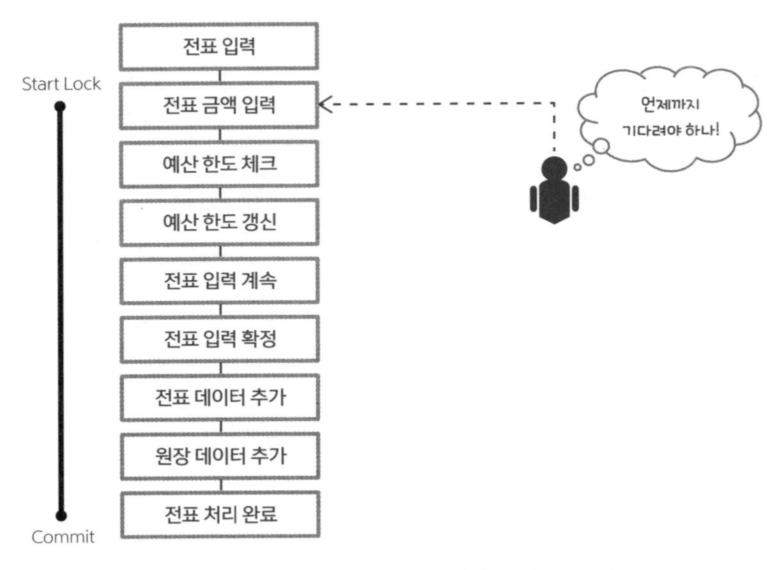

가장 확실하지만 대기시간이 문제

차적으로 이루어진다고 생각해보자. 사용자가 전표를 입력하면 예산을 체크하여 가용예산이 넘으면 전표 입력이 불가능하도록 설계되어 있으며, 가용예산 한도 내에 있으면 전표 입력이 가능하다. 가용예산은 입력한 전표 금액을 뺀 금액이 되므로 매번 전표 입력 시마다 가용예산이 갱신된다. 전표 입력을 마무리하면 전표 테이블에 전표 데이터가 추가된다. 또한 동시에 총계정원장 테이블에도 전표 데이터가 한 개 추가된다.

이 프로그램을 짤 때 데이터의 무결성을 위하여 데이터 잠금을 전표를 입력하는 순간부터 시작하고 데이터의 최종 확정은 총계정원장 데이터가 추가된 후로 하였다면, 데이터의 무결성은 잘 확보되겠지만 다른 사람이 전표를 입력할 때 데이터 잠금으로 인한 기다림 시간이 오래 걸릴 가능성이 크다. 예를 들어 전표를 입력하다가 전화를 받거나 아니면 잠깐 외근을 간다면 다른 사람들은 전표 입력이 안 되어 그 시간 동안 대기해야 하는 불편함이 따른다.

가용예산에 대한 데이터만 갱신 작업이 이루어지므로 이 데이터의 무결성을 유지하기 위하여 전표를 입력할 때 금액을 입력하는 순간에만 가용예산을 잠그고 체크하여 예산초과가 아니면 갱신하고 확정을 한다. 이렇게 하면 다른 사람의 대기시간은 최소화되므로 사용이 편리할 것이다. 그렇지만 만약 전표를 입력하다가 중도에 포기하여 입력을 취소하면 그때는 가용예산의 갱신 결과를 되돌려놔야 한다. 즉 가용예산이 100만 원이었는데, 내가 전표 입력하는 금액이

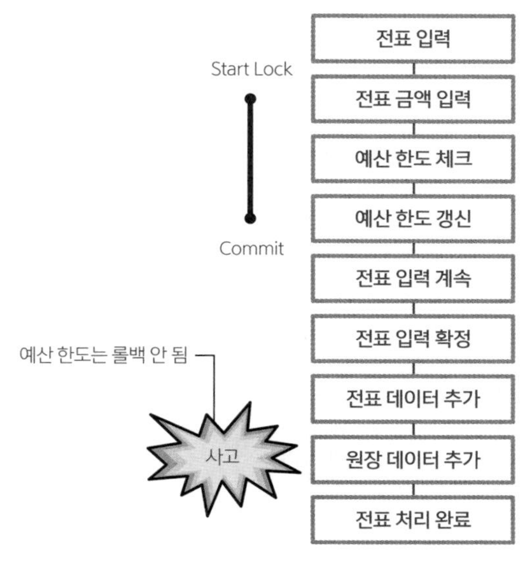

롤백 안 된 문제 발생

40만 원이면 가용예산은 40만 원이 차감된 60만 원으로 갱신되어야 하고, 중도에 전표 입력을 취소하면 다시 40만 원을 더해서 100만 원으로 만들어놔야 한다. 이런 식으로 데이터처리 중간에 데이터 잠금과 확정을 하면 사용자가 어떤 작업을 했는지에 따른 알고리즘을 추가적으로 고려해야 하므로 복잡해진다.

또 한 가지 고려할 수 있는 방안은 데이터의 갱신과 추가를 한 번에 몰아서 하는 것이다. 가용예산을 체크해서 한도 초과가 안 되면 전표 입력을 가능하도록 하지만 가용예산을 바로 갱신해놓지 않는

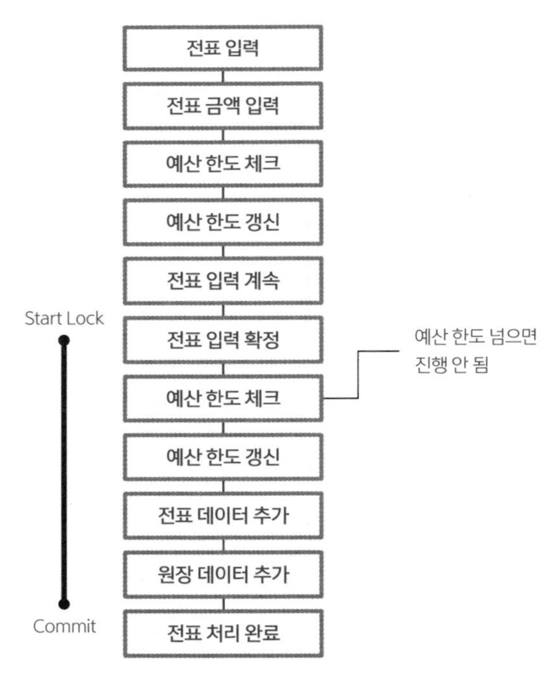

대기시간, 롤백 해결되지만 예산 한도 문제 있음

다. 최종적으로 전표 입력이 끝나서 사용자에게 입력할 것인지 확인하여 승인(Yes)이 되면 그때 데이터 잠금을 실행한 후에 가용예산을 갱신하고, 전표 데이터와 총계정원장 데이터도 추가하여 제대로 수행이 되면 데이터처리를 확정한다. 이때 발생할 문제는 동시에 여러 명이 전표 작업을 처리하는 경우인데 가용예산을 다른 사람이 먼저 써서 부족한 상황이 발생할 수 있다. 그러므로 가용예산 갱신 전에는 다시 가용예산을 체크하여 가용예산이 충분하다면 작업을 처리하고 그렇지 않으면 가용예산이 부족하다고 메시지를 보내고 데이터처리를 하지 않는 것이다. 이 알고리즘으로 프로그램을 코딩할 경우 데이터의 잠금과 확정에 따른 시간이 최소화되고, 알고리즘도 간단해진다. 하지만 최종 단계에서 가용예산을 다시 체크함으로 인해 데이터처리가 안 되는 경우가 발생할 수 있기 때문에 사용자는 불편할 수 있다.

데이터의 무결성을 확보하는 원칙은 알고리즘 안에서 필요한 데이터를 잠그고 모든 트랜잭션이 모두 처리된 후에 확정되도록 하는 것이다. 데이터처리 과정 중에 잠금과 확정을 여러 번 하는 경우에 데이터의 무결성이 깨질 수 있는 상황이 발생할 수 있기 때문이다. 예를 들어 첫 번째 테이블에서 데이터를 처리하여 확정한 후에 다음 데이터를 처리할 순간에 교착상태에 빠지거나 혹은 알 수 없는 이유로 데이터 되돌리기가 실행되어야 하는 상황이 발생했다. 하지만 확정이 된 첫 데이터는 되돌리기가 불가능하다. 이런 상황이 발생하면 데이터무결성이 깨지는 것이다.

또 여러 테이블을 처리하는 경우에는 잠금과 확정 시간이 최소화될 수 있도록 알고리즘을 구현하는 것이다. 전표 입력의 사례와 같이 전표 입력 시작부터 잠금을 시도하면 다른 사람은 장시간 대기해야 하는 경우가 발생하기 때문이다.

많은 개발자들이 데이터무결성에 실수하는 것이 동시성 제어에 대한 확실한 개발 전략이 없기 때문이다. 복잡한 트랜잭션을 처리하는 경우에는 특히 동시성 제어에 대한 프로그램 알고리즘의 전략을 잘 만들어서, 참여하는 다른 개발자들과 공유할 필요가 있다.

기본키를 잘 만들어야 모든 것이 편하다

데이터의 키라는 것은 데이터를 대표하는 데이터다. 중복된 값을 가지는 경우도 있지만 대부분의 경우 키는 유일하게 식별할 수 있는 데이터를 기본으로 한다. 이런 키를 기본키(Primary Key)라고 부른다. 대표적으로 한국에서 쓰는 주민등록번호나 차량번호와 같은 것들이 기본 키값으로 쓰인다.

기본키를 잘 만들어야 하는 이유는 프로그램에서 기본키는 데이터를 관리하는 기본적인 방법이며, 다른 데이터와의 연관성을 유지시키는 방법이기도 하기 때문이다. 예를 들어 차량번호 32나7890은 이 차량의 차종, 제조 연월, 엔진 종류와 같은 차량의 내용을 대표한다. 보험회사라면 차량번호로 보험 이력을 찾으면 해당 차량이 보험을 들었는지, 어떤 종류의 보험인지 등을 알 수 있다.

마찬가지로 주민등록번호는 사람을 대표한다. 김철수라는 사람의 주민등록번호가 920120-1××××××라는 것은 이 사람이 어디에 살고 있는지, 생년월일은 어떻게 되는지, 성별은 어떻게 되는지, 가족은 어떻게 되는지를 조회할 수 있는 핵심 데이터다. 만약 주민등록번호가 없고 김철수라는 사람이 여러 명 있다면 이 사람의 정보를 찾아내서 뭔가의 작업을 할 경우, 예를 들어 세금을 매기거나 연금을 주거나 군입대를 알리는 등의 작업을 할 때 상당한 어려움이 있을 것이다.

기본키가 제대로 정의되어 있지 않으면 프로그램에서도 마찬가지의 어려움이 있다. 어떤 특정 데이터를 수정하기 위해서는 데이터를 불러와야 수정이 가능한데 기본키가 없다면 다양한 조건으로 데이터를 찾아내야 한다. 이렇게 한다면 상당한 시간이 걸릴 것이다.

기본키를 만들기 위한 다양한 방법이 있다. 날짜로 만들거나 일련번호로 만들기도 한다. 어떤 경우에는 의미를 부여하여 기본키를 만들어내기도 한다. 명심할 것은 중복되지 않도록 하는 것이다. 예전에 프로젝트를 하면서 키를 잘못 만들어 관련 프로그램을 상당 부분 수정한 적이 있다. 기본키를 일련번호(6)으로 즉, 6자리로 만들어서 1부터 시작하도록 했다. 키로 들어갈 수 있는 번호는 '999,999'이다. 최대치를 넘으면 '0'부터 다시 시작하게 된다. 이 최대 숫자는 10년 정도 쓸 수 있는 기본키라고 생각했으며, 중간에 백업을 통하여 데이터를 정비할 것으로 생각했다. 또 너무 길면 사용자들이 외우기 힘

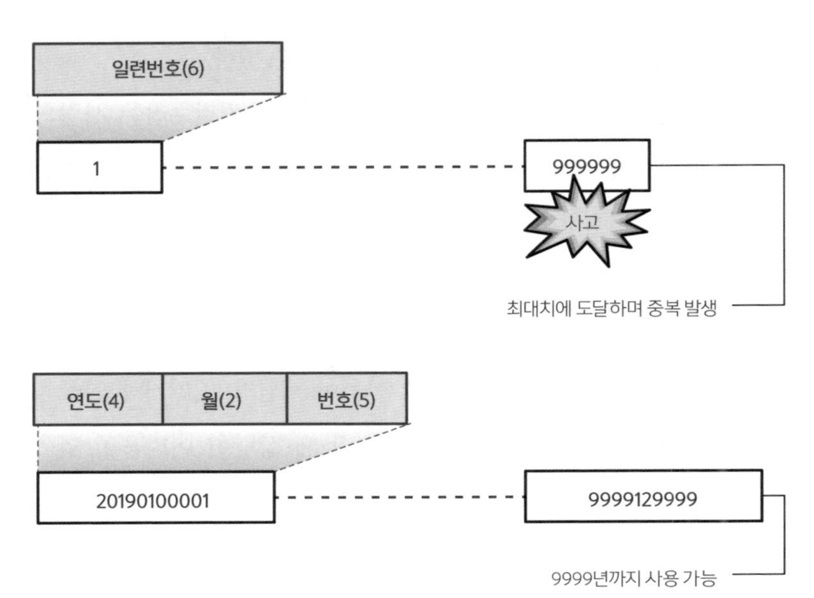

중복 가능 시간을 늘리는 기본키의 구조

들고 업무를 처리하는 데 지장이 있을 수 있다고 생각하여 6자리로 정했다. 그런데 불행히도 몇 년 만에 최댓값을 넘어가게 되었다. 기본키는 중복을 허용하지 않기 때문에 데이터 추가 시에 프로그램오류가 발생한다. 기본키의 문제로 상당 시간 업무가 마비될 수밖에 없었다.

연도(2)+월(2)+일련번호(5)로 기본키를 수정하는 것을 고민했다. 한 달에 만들어지는 키의 수를 최대로 99,999개까지 만들 수 있도록 하고 설계를 했다. 한 달에 그 정도의 데이터를 만들지는 못했으므로 키가 중복될 가능성은 없다. 하지만 이 기본키도 10년에 한 번씩 중복이 생긴다. 소프트웨어를 10년 이상 쓴다면 문제가 발생하므

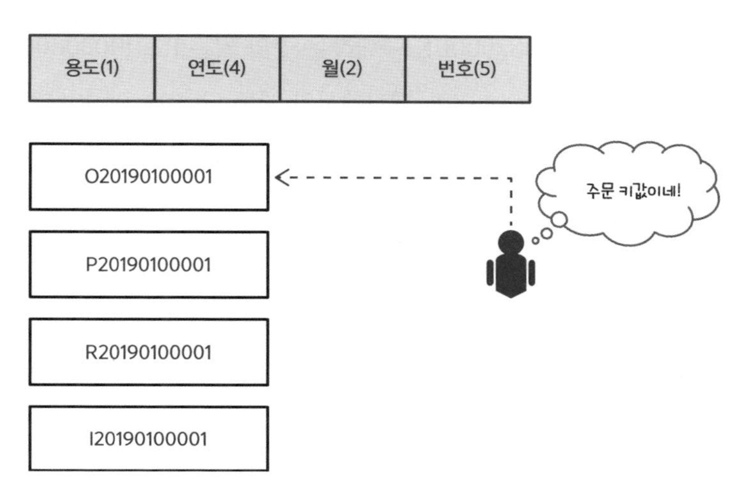

기본키에 의미를 부여하여 혼란 방지

로 연도를 4자리로 변경하여 연도(4)+월(2)+일련번호(5)로 변경했다. 기존에 6자리에서 11자리로 변경되었기 때문에 외우는 데는 지장이 있지만 기본키의 값을 보면 마치 주민등록번호처럼 언제 처리되었는지 알 수 있는 부가적 이점이 생겼다.

기본키를 만들 때 차량번호와 같이 의미를 부여하지 않고 무작위로 만드는 경우가 있고, 의미를 부여해서 만들기도 한다. 키값만 알면 데이터를 쉽게 조회할 수 있는 환경에서는 기본키에 특별히 의미를 부여하지 않아도 사용하는 데 불편함이 없다.

중복이 되지 않는다고 모든 데이터의 기본키 구조를 동일하게 하는 것은 지양해야 한다. 어느 곳에서 쓰이는 키값인지 알 수 있는 수준의 구분은 되어야 하기 때문이다. 이미 설명한 바와 같이 모든 프로그램과 테이블에서 20190200001의 구조를 쓰기보다는 주문이라는 곳의 키는 O20190200001, 구매라는 곳의 키는 P20190200001, 반품의 키는 R20190200001, 재고에서의 키는 I20190200001 등으로 구분하면 사용자도 혼란이 방지되고 개발자가 프로그램을 하는 데 혼란이 없이 효율적인 코딩을 할 수 있다.

개발자를 위한 프로그램 소스의 주석

프로그램을 코딩하면서 좋은 품질의 프로그램 소스 코드를 만드는 것에 대해서 알아보자. 지금까지 우리는 품질에 대해서 얘기하면서 프로그램의 작동에 대한 품질을 위주로 얘기를 했다. 즉 프로그램의 소스보다는 프로그램이 잘 실행되어 사용하는 데 불편함이 없고, 비정상적 상황에서 예외 사항을 잘 처리하여 죽지 않는 프로그램을 좋은 프로그램이라고 설명하였다.

소프트웨어가 진화한다는 의미는 고객의 요구사항 변경과 환경의 변화로 개발된 프로그램의 변경이 지속된다는 말이다. 어떤 기능은 필요 없게 되기도 하고, 어떤 기능을 추가적으로 개발해서 넣어야 하는 경우도 생긴다. 이 변경 작업을 위해서는 프로그램의 설계도와 소스 코드에 의존하여 추가, 변경, 삭제할 부분을 판단하고, 그 변경의 영향을 분석하여 다른 소프트웨어의 영향이 최소화되는 방향으로 프로그램을 수정한다.

소프트웨어의 유지보수 과정에서 항상 겪는 문제는 설계도의 현행

```
/*
    * 주문을 처리하기 위한 기능을 수행한다.
    * 프로그램 소스 : OrderEnter.java
    * 최초 개발 일자 : 2019년 2월 26일
    * 최초 배포 일자 : 2019년 3월 1일
    * 이 프로그램의 사용법은…….
    *
    * @author 정철수
    * @version 1.0
*/

/* 이 클래스의 목적은 주문 처리다.
 * @para strs
*/

Public Class OrderEntry(string strs) {
    Public Static Void Main() {

    }
}
```

자바 소스의 주석 처리

화인데 많은 소프트웨어가 설계도의 현행화 부실로 인하여 프로그램의 소스를 직접 보면서 변경 사항을 검토해야 하는 데 있다. 이때 소스 코드가 가독성 있게 잘 정비되어 있어야 함은 물론이고 주석(Comments)이 잘 정리되어 있어야 한다. 많은 경우 알고리즘을 만드는 데 치중하여 주석을 제대로 달아놓지 않고 프로그램을 완료하는 경향이 있다. 어느 경우에는 마지못해 주석을 부실하게 달아놓기도 한다. 주석의 양은 많으면 많을수록 좋으며, 그 변경 기록에 대해서 충실하게 달아놓는 것이 바람직하다.

프로그램설계 시에 의사코드(Pseudo Code)를 사용하여 설계했으면 그 의사코드는 모두 주석이 되어야 한다. 즉 의사코드 밑에 실제 프로그램을 함으로써 원설계자 의도대로 프로그램을 할 수 있다. 물론 설계도가 완벽하여 의사코드 기준으로 중요 알고리즘이 완료되어도 자잘한 부분에 대한 코딩과 그에 대한 주석은 개발자의 몫이다.

고객이 사용하기 편한 프로그램

우리가 만든 프로그램이 오류 없이 결과를 제대로 만들어내면 좋은 프로그램일까? 많은 프로그래머가 착각하는 것이 이런 것이다. 지금과 같이 멀티미디어 환경으로 전환된 세상에서 사용자들은 시각적으로 좀 더 아름답고 잘 짜인 화면을 좋아한다. 화면이 복잡하여 어디가 어딘지 모르게 되어 있다면 쓰다가 짜증을 낼 수도 있다. 프로그램 개발자에게 디자인 실력까지 갖추어 개발을 하라고 하는 것은 무리일 수 있으나 화면의 사용 편리성, 화면의 일관성, 메시지의 명확성과 같은 기본적인 것들은 프로그래머도 할 수 있어야 한다.

화면의 사용 편리성은 화면 설계에서 구체적으로 고려되어야 하지만 세세한 부분은 프로그래머가 만들어줘야 한다. 예를 들어 화면에 입력하는 필드만 나열해둔다면 처음 사용하는 사람은 무슨 데이

로그인 아이디

패스워드

어떤 정보도 없이 화면에 필드만 있는 경우

터를 넣어야 하는지 잘 몰라서 당황할 수 있다. 이럴 때는 화면에 필드뿐만 아니라 필드를 넣을 때 주의할 사항까지 꼼꼼하게 보여주면 된다. 요즘의 화면은 스크롤이 되면서 아래위로 움직이면서 많은 정보를 채워넣을 수 있다. 굳이 작은 화면에 다 넣으려고 하지 않아도 된다.

화면의 일관성은 이미 언급했다. 같은 위치에 같은 내용이 있어야 사용자들이 사용하기에 편리하다. 내가 만든 화면들만이라도 같은 기능이 이곳저곳에 있지 않도록 하자.

메시지의 명확성도 사용자 입장에서 중요한 것이다. 데이터를 입력할 때 맞지 않는 데이터가 들어오면 경고메시지를 보여주고, 진행 과정을 설명하는 경우에는 진행 사항에 대한 메시지를 주어야 사용자가 참고 기다린다. 메시지가 없으면 죽은 줄 알고 컴퓨터를 재부팅하는 경우도 종종 있다. 최종 확인을 해야 하는 경우에 실행 여부를 물어보는 질문형 메시지도 있다. 또 처리결과를 알려주는 메시지도 있다. 어느 경우에는 메시지를 아예 생략하는 경우도 많이 있다. 프로그램 과정에서 귀찮아서 아예 코딩을 그만둬버리는 것이다.

어떤 경우에는 메시지를 만들어서 보여주기는 하는데 너무 간략

로그인 아이디

로그인 아이디는 메일 주소를 입력해야 합니다. (예) honggildong@smail.com

패스워드

패스워드를 3회 이상 틀릴 경우 시스템 접속이 제한되므로 신중하게 입력하세요.

세세하게 사용법과 주의사항 제공

한 내용으로 메시지를 만들어서 사용자를 답답하게 하거나 무슨 의미인지 모르는 경우도 있다. 메시지는 최대한으로 쉽게 써야 함은 물론 자세하게 적어서 보여줘야 한다. 동일한 내용인데 프로그램마다 다른 내용으로 메시지가 나오는 경우가 있다. 프로그램 시작 전에 표준이 정해지지 않아서 이런 일이 발생한다. 메시지 사전을 만들어서 그것을 적용하도록 하는 지혜가 필요하다. 주의 깊지 않은 사람은 메시지의 철자가 틀리는 경우도 있다. 국어 실력을 테스트하는 것은 아니지만, 사소한 실수가 고객을 실망시킨다.

예전에 개발했던 프로그램의 사례를 보면 사용자에게 보여주는 메시지가 어떤 효과를 주는지 알 수 있다. 프로그램의 프로세스가 아주 간단한 알고리즘이다. 주문을 입력하다가 재고가 부족하면 '재고가 부족합니다'라는 메시지를 보여주는 것이다. 이것을 통해 주문을 입력하는 사람은 재고가 부족하므로 주문을 더 이상 넣을 수 없다는 정보를 얻을 수 있다. 하지만 얼마나 부족한지에 대해서는 알 수가 없다. 또 사용자는 향후 어떤 행동을 취해야 하는지 알 수 없다. 경험이 많은 사람이라면 구매 부서에 연락하여 상품이 언제 입고되는지 알아보고 영업 부서에도 상황을 알려주고 고객에게 다음 번 상품 입고 때까지 기다려달라고 할 수 있을 것이다. 더 적극적이라면 고객에게 바로 연락하여 가용 재고가 부족하여 당장 상품을 배송할 수 없다고 할 것이다. 재고가 부족하여 주문을 못 넣는다는 메시지보다는 좀 더 많은 정보를 사용자에게 주면 일하는 데 한결 도움을 줄 수 있다. 만약 현재 가용 재고가 20개가 있고, 내가 입력한 주문 수량이 50개라면 부족 재고는 30개다. 그렇다면 메시지의 내용을 '재고가 부족합니다'에서 추가할 수 있는 정보가 더 있다. 구매 이력을 찾아보면 언제 상품이 입고될 수 있는지도 알 수 있다. 또

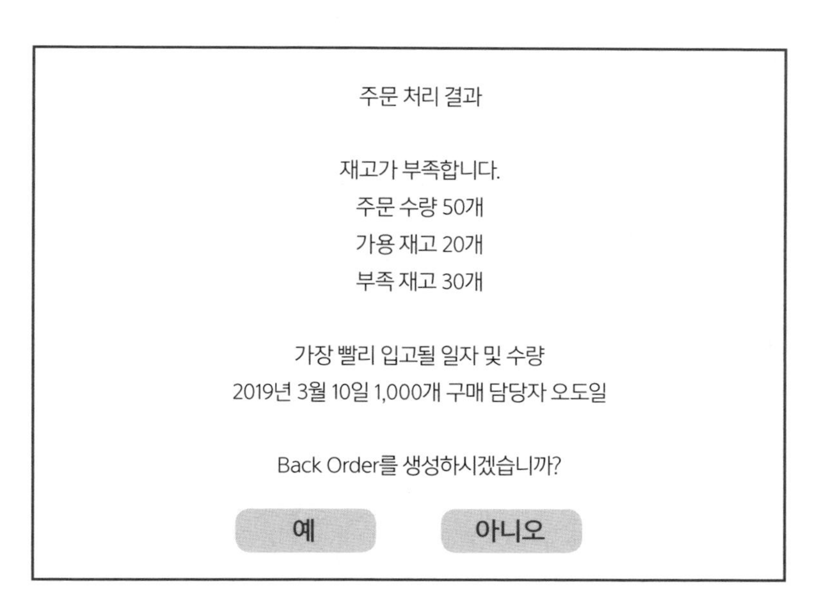

상세한 정보를 제공하는 메시지

재고가 부족한 주문에 대해서는 부족한 수량에 대한 백 오더(Back Order)를 자동으로 만든다. 이것은 일종의 자동 주문 생성 기능이라고 보면 된다.

메시지는 정중하게 작성되어야 한다. 최악의 경우는 메시지가 명령형, 비존칭형인 경우다. 이렇게 해서는 절대 안 된다. 우리는 프로그램을 개발하지만 사용자는 프로그램과 대화를 하는 것이다. 매일 대화하는 상대가 정중하게 대해주면 기분이 좋듯이 프로그램도 상대방에게 친절함을 보여줄 수 있는 메시지로 작성해야 한다.

기다리기 싫어하는 사람의 마음을 읽어야 한다

일반 사용자는 기다리는 것을 싫어한다. 컴퓨터의 모래시계가 돌아가는 모습을 보면 답답함을 느낀다. 소프트웨어의 성능은 프로그램 개발자의 실력에 많이 의존하게 된다. 물론 소프트웨어만 성능에 영향을 주는 것은 아니고 서버와 PC 등 하드웨어의 속도, 네트워크의 속도, 동시에 사용하는 사용자 수, DBMS Data Base Management System의 성능 등도 영향을 미치게 된다. 환경적인 변수가 동일하다고 하면 결국 개발자가 어떤 알고리즘으로 프로그램을 개발했는지가 중요한 변수가 된다. 프로그램의 응답 속도가 빠르다는 것은 사용자의 업무 속도를 올리는 첫걸음이다. 고객과의 대화가 많은 콜센터에서는 소프트웨어의 응답 속도에 따라 고객의 반응이 많이 달라진다. 많은 경우 성능

지표로 3초 혹은 5초 등으로 빠른 응답 속도를 요구한다.

데이터를 조회할 때 사용하는 에스큐엘SQL, Structured Query Language 혹은 시퀄Sequel을 어떻게 사용했느냐에 따라 성능 차이가 많이 나는 것을 보았다. 동일한 작업을 처리해도 순차적으로 하나하나 일을 처리하는 것보다 한 번에 뭉치로 가져다가 처리하는 것이 빠르다. 줄 서 있는 사람을 셀 때 한 명, 두 명 이렇게 세는 것보다는 다섯 명씩 끊어서 세는 것이 빠른 것과 같은 이치다.

SQL은 데이터를 덩어리로 처리하기에 좋은 언어이지만, 프로그램은 데이터를 덩어리로 처리하는 데 불편함이 있다. 알고리즘은 명령어를 순차적으로 배열함으로써 완성되기 때문이다. 그래서 경험적으로 보면 SQL의 성능이 떨어진다는 것은 SQL을 만드는 실력이 부족하다는 것과 같으면서 프로그램의 알고리즘에 충실한 사람일 확률

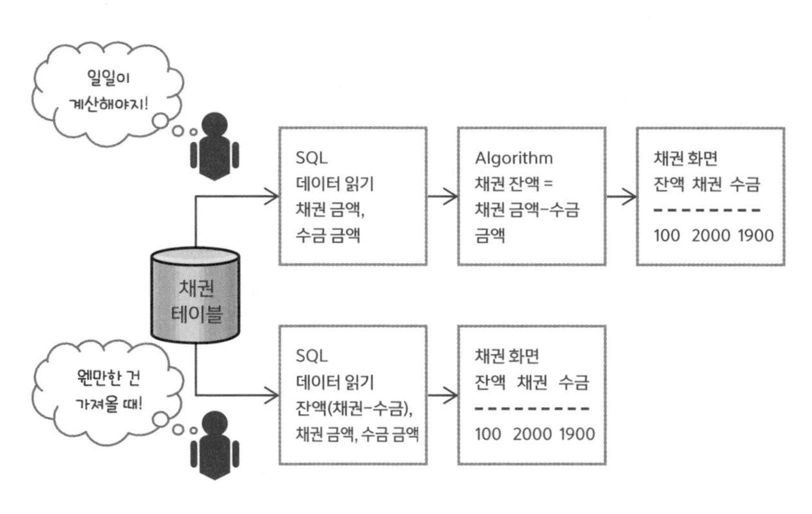

데이터처리의 효율성

이 높다. 그러므로 프로그램의 알고리즘을 만드는 머리와 SQL 만드는 머리를 나누어서 사용할 수밖에 없다.

채권 잔액을 프로그램에서 구현한다면 읽어온 데이터에 대해서 하나씩 잔액을 구하고 화면에 표시해 주어야 한다. 이 방식은 처리에 많은 시간이 소요된다. 하지만 데이터베이스에서 읽어올 때 잔액 데이터를 만들어오면 프로그램에서 잔액을 구하는 알고리즘을 만들 필요가 없다. 또 데이터베이스에서 잔액을 계산할 때는 뭉치 단위로 한 번에 계산을 하기 때문에 프로그램에서 일일이 계산하는 것보다 계산속도가 몇 배 빠르다. 많은 개발자들이 SQL의 성능 문제를 DB 성능 전문가인 튜너Tuner에게 맡기는 경우가 많다. SQL의 근본적 성능은 자신의 알고리즘과 무관하다는 견해가 짙기 때문이다. 하지만 SQL은 프로그램의 알고리즘을 어떻게 구현하느냐에 따라 많이 달라질 수 있기 때문에 DB 튜너에게만 맡길 문제는 아니라고 본다.

버그 없는 소프트웨어 만들기

소프트웨어에 숨어 있는 버그, 에러, 오류, 결함 등의 문제점을 찾아내는 일을 테스트라고 한다. 테스트는 시간이 오래 걸리는 일이며 제대로 준비하지 않으면 원하는 성과를 내기가 쉽지 않다. 소프트웨어에 관계된 많은 사람들이 테스트와 관련하여 패러독스의 고민에 빠지게 된다. 소프트웨어를 관리하는 사람들은 테스트를 통하여 제품의 품질을 확인하고 싶어 한다. 테스트를 통하여 좋은 품질이 확인되면 소프트웨어의 개발이 잘된 것이다. 한편으로 테스트의 목적은 소프트웨어에 문제가 있다는 것을 발견하는 과정이므로 혹독하게 테스트를 진행해야 한다. 일각에서는 테스트는 파괴적 과정이라고 표현하기도 한다.

어쨌거나 많은 테스트 담당자들은 문제를 찾아내기 위하여 다양한 방법으로 테스트를 진행한다. 엄격하게 진행되는 테스트에서 완벽하게 통과되는 사례는 별로 없다. 즉 대부분의 소프트웨어는 결함투성이로 밝혀진다. 목표한 품질기준을 만족시키기 위하여 테스트를 소홀히 할 수도 없다. 하지만 테스트를 통과하지 못하면 프로젝트가 지연되어 회사는 손해를 입게 되기도 한다. 종종 이런 역설적 상황에 빠지게 되지만 양심적인 기업이나 리더들은 비용보다 품질을 선택한다.

미국에서 발표된 논문에 따르면 소프트웨어개발 프로젝트에 투입된 노력을 프로젝트계획, 소프트웨어개발, 테스트로 구분해서 봤을 때 계획에 투입되는 노력은 전체의 1/3(33%) 정도가 들었고, 개발에는 1/6(17%)이 들었으며, 테스트에는 1/2(50%)이 들었다고 한다. 그만큼 테스트에 투입한 노력이 많았음을 알 수 있다. 좀 더 생각해 보면 개발에 투입한 노력이 상대적으로 적기 때문에 테스트가 더 중요하다고 생각할 수도 있지만, 개발에서 완벽한 프로그램을 만들어내지 못하기 때문이라는 반증일 수도 있다.

개발자의 실수

테스트는 여러 단계에 걸쳐서 진행된다. 기본적으로 개발자는 프로그램코딩을 하는 과정 중에도, 완료한 후에도 테스트를 진행한다. 개발자 스스로 하는 테스트를 단위테스트라고 한다. 개발자가 수행하는 단위테스트는 자신의 관점에서 테스트를 진행한다. 즉 자신이 개발한 프로그램이 원하는 대로 실행이 되는지 확인한다. 이것으로 자신의 프로그램이 완벽하게 실행되는 것으로 착각한다. 원하는 결과를 얻는 것을 우리는 아주 정상적인 환경에서 당연히 수행되어야 하는 기본 알고리즘이라고 말한다. 이제 테스트에서 밝혀질 것은 까다로운 예외적인 조건에서 프로그램이 어떤 반응을 나타내는지 확인해야 한다. 이것을 잘 통과해야만 완벽에 가까운 프로그램이라고 할 수 있다.

어느 개발자가 개발한 프로그램에서 쓰는 특정 필드는 금액과 관련된 데이터이므로 숫자만 처리할 수 있다. 개발자는 당연히 금액을 넣어서 자신이 생각한 알고리즘대로 결과가 나오는지 확인한다. 다

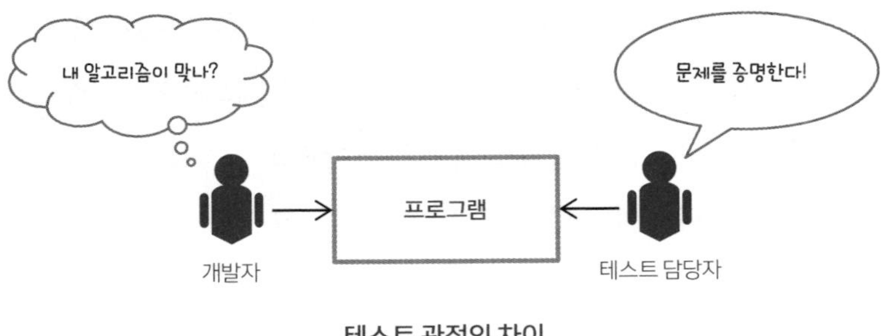

테스트 관점의 차이

행히도 잘 처리되어 만족해한다. 개발자가 아닌 다른 사람에 의한 테스트인 제삼자 테스트에서 그 숫자 필드에 문자를 넣었다. 아무거나 막 넣어본다고 하는 편이 맞을 것이다. 프로그램에서 문자가 들어오면 입력이 안 되도록 경고메시지를 보여주어야 하지만 입력이 된다. 당연히 프로그램은 오류가 나고 죽어버린다. 이런 상황이 되면 개발자는 테스트 담당자에게 항의한다. 왜 숫자 필드에 문자를 넣어서 오류를 만들어내냐고 따진다. 사용자는 어떤 일을 벌일지 모르기 때문에 당연히 이런저런 말도 안 되는 데이터를 넣어보기도 하고 아무거나 막 눌러보기도 해야 한다고 테스트 담당자는 주장한다.

결론적으로 보면 테스트 담당자의 말이 맞다. 테스트는 프로그램에 문제가 있다는 것을 증명하는 과정이기 때문이다. 프로그램을 파괴하는 과정이라고 하는 사람들도 있다. 컴퓨터가 발명되고 소프트웨어를 개발하기 시작한 이후부터 시간이 지남에 따라 테스트에서는 무엇을 어떻게 할 것인지에 대한 관점이 진화했다. 초기의 테스트는 프로그램의 예외적 상황을 해결하는 디버깅 위주였다. 소프트웨어기술이 발전하면서 테스트는 소프트웨어가 제대로 수행되는지 증명하는 것으로 진화되었고, 더 나아가서 소프트웨어에 파괴적 활동을 수행하여 오류가 있다는 것을 파악하는 단계로까지 진화했다. 이제는 고객이 만족하는지 평가하는 데 주안점을 둔다. 하지만 아직도 많은 개발자들은 디버깅 수준에 머물고 있으면서 자기중심적 단위테스트를 한다고 볼 수 있다.

테스트의 두 얼굴

기업 내부에서 소프트웨어를 만들든 아니면 외부 업체에 의뢰하여 소프트웨어를 만들든 모든 소프트웨어개발 프로젝트에는 납기가 있다. 납기가 있다는 것은 결국 그 시간 내에 성공, 종료를 하지 않으면 납기 지연이 되어 소프트웨어를 사용해야 하는 조직, 기업이 제대로 일을 할 수 없다는 말이다. 계약이 있었다면 납기 지연에 따른 지체상금을 내야 한다.

납기에 맞추어 소프트웨어가 개발되었다면 이제부터 고객이 쓸 수 있게 하자는 결정은 프로젝트관리자가 한다. 물론 기업을 대표하거나 조직을 대표하는 최종 의사결정자가 있다면 마지막 결정은 그 사람이 하겠지만 그 결정을 제기하는 사람은 개발자의 우두머리인 프로젝트관리자다. 이런 결정을 소프트웨어 오픈 결정이라고 한다. 음식점을 창업하여 처음으로 손님을 받을 때 식당을 오픈한다고 하

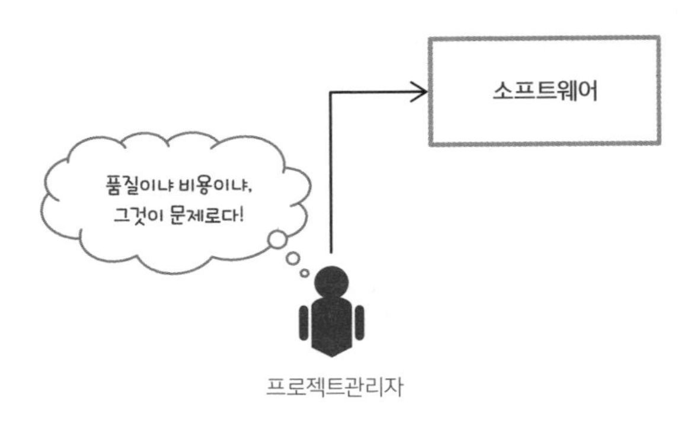

품질과 비용으로 고민하는 프로젝트관리자

는 것과 마찬가지의 중요한 이벤트다. 음식점도 오픈하기 전에 음식은 잘 만들어지는지? 홀에서 음식 서빙은 제대로 되는지? 돈 계산은 맞게 되는지? 등등 여러 가지를 테스트함으로써 잘 준비되어 있는지 확인한다. 소프트웨어도 동일한 과정을 거친다. 개발이 완료된 소프트웨어는 여러 단계의 테스트를 통과하여 이상이 없음을 확인하고, 소프트웨어를 사용할 수 있는 상태로 만들어 특정 기일에 오픈한다. 이 오픈 일자가 보통은 납기가 되는 것이다. 소프트웨어개발에 대한 계약을 했으면 언제까지 소프트웨어를 오픈하여 사용할 수 있게 할지에 대한 것을 명문화하기 때문에 납기 일자는 프로젝트 성공의 제1의 척도라고 할 수 있다.

프로젝트관리자가 오픈 결정을 하는 가장 핵심적인 산출물이 테스트 결과다. 물론 고객도 마찬가지다. 테스트가 잘되어 결함을 많이 발견하여 수정 보완함으로써 완벽한 소프트웨어를 만들 수 있도록 하면 당연하고 좋은 일이다. 하지만 너무 많은 문제가 발견되어 결함을 완벽히 수정하기 위해서는 어쩔 수 없이 납기 즉, 오픈 일정을 연기해야 한다면 프로젝트관리자 및 개발자로서는 반가운 일만은 아니다. 소프트웨어의 수정, 보완을 위한 개발에 들어가는 비용이 늘어나기 때문이다.

테스트의 두 얼굴이라는 것은 테스트는 좋은 품질의 소프트웨어를 만들어내기 위한 과정이지만 테스트에서 문제가 많이 발견되면 소프트웨어 결함 수정을 위한 추가적인 개발비용이 들어가게 된다는 점이다. 그렇지만 품질에 문제가 있는 것을 알고도 소프트웨어를 오픈할 수는 없다. 자동차의 엔진이나 브레이크에 문제가 있다는 것을 알면서 출시할 수 없는 것과 마찬가지다. 만약에 비행기의 비행을 책임지는 소프트웨어를 개발하고 있는데 납기 때문에 품질에 이상이 있는 것을 알면서도 소프트웨어를 비행기에 탑재할 수는 없다. 미필적 고의에 의한 사고를 유발시킬 수 있기 때문이다.

고도의 정밀한 계획이 필요

서두에 전체 프로젝트에서 테스트에 들어가는 시간과 노력 등의 자원이 50%가 들어간다고 했다. 이 결과에 대한 의미를 보면, 기업의 생산성 측면에서 테스트에만 50%의 자원이 들어가는 것은 많은 낭비로 생각될 수 있다. 또 많은 소프트웨어들에서 오류를 찾아내는 과정은 쉽지 않은 것으로 이해할 수도 있다. 프로젝트관리자의 입장에서 보면 프로젝트 자원의 반 이상을 쓰는 테스트 과정에 많은 공을 들여야 함도 알 수 있다.

테스트 계획이라고 하는 것은 테스트를 수행하는 일정만을 의미하는 것은 아니다. 테스트가 제대로 실행되기 위해서는 세세한 일정도 필요하지만 테스트를 수행하는 전략을 수립하고, 그 전략을 이행하는 세부적인 지침을 완성하여 지침을 수행하는 사람들을 배정해야 한다. 테스트 전략은 테스트를 위한 방향이라고 할 수 있다. 프로젝트의 자원은 항상 부족하므로 선택적인 테스트 진행이 필요할 수도 있다. 개발 인력의 규모, 전체 프로젝트 기간 및 예정된 예산을

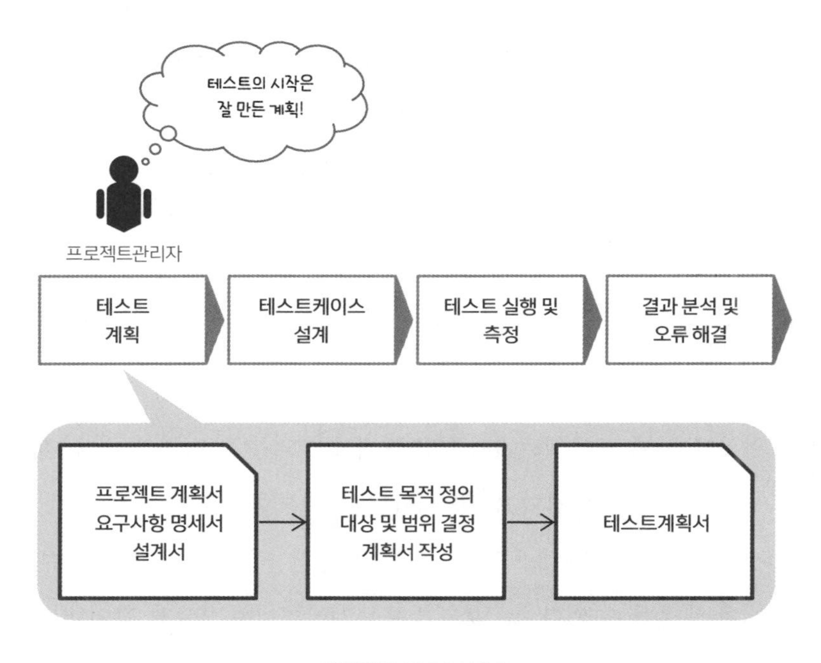

전형적인 테스트 절차

검토하여 테스트에 투입할 인력을 어느 정도로 산정할지 정하고, 그에 따라 테스트 도구와 같은 자동화 도구를 이용하는 것을 검토하고 테스트 횟수를 정해야 한다.

테스트 후에 통과가 안 된 프로그램을 수정하기 위한 시간도 산정해야 한다. 전략이 수립되면 세부적인 지침에 따라 테스트 조직이 결성되고, 테스트 지표를 선정하며, 테스트 담당자들에 대한 구체적인 업무가 정해지고, 테스트 대상이 되는 프로그램을 포함한 소프트웨어가 정해지고, 일정이 구체적으로 수립되어야 한다. 하나의 목표를 위해서 일사불란하게 움직일 수 있는 체제가 완성되어야 한다.

테스트 담당자들은 고객이 될 수도 있으며, 분석가, 설계자 혹은 프로그램 개발자가 되기도 한다. 어떤 경우에는 테스트 전문 인력이 배정되어 테스트를 수행하기도 한다. 테스트 담당자들은 이제 테스트웨어Testware 작성을 위한 기본 문서인 요구사항 정의서 및 설계서를 토대로 테스트케이스를 작성한다. 테스트케이스의 작성이 완료되면 케이스에 해당하는 테스트 시나리오를 만들고 여기에 포함되는 테스트데이터 및 예상 결과를 정리하여 기입한다. 테스트웨어를 만드는 데도 많은 시간이 필요하고 결과에 대해서는 세부적인 검토가 필요하다.

테스트의 목적에 부합하는 테스트웨어를 만들어내는 것은 프로그램 설계도를 작성하는 것만큼 인고의 시간이 필요하다. 문서로만 작성해도 수백에서 수천 페이지를 만들어내야 할 만큼 많은 분량의 문서가 생성되는 것을 자주 보았다. 경험적으로 보면 많은 경우에 이런

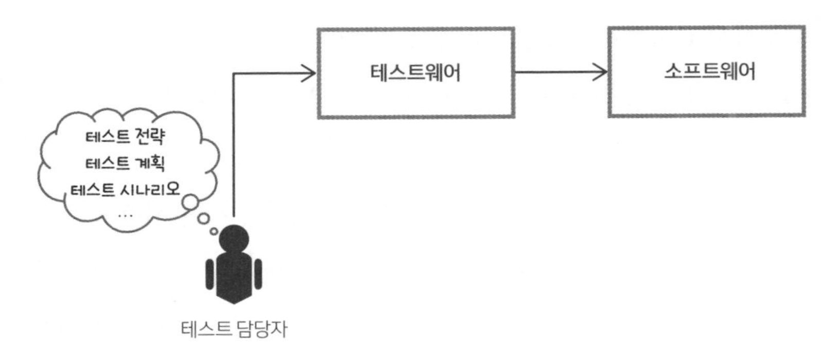

테스트웨어의 개발

엄청난 규모의 문서 작업을 실시해도 모든 경우의 테스트를 다 담은 테스트웨어로 완료했다고 장담하지 못한다. 그만큼 테스트 계획을 완벽하게 수립하는 것은 힘들다. 테스트 계획이 수립되기 위해서는 프로그램 개발자만큼의 꼼꼼함과 집요함이 필요하다. 어느 경우에는 집착 같아 보이는 인내로부터 프로그램의 품질이 올라가는 것을 목격하기도 한다.

테스트 계획의 핵심인 테스트웨어

테스트웨어는 소프트웨어에 비견되는 말이다. 소프트웨어가 프로그램, 설계서, 그리고 데이터를 포함하는 개념이라면 테스트웨어는 테스트 계획, 테스트케이스, 테스트 시나리오 및 테스트데이터를 포괄하는 말이다. 테스트웨어는 머릿속에 있는 테스트 내용들을 밖으로 끌어내는 역할을 수행한다. 다른 사람들에게 테스트의 내용을 보여주며, 이것으로 테스트 결과를 집계하고, 그 결과로부터 최종적인 소프트웨어의 품질을 확인할 수 있어야 한다.

테스트 계획이 어느 정도 정리가 되면 요구사항 명세서에 부합하는 테스트케이스를 기술함과 동시에 프로세스에 부합하지 않은 테스트케이스를 만들어내는 것이 순서다. 테스트케이스를 만들어낼 때 정상적인 프로세스에 대한 테스트케이스, 비정상적인 프로세스에 대한 테스트케이스를 모두 기술함으로써 소프트웨어의 완벽성을 검증할 수 있다.

테스트케이스가 정리되면 그에 대한 세부적인 테스트 시나리오를 요구사항에 기초하여 만든다. 요구사항분석이 제대로 되어 있지 않으면 완벽한 시나리오를 만들 수 없다. 테스트 시나리오를 만드는

사람은 고객과 업무 분석가인 경우가 대다수다. 테스트 시나리오는이미 정리한 테스트케이스를 기본으로 정상적인 업무 절차를 처리하는 과정을 기본으로 작성하고, 예외적인 업무처리 방법을 추가적으로 기술함으로써 일어날 수 있는 모든 경우의 업무가 빠짐없이

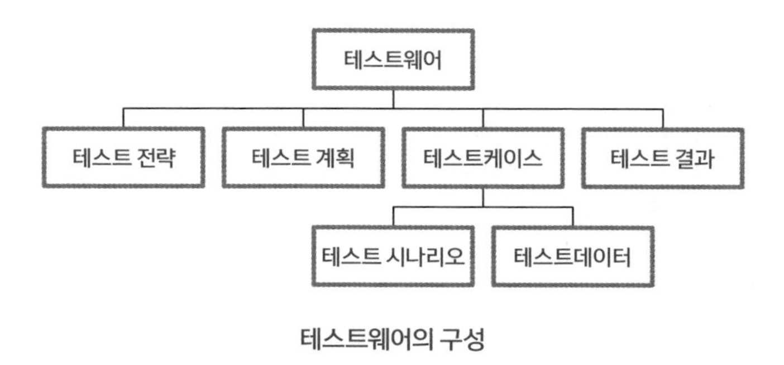

테스트웨어의 구성

정리되어 있는지 확인할 수 있다. 이로써 만들어진 소프트웨어가 기술된 테스트웨어에 부합하는지 알 수 있는 것이다.

테스트데이터는 시나리오에 해당하는 대표적이고 구체적인 데이터들이면서 테스트케이스를 실현하는 최종 결과물이다. 이 데이터를 사용하여 테스트를 실행하고 예상된 결과를 만들어내는지 확인하는 기초이므로 다양한 데이터를 만들 수 있어야 한다. 한두 개의 데이터만으로 소프트웨어를 검증하겠다는 욕심은 버려야 한다. 많은 개발자들이 실수하는 경우가 자신이 원하는 결과를 얻기 위한 데이터만을 사용하여 테스트함으로써 잠재되어 있는 소프트웨어의 오류를 제대로 찾아내지 못하는 것이다. 그러므로 데이터는 정상적으

배포 번호	기능	ID	사용자 스토리	스토리 포인트
주문 1.0	주문입력	1	주문할 제품을 입력한다.	2
		2	제품이 있는지 확인한다.	1
		3	주문한 제품을 확인하고 수정 및 삭제할 수 있다.	3
	배송	4	제품을 당일에 배송한다.	1
		5	재고가 없으면 고객에게 알려준다.	1
		6	재고가 부족하면 일부만 우선 배송한다.	2
주문 2.0	실적 조회	. . . .	. . . .	. . . .
주문 3.0	선호도조사	. . . .	. . . .	. . . .

주문입력에 대한 요구사항 명세서 사례

배포 번호	케이스 번호	테스트 케이스	테스트 시나리오 번호	테스트 시나리오
주문 1.0	1.0.1	주문입력 처리	1	고객 번호를 입력한다.
			2	주문할 제품을 선택한다.
			3	주문 수량을 입력한다.
			4	주문을 확정한다.
주문 1.0	1.0.2	주문 수정	1	주문 번호를 조회한다.
			2	수정할 제품을 선택한다.
			3	주문 수량을 수정한다.
			4	수정을 확정한다.
주문 1.0	1.0.3	주문 일부 취소	1	주문 번호를 조회한다.
			2	취소할 제품을 선택한다.
			3	배송 상태를 확인한다.
			4	취소를 확정한다.
⋮	⋮	⋮	⋮	⋮

요구사항 명세서를 근간으로 만든 테스트 시나리오와 케이스

로 작동하는 데이터와 예상된 결과, 비정상적으로 작동하는 데이터와 그 예상 결과를 포괄하여 기술해야 한다.요구사항 명세서를 근간으로 테스트케이스를 만들고, 해당 케이스에 대한 세부적인 테스트 시나리오를 만드는 과정을 참고하면 어떤 절차로 테스트웨어가 완성되는지 쉽게 알 수 있다.

테스트데이터는 프로그램이 기술적으로 오류가 없음만을 테스트하는 것이 아니므로 고객의 업무가 제대로 수행되는지를 판단하는 사례가 접목되어야 한다. 그래서 많은 경우에 실제로 사용했던 고객의 실데이터를 가지고 만들어내기도 한다. 주문 업무라면 실제의 주문서, 구매 업무라면 구매 요청서, 배송을 한다면 배송 지시서, 회계

테스트케이스 번호		1.0.1	테스트케이스	주문입력 처리
테스트 담당자		김시험	테스트 예정 일자	2019년 9월 25일
테스트 시나리오 번호	테스트 시나리오	테스트 대상	테스트데이터	테스트 예상 결과
1	고객 번호를 입력한다.	고객 번호	9000111	홍길동
1		고객 번호	X900011	고객 번호가 없습니다.
2	주문할 제품을 선택한다.	주문 제품	TCT001	만년필
2		주문 제품	TCT001xxx	제품이 없습니다.
2		주문 제품	TCT112	재고가 없습니다.
·	·	·	·	·
·	·	·	·	·
·	·	·	·	·

테스트 시나리오 및 케이스에 대한 테스트데이터

결과 기록 표기 방법
Pass : 통과
Code : 소스 코드 에러
Design : 사양서 누락
Request : 요구사항 누락

케이스 번호	케이스	시나리오 번호	테스트 담당자	테스트 일자	결과	요구·제안 사항
1.0.1	주문입력 처리	1	김시험	2019/9/25	P	
1.0.1	주문입력 처리	2	김시험	2019/9/25	P	
·	·	·	·	·	·	
·	·	·	·	·	·	
·	·	·	·	·	·	

테스트 결과 기록

라면 회계 전표, 생산이라면 생산계획, 생산 지시서 등이 사용된다.

그런데 전에 없던 새로운 업무에 해당하는 소프트웨어를 만든다면 테스트데이터를 만드는 것도 쉬운 일이 아니다. 새로운 소프트웨어 시스템에서 생성될 실제의 데이터를 만들어내기 위해서는 부합하는 업무적 경험도 필요하다. 실제 업무에 부합하지 않은 데이터는 데이터로서의 가치가 없기 때문에 실제 발생할 상황에서의 소프트웨어 테스트에는 적합하지 않을 수 있다. 실제의 상황을 재현한 것이 아니라 단지 실제 상황에 부합되지 않은 소수의 데이터로만 테스트하여 끝내고 잘될 것으로 생각했지만, 오픈한 이후에 아주 큰 문제가 생겼던 적이 있다.

외부로 출고 지시 데이터를 전송하는 업무였는데 상대방 기업에서 가상의 테스트 환경을 구축할 수 없어서 우리 측은 테스트 환경에서 데이터를 처리하고 상대방은 실제의 환경에서 데이터를 처리했다. 상대방은 자신의 테스트 환경은 실제 운영 시스템이므로 테스트를 진행하면서 만들어진 데이터는 생성 즉시 삭제하는 것으로 했고, 만일의 상황에 대비하여 배송 단위는 '1'로 한정했다. 이 테스트에서 하고자 하는 목적은 데이터가 제대로 상대까지 전송되어 응답하고, 그 처리결과를 다시 받는 인터페이스 테스트다. 테스트는 성공적이었다. 테스트 이후에 모든 소프트웨어를 운영환경으로 이관하여 오픈 준비를 착실히 수행했다.

그러나 안타깝게도 이 소프트웨어를 오픈하고 몇 시간 지나서 실제 환경인 운영 시스템에서 오류가 발생하고 있는 것을 알게 되었는데 배송 단위가 '9'를 넘어가지 않는 것이었다. 테스트 과정 중에 발견되어야 했을 배송 단위 필드의 자릿수 크기 문제였다. 비록 원인이 상대방의 요청 때문에 테스트 중에 발생할 오류를 미연에 방지하고

자 자릿수를 '1'로 잡았던 이유도 있었지만 결론적으로는 테스트만 제대로 되었다면 발생하지 않을 문제였다. 테스트데이터는 정상적인 업무에서 일어나는 수준인 10단위, 100단위, 1,000단위, 거의 일어날 수 없는 100,000단위 그리고 발생할 수 없는 음수(Minus) 등의 배송 단위가 만들어져서 일일이 확인되어야 하지만 그런 테스트데이터도 만들지 않았을 뿐만 아니라, 아예 테스트조차 되지 않았기 때문이다.

테스트데이터는 '설마 이런 데이터까지 입력될 수 있을까?' 하는 수준의 데이터도 만들어서 테스트해야 그 프로그램이 모든 조건에서 정상 작동하는지 확인할 수 있다. 숫자라면 0이나 음수 혹은 널Null(아무것도 없는 상태)이 들어갈 수 있는 조건인지? 숫자의 자릿수는 최대치를 반영해서 잡아놨는지? 숫자 필드를 문자로 정의해서 문자

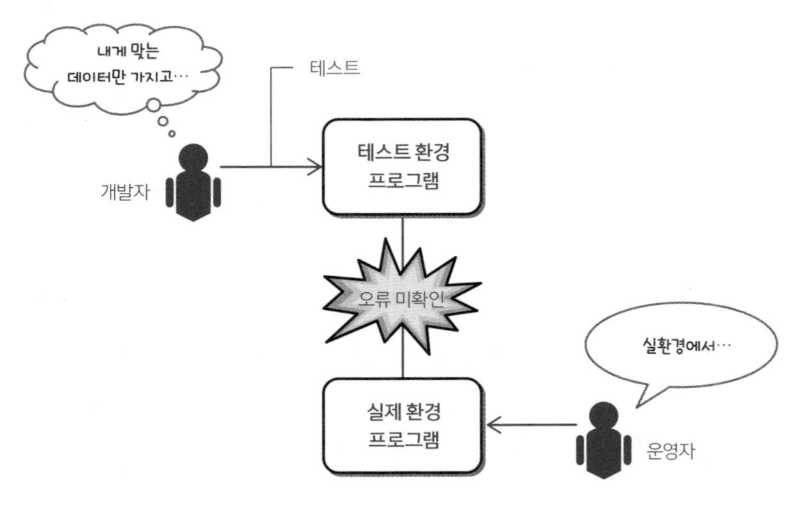

테스트 환경의 제약에 따른 테스트 미비

가 입력되지는 않는지? 등과 같은 것들을 확인할 수 있어야 하고, 업무 상황에도 맞추어 데이터가 만들어져야 한다. 문자라면 최대 자릿수는 확보되어 있는지? 코드값과 같은 경우에는 코드데이터에서 체크를 하는지? 널값이 입력되었을 때 어떻게 작동되는지? 입력된 필드와 저장되는 필드의 크기는 같은지? 등을 확인해야 함은 물론 업무 환경에 맞지 않은 데이터도 만들어져서 결과가 어떻게 나오는지 테스트해야 한다.

테스트의 판정과 기록의 엄격함을 인정하자

테스트웨어를 잘 만들어서 테스트를 진행할 때 테스트 담당자는 과도할 정도로 파괴적인 테스트를 수행해야 한다. 개발자에게 어떠한 자비도 없이 진행되는 테스트는 개발자를 곤혹스럽게 한다. 하지만 고통의 과정은 쓰지만 열매는 달다는 말도 있듯이 혹독한 과정을 거치면서 내가 개발한 소프트웨어의 잠재적 문제점은 점점 없어지게 된다.

테스트 판정은 확실하게 성공한 결과에 대해서만 패스Pass(Good)를 주어야 한다. 애매모호한 상황이 발생한다면 이유도 없이 페일Fail(No Good)을 주어야 하는 것이 원칙이다. 개발자가 상황을 다시 판단할 수 있는 기회를 주기 위해서다. 조건부 패스도 있어서는 안 된다. 테스트에는 성공 아니면 실패 두 가지 답밖에 없다. 만약 테스트 도중에 성능의 이슈가 발생한다면 어떠한 판정을 주어야 하는가? 조회하는 프로그램을 개발했는데 어떤 경우에는 5초 이내에 조회가 되고, 어떤 경우에는 10분도 걸린다면 어떤 판정을 주어야 하는가? 많은 개발자들은 성능의 이슈가 알고리즘의 이슈와는 별개라고 생각하는 경우가 있다.

성능도 결국은 알고리즘의 이슈로 판단하는 것이 옳다. 성능이 제대로 발휘되지 않아 속도가 늦은 근본적 이유는 개발된 알고리즘의 설계나 코딩이 올바르게 되어 있지 않아서 발생한다는 것이 그간의 경험적 결과다. 알고리즘은 조회 조건에 따라 최적의 방법으로 코딩이 되어야 한다. 예를 들어 조회 조건에 따라 성능이 떨어진다면 그 조건에 해당하는 알고리즘을 추가적으로 코딩해야 한다. 하지만 대부분의 개발자는 하나의 알고리즘으로 모든 조회를 해결하려다 보니 조회 조건에 따라 성능의 차이가 심하게 난다.

요구사항에 대한 성공과 실패는 논란을 만들기도 한다. 특정 요구사항에 대한 프로그램의 개발이 안 되어 있지만, 다른 프로그램으로 요구사항을 만족하는 경우에는 어떻게 할 것인가? 만약 개발자는 해당하는 요구사항을 굳이 개발할 필요가 없기 때문에 스스로 개발에서 제외했다고 하면 어떤 결과로 판정해야 하는가? 이러한 문제에 대한 이슈가 존재한다. 예전에 경험한 프로젝트에서도 요구사항에 대한 개발 필요성 여부의 이슈가 있었다. 당연히 고객은 개발이 되어야 한다는 입장이고, 개발자는 비슷한 프로그램이 있으므로 개발할 필요가 없다는 입장이었다. 비슷한 기능을 하는 소프트웨어를 이 사람 저 사람이 여기저기에 많이 만들어놓는 것은 향후 유지보수 업무와 연계하여 생각해 봐도 바람직한 일은 아니다.

테스트 결과는 소프트웨어 전체에 대한 품질수준을 알려주는 지표이지만 그것이 바로 소프트웨어 시스템의 완료 여부를 직접적으로 알려주는 지표가 아님을 이미 설명했다. 100개 중에 99개의 소프트웨어가 테스트를 통과했더라도 핵심적인 하나의 프로그램이 개발되지 않아 전체 소프트웨어 시스템이 작동하지 않는 경우도 있기 때문이다.

소프트웨어 테스트에서 간과하는 것 중의 하나가 전환된 데이터의 품질에 대한 테스트다. 전환 데이터는 클렌징Cleansing 작업이라는 것을 통하여 새로운 소프트웨어에 맞도록 가공되는데 데이터의 속성

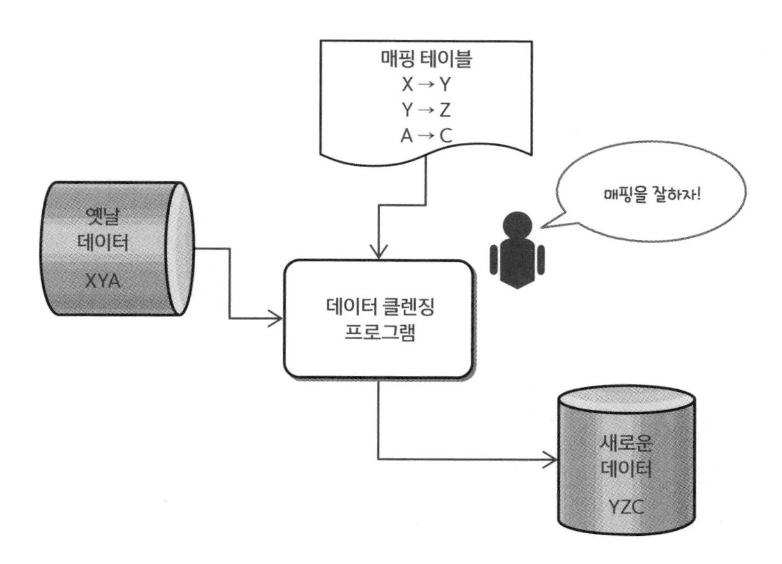

데이터 클렌징을 통한 데이터 전환

이 바뀌거나 새로운 데이터를 가공해서 넣어야 하는 경우에 완벽하게 가공되지 않아 문제가 발생하는 사례를 많이 봤다. 그러므로 전환된 데이터가 소프트웨어에서 사용되려면, 새로 만든 프로그램과 전환 데이터가 잘 결합되어 사용할 수 있는지에 대해서도 테스트되어야 한다. 이 경우 두 가지 측면에서 테스트 판정이 되어야 한다.

첫째, 전환된 데이터의 문제로 프로그램이 제대로 실행되지 않는다면 전환 데이터의 불량이다.

둘째, 전환 데이터는 이상이 없는데 프로그램이 실행되지 않는다면 프로그램의 오류다.

이미 들어가 있는 데이터의 문제로 프로그램이 실행되지 않았다면 이를 이유로 프로그램의 실패를 판정하면 안 되는 경우도 있는 것이다.

전환된 데이터의 테스트는 새로운 소프트웨어가 개발이 완료되어야 제대로 전환이 되었는지 알 수 있다. 프로그래머 간에 갈등이 생기는 원인 중에 하나가 이것이다. 프로그램을 개발하는 사람은 전환 데이터가 없어서 테스트할 수 없다고 하고, 데이터를 전환하는 전환 담당자나 전환 프로그램 개발자는 테스트할 목적 프로그램이 없어서 데이터 전환의 정확성을 확인할 수 없다고 갈등을 표출하기도 한다. 닭이 먼저냐 달걀이 먼저냐의 싸움일 뿐이다.

테스트 판정에 대한 집계는 중요도를 가지고 가중치를 주어서 관리하는 것이 지표에 대한 왜곡을 없애면서 이해하기도 좋다. 여러 개의 소프트웨어를 개발하여 시스템으로 만들어지는 소프트웨어라면 핵심적 기능을 하는 소프트웨어가 있을 것이다. 이런 소프트웨어는

기능	우선순위	가중치	점수	테스트 결과	지표
Room 관리	1	100%	10	**Fail**	**0**
Room 예약 처리	1	100%	10	**Fail**	**0**
Room Check-in/Check-out	1	100%	10	**Fail**	**0**
Room Charge 계산 및 지불	1	100%	10	Pass	10
Room 청소 스케줄	2	60%	6	Pass	6
Room Manager 지정	4	40%	4	Pass	4
Room 비품 목록	4	40%	4	Pass	4
Floor Manager 관리	5	20%	2	**Fail**	**0**
Desk Manager 관리	5	20%	2	**Fail**	**0**
호텔 근무 스케줄	5	20%	2	Pass	2
합계			60		26

테스트 통과 지표는 43%

기능	우선순위	가중치	점수	테스트 결과	지표
Room 관리	1	100%	10	Pass	10
Room 예약 처리	1	100%	10	Pass	10
Room Check-in/Check-out	1	100%	10	Pass	10
Room Charge 계산 및 지불	1	100%	10	Pass	10
Room 청소 스케줄	2	60%	6	Pass	6
Room Manager 지정	4	40%	4	Pass	4
Room 비품 목록	4	40%	4	**Fail**	**0**
Floor Manager 관리	5	20%	2	**Fail**	**0**
Desk Manager 관리	5	20%	2	**Fail**	**0**
호텔 근무 스케줄	5	20%	2	**Fail**	**0**
합계			60		50

테스트 통과 지표는 83%

테스트 결과 지표에 따른 왜곡 현상

가중치를 두어 테스트 결과 지표를 관리한다면 전체 품질 결과에 따른 판단에 도움을 줄 수 있다. 예를 들어 호텔 예약 소프트웨어 시스템을 개발하는 프로젝트를 진행하고 있다면 이 소프트웨어 시스템에서 중요한 업무는 호텔 방의 관리와 예약에 대한 것들이다. 사업주 입장에서는 방을 관리하고 호텔 방의 예약을 관리하며, 호텔의 체크인과 체크아웃을 관리하는 기능 등이 잘 작동해야 사업에 도움을 주기 때문이다. 다른 기능들이 필요 없다는 것이 아니라 우선순위가 있다는 것이다.

방의 청소 상태를 관리한다든지, 객실별 관리 담당자나 청소 담당자를 관리하는 기능, 방에 들어 있는 비품을 관리하는 기능과 같은 것들은 호텔 사업을 하는 사람들에게 필요한 것들이지만 우선순위에서 맨 앞에 있는 것들은 아닐 것이다. 그렇다면 소프트웨어 테스트의 결과를 집계하는 방법도 우선순위와 중요도에 따라서 지표가 산출되면 소프트웨어의 품질수준에 대해서 더욱 확실하게 이해할 수 있다.

테스트 결과를 단지 성공과 실패로 나눌 경우 두 가지 사례 모두 50% 이상의 성공률을 보인다. 하지만 우선순위를 기준으로 다시 확인해보면 우선순위가 높은 핵심적 기능이 테스트에 실패할 경우 43%의 성공률을 보인다. 반면에 우선순위가 높은 핵심적 기능이 모두 성공한 경우 83%의 성공률로 표시된다. 소프트웨어의 반이 테스트를 통과했지만 성공률이 43%인 경우 이 소프트웨어로 호텔의 핵심적 업무를 처리할 수 없다. 이와 달리 성공률이 83%인 경우는 비록 테스트는 절반 조금 넘게 통과했지만 호텔의 핵심적 업무를 수행할 수준에 도달했다. 단지 성공 및 실패만으로 현재의 소프트웨어 상황을 판단하기 힘들지만 우선순위와 가중치를 통해서 소프트웨어의 품질을 좀 더 명확히 알 수 있다.

테스트 자동화로 일손 덜기

연구 결과에 따르면 소프트웨어개발 프로젝트에서 테스트를 준비하고 실행하는 데 50%의 노력과 시간이 들어간다고 했다. 테스트에 들어가는 노력과 시간을 줄일 수 있다면 사회, 문화, 산업계 등 인류의 모든 방면에서 대단히 고맙고 반가운 일이 될 것이다. 그렇다면 테스트에 들어가는 노력을 줄일 수 있는 방법을 찾아야 한다. 소프트웨어개발과정에서 오류가 발생하지 않도록 해야 하지만 잘 안 되고 있으므로 테스트 자체에 들어가는 노력을 줄여보는 방법은 없을까에 대해서 고민할 수밖에 없다.

다행히 테스트는 동일한 일이 반복적으로 진행되는 업무이므로 사람이 동일하게 반복적인 일을 하지 말고, 처음 시작할 때 한 번만 고생하고 다음부터는 테스트 자동화 도구를 사용하여 테스트하면 해결할 수 있다. 자동화 도구의 원리는 이미 잘 알려져 있다. 프로그램을 이용하여 많은 접속자가 댓글을 단 것처럼 자동으로 처리하여 검색 순위를 올리는 인위적인 조작으로 문제가 많이 되었다. 일명 매크로프로그램이라고 하는데 이것은 키보드 조작과 마우스 조작을

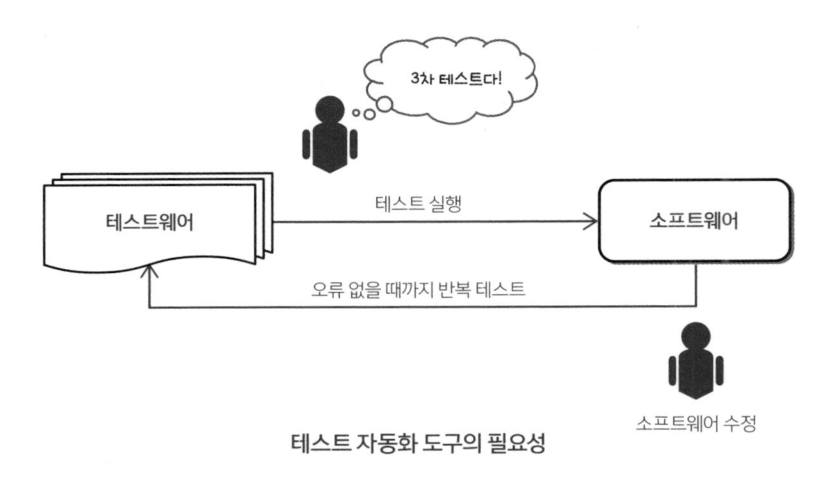

테스트 자동화 도구의 필요성

입력해 두었다가 자동으로 처리하도록 하는 방법이다. 동일한 원리가 테스트 자동화 도구에 적용되어 사람을 대신하여 테스트를 수행할 수 있다.

테스트웨어가 제대로 만들어졌다면 기대보다 많은 생산성을 올릴 수 있다. 대부분의 경우 소프트웨어개발 프로젝트는 한 번의 테스트만으로 시험을 통과하여 오픈하는 것이 아니다. 또 소프트웨어유지보수에서도 소프트웨어의 변경에 대한 개발이 진행되면 변경 범위에 따라 회귀테스트를 진행해야 하므로 테스트 자동화는 운영자에게도 많은 이점을 준다.

최근에는 테스트 자동화 도구의 성능과 기능이 향상됨에 따라 개발하는 방법에 대한 근본적인 생각을 조금씩 바꾸기 시작했다. 설계를 아무리 잘해도 잠재적 오류가 생각처럼 많이 줄어들지 않는다는 경험이 쌓이고, 설계하는 시간도 많이 들어가는 상황에서 소프트웨

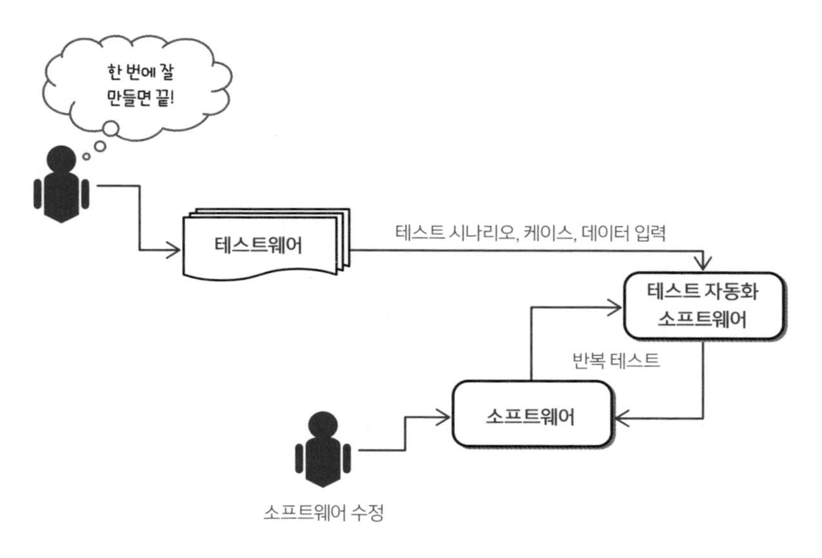

테스트 자동화 도구의 이점

어 출시는 계획을 넘어서며 지연되기 일쑤다 보니 설계보다는 코딩에 집중하고 코딩에서 발생하는 문제는 테스트를 통하여 잡아내는 방식을 취하고 있다. 또한 반복적으로 일어나는 테스트는 자동화하여 일손을 덜어냄으로써 생산성도 올리고 잠재 오류도 획기적으로 줄이려는 노력을 하고 있다. 특히 이런 방식으로 개발하면 소프트웨어 출시 자체에 집중할 수 있으므로 빠른 시간 내에 검증된 소프트웨어를 배포할 수 있다.

테스트 주도 개발(Test Driven Development)이라는 방법도 한몫하고 있다. 이 방법은 프로그램설계 시에 테스트웨어를 먼저 만들고 그것을 통과할 프로그램을 만든다는 개념이다. 요구되는 모든 기능에 대한 테스트웨어를 다 만들고 프로그램을 개발한다는 개념이 아니고 점진적으로 기능을 확대하는 방법이다. 처음에는 핵심적인 일부의 기능에 대해서만 테스트웨어를 만들고 나서 그것을 통과할 수 있는 프로그램을 개발한다. 그리고 그다음의 것을 개발한다. 또 다음의 것을 개발한다. 이런 과정을 수회 반복하여 최종적으로 요구하는 모든 기능이 테스트를 통과했다면 프로그램이 완성되는 것이다.

테스트 주도 개발은 우리가 전통적으로 해왔던 소프트웨어개발 방식과는 많은 차이가 있다. 그동안 대부분의 프로젝트는 설계를 통하여 개발을 하고, 개발이 완료되는 시점에 테스트웨어를 준비하고 전면적인 테스트를 통하여 개발의 완성도를 측정했다. 하지만 테스트 주도 개발은 테스트웨어를 만들고 테스트웨어를 통과할 프로그램을 개발하는 데 집중한다. 그것도 점진적으로 기능을 추가, 확대하면서 개발 과정을 반복한다. 개발계획을 어떻게 하느냐에 따라 다르기는 하겠지만 프로젝트관리자 입장에서는 전체 소프트웨어의 진

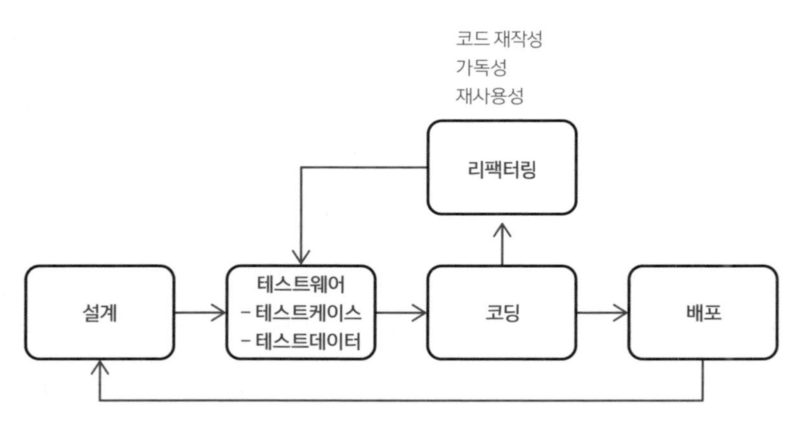

전형적인 테스트 주도 개발 프로세스

척 사항을 알기 어려운 방식이다. 하지만 최종 완료된 소프트웨어는 어떤 방식으로 개발한 것보다 품질이 좋은 결과를 얻을 수 있다.

테스트 도구는 테스트의 자동화뿐만 아니라 소프트웨어품질 담당자, 배포 담당자 등 개발자 외의 사람들의 노력도 경감시킨다. 테스트를 통하여 발견된 결함을 자동으로 집계, 관리할 수 있다. 밤사이에 테스트 자동화 도구가 테스트를 실행하여 성공과 실패에 대한

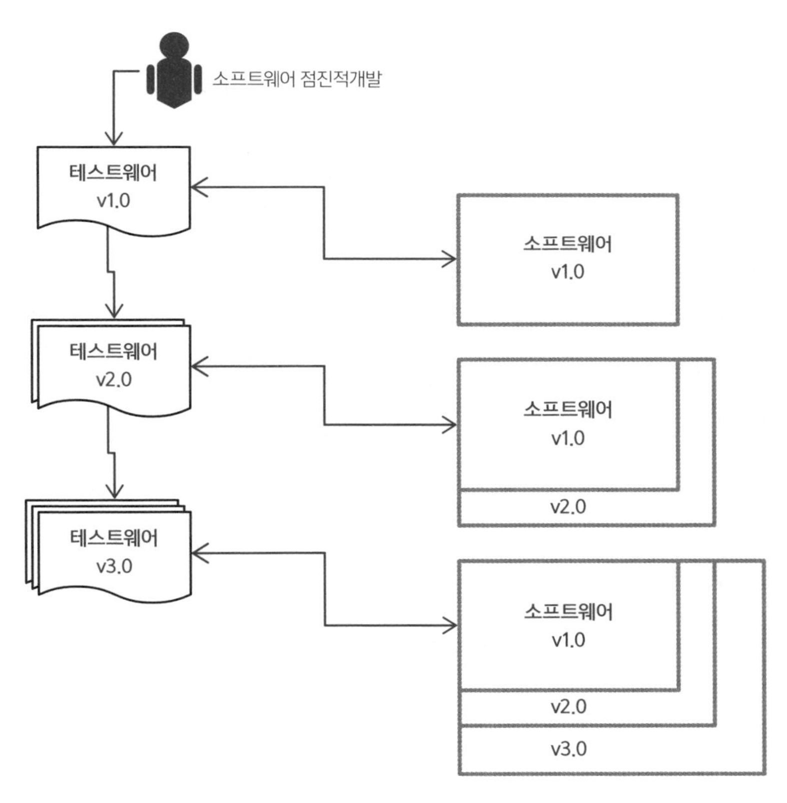

테스트 주도 개발에 따른 소프트웨어 진화

결과를 보고하는 품질관리 기능을 수행한다. 아침에는 출근한 개발자에게 오류가 난 실패 케이스에 대해서는 바로 수정 및 보완을 실시하는 결함 관리를 지원한다. 또 결함이 제대로 해결되었는지 추적 관리가 된다. 오후 늦은 시간이 되면 프로젝트관리자는 테스트한 결과와 함께 수정된 결함의 수를 파악할 수 있음으로 인해 자동으로 진척도 관리가 된다. 테스트 도구는 자신의 일을 무한 복제하여 성능 및 부하 테스트를 수행할 수 있다. 또한 그 결과를 자동으로 보고할 수 있다. 테스트를 통하여 결함이 발견되지 않았다면 그 소프트웨어는 배포가 가능하다. 그러므로 테스트 자동화 도구는 배포 도구와 결합하여 결함이 없는 소프트웨어에 대해서 자동으로 배포할 수도 있다.

테스트 자동화에 도구를 잘 활용하기 위해서는 테스트 자동화 도구에 대한 깊은 이해가 바탕이 되어야 함은 물론 테스트웨어가 잘 만들어져야 한다. 테스트 자동화의 이점을 확실하게 살리기 위해서는 테스트웨어는 테스트 담당자라는 별도의 직책을 가진 사람이 하는 것이라는 생각은 빨리 버려야 한다. 소프트웨어 개발자들인 분석가, 설계자, 프로그래머 모두가 테스트 담당자가 되어야 한다. 그런데 프로그래머 입장에서는 테스트스크립트를 일일이 만들어야 하므로 테스트 초기에 일이 더 많아지는 것으로 느낄 수 있다. 그래서 '테스트 자동화를 굳이 해야 되는 거야?'라는 생각이 많이 들 것이다. 전체 소프트웨어 라이프사이클Software Life Cycle이라는 긴 시간을 보고 판단할 것을 조언하고 싶다.

소프트웨어의 진화와 회귀테스트

소프트웨어도 생물처럼 진화한다. 초기에 만들어진 소프트웨어가 폐기되지 않고 사용된다면 틀림없이 기능이 좋아지거나 최소한 소프트웨어 안에 들어 있던 잠재적 오류가 발견되면서 수정이 되었을 것이다. 소프트웨어 변경이 기존의 것보다 좋아지는 방향으로 진화되고 있는 것이다. 그런 측면에서 보면 다른 생물과 마찬가지로 소프트웨어도 생존에 민감하게 반응한다고 할 수 있다.

소프트웨어유지보수 담당자들이 힘들어하는 것이 변경에 대한 영향 평가와 그에 대한 테스트다. 영향 평가를 통하여 수정할 사항을 전부 찾아내야 하며, 테스트를 계획할 때는 어느 부분이 변경에 대한 영향을 받았는지 확실히 모를 수 있기 때문에 모든 프로그램에 대해서 테스트를 해야 한다. 이런 테스트를 회귀테스트(Regression

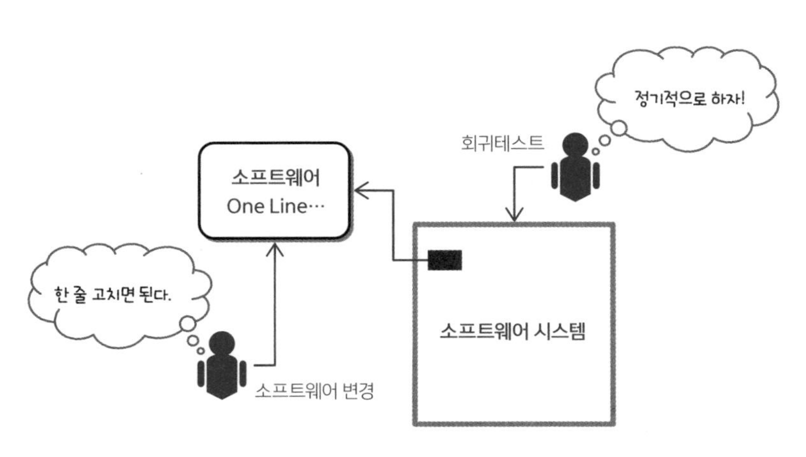

변경에 대한 영향을 파악하는 회귀테스트

Test)라고 부른다. 소프트웨어를 유지보수 하는 개발자 입장에서 보면 프로그램 코드 한 줄을 고쳤는데 전수 테스트를 해야 하니 죽을 맛이다. 프로그램을 고치는 데 한 시간도 안 걸렸는데 테스트하는 데는 며칠이 걸릴 수도 있기 때문이다.

하지만 프로그램 소스 한 줄을 고치더라도 꼭 해야 하는 것이 회귀테스트라고 할 수 있다. 운영을 책임지던 소프트웨어 시스템의 변경 요청이 고객으로부터 왔다. 요청 사항은 아주 간단한 것이었다. 과금 기준을 바꿔서 다음 달부터는 새로운 기준으로 적용해달라는 것이다. 운영 담당자에게는 정말 간단한 요구사항이었기 때문에 큰 걱정 없이 항상 있는 일로 생각하고 기준을 바꾸어 다음 달부터 새로운 기준으로 과금할 수 있도록 변경한 프로그램을 배포하였다. 그 프로그램 자체는 변경의 영향이 하나도 없이 다음 달부터 새로운 기준으로 요금을 발생하면 되는 것이었다. 문제는 배포 이후에 발생하였다. 다른 프로그램에서도 동일한 기준을 적용해야 하는 곳이 있었는데, 해당 프로그램에만 적용하여 금액의 차이가 발생한 것이다. 한 달을 과거 기준으로 과금을 하다가 오류가 발견되었으니 이미 수천만 건의 데이터가 잘못 생성되는 대형 사고가 발생했다. 한 줄의 과금 기준과 그에 대한 영향 평가의 부재 때문에 엄청난 데이터의 오류를 만들어내게 된 것이다.

회귀테스트는 단지 변경한 그 소프트웨어만을 대상으로 하는 것이 아니라 소프트웨어 시스템 전체에 대해 하는 것이 바람직하다. 그런데 변경할 때마다 이런 대규모 테스트를 실행하는 것은 낭비적 요소가 있기 때문에 변경할 분량을 모아서 일시에 테스트하고 이상이 없으면 변경한 내용을 배포하는 방법을 사용한다. 즉, 배포의 정기화를 추진한다. 예를 들어 전체 소프트웨어 시스템이 100개의 프로그램으로 구성되어 있고, 이 중에 변경할 프로그램이 다섯 개라면 다섯 개 프로그램을 변경하고 단위테스트를 마친다. 이후에 다섯 개 프로그램의 변경으로 영향을 받은 부분이 있는지 점검하기 위하여 전체 소프트웨어 시스템인 100개에 대한 회귀테스트를 진행한다. 이후에 이상이 없으면 변경된 소프트웨어를 배포하여 운영하게 된다.

이 테스트는 변경되기 전의 소프트웨어를 테스트한 테스트웨어를 기본으로 하기 때문에 변경 후의 기능이 변경 전의 테스트웨어를 만족하는지 확인하는 과정이라고도 할 수 있다. 배포에 대한 규정이 잘 만들어진 기업은 배포를 정기적으로 하고 있는데 주 단위, 격주 단위, 월 단위 등의 배포 주기를 갖고 있다. 배포 주기가 짧을수록 테스트하는 횟수가 많아지므로 테스트 자동화 도구를 도입하여 테스트를 진행하는 것이 생산성 측면에서도 유리하다.

성능을 만족하는지 확인하기

프로그램을 개발할 때는 항상 성능에 대한 기준이 있다. 화면의 경우 2초, 3초 최대 5초 이내 응답이 불문율로 되어 있다. 성능테스트는 주로 사용자가 원하는 응답시간 내에 소프트웨어가 작동하는지 확인한다. 부하(Load) 테스트는 소프트웨어가 목표한 임계치에 도달했을 때의 성능이 어떤지 확인하는 과정이다. 비슷한 테스트로 스트레스테스트Stress Test가 있다. 이 테스트는 과부하 상태에서의 동작을 확인하는 테스트다. 비슷비슷하지만 목적이 다르므로 성능에 대한 세부적인 목표가 있다면 각각을 테스트함으로써 소프트웨어의 가용성과 신뢰성을 확인할 수 있다.

사용자가 가장 관심을 갖고 있는 것은 자신의 컴퓨터에서 업무처리를 할 때 얼마만큼의 속도를 내주느냐다. 사용자가 많든 적든 항상 자신이 원하는 속도로 처리되기를 원할 뿐이다. 이 지점에서 비용을 집행하는 사람의 고민이 있다. 최고의 성능을 위하여 최대한도의 하드웨어 용량을 확보하기 위한 투자를 할 수 없기 때문이다. 사용량에 비하여 하드웨어 및 네트워크의 성능이 나쁘지 않은 상태라면 성능에 대한 이슈는 순전히 소프트웨어의 성능으로 귀결된다. 소프트웨어의 성능은 우리가 개발한 응용소프트웨어의 성능과 시스템 소프트웨어인 데이터처리를 담당하는 데이터베이스시스템의 성능으로 구분하여 생각할 수 있다. 나머지 소프트웨어는 크게 영향을 주지 않는다.

경험적으로 보면 응용소프트웨어인 프로그램은 내부 알고리즘이 복잡하지 않고 알고리즘의 오류로 무한루프에 빠지지 않는 이상 크게 신경 쓸 일이 없다. 또 동시성 제어를 제대로 하지 못하여 장시간 대기하는 일이 발생하지 않도록 주의하면 된다. 그러나 데이터베이스의 성능은 응용시스템에서 SQLStructured Query Language을 어떻게 개발했는지가 많은 영향을 준다. SQL이 잘 안 되어 있으면 성능이 급격하게 떨어지고, 하드웨어 자체의 성능에도 영향을 많이 주게 된다. 이 때 DBA_{Data Base Administrator}나 DB 튜너_{Tuner}가 나서서 문제가 되는 SQL을 집어내어 튜닝을 한다.

SQL은 수천만 건, 수억 건의 데이터를 처리하는 경우도 비일비재하므로 항상 최대의 성능을 내기 위한 제반 상태를 파악하고 프로그램을 짜야 한다. 예를 들어 테이블에서 사용하는 인덱스_{Index}를 잘 만들어서, 처음부터 마지막까지 읽어보고 데이터를 찾는 방식인 풀 스캔_{Full Scan}이 되지 않도록 하는 것이 핵심이다. 테이블에서 몇 시간씩 걸리는 풀 스캔을 인덱스 하나만으로 0.1초에 끝내는 경우도 많이 봤다. 특히 데이터가 적은 상태에서는 풀 스캔도 빠른 응답 속도를 나타내지만 데이터가 급격하게 늘어나면 속도 저하는 기하급수적으로 증가된다.

프로그램의 알고리즘은 잘 짜지만 SQL에 능통하지 못하여 소프트웨어의 성능을 극단적으로 낮추는 경우도 많이 봤다. 예전에 비용처리 소프트웨어를 개발할 때의 경험이다. 개발자 한 명이 데이터를 갱신하는 알고리즘이 있는 프로그램을 짰는데 여러 조건에 따라 갱신 결과가 모두 다르기 때문에 데이터를 한 개씩 읽어와서 갱신하도록 포 루프_{For Loop}문으로 만들었다. 알고리즘의 정확성은 문제될 것이 없다. 하지만 데이터가 10만 건이면 10만 번을 읽고 데이터를 변경하는 작업을 해야 하므로 처리시간이 길어질 수밖에 없다. SQL은 데이터를 뭉치로 읽어서 처리하는 기능이 기본이므로 하나씩 처리하는 것은 효율성이 떨어진다. 데이터 갱신을 처리하는 업데이트Update문으로 한 번에 처리하도록 알고리즘을 개선하여 단 몇 초 만에 처리되도록 프로그램을 고쳐준 적이 있다.

부하 테스트에서는 테스트 도구를 많이 사용하는 추세다. 어떤 경우에는 개발자뿐만 아니라 일반 직원들까지 모두 동원하여 일시에 프로그램을 돌려보기도 한다. 이런 부하 테스트는 시간이 많이 걸린다. 사전에 사용자 교육도 해야 하고 프로그램의 배포도 끝내야 하므로 준비할 것이 많다. 동시에 응답을 처리하고 시간을 측정하기 위한 방편도 마련해야 한다. 힘이 들지만 일부 고객들은 이런 방식을 선호한다. 실제 환경에서 테스트된 것이 아니면 믿지 않으려는 경향이 있기 때문이다. 혹시 외부와의 인터페이스Interface가 있는 경우, 예를 들어 은행과 데이터를 주고받아야 하는 경우, 물류회사와 데이터를 주고받아야 하는 경우 등 외부 기관과 데이터를 주고받으면서 프로그램이 수행되는 경우라면 성능, 부하 테스트는 더 복잡해진다. 이미 설명했듯이 외부와의 테스트 환경이 제대로 구축되지 않았다면 드라이버 및 스터브 프로그램에서 응답시간을 임의로 늦춰서라도 테스트해야 한다.

스트레스테스트의 경우는 최대의 부하를 계속 주었을 때 소프트웨어가 죽지 않고 계속 가동하는지를 확인할 수 있다. 내가 짠 소프트웨어들이 죽지 않는다는 것은 결국 시스템소프트웨어들이 죽지 않고 견뎌야 한다는 의미와 같다. 메모리가 부족하다든지, 네트워크 응답시간이 늦어진다든지, PC가 작동을 하지 않을 정도로 늦어지는 등의 경우에 프로그램이 수행시간에 대한 타임아웃Time Out에 걸리지 않도록 해야 한다. 만약 외부 인터페이스가 있는 경우는 응답에 시간 제약이 있는 경우가 대부분이므로 응답이 오지 않으면 프로그램이 스스로 죽는 경우도 있다. 이런 경우 프로그램이 죽었을 때 어떤 데이터처리 즉, 회복을 할지에 대한 알고리즘이 반영되어 있어야 하고, 죽은 프로그램이 어떻게 다시 살아날지에 대한 대책도 있어야 한다. 또 이미 설명한 바와 같이 죽었을 때 로그를 어떻게 기록해야 하는지도 고려되어야 한다. 스트레스를 강하게 받으면 프로그램이 죽을 수도 있다. 그렇다면 프로그램이 죽을 땐 죽더라도 어떻게 잘 마무리하면서 죽고, 어떻게 재가동을 할 것인지가 알고리즘의 중요한 포인트다.

성능테스트의 중요한 관점 중 하나가 부하의 분산이다. 이 주제는 소프트웨어의 관점도 있지만 사용하는 자원을 어떻게 잘 분배하여 공평하게 사용할 것인가에 대한 얘기다. 많은 경우 낮에 사용하

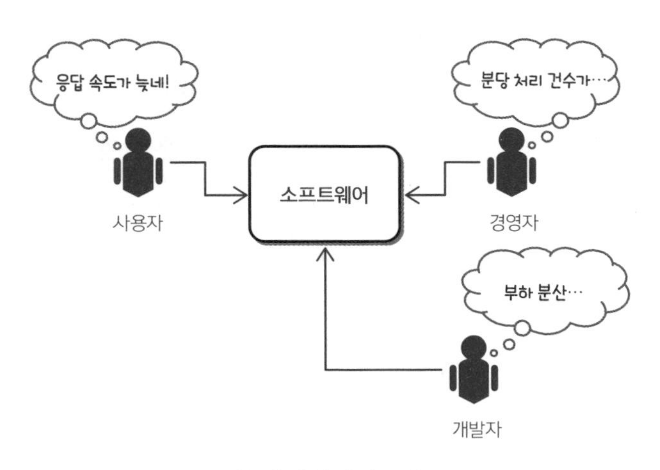

성능에 대한 관심 포인트

는 프로그램과 밤에 사용하는 프로그램을 나눈다. 하나의 프로그램을 수백, 수천 명이 동시에 사용할 때는 낮에 사용하게 하고 밤에는 하나의 프로그램이 수천만 건의 데이터를 처리하도록 한다. 이런 종류의 프로그램을 배치 프로그램이라고 부른다. 배치 프로그램은 사용자와 인터페이스 하면서 돌아가는 프로그램은 아니지만 하드웨어의 자원을 많이 잡아먹기 때문에 낮에는 실행하지 않고 주로 밤에만 가동한다. 낮에 수많은 사용자가 사용하는 프로그램은 부하가 잘 분산되어야 한다. 소프트웨어 부하가 한쪽 서버로 몰리고 다른 쪽 서버는 부하가 없는 경우도 생기기 때문에 전체 자원은 남아도는데 응답 속도가 제대로 안 나오는 경우도 생긴다. 소프트웨어가 처리할 서버를 구분하기도 하고 사용자를 서버별로 나누기도 하며, 시스템 소프트웨어가 부하에 따라 자동으로 나눠주기도 한다.

통신사에서는 고객을 유치하여 가입시키는 소프트웨어 시스템의 경우 번호이동 업무가 성능을 나타내는 핵심 지표였다. 번호이동이라는 것은 어느 한 통신사에 가입하여 사용하다가 여러 판촉 내용을 보고 통신사를 바꾸는 경우다. 이때 통신사만 바뀌고 번호는 동일하게 사용하면 번호이동이라고 하는 기능의 소프트웨어를 사용한다. 어느 통신사도 이 소프트웨어의 성능에는 민감하게 반응한다. 하루에 처리할 수 있는 번호이동을 다 하지 않으면 고객이 변심하여 번호이동을 취소할 수도 있기 때문이다. 이 소프트웨어의 성능지표는 분당 처리 속도다. 분에 몇 건을 처리하도록 개발했느냐가 성능의 지표가 된다.

테스트 모델을 알면 테스트가 보인다

소프트웨어개발 프로세스에 대한 단계별 기본적 업무는 분석, 설계, 개발, 테스트의 단계로 이어진다. 여기에서 테스트는 앞에서 전개된 업무를 확인하는 과정이며, 여러 단계의 테스트가 다양하게 이루어진다. 단위테스트를 통과하면 통합 테스트, 그 이후에 사용자 테스트 과정을 거치는데 이것을 테스트 모델이라고 한다. 세부적으로 보면, 개발이 완료되면 개발된 프로그램의 단위테스트가 진행되고, 설계한 대로 소프트웨어 시스템이 구축되었는지 확인하는 과정으로 통합 테스트를 진행하며, 사용자의 요구사항이 제대로 반영되었는지 확인하는 사용자 테스트를 수행한다. 이 모델은 전통적인 개발 프로세스에 대한 테스트 모델이며 V 모델이라고 부르기도 한다.

요구사항분석에서 개발 사이의 과정에서는 각 단계로 넘어가기 전에 검증 과정을 거친다. 즉 설계를 마치면 요구사항분석에 대한 모든 항목이 설계에 반영되었는지 확인하는 설계검토를 거친다. 마찬가지로 개발이 완료되면 설계에 대한 모든 항목이 개발에 반영되었는지 검토 단계를 거친다. 기본적인 모델이지만 꼭 이 모델에 따라서 테스트를 진행해야 하는 것은 아니다. 소프트웨어의 규모가 크고 테스트를 통하여 완벽한 품질을 확보하고자 할 경우에는 거의 예외 없이 프로젝트에서 적용하여 사용한다. 통합 테스트와 사용자 테스트 사이에 비기능적 요구사항을 포함하여 테스트하는 시스템 테스트를 추가적으로 할 경우도 많이 있다.

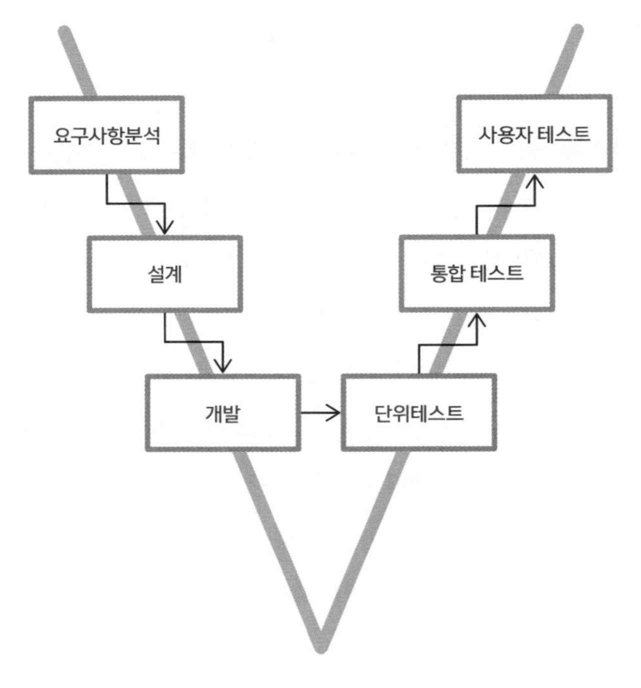

테스트 과정에 대한 V 모델

사용자 테스트는 사용자 인수테스트 혹은 고객 테스트라고 부르기도 한다. 사용자 테스트가 끝나서 통과가 되면 실질적으로 소프트웨어를 사용하겠다는 의사표시로 간주한다. 사용자 테스트 시에는 초기에 확정한 고객 요구사항 리스트를 기준으로 기능이 잘 개발되었는지 확인하게 된다.

사용자 테스트 기간 중에 간혹가다가 고객이 원계획에 없던 추가적인 요구사항을 꺼내 들기도 한다. 이런 추가적인 요구사항에 대해서 계약에 없던 일이므로 할 수 없다고 냉정하게 딱 잘라서 선언하는 것은 한국적 거래나 계약 상황에서 상당히 곤혹스럽고 어려운 일이다. 소프트웨어개발이 지지부진하거나 품질이 예상외로 잘 나오지 않는 프로젝트에서 이와 같은 추가적인 요구사항에 대한 개발 요청은 납기 지연에 대한 이슈로 불거지면서 법적 분쟁으로 가는 경우도 종종 있다. 법적 분쟁으로 가는 것은 한국의 좁은 소프트웨어 시장 상황에서 볼 때 바람직한 사업적 방향이 아니므로 소프트웨어개발을 하는 쪽은 울며 겨자 먹기 식으로 고객의 요구사항을 일부 수용하기도 한다. 추가적인 요구사항이 있다면 당연히 받아들여야 하며, 그것을 개발하고 테스트하는 데 들어가는 추가적인 비용은 지급되어야 한다. 언제 어떻게 개발해서 적용할지에 대해서는 고객과 프로젝트관리자가 종합적으로 판단하여 결정할 일이다.

통합 테스트 전략의 선택

소프트웨어개발이 완료되어 단위테스트를 통과하면 통합 테스트를 한다. 통합 테스트는 여러 사람이 만든 프로그램을 통합하여 이제 하나의 소프트웨어 시스템으로 묶었을 때 잘 작동하는지 확인하는 과정이다. 자동차 생산 공장을 연상하면 이해가 쉽다. 자동차의 여러 부품들을 각각 주어진 목표로 생산하면 최종적으로 조립 라인에 부품들이 투입되어 조립이 시작되고, 조립이 완료되면 자동차가 출하되는데 이것을 소프트웨어에서는 조립이라고 하지 않고 통합이라고 부른다. 조립된 자동차는 제대로 조립이 되었는지 품질 확인 과정을 거치고 품질 심사에 통과된 제품만 고객에게 인도된다.

소프트웨어도 마찬가지의 절차를 밟는다. 복잡한 소프트웨어를 여러 사람들이 나누어 개발했기 때문에 하나의 프로그램으로는 잘 기능하지만 통합해서 사용할 때는 잘 돌지 않을 수 있다. 통합되어야 하는 것은 개발된 소프트웨어 시스템도 있지만 기존에 있었던 다른 소프트웨어 시스템도 통합의 대상이 된다. 외부의 다른 소프트웨어 시스템도 포함되는 경우가 허다하다. 통합된 소프트웨어가 설계한 방식대로 잘 수행되는지 확인하는 것이 통합 테스트다.

소프트웨어를 통합하는 전략은 크게 보면 두 가지 방식이 있다.

첫째, 일시에 그리고 모든 소프트웨어를 한 번에 다 통합하는 방식이다. 이것을 빅뱅으로 통합한다고 한다.

둘째, 일시에 통합하는 것은 시간이 오래 걸리고 복잡하므로 단계적으로 통합하는 방식이다.

어느 것이 좋으냐의 구분이 아니고 어떤 방식이 소프트웨어 통합에 용이하냐에 따라 선호하는 방식을 선택한다.

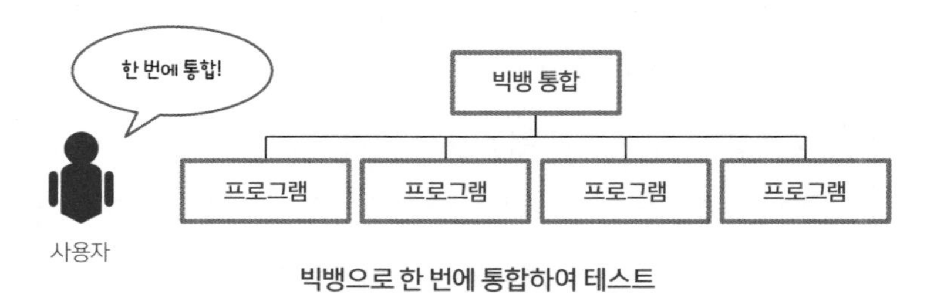

빅뱅으로 한 번에 통합하여 테스트

개발된 소프트웨어가 그리 크지 않고 단독으로 돌아가는 경우에는 빅뱅으로 통합하여 테스트하는 것이 번잡하지 않고 유리하다. 단위 테스트의 결과만을 가지고 쉽게 통합하여 테스트할 수 있기 때문이다. 하지만 외부 소프트웨어와 다양한 인터페이스를 통해서 소프트웨어가 운영된다면 빅뱅으로 테스트하는 것은 상당히 번잡하고 힘든 일이 된다. 이럴 때는 단계적으로 통합하여 테스트를 진행하는것이 유리하다. 큰 소프트웨어 시스템은 몇 개의 하위 시스템으로 구분될 수 있으므로 하위 시스템을 통합하여 이상이 없으면 그 위의 상위 시스템으로 통합해가면서 최종적으로 통합을 완료하는 상향식 방법도 있으며, 반대로 하향식으로 통합하면서 테스트하는 경우도 있다고 한다. 대부분의 프로젝트에서는 상향식으로 통합하면서 테스트하는 것을 선호한다.

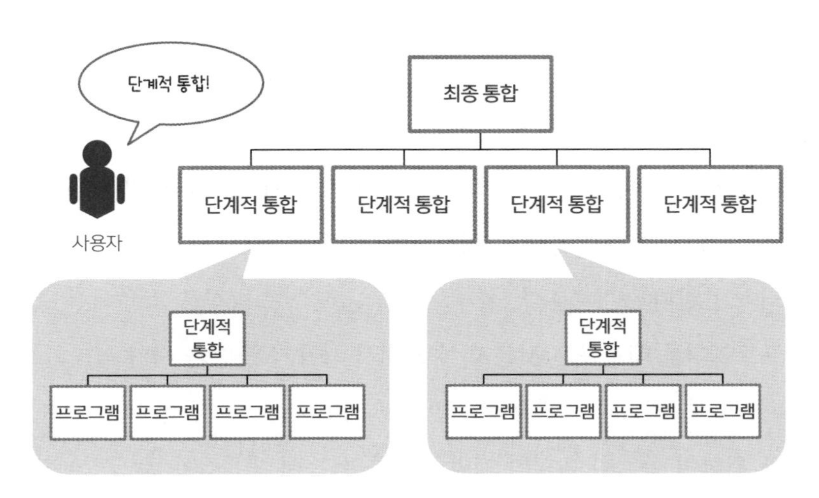

상향식의 단계적 통합 방법

베타버전 테스트로 고객에게 가까이 가기

소프트웨어제품을 만들어서 출시하는 경우에는 통합 테스트 후에 사용자 테스트가 없고 일반인을 대상으로 베타버전 테스트를 진행한다. 설루션Solution으로 출시될 소프트웨어는 기업 내부에서 자신의 요구사항 및 조건에 맞도록 개발된 소프트웨어제품을 테스트한다. 테스트에 통과하면 알파버전이 된다. 이 알파버전은 사용자가 사용할 수 있도록 다양한 검증과 확인 과정을 거쳤지만 아직도 미비한 구석이 있다면 최종적으로 수정 및 보완하여 일반 사용자들을 대상으로 테스트할 수 있도록 준비한다. 이것을 베타버전이라고 통칭한다.

베타버전 테스트는 불특정 다수의 사용자를 대상으로 테스트하기 때문에 기업 내부에서 발견하지 못한 다양한 결함이 발견된다. 이때 주의할 점은 불특정 다수의 목소리에 대한 대응이다. 발견된 결함을 즉시 수정하여 다시 회귀테스트를 수행하고 새로운 버전의 베타 소프트웨어를 출시해야 한다. 얼마나 빨리 결함을 수정하고 얼마나 빨리 다시 사용자에게 공개하느냐가 이 테스트의 성공 요인이다. 이를 위해서는 소프트웨어개발, 테스트 및 배포 과정이 아주 빠르게 진행되어야 한다. 기존 분석, 설계, 개발 및 테스트 방식을 적용해서 소프트웨어를 배포하는 것은 너무 느려서 사용자 불만을 사기 쉽다.

설루션Solution이나 플랫폼을 기반으로 사업하는 회사들은 빠른 배포를 위하여 독특한 방식의 개발 방법을 쓰는데 대표적인 방법이 애자일 개발(Agile Development), 익스트림 개발(XP, eXtreme Programming)

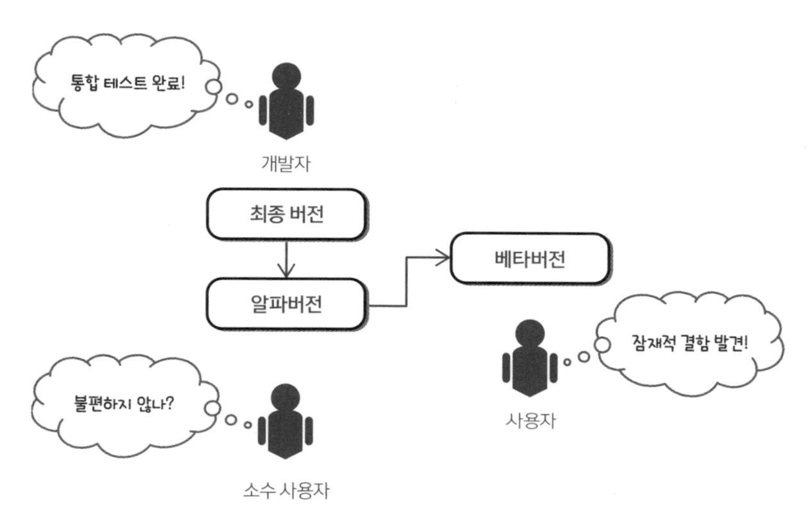

베타버전 테스트 과정

이다. 이런 방법이 제대로 될 수 있는 이유는 대부분의 공정을 자동화하여 소프트웨어가 대신하고 문서 작업은 최소화하여 개발에만 집중한다는 점이다. 빠른 개발과 테스트 그리고 빠른 배포에만 신경 쓰고 집중하기 때문에 급격하게 변화하는 외부 환경에 대응하는 데는 더할 나위 없는 최고의 방법이다. 이런 방식으로 개발한 소프트웨어의 버전을 보면 3.20.51 등으로 복잡한 버전관리를 수행하고 있음을 알 수 있다.

마이크로소프트사는 인터넷익스플로러라는 소프트웨어를 출시할 때 익스트림 개발 방법을 사용했다고 알려져 있다. 재빠르게 프로그램을 개발하여 배포함으로써 사용자에게 선을 보이고, 발견된 결함을 빠른 시간 내에 수정하여 재배포하는 방식으로 경쟁사를 압도하는 사용자를 확보하였다. 물론 상대 경쟁회사는 시장에서 도태되었다.

테스트 지식의 재활용으로 비용을 아끼자

아무리 많은 경험을 가진 소프트웨어 개발자도 자신이 수행했던 소프트웨어개발 프로젝트의 산출물인 테스트웨어를 다른 개발 프로젝트에서 다시 사용하는 경우는 찾기 힘들 것이다. 이유는 당연히 소프트웨어개발이 갖고 있는 독특함에 있다. 동일한 소프트웨어를 다시 개발하는 사례는 극히 드물기 때문이고, 항상 독자적이면서 유일한 소프트웨어를 만들어내기 때문이다. 테스트 지식을 잘 활용하는 분야가 회귀테스트를 할 때다. 물론 회귀테스트를 위해서는 기존의 테스트웨어에 변경된 부분에 대한 테스트 내용이 추가되어야 한다. 회귀테스트는 운영 과정에서도 반복적으로 개발과 테스트를 진행해야 하는 경우에 생산성을 올릴 수 있도록 자동화하여, 반복적인 업무로부터 오는 실수를 미연에 방지할 수 있도록 테스트 계획이 수립되어야 한다.

테스트 과정에서 발견된 오류를 수정한 알고리즘은 관련 사항을 코멘트로 남겨두어야 한다. 소프트웨어 버전관리를 아주 잘하고 있으면 큰 문제가 되지 않을 수 있으나 그렇지 않은 경우 코멘트가 없으면 향후 유지보수에서 많은 혼란을 줄 수 있다. 운영환경으로 테스트된 소프트웨어를 배포했으나 이상하게 문제를 일으켜서 소스를 여기저기 확인해도 도저히 뭐가 문제인지 알 수 없는 상황도 발생한다. 마침내 문제의 원인을 알아내기는 했지만 씁쓸한 결과를 확인했다. 수정된 소스가 최종 소스가 아니었던 것이다. 소스에 수정 사항에 대한 코멘트만 잘 달아놨어도 이런 일은 발생하지 않았을 것이다. 이렇듯 운영자들이 실수하는 경우 중에 소프트웨어 버전관리를 제대로 하지 못하여 수정된 소스를 배포하지 않고 전 버전을 배포하거나 수정된 소스가 예전의 소스여서 제대로 된 기능이 다 담기지 않아 장애를 만드는 경우를 종종 보았다.

테스트단계에서 일어나는 일들이 향후의 프로젝트에서 교훈이 되어 재활용 등의 도움이 되는 사례를 거의 보지 못했다. 프로젝트를 열심히 해서 끝내는 것이 거의 목적일 정도의 힘든 단계에 이르러서야 테스트를 수행하기 때문이다. 과정에서 발생된 어떤 일보다 결과에 집착할 수밖에 없기 때문에 프로젝트마다 같은 실수를 수없이 반복하게 된다.

테스트에서의 실수를 반복하지 않고 생산적으로 진행하여 테스트에 들어가는 시간과 비용을 줄이기 위한 장기적인 노력은 없고, 항상 개발시간보다 테스트 시간을 늘려서 오픈 이후에 문제가 없도록 하는 데 전력을 집중한다. 물론 여러 번의 테스트로 많은 문제를 발견하여 보완함으로써 완벽한 소프트웨어 시스템을 구축하려는 시도가 나쁜 것은 아니다. 하지만 전체의 17%밖에 안 되는 개발 생산성을 올리려고 엄청난 노력을 투자하면서도 프로젝트 투입 비용과 시간의 50%를 차지하는 테스트 생산성을 올리려는 시도는 보기 힘들다. 일본의 어느 기업에서는 품질 확인은 낭비라며 품질검사 없이도 제대로 된 제품을 생산하는 것을 기업의 핵심 경쟁력으로 삼기도 한다. 이 회사의 기준으로 소프트웨어개발을 바라보면 테스트는 엄청난 낭비 업무라고 할 수 있다.

테스트에 대한 진실을 파헤친다

테스트는 오류를 찾아내는 과정이지만 완벽한 테스트라고 자부할지라도 모든 오류를 다 찾아내는 것은 불가능하다. 실제로는 완벽한 테스트 자체가 불가능한 것으로 알려져 있다. 예를 들어 두 개의 수를 더하는 알고리즘을 프로그램으로 짰다고 하자. 모든 수에 대해서 덧셈한 결과를 테스트 결과로 만들어낼 수는 없다. 다양한 테스트데이터로 테스트를 하지만 그것이 모든 수를 대표하는 것은 아니기 때문이다. 그러므로 우리가 계획한 모든 테스트 조건을 통과해서 최종적으로 승인했던 테스트라도 그 프로그램에 더 이상 오류가 없다는 것을 의미하지는 않는다. 이미 알아봤듯이 잠재적인 오류는 있게 마련이다.

테스트에 관심이 있는 사람이라면 잠재적으로 남아 있는 오류는 이미 발견된 프로그램 내에 존재할 가능성이 더 많다는 사실을 알고 있을 것이다. 결함 집중의 원리로도 알려진 현상인데, 오류를 많이 만들어낸 개발자의 프로그램에는 다른 오류도 많이 있었다는 연구 결과도 있다. 모든 것을 다 테스트할 만한 자원이 부족하다면 이 원리를 적용하여 특정 프로그램이나 오류를 많이 발생시킨 영역에 타기팅Targeting하여 테스트하는 것도 좋은 방안이다.

테스트한 오류, 결함을 모두 수정해야 하는 것에 대해서도 전략적 판단이 있어야 한다. 납기가 정해져 있는 상황에서 테스트 결과를 분석해보니 결함 수정에 30일이 걸린다는 보고가 왔다면 어떻게 할 것인가? 우선순위를 기준으로 수정할 프로그램을 먼저 수정하는 방법도 있지만, 발견된 결함의 수정이 필요한지부터 검토해야 한다.

예를 들어 성능 목표가 평균 5초인데 테스트 결과는 10초가 나왔다. 하지만 이 프로그램은 한 달에 한 번 정도 사용하는 소프트웨어라면 꼭 수정할 필요가 있는지 검토되어야 한다. 다른 예로 소수점의 반올림 문제로 소수점 끝자리가 맞지 않는 오류가 발생했다. 그런데 이것을 조회하는 사람은 100만 단위의 금액으로 데이터를 조회한다. 이런 오류는 수정할 필요가 있는지 검토되어야 한다. 즉 프로그램의 알고리즘의 오류에 대해서 사회적으로 혹은 사업적으로 끝전

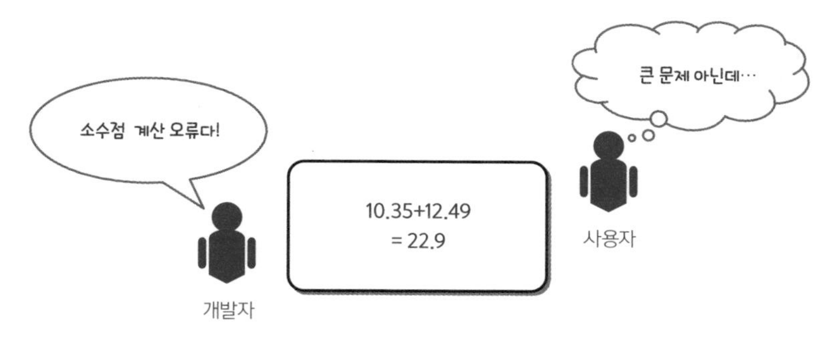

알고리즘 오류와 사회적 인식과의 차이

이 딱 맞아야 하는 것은 아닐 수도 있다.

우리는 테스트 계획을 수립할 때 모든 기능에 대해서 테스트를 수행한다는 전제로 계획을 수립한다. 하지만 모든 기능에 대해서 많은 자원과 시간을 투입하여 테스트를 해야 하는 것이 맞는 것인지도 전략적인 관점에서 생각해볼 여지가 있다. 테스트 결과 오류가 났더라도 굳이 고칠 필요가 없다면 테스트 자체도 할 필요가 없다는 유연한 생각이 테스트 비용을 절감하는 방법 중 하나가 될 수도 있다.

소프트웨어는
진화하지 못하면
폐기된다

개발 후에 테스트가 완료된 소프트웨어는 사용자들이 사용할 수 있도록 배포된다. 규모가 작은 소프트웨어 시스템의 경우 간단한 배포로도 즉시 사용이 가능하지만 대규모로 신규 개발된 소프트웨어 시스템은 전환 단계라는 복잡한 과정을 거쳐서 배포되어 사용된다. 그냥 단순히 소프트웨어를 사용할 수 있게 한다는 의미가 아니고 모든 사용자가 새로운 소프트웨어에 대해서 예전에 사용했던 소프트웨어와 동일하게 거부감 없이 사용할 수 있도록 하는 계획된 일이다.

소프트웨어 설정에서 일반적으로 볼 수 있는 릴리스Release 번호가 소프트웨어를 배포한 흔적이다. 배포는 정기적으로 할 수 있으며, 필요에 따라 할 수도 있다. 소프트웨어오류가 있으면 오류를 해결하여 배포하기도 하며, 소프트웨어의 기능이 개선되면 그때도 배포를 한다. 배포는 정해진 것이 아닌 경우도 많이 있다. 필요에 따라 소프트웨어의 진화적 변화를 사용자에게 전달하는 과정이다.

소프트웨어 진화의 다른 말은 유지보수다. 소프트웨어는 만드는 것보다 잘 사용하는 게 중요하다는 말을 많이 한다. 이는 비단 소프트웨어뿐만 아니라 로마시대부터 사회간접자본의 중요성을 간파하여 그것의 유지와 보수를 위하여 부단히 노력했던 역사적 사실을 보면 알 수 있다. 소프트웨어개발 이후의 여러 혁신 활동에 기반한 변화 관리 결과를 지속적으로 소프트웨어 안으로 녹여주고 끊임없는 사용자 편의성 제고에 유지보수의 중요성이 있다.

소프트웨어의 유지보수를 잘하기 위해서는 개발 당시 개발 표준을 준수하는 것이 무엇보다 중요하다. 납기에 쫓겨서 이름 지정 규칙

(Naming Rule)을 무시하거나 일방적인 명령어 사용, 구조화되지 않은 코딩, 때때로 개인 취향 그대로 코딩을 하면 나중에 그 시스템을 유지보수 하는 데 정말 어려움이 많다. 프로그램의 문서화가 중요하지만 프로그램 내에 중요한 내용에 대한 주석 처리를 해놓으면 유지보수를 하는 데 큰 도움이 된다.

처음부터 완벽한 소프트웨어는 없다. 아무리 세밀한 개발 프로세스와 풍부한 개발 경력을 가진 개발자들이 만들어낸 소프트웨어라도 그 규모가 일정함을 넘어가게 되면 어딘가 알 수 없는 버그가 숨어 있을 가능성이 매우 높다고 볼 수 있다. 하드웨어의 업그레이드로 인하여 소프트웨어의 변경이 필요한 경우도 존재한다. 소프트웨어유지보수가 발생하는 원인은 테스트단계에서 발견하지 못한 오류와 설계상의 결함이 발견된 경우, 사용자 요구사항의 변경, 하드웨어 등의 기반 시설 업그레이드, 신규 외부 인터페이스의 필요 등 네 가지로 분류할 수 있다.

소프트웨어유지보수 단계에서는 정기적인 배포를 선호한다. 다양한 원인에 의해서 수정되는 소프트웨어를 통제 없이 수시로 배포하는 것은 사용자에게 많은 혼란을 줄 수도 있다. 소프트웨어가 배포되기 전에는 사용자에게 충분한 공지를 하여 소프트웨어의 변경에 미리 대처할 수 있도록 해야 혼란을 방지할 수 있다. 변화 관리란 사용자가 배포될 소프트웨어에 대해서 미리 배워서 익숙하게 되는 것을 말한다. 필요에 따라서 대규모의 계획된 변환 관리를 시행하기도 한다. 이에 따라 소프트웨어의 사용 방법에 대해서 교육과 훈련을 체계적으로 실시하기도 한다.

배포될 신규 소프트웨어에서 오류가 발생할 수도 있다. 이런 경우를 대비하여 전 버전의 소프트웨어로 되돌리기 위한 준비를 해놓는다. 복잡한 소프트웨어 시스템의 경우 어떤 버전으로 되돌려야 하는지 쉽게 확인하고 관리할 필요가 있는데 이를 위해서 형상 관리 도구, 버전관리 도구, 배포 관리 도구 등을 사용한다. 버전관리 도구는 소프트웨어를 버전별로 관리하고, 배포 관리 도구는 해당하는 버전이 어떻게 릴리스 되었는지 알 수 있다. 특정 소프트웨어만을 되돌리기도 하고 전체 소프트웨어 시스템을 되돌리기도 한다.

소프트웨어배포는 상당히 복잡하고 어려운 과정이므로 배포 관리 도구를 사용하여 자동으로 배포할 수 있도록 한다. 이 도구는 정해진 시간에 배포가 이루어지게 함으로써 배포 담당자의 일손을 많이 덜어준다. 이런 자동화 도구를 사용하지 않는다면 배포할 때마다 신규 소프트웨어를 일일이 확인하여 운영환경에 넣어줘야 하는데 사람이 손으로 하는 일에는 항상 실수가 개입될 여지가 있으므로 각별한 주의가 필요한 일이다.

최근에는 소프트웨어의 개발과 운영을 통합하여 빠른 환경 변화에 대처하고자 하는 프로세스가 나오고 있다. 개발은 애자일 방법론을 적용하여 빠르게 대응하고 있지만 배포 이후의 운영 대응은 그렇지 못한 경우도 있다. 소프트웨어가 사업의 본질이고 중심인 기업은 특히나 개발과 운영 조직 간의 격벽으로 인한 괴리를 극복하지 않으면 경쟁에서 뒤처진다는 것을 고민하기 시작했다. 데브옵스DevOps가 이런 고민을 어느 정도 해결해준다. 데브옵스는 개발(Development)과 운영(Operation)의 합성어다. 데브옵스는 기본적으로 개발 조직과 운영 조직의 통합으로 개발, 배포 및 운영 시간을 줄이려는 철학이자 문화이며, 조직 간의 의사소통 채널을 견고히 하여 환경 변화에 빠르게 대응하고자 하는 실천 운동과 같은 개념이다. 데브옵스에 성공하기 위해서는 사람들의 의식 변화가 중요하고 이 의식을 뒷받침하는 자동화된 도구의 적용이 필요하다.

소프트웨어 전환 결정과 전환 실시

신규로 구축한 대규모 소프트웨어 시스템을 사용할 때는 배포라는 말보다 전환 혹은 이관이라는 말을 사용한다. 특히 기업 내부에서 쓰는 소프트웨어 시스템은 전환이라는 말을 선호한다. 전환 안에는 소프트웨어 배포가 포함되어 있다. 배포는 소프트웨어만을 설치하거나 업그레이드에 좀 더 비중을 두고 사용하는 말이다. 기존에 사용되던 소프트웨어를 유지보수 과정에서 개선하여 업그레이드시키는 경우에 배포라는 것을 선호한다.

소프트웨어 전환에는 신규 프로그램도 있지만 새로운 데이터도 포함된다. 또한 사용자의 변화 관리도 포함되고, 새로운 하드웨어의 사용도 포함된다. 향후의 유지보수를 위한 운영 팀의 조직화가 포함되기도 한다. 전환 시에는 전환을 담당하는 전환 조직이 새로 꾸려

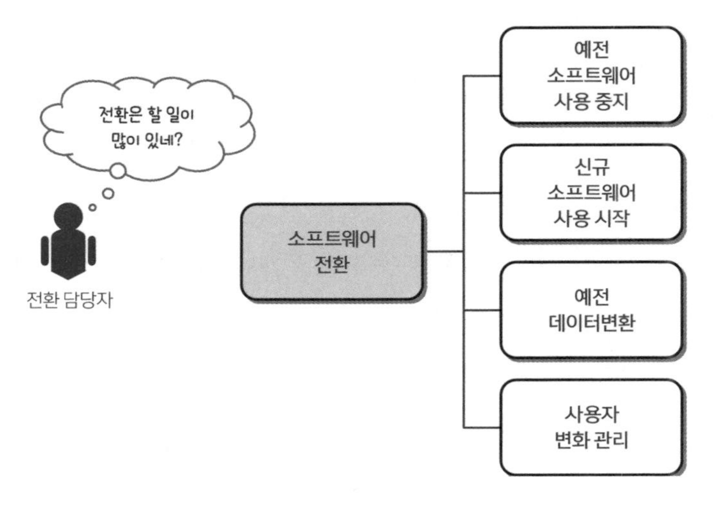

전환에 필수적인 일들

지고, 새로운 시스템을 오픈하기 위한 계획을 수립하고 그 계획에 따른 실행을 통제한다. 전환이 시작되기 전에 기존 소프트웨어의 변경이 금지되어 소프트웨어의 진화가 중단된다.

이것을 소프트웨어 프리징Freezing이라고 한다. 고객의 요구사항은 받아들여지지 않으며, 소프트웨어의 변경도 없다. 그러므로 소프트웨어의 배포도 중단된다. 이렇게 함으로써 새로운 소프트웨어의 변경을 통제할 수 있기 때문이다. 예전 소프트웨어가 변경된다는 얘기는 새로운 소프트웨어에도 동일한 기능을 탑재해야 한다는 것을 의미하기 때문에 소프트웨어의 개발을 추가적으로 하게 된다. 개발을 중지해야 테스트를 다시 하게 되는 일도 막을 수 있다. 예전 소프트웨어 시스템은 신규로 사용하게 될 소프트웨어에 의해서 사용이 중지되고, 시간이 지나면 폐기될 예정이기 때문에 굳이 여기에 소프트웨

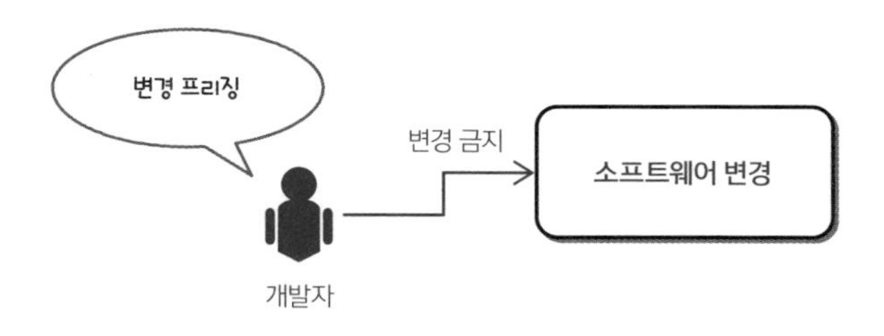

소프트웨어 프리징

어의 진화를 허용할 필요도 없는 것이다.

프로그램의 변경은 데이터에도 영향을 주기 때문에 데이터 전환 프로그램을 다시 테스트해야 하는 일이 발생할 수도 있다. 이처럼 전환이 결정되기 전에 모든 것을 파악하여 문제가 없음을 증명하는 데 많은 시간이 들기 때문에 사전에 소프트웨어 변경을 프리징해야 한다. 프리징 시작일부터 전환이 완료되어 오픈이 되는 날까지 기존 소프트웨어 및 신규 소프트웨어는 개발이 멈춰지고 오로지 신규 소프트웨어를 사용할 수 있도록 하는 데 역량을 집중하게 된다.

프리징된 소프트웨어와 데이터를 베이스라인이라고 부른다. 베이스라인이 그어졌다는 것은 모든 전환의 기준이 된다는 의미다. 이제 모든 것은 이 베이스라인으로부터 시작된다. 테스트 결과를 반영하기 위한 소프트웨어의 수정과 데이터의 수정도 이 베이스라인을 기준으로 처리된다. 그래서 베이스라인은 '버전 1.0'이 되는 것이다. 베이스라인 'v1.0'으로 테스트가 완료되어 고객이 승인하면 본격적으로 전환을 실시한다.

전환에 대한 결정은 개발된 소프트웨어의 완성도와 품질에 따라서 한다. 주로 개발 진척 사항과 테스트 결과가 지표로 사용된다. 데이터변환 프로그램테스트 결과, 데이터변환에 대한 대사(對査) 결과도 중요한 지표로 활용된다. 핵심적이고 중요한 소프트웨어의 개발이 완료되어 테스트로써 품질보증이 확인되면 전환에 필요한 일을 점검한다. 사용자 변화 관리 실적, 하드웨어와 시스템소프트웨어의 설치와 같은 전반적인 일들이 점검된다. 이에 따라 전환 실시에 대한 의사결정이 이루어진다.

전환이 실시되면 기존 소프트웨어의 사용도 중지되어, 소프트웨어에 의한 업무처리는 중단된다. 데이터의 생성이나 수정도 불가능하다. 이것을 컷오버Cut-Over라고 부른다. 전환 실시는 설날, 추석 같은 연휴나 휴일에 많이 실행한다. 아무래도 사용자가 장시간 사용하지 않아도 되는 시간을 택하기 때문이다. 이때는 단지 예전 소프트웨어에서 데이터 조회만 할 수 있다. 소프트웨어개발, 변경, 데이터 입력 및 수정이 중단된 환경에서 기존에 사용하던 데이터가 새로운 소프트웨어 시스템으로 이전된다. 동시에 새로운 소프트웨어도 배포가 진행된다. 하지만 사용자들은 새로운 소프트웨어를 사용할 수는 없다. 오픈 일자까지 기다려야 한다.

전환시간은 짧게는 하루, 길게는 며칠씩 걸리기도 한다. 데이터를 전환하는 데 가장 많은 시간이 걸린다. 꼭 필요한 데이터만 전환해도 길게는 며칠씩 걸린다. 전환된 데이터를 검증하는 것도 많은 시간이 소요된다. 프로그램은 이미 여러 번의 테스트를 거쳤기 때문에전환 시에 다시 테스트되지는 않는다. 프로그램과 데이터가 새로운

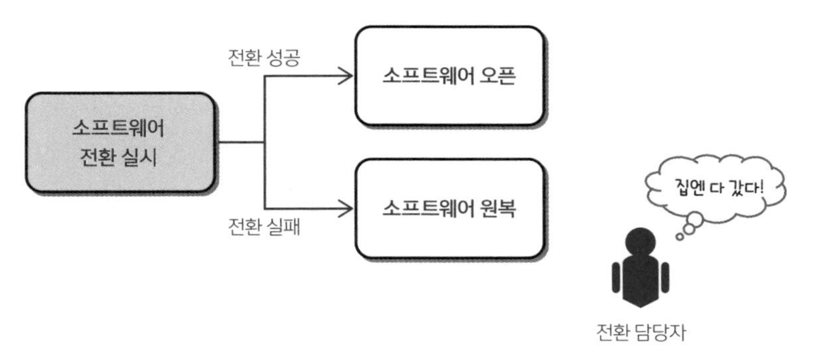

소프트웨어 전환 결과 판정

운영환경으로 이전되면 이제는 새로운 소프트웨어를 실제 환경에서 확인하는 일을 수행한다. 데이터는 입력할 수 없지만 조회나 보고서 발행은 가능하므로 이런 것을 토대로 새로운 소프트웨어 시스템을 점검한다.

전환 중간에 소프트웨어의 문제, 하드웨어의 문제, 데이터 전환의 실패 등으로 전환을 하지 못하고 원복 혹은 롤백Roll Back하는 경우도 있다. 시스템의 성능 미비, 테스트 결과의 부실, 소프트웨어의 문제, 데이터 전환의 실패, 사용자 변화 관리의 미비 등으로 전환을 번복하고 예전 소프트웨어 시스템을 계속 사용하는 것으로 의사결정을 하는 것이다. 소프트웨어개발 프로젝트 입장에서는 오픈이 지연 혹은 연기됨으로 인해 그동안에 쏟아부었던 노력이 다 허사가 되는 것이다. 전환 중지나 포기는 프로젝트의 실패냐 아니면 다시 도전하여 성공을 만들 것이냐를 판가름하는 뼈아픈 대목이 된다.

전환이 성공적으로 마무리되면 이제 새로운 소프트웨어 시스템은 사용자에게 오픈이 되는 것이다. 모든 사용자에게 일시에 오픈하여 사용할 수 있도록 하기도 하며, 단계적으로 사용의 권한을 오픈하기도 한다. 사용자가 너무 많을 경우 일시적인 부하로 소프트웨어 및 하드웨어 시스템이 다운되기도 한다. 그러므로 오픈 당일에는 단계적으로 사용을 승인하는 전략을 사용하는 편이 바람직하다.

전환 방식의 선택이 중요한 전략이다

전환 방식에는 빅뱅 전환 및 단계적 전환 방식이 있다. 대규모 소프트웨어 시스템을 빅뱅으로 오픈하는 것은 모든 것을 한 번에 거는 도박과 비슷하므로 권고하는 방식은 아니다. 하지만 종종 그러한 도박을 걸고 오픈하는 기업도 많이 있다. 소프트웨어 시스템이 안정적이라는 확신이 있는 ERP와 같은 상용소프트웨어를 도입하거나 기존에 없던 새로운 소프트웨어 시스템으로 일시에 오픈하지 않으면 안 되는 업무들에 대해서 빅뱅 방식을 택하기도 한다. 아주 소규모의 소프트웨어 시스템이나 오픈하여 문제가 발생해도 크게 영향을 주지 않는 소프트웨어는 빅뱅으로 오픈한다. 프로젝트팀에서 문제가 발생해도 즉각적인 조치와 대응이 가능하다면 전환에 따르는 피로가 누적되어 생산성이 떨어지기 전에 오픈하는 것이 나을 수 있다.

단계적 전환 방식은 빅뱅 전환 오픈의 실패로 인한 대규모의 혼란을 방지하기 위하여 단계적으로 오픈하는 방식이다. 상대적으로 안

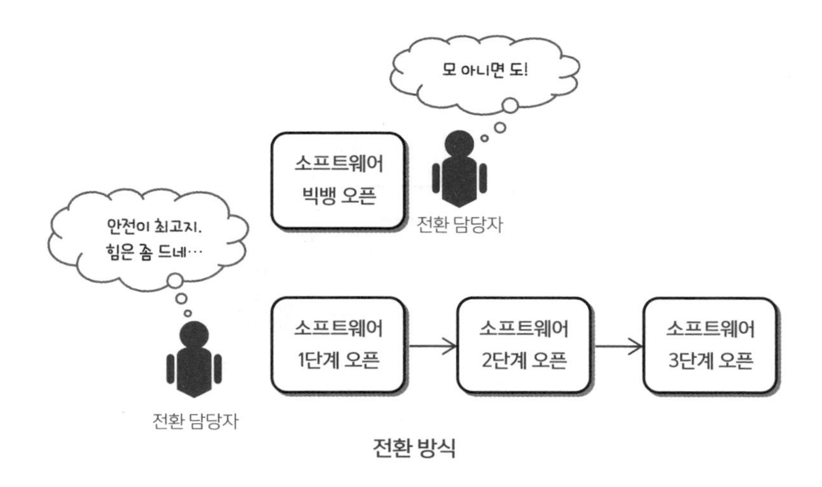

전환 방식

전하기는 하지만 전환 기간이 길어짐에 따라 프로젝트에 참여하는 인원은 상당한 피로를 느끼게 된다. 또 전환 비용도 많이 들게 된다. 치밀한 계획이 아니면 전환 도중에 실패하여 원복하는 경우도 발생하게 되고, 단계적 오픈에 따른 데이터의 발생을 원복시키는 데는 전환에 들어갔던 노력보다 더 많은 노력이 들어가게 된다. 소프트웨어가 사람의 지적 노동에 의해 만들어지는 것임을 감안하면 사람의 피로는 많은 문제를 야기시킬 수 있으므로 단계적 접근 시에는 적당한 휴식을 보장하면서 실시해야 한다.

단계적 전환은 소프트웨어 시스템의 내부 모듈들의 독립성이 강한 경우에 적용하면 효과적이다. 굳이 한 번에 오픈하지 않아도 되는 경우에 적합한 방식이다. 단계적 전환을 하게 되면 예전 소프트웨어의 일부와 새로운 소프트웨어가 같이 사용되는 과도기적 경우가 발생한다. 두 종류의 소프트웨어가 잘 수행되면 문제가 없으나 데이터

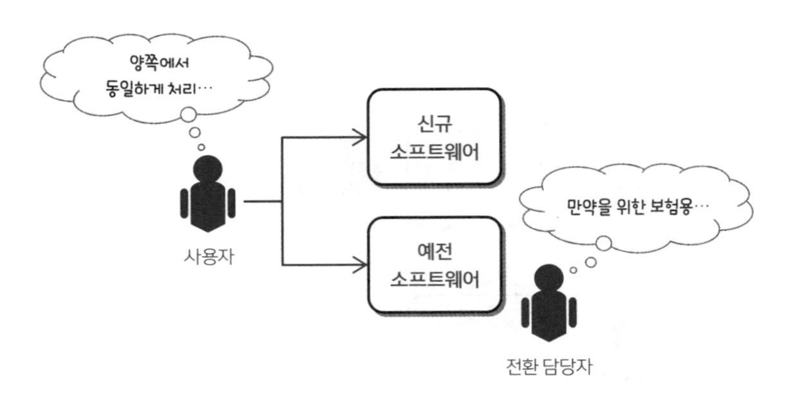

소프트웨어 오픈 후 병행처리

의 규격 차이로 같이 돌아가는 것이 문제가 될 수도 있다. 이때는 모든 전환이 완료될 때까지 데이터의 처리를 위한 임시 소프트웨어를 개발하여 처리한다.

빅뱅으로 전환하든 단계적으로 전환하든, 어떤 경우에는 새로운 소프트웨어와 예전 소프트웨어 시스템을 같이 사용하는 경우도 있다. 이를 병행 운영이라고 한다. 예를 들어 새로운 소프트웨어의 신뢰성을 믿지 못하고 원복하는 경우 예전 시스템을 같이 사용하고 있었다면 새로운 소프트웨어만 사용을 중지하면 되기 때문이다. 이 경우에는 새로운 소프트웨어에서 처리한 결과를 예전 소프트웨어로 실시간 전환을 해야 한다. 이런 실시간 데이터 전환은 소프트웨어적으로 가능하며, 예전 시스템에 맞도록 매핑Mapping 테이블을 이용한 데이터 변경을 하면 된다.

실시간 데이터 전환을 위한 소프트웨어가 구비되어 있지 않으면 고객에게 양쪽의 소프트웨어에서 두 번의 데이터처리를 강제하기도 한다. 동일한 일을 양쪽에서 처리하기 때문에 사용자에게는 많은 업무 로드가 발생한다. 하지만 이점도 있는데 양쪽에서 데이터처리를 했기 때문에 소프트웨어가 제대로 업무를 처리하고 있는지 즉각 확인이 가능하다는 것이다.

전환의 또 다른 핵심 업무인 데이터변환

과거 데이터를 새로운 소프트웨어 시스템에 맞도록 바꿔주는 작업을 데이터변환, 혹은 컨버전Conversion이라고 한다. 데이터의 수가 적거나 데이터 간의 구조가 간단하면 변환은 그리 어려운 일이 아니다. 간혹 프로그램에 의한 변환이 아니라 손으로 입력을 택하기도 한다. 처음으로 소프트웨어 시스템을 도입하여 사용하는 경우 컴퓨터 안에 저장된 데이터가 없을 수 있다. 이때는 할 수 없이 필요한 모든 데이터를 수작업으로 입력해야 한다. 사용자로서는 죽을 맛인 상황이 되는 것이다. 엑셀 등으로 컴퓨터에 저장이라도 되어 있으면 좀 쉽게 데이터변환이 가능하다. 규격화된 문서에 있는 데이터는 이미지 처리를 통하여 소프트웨어적으로 데이터를 변환하는 경우도 있다. 하지만 이런 작업을 거치더라도 데이터 확인에 많은 노력이 들어간다.

데이터의 수가 너무 많아서 손으로 다시 입력하는 것이 불가능한 경우 프로그램에 의한 데이터변환을 실시한다. 프로그램에 의한 데이터변환은 변환 속도는 빠르지만 정확한 변환을 위한 알고리즘이 일반적인 프로그램을 짜는 것만큼 복잡한 경우가 태반이다. 경우에 따라서는 기존 소프트웨어에 있는 알고리즘을 모르면 변환프로그램을 개발하는 것 자체가 불가능하다.

데이터변환이 된 후에는 데이터의 신뢰성과 무결성을 검증해야 한다. 이것을 신구 데이터 대사(對查)라고 한다. 예전 데이터와 전환된 새로운 데이터를 서로 맞춰본다는 의미다. 기존 데이터와 비교하면서 검증하는 작업도 만만치 않은 일이다. 검증하는 프로그램을 개발해서 검증하기도 한다. 그러나 건별로 데이터를 모두 검증하는 것은 불가능하므로 요약된 데이터를 가지고 검증한다. 예를 들어 변환 전 데이터 수와 변환된 데이터 수, 변환 전 데이터 합계와 변환 후 데이터 합계 같은 것들이다. 변환 시에 발생하는 데이터의 오류는 오류에 대한 기준을 정하여 오류 원인을 일일이 파악하고 변환프로그램의 알고리즘을 수정해서 오류가 발생하지 않도록 해야 한다. 데이터가 수천만 건, 수억 건인 경우 한 번의 데이터변환 작업에 몇 시간 혹은 며칠이 걸리기도 하므로 오류가 발생해서 변환프로그램의 알고리즘을 수정하는 것은 많은 시일이 걸리는 일이 된다.

이런 문제를 해결하고자 데이터변환 전에 데이터분석을 실시해야 한다. 데이터분석을 통하여 변환되는 데이터의 구조와 속성을 파악하고 변환될 데이터의 구조와 속성을 어떻게 맞출지 설계할 수 있다. 기존의 소프트웨어에서 데이터의 신뢰성과 무결성을 확보하는 상태로 관리가 되었다면 수월할 수 있는 일도 소프트웨어의 유지보

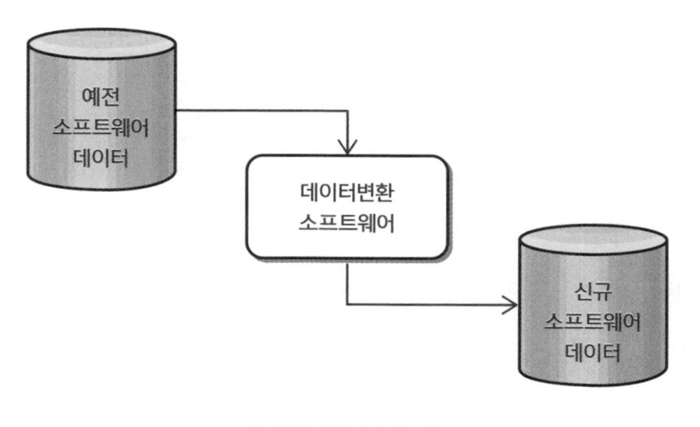

데이터변환 프로그램

수와 업무의 변화에 따른 데이터의 조정 작업을 거친 데이터는 그 자체의 신뢰성이 많이 떨어진 상태이므로 어마어마한 작업을 수반할 수도 있다.

대규모로 새로 구축되는 소프트웨어의 데이터변환은 데이터변환 프로그램 개발과 테스트를 위한 별도의 환경을 만들어서 작업하는 경우가 많이 있다. 그만큼 복잡하고 힘든 일이라는 방증이다. 데이터 변환에 대한 품질은 100%여야 한다. 소프트웨어의 품질은 우선순위, 중요도에 따라 오픈을 결정할 수 있지만 데이터는 정확도가 담보되지 않으면 절대로 오픈 결정을 해서는 안 된다. 데이터변환에 대한 의사결정에서는 가비지 인 가비지 아웃Garbage In Garbage Out이라는 말을 똑똑히 새겨들어야 하는 것이다.

새로운 소프트웨어에 적응하는 변화 관리

새로운 소프트웨어를 원하는 목적대로 사용하기 위해서 관련된 사람들을 대상으로 변화 관리를 수행한다. 기본적인 방법은 사용법 교육이다. 소프트웨어의 규모가 클수록 교육을 해야 하는 사람의 수가 많아지고 교육할 내용도 많아진다. 변화 관리 대상인 사람들이 내부 직원이면 순차적인 교육과 훈련을 통해서 점차적으로 새로운 소프트웨어 시스템에 익숙해지게 할 수 있다. 반면에 외부의 사람들에게 변화 관리를 하는 것은 어렵고 시간이 오래 걸리는 일이다. 그러므로 사용자들이 익숙한 방법으로 사용할 수 있도록 최대한 쉽게 프로그램을 만들어야 한다.

변화 관리에는 소프트웨어의 사용법과 함께 변경된 업무 프로세스를 이해시키고 변경된 소프트웨어를 사용하기 적합한 조직의 일이 포함된다. 고객의 업무 프로세스와 변화가 밀접하게 관계되어 있다고도 볼 수 있다.

교육만으로 변화 관리가 완료되는 것은 아니고 학습곡선에 따라 시간이 지남에 따라 점차적으로 익숙해지기 때문에 변화를 위한 과도기적인 시간이 필요하다. 이를 위해서 전환 팀 내에서 과도기적인 고객센터를 운영한다. 고객센터에서는 사용법에 대한 사용자의 질문에 답하고, 소프트웨어의 문제를 취합하여 개발 팀에 전달하는 역할을 수행한다. 반복적으로 발생하는 질문에 대해서는 사용법이나 해결 방안을 정리하여 정기적으로 배포하기도 한다. 중요한 공지는 새로운 소프트웨어 시스템의 공지 기능을 통해서 공유하기도 한다.

변화 관리는 소프트웨어개발 프로젝트, 전환 팀만의 일이 아니라 기업과 함께 해야 하는 일이고 서로가 협조하여 최대한 빠른 시간에 새로운 소프트웨어에 익숙해지도록 하는 것이 중요하다. 익숙하지 않아서 발생하는 고객의 불만족이 표출되지 않도록 공유하고 이해시키는 것이 핵심이라고 할 수 있다.

소프트웨어의 동사무소인 형상 관리 도구

소프트웨어는 형상 관리를 해야 한다. 여러 명의 개발자가 만든 소프트웨어는 서로 잘 짜인 계획에 따라 통합되어 하나의 소프트웨어 시스템이 된다. 서로 간의 버전이 다르면 작동이 안 되거나 오류가 발생할 수 있기 때문에 적합한 소프트웨어끼리 합치는 것은 중요한 일이다. 이런 일을 도와주는 소프트웨어가 형상 관리 도구다. 일부 사람들은 구성관리라고 부르기도 한다. 형상 관리는 소프트웨어 간의 궁합을 관리하는 소프트웨어이면서 소프트웨어의 버전인 소프트웨어 나이를 관리한다. 어느 버전의 소프트웨어가 최신의 것인지 알 수 있으며, 언제 누가 프로그램을 개발했는지 혹은 수정했는지도 알 수 있다. 소프트웨어의 모든 개발 및 변경 이력을 관리한다. 말하자면 소프트웨어의 동사무소인 것이다.

하나의 소프트웨어를 두 명이 동시에 수정하면 안 되기 때문에 한 사람이 소프트웨어를 수정하면 다른 사람은 그 소프트웨어에 접근하여 수정할 수 없다. 데이터의 동시성을 관리하는 알고리즘과 동일하게 소프트웨어의 무결성을 관리한다. 소프트웨어를 수정하기 위하여 프로그램 소스를 내려받을 때 체크아웃을 하고, 다 수정하고 테스트가 완료되면 체크인을 한다. 해당 소프트웨어가 체크인이 되면 다른 개발자가 소프트웨어를 체크아웃하여 수정할 수 있는 권한을 갖게 된다.

소프트웨어 형상 관리 도구는 프로그램의 소스만 관리하는 것이 아니고 설계도도 같이 관리한다. 프로그램이 수정되면 관련된 설계도도 같이 수정되는데 이때 프로그램뿐만 아니라 설계도도 같이 형상 관리 도구에 저장해야 한다.

형상 관리 도구를 사용하면 이미 설명했듯이 지금까지 개발한 모든 소프트웨어의 수정 이력을 보관하고 있으므로 필요할 때 찾아서 쓸 수 있고, 누가 언제 개발했는지 확인할 수 있다. 또 내가 개발한 소프트웨어 외에도 다른 사람이 배포한 모든 버전의 소프트웨어를 찾아낼 수 있다. 개발 과정 중에는 다른 개발자들과 개발한 내용을 쉽게 공유할 수 있으며, 여러 명이 동시에 한 개의 프로그램을 수정하여 발생하는 프로그램 소스의 무질서함을 방지하여 무결성과 신뢰성을 유지할 수 있다.

소프트웨어 형상 관리를 함으로써 변경 관리가 같이 수행된다. 소프트웨어 변경 관리는 소프트웨어의 수정 및 변경 사항을 체계적으로 관리하는 절차를 말한다. 변경 관리는 고객이나 내부의 소프트

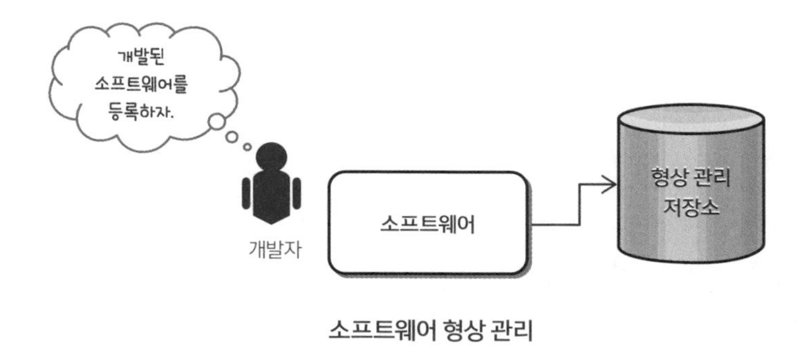

소프트웨어 형상 관리

웨어 변경 요구사항을 기초로 소프트웨어의 개선을 위한 개발을 실행하고 결과를 보관한다. 소프트웨어의 변경 이력이 체계적으로 관리되어 향후 변경에 대한 이력을 조회하여 활용할 수 있다. 소프트웨어 변경 관리는 고객의 요구사항을 관리하는 요구사항 관리와 통합하여 소프트웨어 설계도의 변경을 관리함과 동시에 소프트웨어 소스에 대한 변경도 관리한다.

소프트웨어 형상 관리를 통하여 개발되는 소프트웨어는 버전관리가 같이 수행된다. 버전관리는 소프트웨어의 진화에 대한 이력이다. 변경 관리와 통합되어 관리된다. 변경을 통하여 소프트웨어의 개선이 진행되고 버전이 올라간다. 소프트웨어는 버전이 기록됨에 따라 필요 시에 예전의 소프트웨어를 찾을 수 있게 된다. 형상 관리, 변경 관리, 버전관리는 각각으로 나누어 생각할 수 없고, 통합적으로 같이 관리되면서 서로의 관리 기준에 영향을 주어 소프트웨어의 관리를 용이하게 한다. 소프트웨어는 형상 관리에 따라 소프트웨어의 구성품이 하나의 소프트웨어 시스템이 되며, 변경 관리를 통하여 소프트웨어가 개선되며, 버전관리에 따라서 과거부터 현재까지의 소프트웨어 이력이 파악된다.

소프트웨어의 출생신고인 베이스라인

소프트웨어는 베이스라인부터 형상 관리, 변경 관리, 버전관리를 시작한다. 베이스라인이 없다면 어느 관리도 시작할 수 없다. 소프트웨어가 개발되어 테스트가 완료되고 사용자에게 배포되기 전에 최초의 버전인 'v1.0'을 명명했다면 이때가 베이스라인의 시작이 된다. 처음으로 소프트웨어가 출생신고를 했다고 생각하자. 베이스라인이 그어지면 소프트웨어는 체계적인 관리 체계 안으로 들어온다. 소프트웨어의 추가적인 등록, 수정, 삭제 등은 규정된 절차에 따라 처리되어야 한다. 마찬가지로 사용자에게 배포되는 것도 정해진 절차에 따라 행해진다. 개인적으로 소프트웨어를 수정하거나 배포해서는 안 된다. 공식적인 절차에 의해서만 처리되어야 한다. 모든 개발자가 소프트웨어를 공식적인 제품으로 인정하고 그에 합당한 대우를 해준다. 이제는 내가 만든 소프트웨어가 아니라 공동의 소프트웨어가 된 것이다.

베이스라인으로 'v1.0'의 버전번호를 받은 소프트웨어는 배포를 통하여 소프트웨어의 기능을 다해야 함은 물론 잘못된 오류에 대해서도 책임을 져야 한다. 상용소프트웨어든 무료소프트웨어든 가격에

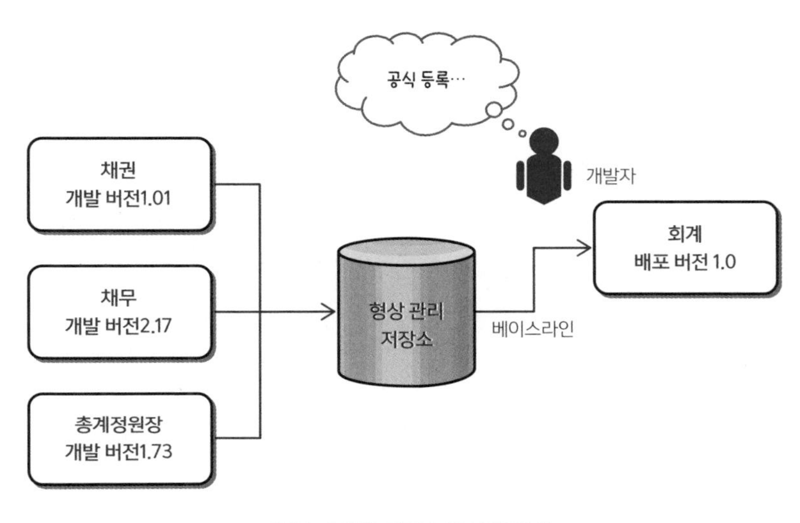

베이스라인을 기준으로 버전관리

관계없이 사회적으로 책임을 져야 하는 공식적인 소프트웨어가 된 것이다.

형상 관리 도구에 등록되어 마음대로 수정할 수도 없고 삭제할 수도 없다. 어느 경우에는 오류를 뻔히 알면서도 함부로 고칠 수가 없다. 오로지 공식적인 절차에 따라 정해진 방법대로 수정을 해야 함은 물론 엄격한 테스트와 배포 절차에 따라 다시 배포되어야 한다. 개발 환경과 운영환경이 구분된 곳이라면 개발 환경에서 다시 다운받은 프로그램 소스는 허가가 되지 않는 이상 다시 운영환경으로 돌아 갈 수 없다. 만약 수정이 되어 운영환경으로 돌아갈 수 있도록 허가가 된다면 새로운 버전을 받을 것이다.

소프트웨어가 프리징된 이후에 베이스라인 'v1.0'을 기준으로 소프트웨어는 끊임없는 진화를 거듭하게 된다. 시간이 지남에 따라 초기의 베이스라인과는 사뭇 다른 소프트웨어로 거듭날 수도 있고, 변경이나 개선 없이 그대로 사용될 수도 있다. 베이스라인으로부터 변경된 소스는 개선이 됨에 따라 버전이 계속 올라가고, 기존의 소프트웨어로 변화된 환경에 견디기 힘든 지경이 되는 어느 순간이 되면, 새로운 소프트웨어개발을 계획하여 개발이 진행된다. 새로운 소프트웨어가 개발이 완료되었을 때 기존의 소프트웨어는 폐기되고 새로운 소프트웨어의 베이스라인이 그어지며, 이때 다시 새로운 버전으로 소프트웨어의 생을 시작하게 된다.

배포의 기준인 릴리스

대부분의 상용소프트웨어를 보면 'v1.29.341'과 같은 형태의 버전 표시가 있다. 버전에 대한 관리 기준은 회사별로 다르기 때문에 일률적으로 설명할 수는 없지만 번호가 큰 것이 최근의 버전이라고 할 수 있다. 어떤 소프트웨어의 경우에는 릴리스Release 번호가 부여되기도 한다. 릴리스는 사용자에게 공개한 소프트웨어 버전이다. 즉 사용자가 사용하는 버전이라고 할 수 있다. 회사에서는 개발하고 있는 버전이 'v1.2.3'이지만 사용자가 사용하는 릴리스 번호는 'r1.2.2.1'이 될 수도 있다 버전과 릴리스가 명확히 구분되어 사용되는 것이 아니라 회사에서의 일하는 방식과 관점, 관리 규정에 따라 비슷한 의미로 사용하는 다른 용어라고 정의해두자.

소프트웨어 버전을 관리해야 자신이 쓰고 있는 소프트웨어가 최신의 것인지 쉽게 알 수 있다. 개발자라면 소프트웨어의 소스를 들여다보면 개발 일자, 수정 일자 등을 보고 그 소프트웨어의 버전을 알 수 있다. 하지만 소프트웨어 시스템의 경우는 좀 복잡하다. 여러 개의 소프트웨어가 유기적으로 작동하여 실행되는 경우에는 소프트웨어별로 서로 잘 맞는 짝들이 있다. 하나의 소프트웨어를 수정했는데 다른 소프트웨어도 같이 수정되어야 한다면 두 개의 소프트웨어가 같이 배포되어야 전체가 제대로 작동한다. 이 두 개의 소프트웨어를 하나로 묶어서 릴리스해야만 되는 것이다. 그러므로 각각의 소프트웨어 버전은 다를지라도 해당 릴리스에 들어가는 소프트웨어가 잘 매치되어야 한다.

여러 개발 팀에서 각자의 소프트웨어를 개발하여 버전별로 형상관리를 수행한다. 각 버전은 개발 팀의 개발 계획이나 고객 요구에 따라 개발이 진행되어 관리되고 있다. 상용소프트웨어의 경우 미래에 배포할 개발 계획을 갖고 개발을 실행하여 배포할 준비를 하는경우도 있다. 개발이 되어야 배포를 하는 것과는 약간 다른 배포 전략이다. 개발된 버전 중에 배포를 하지 않고 다음 버전의 소프트웨어가 배포되기도 한다.

개발 계획을 갖고 있지 않은 소프트웨어는 고객의 요구사항에 대해서 대응을 하면서 버전을 관리하는 경우가 많다. 고객의 요구가 승인되면 개발을 실시하여 새로운 버전의 소프트웨어를 만든다. 특

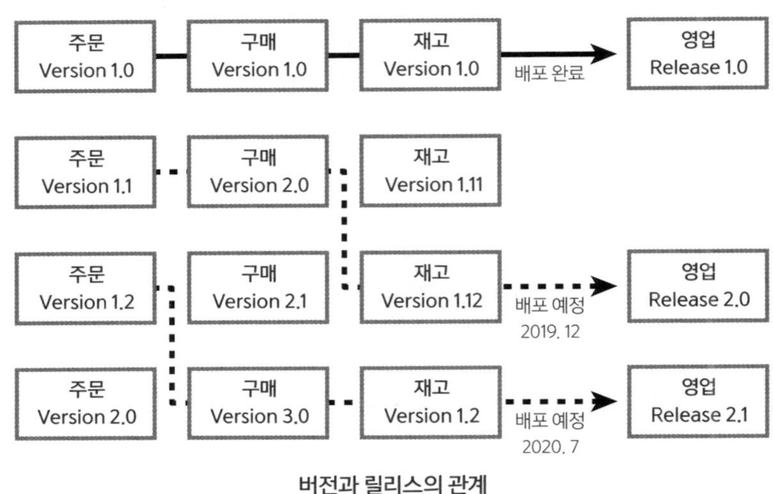

버전과 릴리스의 관계

정 주기가 되면 고객의 요구사항이 반영된 새로운 릴리스가 빌드되고 배포가 된다. 버전번호를 뛰어넘어 배포한다는 것이 해당 기능이 빠진다는 개념은 아니다. 기존 기능에 새로운 기능이 계속 추가된다는 개념으로 받아들여야 한다. 즉, 새로운 기능이 지속적으로 추가되어 더 좋은 소프트웨어로 진화하는 것이다.

전형적인 배포 방식과 혼란의 가중

배포 전에는 소프트웨어의 형상 관리가 완료되고, 회귀테스트가 완료되어야 하며, 배포될 릴리스가 확정되면 배포 자동화 도구를 통하여 빌드를 실행하고, 단계적으로 배포를 실시한다. 즉 업그레이드를 실시한다. 사용자가 많다면 일시에 업그레이드가 되면서 발생하는 부하를 방지하기 위하여 순차적으로 업그레이드가 되도록 배포 전략을 수립한다. 시간별로, 사용자그룹별로 업그레이드가 되도록 한다. 신규 소프트웨어 배포 전에는 예전 소프트웨어는 사용을 금지해야 하므로 소프트웨어를 사용할 때는 최근 버전의 소프트웨어인지 체크하여 업그레이드를 유도한다.

이론적 절차에 따르면 변경된 소프트웨어는 순차적으로 형상 관리 도구, 테스트 자동화 도구, 배포 관리 도구에 의한 빌드 생성이 순차적으로 진행되어 정해진 시간에 자동으로 배포되어야 한다. 설명은 간단하지만 실상황은 복잡하고 해결하기 힘든 일로 채워지며, 개발자들은 배포할 때까지 긴장의 끈을 놓아서는 안 될 정도로 피를 말리는 시간이 된다.

형상 관리부터 혼란이 가중되기 시작하여 개발자들이 달라붙어야 해결이 되면서 배포가 진행된다. 직설적으로 표현하면 반자동으로 업무가 진행된다. 혼란의 시작은 동시에 여러 개의 고객 변경 요청이 들어오면서 발생한다. 하나의 기능을 이루는 여러 개의 프로그램 소스에 변경이 시작되어 다른 프로그램에 영향을 미친다. 그 영

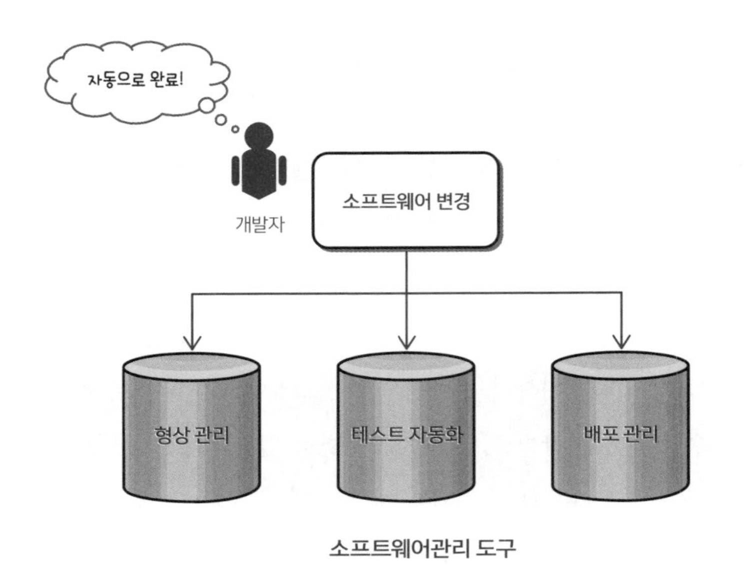

소프트웨어관리 도구

향을 잘 파악하기란 만만치 않은 일이라 영향분석 도구의 도움을 받기도 한다. 하지만 영향분석 도구가 완전하게 가동되려면 사전에 기존에 개발된 모든 소프트웨어의 기능이 빠짐없이 영향분석 도구에 등록되어야 한다.

여러 명의 개발자에 의해서 수정된 다양한 프로그램은 우여곡절을 겪고 형상 관리 도구에 등록되어 새로운 버전이 된다. 이제 테스트 자동화 도구에 의해서 회귀테스트를 진행한다. 회귀테스트를 하기 위해서는 예전 프로그램 소스에 반영되었던 알고리즘과 새로 개발된 알고리즘을 비교하여 테스트데이터를 갱신해야 한다. 그런 후에야 회귀테스트의 신뢰성이 확보되는 것이다.

테스트를 통과하면 이제 배포를 위한 빌드를 수행한다. 만약 프로그램 소스 하나가 추가적으로 빌드가 되어야 한다면 모든 작업을 중지하고 처음부터 다시 버전을 확립하고 회귀테스트를 수행한 후에 빌드를 만든다. 빌드는 만든 후에 배포가 되면 배포 버전이 제대로 실행되는지 운영환경에서 나름대로의 방법으로 테스트를 진행한다. 여러 명이 조화롭게 일하지만 약간의 실수나 틈이라도 생기면 전체가 힘들어진다. 간단한 일 같지만 프로그램 개발과 수정만으로는 모든 일이 완벽하게 끝나는 것이 아니다. 소프트웨어 프로젝트의 비용보다 유지보수 비용이 많이 들어가는 이유가 상당히 있는 것이다.

사용자에게 미리 배포하여 반응 확인

소프트웨어가 처음 개발되면 사용자의 반응이 궁금해진다. 이때 소프트웨어 개발자는 약간의 사용자에게 미리 배포하여 반응을 본다. 이를 베타버전이라고 한다. 일종의 사용자 테스트 버전이다. 사용자는 처음 나온 소프트웨어를 맘껏 사용하면서 테스트도 하고 즐길 수도 있다. 게임 같은 소프트웨어에서 많이 사용하는 방법이다. 베타버전은 공식 버전이 아니기는 하지만 너무 성의 없는 소프트웨어를 배포하는 것은 아니다. 완전 상용제품으로 공개하기 전에 사용자에게 의견을 듣기 위한 과정에 있는 소프트웨어일 뿐이다. 물론 사용자의 의견에 따라 문제가 있는 부분은 수정을 하기도 하며, 차후의 업그레이드를 준비하는 기초 자료로 사용하기도 한다.

최근의 소프트웨어개발 방법의 추세는 빠른 개발과 빠른 배포로 요약될 수 있다. 핵심적인 기능을 개발하여 배포하고 사용자의 의견을 분석한 후 업그레이드를 빠르게 실행하고 다시 배포하는 방식을 택한다. 사용자의 의견이 부정적이라면 해당 소프트웨어는 개발을 중지하고 폐기하기도 하며 전면적으로 다시 개발하기도 한다.

개발 시에 발생하는 여러 문제 중에 요구사항의 불명확 및 스스럼없이 바뀌는 요구사항의 변경 문제, 설계에 많은 시간 투여 등과 같이 분석 및 설계단계에 대한 많은 시간 투입을 해결하고, 최근의 빠른 개발과 배포를 지원하는 대표적인 방법론이 애자일 방법론이다. 아예 개발할 소프트웨어의 요구 기능에 대한 테스트웨어를 만들어 놓고, 테스트를 통과하면 바로 배포하기도 하는 테스트 주도 개발(Test Driven Development)이 사용되기도 한다. 이런 방법을 순조롭게

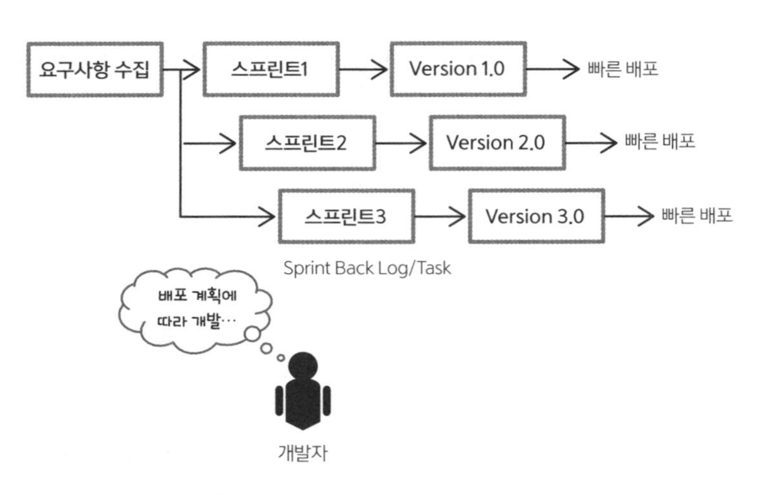

전형적인 애자일 개발방법론을 이용한 배포

수행하기 위해서는 결국 자동화 도구를 적용해서 개발자나 운영자의 업무 노고를 줄여야 한다.

코드 자동화 도구를 사용해서 설계가 끝나면 바로 프로그램 코드가 생성되어 빌드가 될 수 있는 방식도 있다. 코드는 실행 코드이기 때문에 생성되면 개발자는 소스 코드는 볼 수 없다. 빌드 후 릴리스가 된 이후에 문제점이 발생하면 설계를 보면서 수정해야 하는데 버전관리가 설계에서 시작되기 때문에 프로그램의 버전관리가 설계와 일치되는 장점이 있다. 당연히 프로그램 소스를 개발하는 시간이 줄어들어 빠른 개발과 배포도 가능하다. 사용자는 바로 자신이 원하던 소프트웨어인지 파악할 수 있다. 단점이라면 복잡한 알고리즘을 만들어내는 것이 어렵다는 점이다. 개발자는 자신의 특화된 알고리즘을 프로그램으로 만들어낼 수 있는 역량이 있지만 설계 후 바로 실행파일이 만들어지는 경우 자신만의 창의적인 알고리즘 개발 능력을 제대로 발휘할 수 없는 것이다.

배포 결과를 확인하는 것은 너무 어렵다

배포를 자동으로 처리한다고 모든 것이 안심할 상황은 아니다. 배포가 제대로 되었는지 최종적인 확인 과정을 거쳐야 한다. 배포가 된 후에 사용자들이 쓰기 시작하면 배포를 되돌리는 것은 상당히 어렵고 까다로운 일이 된다. 그러므로 사용자들이 잘 안 쓰는 시간

대에 배포를 하고, 실환경에서 제대로 실행이 되는지 확인하는 방법을 선호한다. 결국 사람들이 다 자는 시간대인 야간에 배포가 이루어지는 것이다. 어쩌다 한 번씩 있는 배포라면 그 날짜에만 밤을 새서 배포 결과를 확인하면 되지만 수시로 배포가 이루어진다면 개발자로서는 상당히 괴로운 일이 된다. 개발자들은 배포 후에 제대로 되었는지 확인하기 위하여 테스트용 핸드폰을 가지고 다니면서 수시로 확인하기도 한다. 배포 시간에 집에서 배포 결과를 가지고 이런저런 자신만의 실환경 테스트를 수행하기도 한다.

그런데 배포 결과를 사무실이 아닌 곳에서 확인하는 것은 문제가 있다는 지적도 있다. 소프트웨어 시스템을 유지보수 하는 개발자 및 운영자는 평소에 업무 로드가 많아서 야근을 많이 해야 하는 어려움을 감안하면 집에서라도 책임감을 갖고 일을 하는 것은 정말 고마운 일이다. 일반 사용자를 대상으로 배포해서 사용하는 소프트웨어인 경우 별 문제가 없을 수 있다. 테스트 아이디를 부여하여 운영환경에서 사용자처럼 접속하여 최소한의 기능에 대해서 사용하면 된다. 하지만 기업 내부에서만 사용되는 소프트웨어 시스템에 대해서는 사무실이 아닌 곳에서 운영환경에 접속하는 것은 보안관리 측면에서 허가되어서는 안 될 일이기 때문이다.

운영자가 실제 운영환경에 접속하여 어떠한 통제도 받지 않고 소프트웨어에 접근할 수 있는 여지를 주는 것이기 때문이다. 물론 어떤 사용자가 외부에서 접속을 했는지, 접속한 시간은 언제인지, 허가된 아이디로 접속했는지 등은 시스템 로그기록을 통해서 알 수 있다. 문제점을 잘 알지만, 접속을 통제하여 배포 결과를 확인하지 못하게 하는 것도 쉽지 않은 결정이고, 외부에서는 배포 결과를 확인하지 말라는 결정을 내리는 것도 쉬운 의사결정은 아니어서 사전에 테스트하고 실수 없이 배포하라는 지침밖에 줄 수 없는 진퇴양난의 상황에 빠져 있다. 경우에 따라 사전통제의 일환으로 조회 권한만을 주어 확인하라는 고육지책을 쓰기도 한다.

배포 후에 불행히도 오류가 발생한다면 장애로 이어진다. 피해를 최소화하기 위한 수습 국면으로 접어들게 되는 것이다. 모든 배포를 되돌리기 위하여 전 버전의 소프트웨어를 다시 배포하거나 오류를 해결한 새로운 버전을 다시 배포해야 한다. 잘못된 소프트웨어로 인해 발생한 데이터들의 정비를 수행하는 데이터 클렌징 작업도 해야 한다. 장애가 발생하면 많은 경우에 사용자에게 잘못 처리된 결과를 공지하고 사용자의 손해와 고통을 부담하는 등 기업의 손실로 이어지는 경우가 많기 때문에 신속한 처리가 관건이 된다.

상용소프트웨어나 일반 불특정 다수의 사용자에게 배포되어 사용되는 소프트웨어인 앱의 경우 배포 후의 개선 사항이나 문제를 수집하는 것이 상당히 어려운 일이 된다. 소프트웨어의 지원 보조기능에 고객의 소리를 입력할 수 있도록 하는 경우도 있고, 별도의 소프트웨어를 개발하여 고객의 불만을 수집하기도 한다. 모든 고객의 소리가 소프트웨어 개선에 반영되는 것은 아니지만 실상황에서의 품질의 수준은 확인할 수 있다. 소프트웨어가 고객의 요구사항에 따라 사용되고, 개선되고, 만족이 되지 않으면 폐기된다는 점을 확실히 인식한다면 고객의 소리를 받아들이고 수집하여 분석할 수 있는 지원소프트웨어의 개발도 꼭 필요하다고 할 수 있다.

소프트웨어개발 이후에 일어나는 일들

대규모 소프트웨어 시스템을 새로 개발하거나 기존의 소프트웨어를 업그레이드하는 경우에 간단한 배포 관리로 일이 진행되는 것이 아니라고 했다. 전환이라는 프로젝트를 수행하여 전환 계획을 수립하고 실행하여 완료하는 절차에 따른다. 새로운 핸드폰을 개발하여 일시에 고객에게 파는 것과 동일한 개념이다. 전 세계 여러 나라에서 동시에 판매하기 위하여 개발이 완료된 핸드폰을 생산하여 미리 해당 국가에 배송을 완료하고 판매 날짜가 되었을 때 일제히 판매를

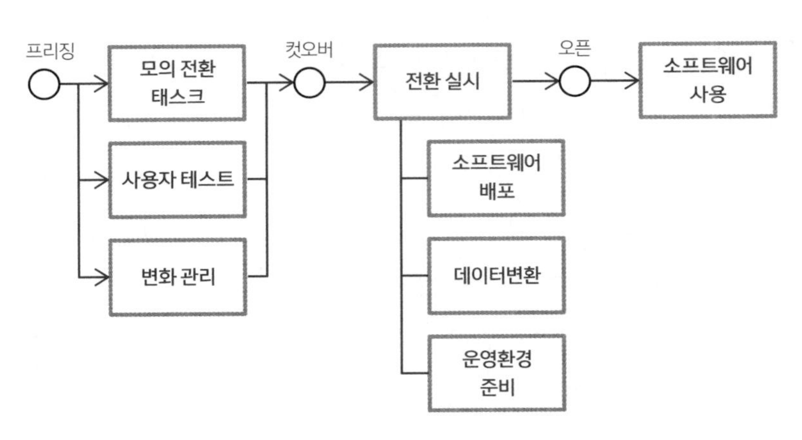

전환의 시작과 소프트웨어 사용

시작하는 것과 마찬가지다. 이런 대규모 판촉을 위해서는 세밀하게 계획을 수립하고 수많은 사람이 참여하여 계획대로 판매가 되는지 확인하는 모의 판매를 수행하기도 한다.

소프트웨어의 전환 시에도 동일한 업무를 진행한다. 전환 결정이 되면 전환 실행에 대한 세부적인 계획을 수립하여 관련 팀에서 할 일을 정해주고, 전환 오픈일을 기준으로 전환 시작일부터 D-3, D-2, D-1, D-Day에 할 일의 결과를 통제한다. 전환이 수시로 있는 일이 아니고 개발자의 일생에 많아야 수회 경험하기 때문에 잘할 수 있는 분야가 아니다. 그래서 수차례의 모의 전환을 수행하면서 발생하는 문제점을 파악하여 대처 방안을 마련한다. 모의 전환은 전환 시나리오를 만들어서 그대로 수행하면서 점검한다.

모의 전환은 시간이 많이 뺏기는 작업이므로 실제로 전환에 대한 업무를 다 하는 것은 낭비일 수 있다. 그래서 일반 개발 팀, 데이터 전환 팀, 아키텍처 팀 등은 페이퍼 작업으로 대체하고 전환을 주도하는 전환 팀만 상황실에서 전환 시나리오에 따라서 모의 전환을 하기도 한다. 모의 전환은 소프트웨어의 규모에 따라 수차례 진행되는 경우도 있다. 프로젝트의 모든 팀을 포함하여 고객이 참여하는 전환 모의시험을 진행하는 경우도 있다. 이때는 전환 후의 성능에 대해서 점검하기도 한다. 일시에 모든 고객이 동일한 작업을 수행함으로써 부하를 주었을 때 성능이 만족하는지 확인한다. 고객은 테스트 환경에서 오픈 이후의 일을 실제로 경험할 수 있다. 새로운 소프트웨어를 사용하여 가상의 데이터처리를 할 수 있다.

수차례의 전환 모의시험에서 다양하고 많은 문제가 발생되어 그에 대한 대책이 수립된다면 전환 성공 확률은 올라갈 것이다. 전환이 실행되었을 때 미처 대비하지 못한 다양한 문제점에 봉착하게 된다. 문제점은 바로 해결할 수도 있지만 바로 해결할 수 없는 것들이 문제다. 전환 이후 고객의 업무에 지장을 주는 일이면 전환을 지속해야 하는지 심각하게 논의하여 결정한다. 이런 일들은 오픈 당일까지 지속된다. 시나리오가 잘 만들어져 있으면 고민은 상대적으로 줄어들 수 있다. 대처 방안이 마련되어 있으면 수월하게 문제를 극복하고 전환을 계속 진행할 수 있다.

문제가 많이 발생하면 전환 시나리오대로 진행이 제대로 되지 않고 전환 팀의 통제력이 상실되는 경우가 생길 수 있다. 이런 사태가 발생하면 전환은 참여한 개발자의 능력과 경험에 의존하게 된다. 막중한 책임감도 필요하다. 최악의 경우는 가장 바람직하지 않은 상태로 프로젝트의 전환이 실패로 돌아갈 수도 있다. 오픈은 되었는데 소프트웨어 시스템이 잘 돌아가지 않는 상황이 되는 것이다. 데이터도 제대로 변환되지 않아 사용자들이 업무를 볼 수 없는 지경이 되는 경우다. 자동차로 치면 출고는 했는데 자동차가 안 움직이는 경우가 발생하는 것이다.

전환에 실패하면 바로 원복을 수행해야 한다. 이런 경우를 대비하여 병행처리 전략을 적용하기도 한다. 병행처리 방안이 준비되지 않았다면 이제 원복하는 일은 다시 전환 팀의 일이 된다. 원복에 대한 시나리오도 작성되어 있기 때문에 절차대로 원복을 수행한다. 전환 진행 도중에도 원복은 수행될 수 있다. 언제든지 문제가 발생하여 전환이 불가능하면 원복을 할 수 있는 실패 가능성을 염두에 두어야 한다. 그런 가능성을 관리하는 것이 프로젝트의 위험관리라고 할 수 있다.

수회의 대규모 소프트웨어 시스템의 전환 프로젝트에 참여한 경험이 있다. 참여한 프로젝트마다 한두 번씩은 큰 문제에 봉착하여 상당한 어려움을 겪었다. 항상 겪는 문제의 핵심은 바로 계획대로 진행되지 않는다는 것이다. 전환 시나리오를 만들고 모의 전환을 수차례 해도 실제의 전환에서는 생각지 못한 문제가 발생한다. 이때는 오로지 막중한 책임감으로 후배 직원들과 일심동체로 문제를 해결하는 데 집중해야 했다. 문제해결에 대한 본질은 프로젝트 리더의 통제력을 확실하게 갖고 있어야 한다는 점이다. 그러므로 모의 전환에서 할 일은 여러 곳에서 동시에 문제가 발생했을 때, 그것을 통합하여 의사결정자에게 알려주고 문제를 분석하여 어떠한 우선순위로 문제를 해결할 것인지를 결정하고, 우선순위에 따라 자원을 모아 문제해결에 집중할 수 있는 역량을 계발하고 확인하는 것이다.

소프트웨어의 진화는 개발보다 힘들다

소프트웨어는 개발이 완료되어 사용이 시작되면 생물처럼 살아 움직이는 객체가 된다. 동물의 진화를 설명하는 이론의 하나로 획득

형질이 유전된다는 용불용설은 현재는 멘델의 유전법칙과 유전자에 의한 진화 이론의 확립으로 오래전에 오류로 판명이 났지만 소프트웨어의 진화에는 아주 잘 적용된다. 소프트웨어가 많이 사용되면 기능 개선을 위하여 지속적으로 변경이 일어나서 더 좋은 소프트웨어가 된다. 물론 더 좋은 소프트웨어라는 의미는 주관적인 관점도 일부 들어가지만 기능적으로 더 편리해지고 알고리즘은 더 복잡해지게 된다. 반면에 소프트웨어가 여러 이유로 더 이상 사용되지 않으면 그 소프트웨어는 얼마간 보관되다가 일정 시점에 폐기된다.

소프트웨어가 진화하기 위해서는 많은 사람이 달라붙어 잘 사용될 수 있도록 노력을 기울여야 한다. 소프트웨어가 살아 움직이게 하는 데는 크게 두 가지 종류의 소프트웨어 기술자들이 필요하다. 이들을 유지보수 담당자라고 통칭한다. 유지보수 담당자 중의 하나가 소프트웨어 개발자이고, 다른 하나가 소프트웨어 운영자다.

소프트웨어 개발자는 처음부터 해당 소프트웨어개발 프로젝트에 참여했던 사람일 수도 있고, 개발에 참여하지 않았던 개발자에게 유지보수 업무를 할당하여 배치하는 경우도 있다. 소프트웨어유지보수를 위한 개발자는 소프트웨어 프로젝트에서 개발만 담당하는 개발자와는 약간 다른 지식을 갖고 있어야 한다. 유지보수 과정에서 새로 만들어지는 소프트웨어는 어떤 종류의 개발이든 지금 쓰고 있는 소프트웨어 시스템과 연계되어 개발되기 때문에 현 소프트웨어 시스템을 잘 알아야 한다. 새로 개발될 소프트웨어가 현 소프트웨어와 궁합이 잘 맞도록 개발해야 하는 것이다.

소프트웨어 운영자는 개발에 참여하지 않는다. 소프트웨어가 잘 운영되도록 감시하고, 작업 결과를 확인하고, 소프트웨어에 대한 사용자의 질문에 답하며, 사용자가 요구하는 데이터를 산출해서 제공하는 일을 담당한다. 때로는 사용자 교육을 담당하기도 한다.

소프트웨어는 사용 환경의 변화, 고객 요구사항의 변화에 대응하여 개발되어 새로운 기능이 추가되거나 기존 기능이 수정되면서 전보다 향상된 소프트웨어로 진화한다. 진화의 속도가 빨라야 한다면 소프트웨어 변경을 위한 신규 프로젝트팀을 조직하여 대응하기도 하지만 대개는 유지보수 개발자들이 정해진 개발 일정에 따라 소규모로 단계별 변경을 시도한다.

소프트웨어를 변경하는 것은 소프트웨어를 새로 만드는 것보다 힘든 일이다. 현재 사용되고 있는 소프트웨어를 고치는 것은 날아가는 비행기의 엔진을 바꾸는 것과 동일하게 계획적으로 조심스럽게 하지 않으면 많은 사람들에게 혼란을 주고 위험에 빠뜨릴 수도 있다. 그래서 숙달된 사람들만이 그 일을 잘 해낼 수 있다. 역설적이게도 사용중인 소프트웨어는 함부로 변경되어서는 안 되기 때문에 소프트웨어유지보수를 담당하는 개발자는 운영환경에 접근할 수 없도록 강하게 접근통제를 실시한다. 단지 운영자만이 운영환경에 접근하여 소프트웨어를 감시할 수 있도록 최소한의 권한을 부여하여 내부자에 의한 소프트웨어 변경을 철저하게 막는 것을 원칙으로 한다.

소프트웨어를 진화시키는 방법

기업에는 소프트웨어를 진화시키는 저마다의 정해진 절차인 유지보수 절차가 있다. 절차에 따라 유지보수가 되어야 소프트웨어의 품질을 유지시키고 소프트웨어 변경으로 발생하는 문제나 장애로부터 자유로울 수 있기 때문이다. 기업 내에 정해진 절차는 ISO International Standard Organization 같은 권위 있는 국제기구나 국내의 단체로부터 인증을 받아 그 규정을 잘 지키고 있다는 점을 강조하고, 개발자 및 운영자들에게 정해진 규정을 잘 따르도록 통제한다. 잘 만들어진 절차를 지키는 것은 품질을 보증하는 방편이면서 일하는 사람들의 노력을 더 가중시키는 역할도 한다. 간단한 업무도 절차에 따라 공식적으로 해야 하고, 하는 일은 모두 꼼꼼하게 기록되어 추적이 가능해야 한다.

개발자와 운영자의 노력이 가중됨에도 불구하고, 소프트웨어 운영을 책임지는 사람들에게는 보이지 않는 소프트웨어가 어떻게 관리되고, 변경되고, 진화되고 있는지 알 수가 없다. 그렇기 때문에 이런 공식적이고 문서화된 업무처리는 가시성을 확보할 수 있어 아주 소중한 업무처리 방식이라 생각한다.

고객들도 마찬가지다. 고객은 자신이 쓰고 있는 소프트웨어의 개선, 변경에 대해서 공식적 절차를 따라야 한다. 자신이 비록 소프트웨어유지보수 담당자들보다 소프트웨어개발 역량이 뛰어나고, 설계 역량이 우수하더라도 스스로 소프트웨어에 접근하여 변경을 처리할 수 없으며 더더욱 말로 변경을 요청할 수도 없다. '모든 것은 기록된

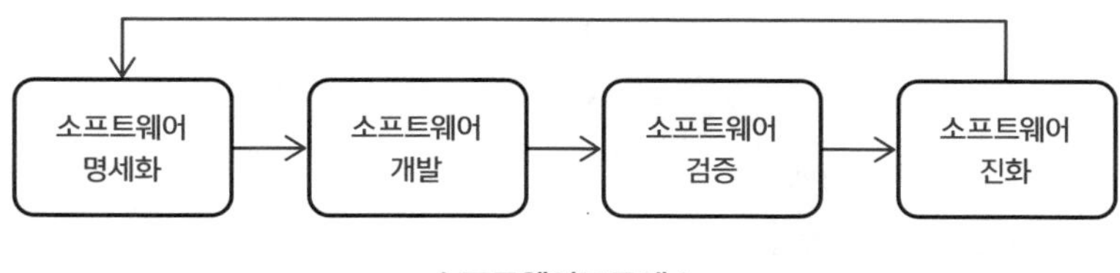

소프트웨어프로세스

다'는 품질의 기본 전제를 실행하고 있는 것이다.

소프트웨어 변경은 고객의 요청이나 유지보수 담당자의 자체 개선 제안에 따라 시작된다. 고객의 요청은 사용하기 불편하여 개선을 요구하는 것 외에도 법적인 문제, 사회적 변화, 때로는 정치적 변화, 거래 관행의 개선, 비용 절감을 위한 프로세스개선 등 어떠한 제약도 없이 바꾸고 싶은 것은 모두 요청될 수 있다. 이 변경 요청을 접수하면 수일 내에 변경을 수용할지 혹은 거부할지에 대해서 결정을 내린다. 변경에 대한 결정은 유지보수 기획 팀, 유지보수 담당 팀에서 정기적으로 검토하여 결정하기도 하며, 때로는 유지보수 담당자가 직접 하기도 한다. 변경의 범위가 넓거나 애매모호한 요구가 있으면 요청한 고객을 불러서 다시 협의하기도 한다. 유지보수 담당자에 의한 변경이 장시간 소요될 것으로 판단되거나 유지보수 개발자 투입 여력이 부족하면 투자 심의를 거쳐서 새로운 개발 프로젝트가 성립되기도 한다.

소프트웨어유지보수는 비용이 많이 들어가는 업무이기 때문에 항상 비용을 효율적으로 사용하는 데 관심을 갖게 된다. 그래서 많은 기업은 변경 사항에 대한 중요성과 시급성에 따른 우선순위와 효율

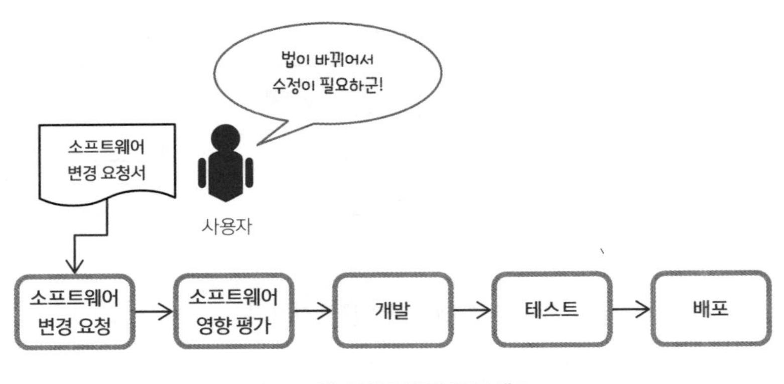

소프트웨어 변경 관리 프로세스

성에 따라 변경을 계획하고 실행한다. 경험적으로 보면 소프트웨어 변경은 쉴 새 없이 진행되고 있다. 법적으로 강제되는 소프트웨어 변경은 항상 우선순위가 높고 완료 일정도 정해진다. 사업의 변화에 따라 변경이 되는 경우는 중요도가 더 올라간다. 유지보수 인력이 부족한 경우에는 우선 실행할 변경 대상과 변경 완료일에 대한 논쟁이 지속된다.

변경을 위한 프로젝트 중에 외부의 개발 회사에 맡기는 방식으로 진행되면 투자 심의를 위하여 개발 범위와 투자 비용을 산정하여 경영층에 보고한다. 투자 승인이 되면 입찰을 진행하고, 심사를 통하여 개발할 회사를 선정한다. 프로젝트가 진행되면 유지보수 담당자가 참여하여 프로젝트 진행을 감독한다. 때로는 고객 사용자가 참여하여 소프트웨어의 개발이 자신의 요구대로 되는지 확인하기도 한다. 변경 프로젝트이지만 이 역시 프로젝트이므로 소프트웨어프로세스와 절차를 거쳐서 진행된다. 변경될 소프트웨어는 분석 과정,

설계과정, 개발 과정, 테스트 과정을 거쳐서 운영환경으로 전환되고 최종적으로 사용자에게 배포된다.

내부의 유지보수 담당자에 의한 소규모의 소프트웨어 변경 작업이라도 소프트웨어프로세스를 그대로 따른다. 분석 기간에는 기존 소프트웨어에 대한 영향 평가도 실시한다. 변경 대상 소프트웨어의 수정이 다른 소프트웨어 시스템에 어떤 영향을 주는지 분석하여 영향을 최소화하는 방법을 모색하는 한편, 영향을 받는 모든 소프트웨어를 다 같이 수정해야 한다. 영향 평가를 통하여 변경 대상이 확정되면 소프트웨어프로세스에 따라 설계, 개발이 진행된다. 단위테스트를 통과하면 회귀테스트를 실행하여 모든 시스템이 정상적으로 가동되는지 확인하고 배포를 실시한다. 소규모 변경인 경우에는 해당 고객들에게만 소프트웨어 사용 방법과 절차를 알려주는 변경 관리만으로 족하지만, 대규모 변경인 경우 모든 대상자를 모아놓고 변경에 대한 교육훈련을 체계적으로 실시한다.

변경 요청에 대한 건은 고객 요청 관리 소프트웨어에 의해서 체계적으로 관리된다. 변경이 시작되어 끝나면 개발 완료일과 고객이 요청한 납기일의 차이를 분석하여 납기가 적시에 되었는지 분석한다. 이것으로 고객만족도를 조사하는 것이다. 고객은 적시를 강조하여 자기가 원하는 일자에 배포가 되기를 원하지만, 유지보수 담당자는 소프트웨어 변경에 따른 개발과 운영으로 업무가 가중되고 있기 때문에 사용자가 원하는 시간에 배포하지 못하는 경우가 종종 있다. 납기가 지연되는 원인은 미처리된 변경 요청 사항의 누적, 업무량의 가중에 따른 처리 속도의 지연 문제도 있지만, 개발 프로세스 자체에도 있다.

유지보수 담당자의 업무량이 많다면 사람을 좀 더 투입하여 개발양을 늘려서 해결하거나 외부의 소프트웨어개발 회사에 의뢰하여 단시간 내에 처리하면 가능할 수도 있지만, 개발 프로세스의 복잡함에서 오는 납기 지연은 개발 절차를 간소화하는 소프트웨어프로세스 개선밖에 없다. 분석과 설계 시에 만들어지는 설계 문서의 종류를 대폭 축소하고, 개발에 집중하여 결함 발생을 감소시킴으로써 설계, 개발, 테스트의 재작업을 획기적으로 줄이는 대안이 필요하다. 하지만 소프트웨어 변경에 관련된 많은 의사결정자들은 이런 소프트웨어프로세스 개선을 달가워하지 않는다. 소프트웨어유지보수 절차 간소화가 장애 발생의 원인이 될 수도 있기 때문이다. 장애가 발생되면 책임에서 자유로울 수 없으며, 심각도에 따라 법적인 문제, 금전적 배상 문제 등의 논란에 휘말릴 수도 있기 때문이다.

소프트웨어가 장기간 사용되었고, 유지보수 담당자들이 많이 바뀐 상황이라면 소프트웨어의 변경 자체에 시간이 오래 걸린다. 시간이 지날수록 수많은 변경으로 프로그램이 스파게티소스 코드로 변화된 경우가 허다하다. 또한 소프트웨어의 규모가 커지면서 소프트웨어를 속속들이 알고 있는 개발자가 부족해지고, 변경할 부분을 쉽게 찾아내어 개발을 신속히 진행하는 경우는 찾아보기 힘들어진다. 여러 사람들이 모여서 변경할 부분의 영향도를 심사숙고하여 결정하고 수정하게 된다. 수정한 부분에 대한 확실한 자신감이 없기 때문에 테스트도 철저하게 수행하는 것이 당연하다. 유지보수의 모든 과정이 이전보다는 시간이 오래 걸리게 되는 것이 자연스러운 현상이 된다.

이런 상황이 빈번하게 발생되면 프로그램 소스의 리팩터링을 검토해야 한다. 리팩터링을 통하여 프로그램 소스 코드를 재정비하고 불필요한 알고리즘을 제거하여 프로그램을 가볍게 만들면서 가독성을 높여야 한다. 또한 설계 문서를 현행화하여 설계 문서를 참조하여 변경 부분에 대한 분석을 할 수 있도록 조치해야 하며, 영향분석 도구에 소프트웨어를 등록하여 영향 평가 분석이 자동으로 되도록 해야 한다.

소프트웨어 영향 평가는 산속을 가로지르는 다리 공사를 할 때 환경영향평가를 하는 것과 비슷한 일이다. 공사의 영향으로 자연이 어떻게 변하게 될지 알아보고 너무 많은 환경 파괴가 일어나지 않도록 하는 일이 중요할 것이다. 마찬가지로 새로운 소프트웨어를 개발하거나 기존의 소프트웨어를 수정할 경우에 현재 운영되고 있는 소프트웨어의 영향이 어떻게 되는지 파악하는 것이다.

개발자가 일일이 프로그램 설계도나 소스 코드를 열어보고 분석하는 방법은 사람의 오류를 방지할 수 없다. 그래서 영향분석 도구를 도입하여 사용한다. 이 도구는 형상 관리 도구에 등록된 설계도, 프로그램 소스를 분석, 검사하여 영향을 받는 대상을 추출함으로써 개발자가 소프트웨어 변경을 쉽게 판단할 수 있도록 도와준다. 영향분석 도구는 영향 평가를 완벽하게 할 수 있는 좋은 수단이지만 소프트웨어의 내용을 제대로 등록하지 않으면 제대로 된 결과를 산출할 수 없다. 여기에도 가비지 인 가비지 아웃의 원칙이 적용된다. 영향 평가 도구를 잘 관리하는 것도 많은 노력이 필요하기 때문에 유지보수 담당자들은 사용을 꺼리기도 한다.

데이터의 오류와 패치

소프트웨어 시스템을 사용하다 보면 본의 아니게 오류로 판정되는 데이터들이 생성된다. 소프트웨어가 완벽하고 데이터의 구조가 잘 관리되고 있는 상황에서도 알게 모르게 비정상적인 데이터들이 생성되어 자리잡고 있다. 이론적으로는 발생하면 안 되는 데이터들이 발견되어 개발자를 당황하게 만들기도 한다. 이런 것들을 데이터무결성이 깨졌다고 한다. 무결성이 깨지는 이유는 두 가지로 압축된다.

첫 번째는 데이터의 신뢰성과 무결성을 확보하기 위하여 소프트웨어유지보수 담당자의 접근을 철저하게 통제하고 직접적인 데이터의 수정을 허가하지 않지만 접근제약을 뚫고 다양한 방법으로 데이터가 변경되기 때문이다. 의도적으로 데이터가 변경되는 것도 아니며 오류를 만들어내기 위해 데이터를 변경하는 것도 아니다. 고객의 요청 사항에 대응하고자 데이터를 변경할 뿐이다. 그런데 자신이 변경하는 데이터가 다른 데이터와 프로그램에 어떤 영향을 미치는지 모르고 변경하기 때문에 발생하는 일들이 대부분이다. 사용자가 잘못 처리한 데이터를 수정해주고, 세무회계법이 바뀌어서 수정해주기도 하며, 프로그램의 알고리즘이 맞지 않아서 데이터를 수정해주기도 한다. 그 이유는 너무 다양하여 일일이 경우의 수를 다 얘기할 수도 없다. 데이터무결성을 확보하기 위해서는 프로그램으로 데이터 변경을 해야 한다. 한 개의 데이터를 고치더라도 프로그램을 통해서 해야만 무결성이 깨지지 않을 가능성이 높은 것이다.

두 번째는 프로그램의 실행 오류에서 발생한다. 갑자기 프로그램이 죽어서 모든 데이터를 처리하지 못하는 경우도 발생한다. 예상치 못한 특이한 업무처리에서 프로그램이 오류 데이터를 만들어내기도 한다. 데이터오류가 발생하는 경우에 해당하는 데이터 내에서만 틀어지면 그나마 다행이다. 하지만 많은 경우에 데이터구조 간에 서로 맞지 않는 데이터가 생긴다. 이런 데이터로 보고서를 만들면 데이터 간의 합이 맞지 않거나 데이터가 달라서 사용자를 혼란에 빠뜨리게 한다. 우리는 이런 경우에 "데이터가 짝이 안 맞는다."라고 말한다

예를 들어 설명해 보자. 매출 테이블에서 데이터가 발생하면 회계 테이블에도 데이터가 생성된다. 양쪽에 동일한 내용의 데이터가 각자의 목적대로 생성되어 업무가 처리된다. 그런데 영업 부서의 요청으로 매출 데이터 하나를 삭제하였다. 이런 삭제 요청이 오면 회계 데이터도 같이 삭제되어야 양쪽 테이블의 무결성이 유지될 수 있다. 하지만 영향분석 미흡으로 매출 테이블에서만 데이터를 삭제하여 무결성이 깨지게 되었다. 다른 예를 들어보면, 판매관리 소프트웨어에서 고객별로 판매한 실적을 관리한다. 그리고 상품 상세 실적에서

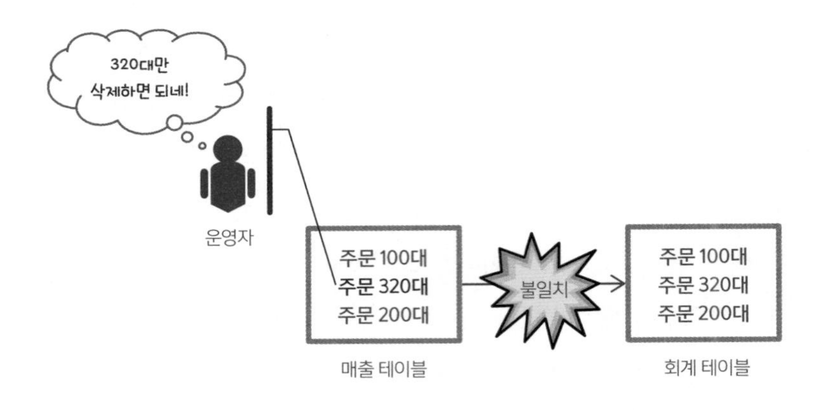

테이블 간의 데이터무결성 파괴

제품별로 판매실적을 관리한다. 이론대로 보면 제품별 판매실적의 합이 고객 계정에 있는 판매실적이 되어야 한다. 그런데 판매실적 데이터만 수정하면 판매실적의 합과 고객 계정의 판매실적이 맞지 않게 된다. 약간의 부주의 때문에 이렇게 데이터의 무결성과 일관성이 쉽게 깨진다.

데이터의 무결성이 깨지면 어떤 데이터가 맞는지 확인하는 작업을 통하여 데이터의 보정 처리를 해줘야 한다. 다시 무결성을 확립하는 과정이다. 무결성을 확립하기 위해서는 우선적으로 데이터를 건별로 확인하여 데이터가 서로 틀어진 이유를 찾아내고, 다음에 알고리즘으로 보정 처리를 할 수 있는 경우에 한해서 프로그램으로 보정 처리를 한다. 특정 알고리즘을 사용하여 처리할 수 없는 경우에는 수작업으로 보정 처리를 해야 하는데 시간도 많이 걸리고 실수로 데이터를 더 망가뜨릴 수도 있기 때문에 웬만해서는 수작업 보정 처리는 시행하지 않는 것이 더 좋을 수 있다.

데이터의 무결성을 다시 확립하려는 목적이 아니고, 사업상 발생하는 일 때문에 보정 처리가 필요한 경우도 있다. 사용자가 업무를 잘못 처리한 경우가 발생하기 때문이다. 예를 들어 상품을 수입하는데 있어서 관세를 납부하지 않아도 되는 무관세 통관 제품인데 관세를 납부하는 상품으로 잘못 입력했다면 사후에 데이터를 보정하게 된다. 사용자가 관세 정보를 수정할 수 있도록 프로그램을 만들어주거나 데이터를 보정하는 프로그램으로 수정하게 할 수도 있으나 데이터의 건수가 많을 경우 데이터 보정을 위한 프로그램을 별도로 개발하여 처리한다. 이런 작업을 데이터 패치 작업이라고 한다.

기업에서 쓰는 소프트웨어에서는 이런 일이 비일비재하게 일어난다. 사업이나 영업을 하면서 거래 과정에서 할인을 추가로 요구하면, 기존 데이터에 할인율을 바꾸는 데이터 보정을 통해서 데이터를 다시 생성해주기도 하고 최종적으로 세금계산서의 매출 금액을 바꿔주기도 한다. 소프트웨어가 사업을 지원하기 위해 존재하기 때문에 누구라도 당연히 들어줘야 하는 요구사항이다. 한번 만들어진 소프트웨어 알고리즘은 바꾸면 안 되는 절대 기준은 아니기 때문이다. 데이터 패치를 할 때는 데이터의 무결성이 깨지지 않도록 충분한 데이터 보정 테스트를 거친 후에 실행되어야 하는데 무결성 확인을 제대로 안 하고 하기 때문에 나중에는 돌이킬 수 없는 커다란 데이터 오류가 생기는 것이다.

복잡한 업무처리에 사용되는 데이터베이스는 구조가 단순하지 않다. 여러 곳의 테이블에 데이터를 저장하여 처리하는 경우 서로 관계된 데이터를 동일한 내용으로 보정해야 한다. 한 가지 사례를 살펴보자. 영업 시스템에서는 매출이 발생하면 영업실적을 만들어서 회계 소프트웨어 시스템으로 보내고 매출을 기장한다. 그리고 회계시스템에서는 최종 회계 처리결과를 세무 시스템으로 보낸다. 처음에는 영업, 회계, 세무 세 개의 소프트웨어 시스템 간에는 데이터의 무결성이 보장되어 있다. 그런데 고객의 변심으로 상품을 반품시켰다. 정상적으로 반품 처리를 하면 되지만 여러 가지 말 못 할 사정으로 그러지 못하고 매출 데이터 패치를 요청하여 유지보수 담당자가 매출 실적 데이터를 보정했다. 이제 보정된 데이터는 회계에 반영되어야 하지만 결산이 완료되어 반영하지 못했다. 회계 데이터는 데이터 패치도 금지되어 있으므로 다음 달 결산조정이라는 작업을 통하여 결과만 수정했다. 결과만 보면 매출 금액은 일치하지만 실제 데이터는 맞지 않는 상황에서 세무 데이터는 보정 자체를 하지 못하였기 때문에 한참 후에 세무신고 할 때쯤 영업실적과 세무 실적의 차이를 발견하게 된다.

DW(Data Warehouse)를 사용하는 경우라면 더 복잡한 과정을 거쳐서 데이터 보정을 해야 한다. 많은 기업에서 DW로 기업의 각종 실적을 집계하여 사용하는 경우가 많다. 이런 환경에서 DW의 데이터 보정을 빼면 상세 데이터의 실적과 집계된 DW 요약 데이터 간에 데이터 불일치가 발생한다. 영업에서 집계한 요약, 회계에서 집계한 요약, 세무에서 집계한 요약이 다 다르게 된다. 한마디로 맞는 데이터가 하나도

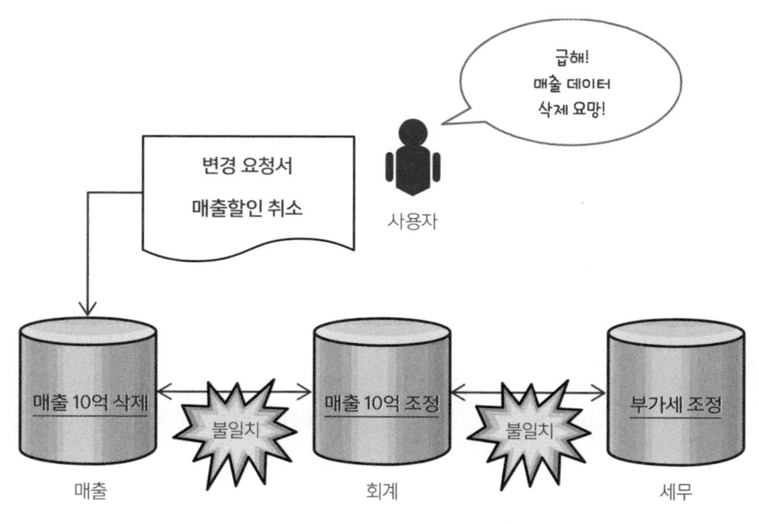

소프트웨어 시스템 간의 데이터 불일치

없게 된다. 각각의 소프트웨어 시스템에서는 데이터의 무결성이 확보되어 있지만 시스템 간의 데이터 차이가 발생하는 경우가 생기는 이유다.

시스템 간의 데이터 불일치가 생기면 유지보수 담당자들은 데이터 보정을 포기하기도 한다. 내가 담당하는 소프트웨어가 아닌 곳의 데이터를 보정할 권한도 없고, 그 시스템을 수정할 역량도 안 되기 때문이다. 해당 시스템을 담당하는 운영자에게 얘기해서 보정할 용기도 없고, 상황도 아니기 때문에 그냥 포기하게 된다. 긁어 부스럼 만들지 말라는 내부의 암묵적 합의가 있을 수도 있다. 이런 상황이 지속되어 시간이 많이 흐르면 시스템 간의 데이터는 많이 틀어져 있게 된다. 결과론적으로 보면 이제는 데이터의 불일치가 많이 생겨 있으므로 데이터 패치는 사업적 요구사항이라기보다 데이터오류 수정을 위한 일이 된다. 기업의 핵심적 소프트웨어 시스템인 경우 다른 시스템보다 더 많은 양의 데이터 패치가 들어오게 되는 것이다.

소프트웨어를 잘 돌리자

개발된 소프트웨어 시스템을 잘 돌리는 사람들을 운영자라고 한다. 이들은 기본적으로 소프트웨어개발에 참여하지 않는다. 그렇다고 개발 역량이 없는 것은 아니고 담당하는 업무가 운영에 국한되어 있을 뿐이다. 운영자들은 운영환경에 접근하여 데이터를 처리할 수 있다. 대부분의 경우 운영자들은 데이터를 조회하거나 변경할 수 있

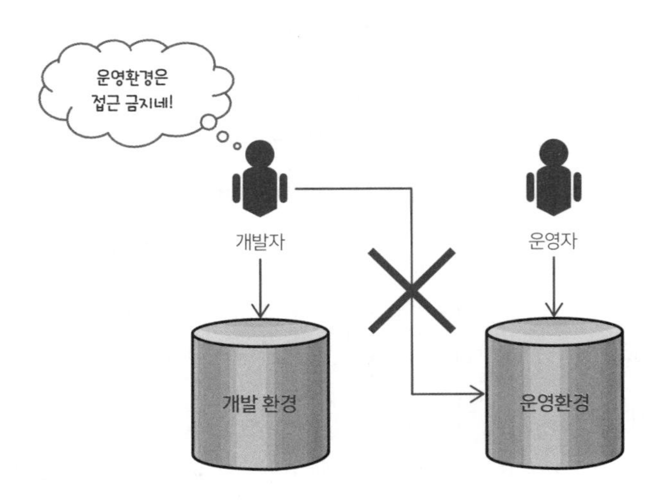

개발자와 운영자의 역할 분담

는 권한을 갖고 있다. 운영환경에 접근할 수 있다는 것은 운영자에게 많은 책임감을 부여함과 동시에 그 책임을 감독하고 통제하는 수단이 필요함을 말한다. 악의적으로 데이터를 변경하더라도 막을 수 있는 방법은 별로 없다. 운영환경에서의 작업 통제를 강화하는 방편으로 다시 한 번 역할을 나누기도 한다. 운영자에게는 데이터의 조회 권한만을 부여하고 데이터의 변경은 개발자나 운영자가 개발한 데이터처리 프로그램을 통해서만 DBA$_{\text{Data Base Administrator}}$가 실행하는 방법을 택하는 조직도 있다.

소프트웨어의 개발, 수정을 담당하는 개발자는 개발 환경에만 접근하며 운영환경에는 들어갈 수 없다. 운영자는 개발자들이 만들어낸 프로그램을 운영하는 역할을 담당한다. 프로그램의 소스에 대한 수정 권한은 전혀 없다. 운영자들이 독단적으로 프로그램을 변경하는 일을 막아놓은 것이다. 그러므로 운영자들은 프로그램의 실행파일만을 처리하므로 내부의 알고리즘은 상세하게 알지 못한다. 소프트웨어에 대한 개발 권한을 개발과 운영으로 분산해놓은 것으로 이해하면 된다.

운영자는 수많은 배치 프로그램에 대한 운영을 담당한다. 배치 프로그램은 데이터 작업을 일괄로 처리하는 프로그램으로 데이터를 집계하거나 데이터를 다른 소프트웨어 시스템으로 일시에 이관하는 일과 같은 대용량의 데이터처리를 위한 프로그램이다. 프로그램은 일반 사용자들의 업무가 끝나는 시간 이후에 자동으로 실행되도록 등록되어 있다. 주로 야간이나 새벽에 실행되고 아침에는 작업이

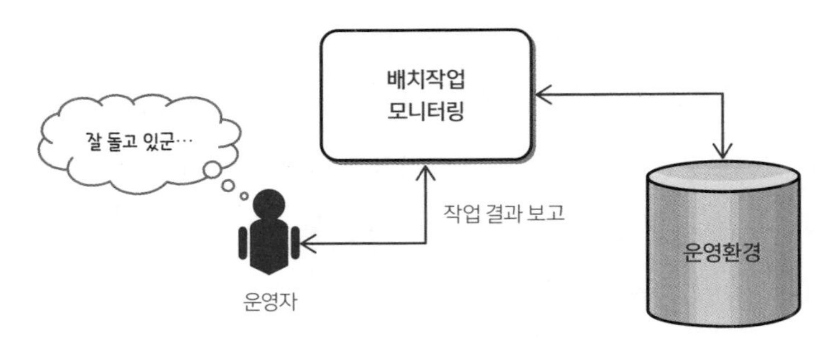

운영자의 작업 모니터링

끝나도록 계획되어 있다. 배치작업이 이상 없이 수행되어야 사용자들이 업무를 처리할 수 있는 경우라면 운영자는 아침에 사용자보다 먼저 출근하여 작업 결과를 확인한다. 만약 작업이 잘못되어 있으면 재작업을 실행하기도 한다.

재작업에 많은 시간이 걸리게 되어 사용자가 오전에 자신의 일을 못 하게 되는 상황이라도 벌어지면 파장이 크게 된다. 결국 재작업은 오전 일과 전에 끝나야 되고, 역순으로 시간을 계산하면 새벽에 작업 확인이 되어야 하는 경우가 생긴다. 운영자가 새벽마다 잠을 설치고 일일이 작업을 모니터링할 수는 없기 때문에 야간에 모든 운영을 감시하는 별도의 운영 조직이 있다. 이를 시스템운영자라고 한다.

시스템운영자들은 일일 3교대나 4교대로 하드웨어 및 소프트웨어의 운영을 감시한다. 이들이 하는 일은 하드웨어 및 소프트웨어 시스템의 운영 모니터링이다. 소프트웨어에 대한 접근권한은 주어지지 않는다. 단지 배치 프로그램의 실행 결과를 파악하여 문제가 된 배치 프로그램이 있으면 해당 담당자에게 그 결과를 알려준다. 새벽이라도 운영자에게 바로 알려주어 해결을 시작할 수 있도록 조치한다.

운영자의 업무를 살펴보면 상당히 고단한 일을 하는 것처럼 보일 것이다. 밤낮없이 작업을 모니터링하는 일부터 주간에는 사용자의 각종 문의에 대한 응대를 해줘야 하며, 사용자의 데이터처리 요구사항에 대한 처리를 해야 하고, 개발자들의 프로그램 개발에 참여하여 업무분석과 설계를 지원하기도 하며, 개발된 프로그램을 인수받아 운영하는 일을 하기 때문이다. 쉴 새 없이 돌아야 하는 프로그램들이 문제없이 잘 돌아가도록 다독거리는 일을 하기에 하루가 바쁜 사람들이다.

그러나 이제 컴퓨팅 환경이 바뀜으로 인해 운영자는 좀 더 부가가치 있는 일을 하도록 업무를 바꾸고 있다. 배치작업은 자동화함과 동시에 사용자가 직접 배치작업을 실행시키고 모니터링하도록 업무 방침을 변경하기도 한다. 문의 응대는 사용자 매뉴얼과 소프트웨어의 도움말 기능을 상세하게 만들어서 스스로 찾아볼 수 있도록 하며, 자주 묻는 질문과 같은 게시판을 활용하여 쉽게 자신의 의문점을 찾도록 한다. 데이터 집계 처리 업무는 사용자가 쉽게 사용할 수 있는 DW나 데이터마트Data Mart를 제공하여 스스로 필요한 데이터를 만들어 쓰도록 하기도 한다.

장애는 빨간불에 서지 않아서 발생한다

소프트웨어나 하드웨어의 장애로 업무처리가 안 되거나 업무처리가 잘못되는 경우 장애라고 한다. 소프트웨어유지보수 조직은 장애를 없애는 일을 끈질기게 하지만 모든 장애로부터 자유롭지 못한 것이 현실이다. 장애가 커지면 재난이 되기도 한다. 통신 장애도 발생하며, 하드웨어 고장으로 인한 장애가 발생하여 소프트웨어 실행 전체가 중단되기도 한다. 저장장치의 장애로 데이터가 유실되기도 한다. 소프트웨어의 장애로 사용이 중단되기도 하며, 소프트웨어의 오류로 고객에게 보내는 청구서가 잘못 발행되기도 하고, 물건 배송이 안 되기도 한다.

모든 기업은 장애가 발생되지 않도록 하는 것이 기본 방침이다. 장애에 민감하게 반응하도록 운영자와 개발자에게 교육을 실시하고,

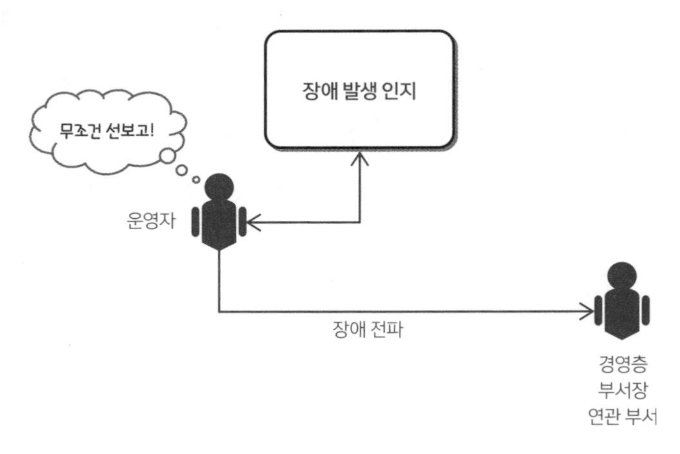

장애 보고, 전파를 가장 먼저

개발자에게는 소프트웨어의 결함을 없애는 데 집중할 수 있도록 다양한 개발 환경과 테스트 환경을 제공한다. 장애가 발생하면 철저하게 원인을 분석하여 재발 방지 방안을 수행한다. 소프트웨어의 특정한 알고리즘 오류가 발생하면 다른 소프트웨어에도 그런 알고리즘이 적용되어 있는지 전수검사를 하기도 한다.

장애 처리는 보고로 시작된다. 장애는 발생 즉시 보고하지 않으면 큰 문제가 될 수 있다. 신속한 장애 보고를 위하여 유지보수 조직은 다양한 보고 채널과 절차를 규정하고 그에 따르도록 관리하고 있다. 장애가 보고되면 가장 우선적으로 할 일은 장애 복구다. 관련자들이 모든 일을 접어두고 한자리에 모여서 장애의 내용을 분석한다. 장애로 영향을 받은 고객, 데이터 등을 파악하여 복구에 대한 대책을 숙의한다. 복구 대책이 마련되면 복구를 실시한다. 복구에는 밤낮이 없으며 가장 빠른 시간 내에 복구가 될 수 있도록 모든 자원을 집중한다. 사회적 파장이 큰 장애라면 기업의 최고 경영층에게도 복구 진행 상황이 수시로 보고된다. 복구가 끝나면 이제 장애가 발생한 원인을 분석한다. 동일한 장애가 발생하지 않아야 하기 때문이다. 장애의 원인은 아주 다양하다. 하지만 크게 두 가지 범주로 나누어 생각한다.

첫째는 휴먼Human 장애라는 것이다. 사람이 잘못 처리한 결과로 발생한 장애를 뜻한다. 소프트웨어의 알고리즘을 잘못 코딩하는 것, 배치 프로그램을 잘못 실행시키는 것, 테스트를 확실하게 안 하는 것, 개발 절차를 지키지 않는 것 등 좀 더 주의를 기울여서 했으면 발생하지 않을 장애인 것이 대부분이다.

둘째는 어쩔 수 없이 발생한 자연 장애다. 지진이나 정전과 같이 외부적인 요인에 의해서 발생한 장애, 하드웨어의 고장으로 인한 장애, 시스템소프트웨어의 오류로 인한 장애와 같은 것들이다.

휴먼 장애는 응용소프트웨어에 대한 것이 대부분이다. 소프트웨어 프로세스에서 발생하는 모든 장애가 포함된다. 이미 밝혔듯이 소프트웨어의 잠재적 결함은 모두 찾아낼 수 없다고 했다. 그러므로 단지 개발자의 실수로 알고리즘의 오류가 발생했다고 말할 수는 없을 것이다. 소프트웨어유지보수 과정에서 장애에 대한 황당한 경험을 했다. 해당 프로그램은 개발한 지 거의 7년이 지났다. 그런데 소프트웨어의 알고리즘 오류가 예고도 없이 발견되었다. 7년 동안 데이터가 잘못 처리된 것을 누구도 모르고 있었던 것이다. 장애로 기록이 되었고 장애 원인도 파악했지만, 재발 방지 대책은 누구도 낼 수 없었다.

휴먼 장애 중에 심각한 것은 소프트웨어개발 및 운영 절차를 지키지 않아서 발생하는 경우다. 이러한 경우를 수없이 봐왔다. 소프트웨어는 배포 전에 모두 회귀테스트를 수행하고 이상 없음이 확인되면 배포가 되어야 하는데 급하다는 사용자의 요청으로 회귀테스트를 생략하고 배포해서 장애가 발생했다. 데이터 패치를 할 때는 주간에는 금지하고 있는데 사업적으로 급하게 해야 한다는 사용자의 요청에 따라 주간에 데이터 패치를 하다가 시스템의 성능이 급격하게 떨어져서 다른 사람들이 업무를 몇 시간 동안 할 수 없는 경우도 발생했다. 데이터처리에 대한 소프트웨어의 변경이 이루어지고 테스트를 잘 통과하여 이제 실행만 시키면 되는데 예전의 소프트웨어가 실행되어 데이터를 다 꼬이게 만드는 경우도 봤다. 데이터처리 프로그램을 실행시킬 때는 두 사람이 같이 페어 프로그래밍을 하는 것이 원칙인데 그냥 혼자서 수행하다가 장애가 발생한 것이다.

장애를 유발시킨 사람들의 얘기를 들어보면 대부분 어쩔 수 없음에 대한 안타까움이 있다. 정황이 아주 딱하기도 하다. 마치 "누가 이 여자에게 돌을 던지랴!"와 같은 심정이 된다. 하지만 소프트웨어 유지보수 담당자는 절차에 대해서는 꼭 지켜야 한다는 마음 자세를 잊어서는 안 된다. '빨간불이면 서야 한다'는 원칙과 절차를 따르면 어떤 장애가 발생하더라도 누구에게도 비난받을 일은 없을 것이다.

운영 팀은 항상 새로운 소프트웨어를 인수받는다

소프트웨어 운영자는 항상 새로운 소프트웨어를 인수받아서 책임을 져야 한다. 인수를 받는 순간부터 운영자의 책임이 된다. 그러므로 꼼꼼하게 인수 점검을 해야 한다. 가장 중요한 것이 회귀테스트다. 회귀테스트 결과를 통과한 소프트웨어에 대해서 운영환경으로 배포를 진행한다. 소프트웨어는 운영에 최적화하기 위한 나름대로의 가이드라인인 운영매뉴얼을 개발자들이 만들어서 운영자에게 인계한다. 운영매뉴얼에는 설계적인 내용도 들어 있으며, 데이터구조에 대한 설명이 들어 있다. 최적의 운영을 위하여 운영자가 주기적으로 점검할 사항에 대해서 설명하고, 소프트웨어의 사용법에 대한 내용과 함께 문제 발생 시 대처 방안에 대해서도 기록되어 있다.

배치 프로그램이라면 배치작업이 어떻게 수행되어야 하는지 자세한 설명이 있어야 하고, 배치 처리결과에 대한 로그를 어떻게 확인해야 하는지도 알 수 있어야 한다. 사용자가 사용하는 온라인 프로그램이라면 UI에 대한 상세한 설명과 함께 사용자에게 보여주는 각종 메시지의 세부적인 내용과 대처 방안에 대해서도 설명이 있어야 한다. 단지 결함이 없는 소프트웨어를 인수하는 것이 아니라 개발자의 개발 사상과 개발에 사용된 설계서의 핵심적 내용, 사용자에 대한 사용 매뉴얼, 운영환경에서 점검해야 하는 점검 리스트(Check List)를 받아야 한다. 동시에 테스트케이스, 시나리오, 데이터 등의 테스트웨어도 같이 받아야 한다.

운영자가 소프트웨어를 인수하면 그때부터 소프트웨어의 책임은 운영자에게 귀속된다. 소프트웨어에 있는 잠재적 결함도 인수하는 것으로 생각해야 한다. 결함도 인수하다니 그게 무슨 말이냐고 항의해도 소용없다. 개발자가 의도적으로 결함을 숨기고 인계를 하지 않는 이상 운영자는 테스트 결과를 통해서 문제가 없음을 확인해야 하며, 약간의 사소한 문제라도 발견되면 인수해서는 안 된다. 운영자는 소프트웨어가 수행되면서 처리하는 데이터를 정기적으로 혹은 수시로 감시하여 오류가 발생하지는 않는지 확인해야 한다. 간혹 사용자들을 통해서 이상한 데이터의 생성이 알려지기도 한다. 데이터의 오류가 발견되면 개발자 혹은 개발 팀에 보고하고 소프트웨어의 개선을 요청해야 한다. 데이터 패치를 통하여 데이터의 오류만 해결해서는 안 된다.

운영자가 절대로 해서는 안 되는 생각은 내가 만든 소프트웨어가 아니므로 내 책임이 아니라는 생각이다. 공동의 책임도 아니다. 오로지 운영자만의 책임이라는 사명감만이 소프트웨어의 잠재적 오류를 발견하여 문제를 개선하고, 진화시킬 수 있다. 그런 측면에서 운영 기록은 소프트웨어의 개선에 중요한 역할을 한다. 사용자로부터 날아온 데이터 요청 기록, 사용자와의 회의에서 나온 알 수 없는 문제점들, 의문점들에 대한 질문과 답변들을 그냥 넘기지 말고 왜 그런 결과가 나왔는지 개발자들과 토론을 해야 한다. 개발자들은 자신이 만든 프로그램에 대한 막연한 믿음, 자신감이 있다. 자신이 짠 프로그램은 절대로 그럴 리가 없다는 생각으로 가득 차 있다. 그 오해를 풀어줄 수 있는 유일한 방법이 운영하면서 기록된 운영 기록이다. 운영 기록을 통해서 개발자들과 건설적인 논의를 통해서 잠재적 오류를 발견하여 정의하고, 개선의 기회로 삼아야 한다. 토론은 개발자를 궁지로 몰아세우는 방편이 아니고, 내가 만들지 않았으니 개발자가 책임지라는 것도 아닌, 소프트웨어는 진화되어야 한다는 사실에 입각하여 진행되면 충분하다.

운영을 체계적으로 하는 유지보수 조직은 새로운 소프트웨어를 인수할 때 점검 리스트를 활용한다. 인수해야 할 목록이 준비되고, 점검할 사항에 따라 인수인계가 완벽하게 되었는지 증빙으로 남긴다. 인수하고 며칠간은 개발자와 같이 운영을 하면서 운영상에서 나오는 문제점을 파악하여 추가 개발에 반영하고, 개발자는 운영자에게 소프트웨어에 대한 지식을 전달하는 방법으로 소프트랜딩을 한다. 공동 운영 기간이 지나면 이제 운영자 홀로 자신만의 잘 계획된 방식으로 운영을 하게 된다.

운영을 편하게 하기 위한 프로그램을 만들어야 한다

소프트웨어유지보수 담당자는 변화를 싫어한다. 모든 유지보수 담당자들은 그냥 그대로 있기를 원한다. 변화는 또 다른 환경 적응을 의미하기 때문에 일이 많아진다고 생각하기 마련이다. 사용자는 항상 빠른 소프트웨어의 진화를 요구하지만, 유지보수 담당자들은 이런저런 상황을 얘기하면서 진화를 지연시킨다고 오해를 받기도 한다.

유지보수 담당자의 바람과는 다르게 유지보수 단계에서는 수많은 프로젝트가 진행되고 있기 때문에 운영자를 항상 바쁘게 한다. 아파트 한 동이 지어져서 일이 끝난 줄 알았는데 옆에서 계속 아파트를 짓고 있는 형국이다. 내가 관리하고 있는 아파트에 피해를 받지 않아야 하기 때문에 옆에서 일어나는 공사 현장을 잘 관찰해야 한다. 소음이 심하면 항의를 해서 해결해야 하고, 공사로 인하여 주변이 더러워지면 내가 치우기도 하며, 공사 업체에 치워달라고 요청도 해야 한다. 유지보수 담당자가 옆에서 진행되고 있는 수많은 프로젝트에 요구하는 것들이 이런 내용들이다. 현재 운영되는 소프트웨어들이 영

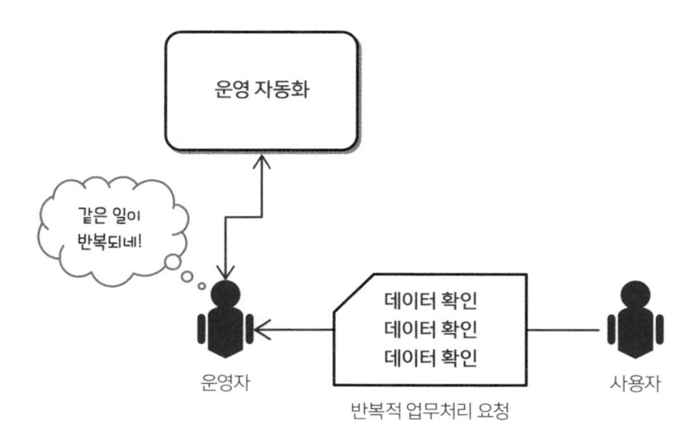

운영자를 위한 소프트웨어개발

향을 받지 않도록 하고, 받더라도 최소한의 영향만 받으면서 안정적으로 운영되기를 원하기 때문이다.

소프트웨어의 유지보수 과정 중에 법의 신규 제정과 같은 기업 외부적인 요인, 새로운 프로세스의 도입과 같이 기업 내부적 결정 혹은 유지보수 팀의 자체 개선을 위한 결정 등으로 새로운 소프트웨어 시스템을 구축하거나 기존의 소프트웨어를 변경한다. 유지보수 팀은 프로젝트에도 참여하지만 소프트웨어 운영에 기본적인 책임을 져야 한다. 업무 로드가 가중되는 이유는 운영에 대한 기본 업무 외에도 많은 프로젝트에 참여하여 결과를 만들어내기 때문이다. 그래서 운영자는 항상 힘들다고 불만을 표시한다. 해마다 변동 없는 같은 인원 규모에 비해 시간이 지남에 따라 늘어나는 소프트웨어 자산은 당연히 운영의 업무 부담을 가중시킨다.

그런데 이제는 소프트웨어 진화에 대비하여 운영을 효율적으로 하는지 확인해 볼 필요가 있다. 소프트웨어유지보수 팀은 고객의 편의를 위해서 다양한 소프트웨어를 개발해 주고 불편이 있으면 편리하게 수정하는 것을 기쁘게 생각한다. 하지만 대부분의 유지보수 팀은 정작 자신의 업무는 수작업에 의존하여 처리한다. 자신들을 위한 소프트웨어개발에는 인색하여 수작업으로 일하는 것을 선호한다. 소프트웨어 자동화 도구를 설치하여 유지보수 생산성을 올리자고 하면 반대의 의견이 많이 나온다. 자동화하기 위한 준비 과정이 너무 힘들고 자동화가 완료되어도 주기적으로 자동화 소프트웨어의 데이터들을 갱신해줘야 하는데 이런 일들이 상당히 까다롭고 귀찮은 일이기 때문이다. 자동화를 위한 일에 투입되는 노력보다 수작업으로 일하는 것을 더 합리적이고 당연한 것으로 받아들인다.

해외에서 꽤 알아주는 수출 기업에 간 적이 있었다. 기계 부품을 제작하는 회사였으므로 일반적인 소프트웨어 회사는 아니다. 아주 크지 않은 규모의 회사이지만 전 세계적으로 알아주는 기술력을 갖추고 있다고 했다. 무엇이 다른지 궁금했는데 기업에 대한 설명을 들으니까 바로 알 수 있었다. 이 기업은 자신들에게 필요한 기계를 스스로 제작하여 사용한다고 했다. 새로운 기계 도입 비용과 인건비 부담을 줄이고 생산되는 기계 부품의 품질 확보에 대응하기 위해서 오래되어 쓸모없어진 중고 기계를 싸게 사서 자동화 기계로 만들어 사용했다. 그 기계에 들어가는 소프트웨어는 직접 개발해서 쓴다고 했다. 공작기계를 운영하는 사람들이 직접 소프트웨어를 개발해서 쓴다고 했다. 듣고 보니 놀라울 따름이었다. 다른 기업 어디에서도 공작기계를 스스로 만들어내고, 거기에 들어가는 소프트웨어를 직접 개발해서 쓴다는 얘기는 듣지 못했기 때문이다. 더 놀랍고 재미있는 사실은 중고 기계를 소프트웨어와 결합하여 새로운 공작기계로 만들면 다른 기업에서 비싼 값에 사가고 싶어 한다고 했다. 기계와 소프트웨어의 결합인 4차 산업혁명을 눈으로 목도하면서 또 한편으로는 소프트웨어 운영은 이렇게 해야 성공한다는 것을 알 수 있었다.

예전에 운영을 담당할 때 간단한 프로그램의 개발만으로도 유지보수 업무 부담을 상당히 줄일 수 있었다. 비교적 큰 소프트웨어 시스템을 구축한 이후에 사용자로부터 데이터 확인에 대한 요청을 많이 받은 적이 있다. 사용자들이 초기에 익숙하지 않고 사용하기에 불편한 점이 있어서 데이터 확인을 유지보수 담당자에게 많이 의뢰하는 경우였다. 처음에는 문의를 받으면 SQL문을 만들어서 데이터를 조회하고 결과를 알려주는 방식으로 대처했다. 일일이 데이터를 확인해야 했기 때문에 시간이 좀 걸리지만 SQL문을 카피하여 사용하기 때문에 그다지 불편한 점 없이 일을 처리했다. 시간이 지나면 자연적으로 사용자들의 학습곡선에 따라 사용법이 익숙해진다. 따라서 그 후에는 당연히 문의가 줄어야 하는데 지속적으로 많은 문의가 들어오는 것을 알았다. 이에 자주 문의하는 데이터를 체계적으로 한 번에 조회할 수 있는 프로그램을 개발하였다. 개발 후에는 사용자가 문의하면 그 프로그램으로 즉시 대응할 수 있었다. 그리고 아예 사용자들에게 프로그램을 배포하여 자기들이 직접 데이터를 조회하여 확인할 수 있도록 함으로써 해당 데이터 문의를 없애버렸다.

나를 위해 만든 프로그램 하나로 불필요한 업무를 확실히 개선한 것이다.

외부 기관과의 데이터 전송에 대한 업무를 처리할 때였다. 상당히 조심스러운 업무였기 때문에 처리 과정에 대해서 로그를 기록하였고, 만일 문제가 생기면 로그를 찾아서 해결해주곤 했다. 로그는 텍스트파일로 만들어져 서버에 자동으로 저장되었는데, 로그파일을 확인하기 위해서는 서버에 접속하여 암호문 같은 파일을 열어서 일일이 데이터를 확인하고 PC로 카피하여 분석하고 결과를 통보해주었다. 하루에 이런 요청이 몇 건씩 들어오면 로그를 찾아보고 분석하는 데 상당한 시간이 소비된다. 데이터 확인에 대해서 수작업으로 일을 처리하는 것은 남들이 하지 못하는 것이기 때문에 멋있어 보이고 전문가인 것처럼 생각이 든다. 사용자들은 조금이라도 빨리 처리해주기를 바라면서 개발자에게 잘 보이려고 노력한다. 하지만 데이터 확인에 너무 많은 시간을 빼앗겼기 때문에 업무처리가 비효율적임을 알고 있었다. 그래서 로그데이터를 바로 확인할 수 있도록 프로그램을 개발했다. 이 프로그램의 개발로 서버에 들어가서 파일을 열어보고 데이터를 일일이 확인하는 수고를 덜 수 있었다. 날짜, 시간, 그리고 처리한 업무만 알면 서버에 들어가지 않고도 바로 로그를 전문의 형식으로 변경하여 볼 수 있기 때문이었다. 이 프로그램도 많은 시간을 쏟을 수밖에 없었던 데이터 조회 업무를 확실하게 개선해주었다.

소프트웨어유지보수 과정에서 필연적으로 발생하는 업무 중에 운영자들이 그동안 당연하다고 생각했던 많은 수작업 업무에 대해서 프로그램으로 자동화할 수 있는 것들을 찾아내어, 수작업을 과감하게 없애야 한다. 프로그램들의 신뢰성이 확인되면 사용자에게도 제공하여 그들 스스로 업무를 할 수 있도록 해야 하는 것이다. 유지보수 업무는 거의 모두 자동화가 가능하다는 것이 많은 사람의 공통된 생각이다. 개발자나 운영자들이 게으르거나 나태해서가 아니라 자동화하기 위한 별도의 시간을 만들어내기 힘들어서 실행하지 못하고 있을 뿐이다.

프로그램으로 수작업 업무를 개선하지 못하면, 시간이 지남에 따라 수작업 업무가 많아져서 업무량이 늘고 새로운 사람을 투입해야 하는 상황이 된다. 운영 비효율의 악순환에 빠지게 된다. 악순환의 고리를 끊어내는 것은 유지보수 책임자의 몫이다. 유지보수 책임자는 수작업 100% 제거라는 굳건한 개선 의지와 철학으로 유지보수 담당자들이 자신의 수작업을 스스로 해결하도록 독려하고 촉진해야 한다.